农业机械故障排除 500 例

主　编

董克俭

编著者

董　涛　　陈　鹏　　杜仪英

张　圆　　姜景川　　董　波

徐　滨　　李　萍　　杨春芳

李雪萍　　李晓丹　　王　芳

董克林　　刘　莹

王光明　　闫怀江

金盾出版社

内 容 提 要

本书主要内容包括农业机械故障排除的基础知识,拖拉机常见故障的排除,谷物联合收割机、玉米联合收割机常见故障的排除,田间作业、场院作业中的常见问题,以及农副产品加工机械和电动机的常见故障排除。全书将农业机械常见故障产生的原因、危害及排除方法,以举例说明这种活泼、富针对性的形式详尽地表达出来,具有很强的实用性和指导性,本书可作为农业机械维修人员的工具书和参考书,也可供农业院校相关专业师生阅读参考。

图书在版编目(CIP)数据

农业机械故障排除 500 例/董克俭主编;董涛等编著 . —北京:金盾出版社,2008.10

ISBN 978-7-5082-5233-9

Ⅰ. 农… Ⅱ.①董…②董… Ⅲ. 农业机械—故障修复 Ⅳ. S232. 8

中国版本图书馆 CIP 数据核字(2008)第 129627 号

金盾出版社出版、总发行

北京太平路 5 号(地铁万寿路站往南)

邮政编码:100036 电话:68214039 83219215

传真:68276683 网址:www.jdcbs.cn

北京金盾印刷厂印刷

海波装订厂装订

各地新华书店经销

开本:850×1168 1/32 印张:14.75 字数:348 千字

2010 年 3 月第 1 版第 2 次印刷

印数:10 001～15 000 册 定价:25.00 元

前　言

随着社会商品化和生产社会化的快速发展及中央对农村政策的倾斜,农业机械化事业得到空前的发展,各种农业机械已走进了千家万户,所有的田间作业项目几乎都能由农业机械完成。但是这些农业机械的拥有者、使用者很多是昔日用镰刀、锄头从事农业生产的农民,很少、甚至没有经过必要的专业学习和技术培训,缺乏农业机械的正确使用、维护修理和故障排除的基本知识,以致引发很多不该发生的事故,造成本可避免的损失。这样就造成这些先进的生产工具的作用得不到应有的发挥,以致贻误农时,作业质量达不到农业技术要求,各种先进的农业技术措施不能得到很好的实施,严重影响农作物产量和农业劳动生产率的提高。

为满足广大农业机械使用、维修人员的需要,通过长期的生产实践,针对在实际生产过程中经常出现和容易出现的问题进行归纳整理,编写了这本《农业机械故障排除 500 例》。本书内容丰富,通俗易懂,实用性强,对未经专业培训的农业机械使用、维修人员有积极的指导作用,也可供农机管理人员和农业院校师生阅读、参考。

由笔者水平和生产实践所限,书中难免有不妥和错误之处,恳请广大读者批评指正。

编著者

2008 年 1 月

目　　录

一、基础知识 …………………………………………………… (1)
 1. 延长农业机械使用寿命的方法 …………………………… (1)
 2. 农业机械发生故障的征象 ………………………………… (1)
 3. 农业机械故障分析的原则 ………………………………… (2)
 4. 判断农业机械故障的常用方法 …………………………… (2)
 5. 农业机械的常用维修方法 ………………………………… (3)
 6. 农业机械修理时的零件鉴定方法 ………………………… (4)
 7. 农业机械修理和故障排除常用工具 ……………………… (5)
 8. 游标卡尺的规格及正确使用方法 ………………………… (6)
 9. 厚薄规的规格及正确使用方法 …………………………… (6)
 10. 农业机械修理常用的热处理方法 ……………………… (7)
 11. 农业机械的正确拆卸方法 ……………………………… (8)
 12. 农业机械的正确装配方法 ……………………………… (9)
 13. 柴油的正确选用 ………………………………………… (9)
 14. 合理选用润滑油 ………………………………………… (10)
 15. 正确使用防冻液 ………………………………………… (16)

二、拖拉机的故障排除 ………………………………………… (19)
（一）发动机部分的故障排除 …………………………………… (19)
 16. 根据声音的变化判断故障发生部位的方法 …………… (19)
 17. 发动机功率下降的原因及排除方法 …………………… (21)
 18. 发动机排气冒异烟的原因及排除方法 ………………… (22)
 19. 发动机启动困难的原因及排除方法 …………………… (24)
 20. 柴油机转速不稳定的原因 ……………………………… (25)
 21. 柴油机工作时自行熄火,排除油路中的空气再启动
  后,工作不久又自行熄火的原因 ……………………… (26)

1

22. 柴油机过热的原因及排除方法 …………………… (27)

23. 机油压力过低的原因及排除方法 ………………… (28)

24. 机油压力过高的原因及排除方法 ………………… (28)

25. 机油压力表指示压力不稳的原因及排除方法 ……… (29)

26. 发动机机油温度高于水温的原因 ………………… (30)

27. 东方红-75/54 型拖拉机发动机,离心式过滤器转子
    转速降低或卡死的原因 …………………………… (31)

28. 油底壳油面升高的原因及排除方法 ……………… (32)

29. 柴油发动机机油消耗量过多的原因 ……………… (34)

30. 发动机机油压力高速时反而比低速时低的原因 …… (35)

31. 机油滤清器的正确拆卸和清洗方法 ……………… (35)

32. 柴油发动机"飞车"的原因及排除方法 …………… (36)

33. 发动机缸体常见的损坏表现及预防措施 ………… (37)

34. 气缸套早期磨损的原因及预防措施 ……………… (37)

35. 正确选配缸套、活塞和活塞环的方法 …………… (38)

36. 缸套的正确安装方法 ……………………………… (39)

37. 缸套从凸肩处断裂的原因及预防措施 …………… (40)

38. 缸套出现穴蚀的原因及预防措施 ………………… (40)

39. 气缸垫和气缸盖的正确装配方法 ………………… (41)

40. 气缸垫烧坏的原因及预防措施 …………………… (41)

41. 气缸盖产生裂纹的原因及预防措施 ……………… (42)

42. 拉缸的原因、预防措施及修复方法 ……………… (43)

43. 捣缸事故发生的原因 ……………………………… (44)

44. 发动机烧瓦的原因及预防措施 …………………… (45)

45. 活塞环质量检测内容及活塞间隙的测量方法 …… (47)

46. 活塞环常见故障产生的原因 ……………………… (48)

47. 锥度环和扭转环(扭曲环)的正确安装方法 ……… (49)

48. 具有两道油环的活塞,用组合式油环代替整体式油
    环的正确安装方法 ………………………………… (50)

49. 清除活塞上积炭的方法 …………………………… (51)

50. 活塞和连杆的正确拆装方法 ……………………… （51）

51. 正确安装活塞连杆组件的方法 …………………… （52）

52. 曲柄连杆机构中,必须按尺寸分组配对使用

　　的配合件 ………………………………………… （53）

53. 曲柄连杆机构中的主要配合间隙 ………………… （53）

54. 检查曲轴主轴瓦和连杆轴瓦间隙的方法 ………… （53）

55. 连杆大、小头孔磨损后的修复方法 ……………… （54）

56. 连杆弯曲、扭曲的检验及修复方法 ……………… （54）

57. 连杆螺栓折断的原因及预防措施 ………………… （55）

58. 曲柄连杆机构的正确使用与技术维护 …………… （56）

59. 曲轴弯曲变形的检查与修理方法 ………………… （56）

60. 曲轴折断的原因及预防措施 ……………………… （57）

61. 延长曲轴使用寿命的技术措施 …………………… （59）

62. 判断曲轴轴向间隙是否过大的方法 ……………… （60）

63. 确定活塞压缩行程上止点的方法 ………………… （60）

64. 维修发动机时,检查气缸压缩余隙的重要作用 … （61）

65. 凸轮轴的轴向定位一般采用的方法 ……………… （62）

66. 在装配记号不清时正确安装正时齿轮的方法 …… （64）

67. 利用气门叠开期检查配气相位是否正确的方法 … （65）

68. 在不拆气缸盖的情况下正确识别气门排列顺序的

　　方法 ……………………………………………… （65）

69. 用两次调整法调整多缸发动机气门间隙的方法 … （66）

70. 二缸四行程发动机气门间隙的一次调整法 ……… （68）

71. 气门间隙的正确调整方法和注意事项 …………… （69）

72. 气门导管的正确安装方法 ………………………… （70）

73. 正常的气门间隙短时间内明显变大或变小的原因 … （70）

74. 气门封闭不严的原因及修复方法 ………………… （71）

75. 气门弹簧弹力减弱或折断的原因及检验方法 …… （72）

76. 气门烧损的原因及预防措施 ……………………… （73）

77. 气门摇臂衬套烧损的原因 ………………………… （74）

78. 气门下陷量过大与过小的危害 ……………………（75）

79. 发动机工作"缺腿"的原因及排除方法 …………（75）

80. 发动机各缸工作不一致的原因及排除方法 ………（76）

81. 发动机转速不稳定的原因 …………………………（76）

82. 判断油泵低压油路是否畅通的方法 ………………（79）

83. 检查输油泵进、回油阀密封性的方法 ……………（79）

84. 发动机小时耗油量过大的原因 ……………………（80）

85. 发动机怠速转速偏高的原因 ………………………（80）

86. 造成发动机供油提前角过大或过小的原因及正确检查
调整方法 ………………………………………………（80）

87. 喷油泵喷油量过小或间断喷油的原因 ……………（84）

88. 喷油泵壳体内柴油过多的原因及排除方法 ………（84）

89. 喷油泵柱塞弹簧和出油阀弹簧折断的原因及预防
措施 ……………………………………………………（85）

90. 喷油泵柱塞在柱塞套内转动不灵活或卡死的原因及
预防措施 ………………………………………………（85）

91. 调速器开始起作用后转速过低或过高的原因及修理
方法 ……………………………………………………（86）

92. Ⅱ号喷油泵调速器飞球支架与调速器前壳体发卡的
原因及排除方法 ………………………………………（86）

93. 喷油器喷油雾化质量和密封性不好的原因 ………（87）

94. 喷油嘴针阀卡死的原因及排除方法 ………………（87）

95. 喷油泵不喷油的排除方法 …………………………（88）

96. 喷油器的正确使用与技术维护 ……………………（89）

97. 更换喷油嘴的正确操作方法 ………………………（89）

98. 喷油嘴的正确修理方法 ……………………………（90）

99. 喷油器针阀偶件滴油的修复方法 …………………（92）

100. 喷油泵柱塞副的更换时间 …………………………（92）

101. 出油阀的密封性检查和修理方法 …………………（92）

102. 排除油路中空气的方法 ……………………………（93）

103. 发动机供油提前角、喷油提前角和喷油泵供油位角的
　　　定义及其相互关系 …………………………………… (93)
104. 在发动机上检查喷油泵供油位角的方法 …………… (95)
105. 喷油泵供油位角调整后，一定要检查柱塞后备行程
　　　的原因 …………………………………………………… (96)
106. 出油阀密封锥面与减压环带磨损后，对发动机工作的
　　　影响 ……………………………………………………… (96)
107. 柱塞式喷油泵凸轮轴的凸轮单面磨损，选择调头使用
　　　应具备的条件 …………………………………………… (96)
108. 高压油管的工作长度和孔径不能随意改变的
　　　原因 ……………………………………………………… (97)
109. 喷油泵在试验台上按标准调好的标定转速和标定油
　　　量，装配后供油量减少的原因 ………………………… (97)
110. 喷油泵停供转速过高的原因 ………………………… (98)
111. 喷油器进油管接头中的缝隙式滤芯不能随意拿掉
　　　的原因 …………………………………………………… (100)
112. 喷油器针阀升程增大的原因及其危害 ……………… (100)
113. 喷油器喷油压力过高或过低对发动机工作的
　　　影响 ……………………………………………………… (101)
114. 喷油器回油管回油过多的原因及排除方法 ………… (102)
115. Ⅱ号喷油泵花键轴套易松动的原因及其危害 ……… (102)
116. 更换Ⅱ号喷油泵花键轴套时应注意的问题 ………… (103)
117. Ⅱ号喷油泵调速器改变支承轴位置后，须重新检查调整
　　　作用点和标定油量的原因 ……………………………… (103)
118. 全制离心式调速器，在发动机油门位置不变而负荷
　　　发生变化时的作用 ……………………………………… (104)
119. 全制离心式调速器，在发动机负荷不变而改变油门位
　　　置时所起的作用 ………………………………………… (106)
120. 装有全制离心式调速器的发动机，在部分油门位置时
　　　发动机超负荷，加大油门后仍超负荷的原因 ……… (108)

121. 柴油机"启动加浓"并非油量越多就越容易启动 …… （108）

122. 拖拉机柴油发动机一般都设置"校正器"的原因 …… （109）

123. A₄CB-8.5×10 型喷油泵调速器复绕弹簧的作用,其
弹力过大或过小对柴油机工作的影响………………… （109）

124. 发动机有效功率愈大其有效扭矩愈大的说法的
正确性 ………………………………………………… （111）

125. 调试喷油泵时,检查"作用点"与"停供转速"的
目的 …………………………………………………… （112）

126. A₄CB-8.5×10 型喷油泵柱塞偶件磨损后,不能用拧
退叉杆调整螺钉的方法增加供油量的原因 ………… （112）

127. 丰收型分配泵调速器拉杆长度的正确
调整方法 ……………………………………………… （113）

128. 发动机水温过高的原因、危害及排除方法 ………… （114）

129. 发动机水温过低的原因、危害及预防措施 ………… （115）

130. 水泵轴水封填料处漏水的原因及排除方法 ………… （116）

131. 发动机冷却系水垢的形成、危害及预防措施 ……… （117）

132. 水泵壳体下方的小孔不能被堵死的原因 …………… （117）

133. 液式双阀节温器主阀门上小孔的作用 ……………… （118）

134. 冷却风扇的正确安装方法及注意事项 ……………… （118）

135. 4125 型柴油机风扇皮带张紧轮轴安装时的
要求 …………………………………………………… （118）

136. AK-10 型启动机活塞的正确装配方法 ……………… （119）

137. AK-10 型启动机不着火的原因及排除方法 ………… （119）

138. AK-10 型启动机功率不足的原因及排除方法 ……… （123）

139. AK-10 型启动机活塞损坏的原因及预防措施 ……… （124）

140. AK-10 型启动机过热的原因及预防措施 …………… （125）

141. AK-10 型启动机"飞车"的原因及预防措施 ………… （125）

142. AK-10 型启动机连杆轴承(滚针)烧损的原因及预防
措施 …………………………………………………… （126）

143. AK-10 型启动机离合器打滑的原因及检查排除

方法 ……………………………………………………（127）

144．AK-10 型启动机分离晚的原因及危害 …………（127）

145．AK-10 型启动机分离过早的原因、危害及排除
方法 ……………………………………………………（127）

146．AK-10 型启动机怠速的正确调整方法 …………（128）

147．AK-10 型启动机怠速调整后，一定要检查最高空转
转速稳定性的原因 …………………………………（128）

148．AK-10 型启动机转速的正确调整方法 …………（130）

149．95 系列柴油机涡流室镶块上的小孔的作用及使用
中的注意事项 ………………………………………（131）

150．发动机飞轮和齿圈的技术鉴定内容和正确的拆卸、
装配方法 ……………………………………………（132）

（二）底盘部分 ………………………………………………（133）

151．离合器的正确使用与保养 ………………………（133）

152．离合器的正确调整方法 …………………………（133）

153．离合器打滑的主要原因及排除方法 ……………（134）

154．离合器分离不清的原因及处理方法 ……………（136）

155．离合器已分离，传动轴不能立即停转的原因及排除
方法 ……………………………………………………（136）

156．离合器从动摩擦片烧损的原因及预防措施 ………（137）

157．离合器和变速箱同心度的检查和调整方法 ………（137）

158．万向节接盘损坏或螺栓折断的原因及预防措施 …（138）

159．手扶拖拉机传动箱开裂的原因及预防措施 ………（139）

160．安装离合器时，一定要注意分离杠杆初始位置调整
的原因 ………………………………………………（140）

161．铁牛-55 拖拉机离合器的正确拆装方法 …………（141）

162．转向离合器打滑的原因及预防措施 ……………（141）

163．转向离合器操纵杆自由行程时而大时而正常的原因及
排除方法 ……………………………………………（142）

164．东方红-75 型拖拉机操纵杆有效行程小、转向离合器

分离不彻底的原因及排除方法 ………………………（143）

165. 履带式拖拉机不能急转弯的原因及排除方法 ………（144）

166. 东方红-75/54 型拖拉机转向离合器片的正确安装
方法 …………………………………………………（145）

167. 拖拉机变速箱的正确使用和技术维护 ………………（146）

168. 拖拉机变速箱漏油的主要原因及预防措施 …………（146）

169. 变速杆与拨叉槽松旷发响的原因及排除方法 ………（147）

170. 变速箱齿轮齿隙过大、过小或啮合不均匀的排除
方法 …………………………………………………（147）

171. 变速箱挂挡困难的原因及排除方法 …………………（148）

172. 自动掉挡（脱挡）的原因及排除方法 ………………（149）

173. 变速箱乱挡的原因及排除方法 ………………………（149）

174. 变速箱产生噪声的原因及排除方法 …………………（150）

175. 东方红-75 型拖拉机大小锥形齿轮早期磨损的原因及
预防措施 ……………………………………………（150）

176. 螺旋圆锥齿轮中央传动，因齿轮齿面磨损而造成齿侧
间隙增大后，不宜进行调整的原因 …………………（153）

177. 螺旋圆锥齿轮中央传动啮合印痕的正确调整
方法 …………………………………………………（153）

178. 直齿圆锥齿轮中央传动，因磨损造成齿侧间隙增大后，
一般不进行调整的原因 ……………………………（155）

179. 要对中央传动圆锥轴承间隙进行定期检查和调整的
原因 …………………………………………………（155）

180. 调整中央传动轴承间隙（或预紧度）后，必须重新检查
调整啮合印痕的原因 ………………………………（155）

181. 东方红-75 型拖拉机后桥轴窜动的原因、预防措施及
排除方法 ……………………………………………（156）

182. 东方红-75 型拖拉机大、小减速齿轮打牙的原因及预防
措施 …………………………………………………（156）

183. 东方红-75 型拖拉机最终传动齿轮室漏油、进泥、进水

的原因及排除方法 ……………………………………（157）

184. 轮式拖拉机差速锁的作用和正确使用方法 …………（159）

185. 轮式拖拉机转向困难的原因及排除方法 ……………（159）

186. 导向轮左右摇摆的原因及排除方法 …………………（160）

187. 轮式拖拉机跑偏的原因及故障预防和排除
    方法 …………………………………………………（160）

188. 拖拉机制动失灵和偏刹的原因及排除方法 …………（161）

189. 小四轮拖拉机气压制动装置常见故障产生的原因及
    排除方法 ……………………………………………（162）

190. 球面蜗杆滚轮式转向器轴向间隙和蜗杆与滚轮啮合间
    隙的正确调整方法 …………………………………（163）

191. 东方红-75/54型拖拉机前梁（元宝梁）断裂的原因及
    预防措施 ……………………………………………（165）

192. 东方红-75/54型拖拉机后轴产生弯曲裂纹的原因及
    预防措施 ……………………………………………（166）

193. 履带式拖拉机履带脱轨的原因及排除方法 …………（166）

194. 履带式拖拉机跑偏的原因及预防措施 ………………（167）

195. 履带式拖拉机行走装置的正确调整方法 ……………（168）

196. 东方红-75/54型拖拉机牵引装置螺栓折断的原因及
    预防措施 ……………………………………………（169）

197. 造成轮胎早期磨损的原因及预防措施 ………………（170）

198. 选购轮胎的注意事项 …………………………………（171）

(三)电气系统 ………………………………………………（172）

199. 铅蓄电池的正确选购 …………………………………（172）

200. 新蓄电池在加入电解液前后的注意事项 ……………（172）

201. 新蓄电池初次充电的正确操作方法 …………………（173）

202. 蓄电池早期损坏的原因及蓄电池的正确使用和
    保管 …………………………………………………（174）

203. 正确配制电解液的方法 ………………………………（176）

204. 铅蓄电池用的稀硫酸杂质超标的处理方法 …………（180）

205. 铅蓄电池充电线路的连接方法 …………………… (181)

206. 识别蓄电池正、负极桩的方法 …………………… (182)

207. 蓄电池电极板硫化的原因、预防措施和排除
方法 ……………………………………………… (182)

208. 铅蓄电池非正常自放电的原因、预防措施和排除
方法 ……………………………………………… (184)

209. 蓄电池盖、极桩上黄色或白色的糊状物的成分及其
排除方法 ………………………………………… (184)

210. 对"落后"单格蓄电池补充充电的方法 ………… (185)

211. 蓄电池极板活性物质脱落的原因及预防措施 …… (185)

212. 蓄电池电解液消耗过快的原因及预防措施 …… (186)

213. 蓄电池分解时的正确操作方法及注意事项 …… (186)

214. 修理蓄电池时铲除封口胶的方法 ……………… (187)

215. 蓄电池封口胶的配制方法,及在使用中出现裂缝的处
理措施 …………………………………………… (187)

216. 蓄电池极板拱曲的预防措施和排除方法 ……… (188)

217. 蓄电池极板弯曲、断裂的修复方法 …………… (188)

218. 蓄电池外壳裂缝的检查及修复方法 …………… (188)

219. 蓄电池极板和隔板的修复方法 ………………… (189)

220. 铅蓄电池修理装配的方法、步骤 ……………… (190)

221. 修理组装蓄电池应注意的几个问题 …………… (191)

222. 铅蓄电池在充电和修理过程中应注意的问题 …… (191)

223. 启动电动机不转的原因及排除方法 …………… (192)

224. 启动电动机运转无力的原因及排除方法 ……… (193)

225. 启动电动机空转的原因及排除方法 …………… (193)

226. 启动电动机整流子烧损的原因及排除方法 …… (196)

227. 直流发电机不充电的原因及排除方法 ………… (197)

228. 直流发电机充电电流过小的原因及排除方法 …… (197)

229. 直流发电机充电电流过大的原因及排除方法 …… (198)

230. 直流发电机充电电流不稳定的原因及排除方法 …… (199)

231. 直流发电机调节器的调整方法 ……………………… (199)

232. 交流发电机不充电的原因及排除方法 …………… (200)

233. 交流发电机充电电流过小的原因及排除方法 ……… (201)

234. 交流发电机充电电流过大的原因及排除方法 ……… (202)

235. 交流发电机充电电流不稳定的原因及排除
方法 ……………………………………………… (202)

236. 检查交流发电机技术状态的方法 ………………… (203)

237. 检查调节器技术状态的方法 ……………………… (205)

238. 内、外搭铁的直流发电机相互代用的条件 ……… (205)

239. 电机搭铁极性与电气系统的要求不符时的校正
方法 ……………………………………………… (206)

240. 硅整流发电机在没有专用调节器时使用直流发电
机的三联调节器代用时的接线方法 ……………… (207)

241. 不能用"划火法"检查硅整流发电机工作情况的
原因 ……………………………………………… (209)

242. 发电机运转时产生噪声的原因及预防措施 ………… (210)

243. 交流发电机过热的原因及排除方法 ……………… (211)

244. 电流表、机油压力表和水温表在电路中的连接
要求 ……………………………………………… (211)

245. 喇叭不响的原因及排除方法 ……………………… (212)

246. 喇叭声音不正常的原因及排除方法 ……………… (213)

247. 灯不亮的原因及排除方法 ………………………… (214)

248. 灯光暗淡的原因检查及排除方法 ………………… (214)

249. 磁电机的正确组装方法和要求 …………………… (214)

250. 磁电机点火时间的正确调整方法 ………………… (215)

251. 磁电机无高压火花的原因及排除方法 …………… (216)

252. 磁电机高压火花微弱的原因及排除方法 ………… (218)

253. 磁电机高压火花间断无规律的原因及排除
方法 ……………………………………………… (219)

254. 磁电机点火系火花塞怠速正常,高速时断火的原因及

排除方法 …………………………………………………（220）

255. 磁电机点火系火花塞高速时跳火正常,低速时易断
火的原因及排除方法 …………………………………（220）

256. 磁电机点火系火花塞不打火或打火弱的原因及
排除方法 ………………………………………………（220）

257. 正确选择火花塞的方法 ………………………………（221）

258. 汽油机点火系在使用时应注意的问题 ………………（222）

259. 检查、判断点火线圈技术状态是否良好的方法 ……（223）

260. 分电器常见故障及排除方法 …………………………（223）

261. 汽油机分电器检修的内容 ……………………………（224）

262. 汽油机点火正时的检查及调整方法 …………………（225）

263. 火花塞间隙的正确调整方法 …………………………（226）

264. 火花塞常见故障及排除方法 …………………………（227）

(四)液压系统 ………………………………………………（227）

265. 拖拉机液压悬挂系统的正确使用及维护 ……………（227）

266. 使用中预防和减少液压系统故障的方法 ……………（229）

267. 液压油泵的常见故障及排除方法 ……………………（231）

268. 液压系统油路机件的检验和保养方法 ………………（232）

269. 液压油泵拆装时的注意事项 …………………………（233）

270. CB 系列液压油泵工作能力下降的原因及修复
方法 ……………………………………………………（233）

271. 为避免分置式液压系统高压软管爆裂,使用中应
注意的几个问题 ………………………………………（235）

272. FP 型分配器的滑阀弹簧上、下座的装配要求 ………（236）

273. CB 系列液压油泵轴套的正确安装要求 ……………（236）

274. CB 系列液压油泵轴套端面的卸荷槽的作用 ………（237）

275. CB 系列液压油泵轴套的润滑原理 …………………（239）

276. 农具提升缓慢的原因及排除方法 ……………………（240）

277. 农具不能提升的原因及排除方法 ……………………（242）

278. 从液压油箱加油口处冒泡沫的原因及排除方法 ……（243）

279. 农具提升后自动下沉,不能保持运输状态的原因及
　　 排除方法 …………………………………………………… (244)
280. 分配器手柄在农具上升和下降到终点后,不能自动
　　 跳回"中立"位置的原因及排除方法 ………………… (245)
281. 分配器手柄不能定位的原因及排除方法 ………… (246)

三、谷物收割机械 ……………………………………………… (248)
(一)麦类作物联合收割机 ……………………………………… (248)
282. 谷物联合收割机在作业过程中正确使用及调整的
　　 内容 ……………………………………………………… (248)
283. 谷物联合收割机作业质量的评定标准 ……………… (250)
284. 联合收割机脱粒质量评定的主要内容 ……………… (252)
285. 联合收割机作业时割刀堵塞的原因、排除方法及
　　 预防措施 ………………………………………………… (253)
286. 切割器刀片、护刃器及刀杆(刀头)损坏的原因及
　　 排除方法 ………………………………………………… (253)
287. 拨禾轮常见故障及排除方法 ………………………… (254)
288. 割刀木连杆折断的原因及排除方法 ………………… (255)
289. 收割台作业时常见故障及排除方法 ………………… (255)
290. 倾斜输送器链耙拉断的原因及排除方法 …………… (256)
291. 脱粒滚筒堵塞的原因及排除方法 …………………… (257)
292. 滚筒脱粒不净的原因及排除方法 …………………… (257)
293. 破碎粒太多的原因及排除方法 ……………………… (258)
294. 既脱粒不净又破碎粒过多的原因及排除方法 ……… (259)
295. 滚筒转速不稳或有异常声响的原因及排除方法 …… (260)
296. 分离、清选装置作业中常见故障产生的原因及
　　 排除方法 ………………………………………………… (260)
297. 复脱器、升运器堵塞的原因及排除方法 …………… (262)
298. 自走式联合收割机行走离合器打滑和分离不清的
　　 原因及排除方法 ………………………………………… (262)
299. 自走式联合收割机挂挡困难或掉挡的原因及

排除方法 ……………………………………………… (263)

300. 自走式联合收割机变速箱有响声和变速范围达
不到要求的原因及排除方法 ……………………… (263)

301. 行走无级变速器在使用和调整过程中应注意的
事项 ……………………………………………… (264)

302. 行走无级变速器皮带过早磨损和拉断的原因及预防
措施 ……………………………………………… (264)

303. 联合收割机液压系统所有油缸接通分配器时不能
工作的原因及排除方法 …………………………… (265)

304. 分配阀安装时的正确调整方法 ………………… (266)

305. 收割台液压装置常见故障及排除方法 ………… (267)

306. 液压方向机常见故障产生的原因及排除方法 … (268)

307. 行走无级变速器常见故障产生的原因及排除
方法 ……………………………………………… (269)

308. 液压方向机的使用、维护和装配的要点 ……… (270)

(二)玉米收割机 …………………………………… (270)

309. 漏摘果穗的原因及排除方法 …………………… (270)

310. 玉米收割机作业时果穗掉地的原因及排除方法 … (271)

311. 拔秸秆的原因及排除方法 ……………………… (272)

312. 摘穗辊(板)脱粒咬穗的原因及排除方法 ……… (273)

313. 剥皮不净的原因及排除方法 …………………… (273)

314. 茎秆切碎不良的原因及排除方法 ……………… (274)

315. 果穗混杂物过多的原因及排除方法 …………… (275)

316. 夹持链堵塞的原因及排除方法 ………………… (275)

317. 摘穗辊、拉茎辊、排茎辊堵塞的原因及排除方法 … (276)

318. 升运器堵塞的原因及排除方法 ………………… (276)

319. 4YW-2 型玉米收割机主要工作部件的调整 ……… (277)

(三)割晒、拾禾作业 ……………………………… (278)

320. 割茬高度不符合技术要求的原因及预防措施 …… (278)

321. 割晒放铺穗头混乱的原因及处理方法 ………… (279)

322. 割晒作业铺形不标准的原因及解决方法 ……………（280）

323. 割晒作业铺形放不直的原因及解决方法 ……………（281）

324. 割晒作业断铺、堆积的原因及解决方法 ……………（281）

325. 割晒作业行走装置压铺的原因及预防措施 …………（282）

326. 造成割晒作业时塌铺的原因及预防措施 ……………（282）

327. 造成割晒作业后霉穗、发芽的原因及预防措施 ……（283）

328. 割晒作业时漏割的原因及预防措施 ……………………（283）

329. 因割晒作业而造成粒重降低的原因及预防措施 ……（284）

330. 拾禾脱粒作业造成弹齿弹击落粒的原因及预防
    措施 ………………………………………………………（285）

331. 拾禾脱粒作业出现漏拾现象的原因及预防措施 ……（285）

(四)半喂入式水稻联合收割机 ……………………………………（286）

332. 半喂入式水稻联合收割机收割作业操作程序 ………（286）

333. 半喂入式水稻联合收割机作业过程中的主要调整
    内容(以久保田 PRO488 为例) ………………………（288）

334. 收割装置不能收割作物的原因及排除方法 …………（294）

335. 收割装置不能输送作物或输送状态混乱的原因
    及排除方法 ……………………………………………（295）

336. 作业中出现割茬不齐的原因及排除方法 ……………（295）

337. 收割作业时跑粮损失太多的原因及排除方法 ………（295）

338. 水稻收割作业中,稻粒清选不良的原因及排除
    方法 ……………………………………………………（296）

339. 水稻收割作业时出现脱粒不净的原因及排除方法 …（297）

340. 收割作业中切草器堵塞或切碎茎秆太长的原因及
    排除方法 ………………………………………………（298）

341. 东洋水稻收割机液压转向(双向)迟缓或不能转向,而用
    脚踏板机械转向却正常的原因及排除方法 …………（299）

342. 东洋水稻收割机液压转向单向转向失灵而脚踏板
    机械转向正常的故障原因及排除方法 ………………（300）

343. 东洋水稻收割机刹车装置的正确调整方法 …………（301）

四、田间作业机具 ……………………………… (302)

（一）耕地作业机具 ……………………………… (302)

344. 铧式犁作业前的主要技术状态检查 …………… (302)

345. 牵引犁和半悬挂犁的挂接和调整方法 ………… (302)

346. 悬挂犁挂接的正确调整方法 …………………… (307)

347. 手扶拖拉机配套犁的正确使用及调整方法 …… (311)

348. 耕地作业的田间操作规程 ……………………… (314)

349. 耕地作业质量检查的主要内容 ………………… (319)

350. 耕地作业犁不入土或耕深达不到标准的原因及
排除方法 ………………………………………… (320)

351. 耕地作业耕深不均匀的原因及排除方法 ……… (321)

352. 耕地作业杂草覆盖不严的原因及排除方法 …… (323)

353. 耕地作业造成立垡、回垡的原因及排除方法 …… (324)

354. 耕地作业造成跑垡的原因及排除方法 ………… (325)

355. 耕地作业出现明垡的原因及排除方法 ………… (326)

356. 耕地作业造成墒沟垄背太大的原因及排除方法 …… (326)

357. 耕地作业造成耕幅不标准的原因及排除方法 …… (327)

358. 耕地作业造成耕层板结的原因及排除方法 …… (328)

359. 耕地作业造成地表不平的原因及排除方法 …… (329)

360. 耕地作业造成耕层变浅的原因及排除方法 …… (329)

361. 耕地作业开闭垄过多的原因及预防措施 ……… (330)

362. 耕地作业出现漏耕的原因及预防措施 ………… (330)

（二）深层松土作业 ……………………………… (331)

363. 深松土作业深松不够的原因及解决方法 ……… (331)

364. 深松土作业深松不均的原因及解决方法 ……… (332)

365. 深松土作业将土层搅乱的原因及解决方法 …… (333)

366. 深松土作业出现土隙过大的原因及解决方法 …… (334)

367. 深松土作业出现漏松的原因及预防措施 ……… (334)

（三）旋耕作业 …………………………………… (335)

368. 旋耕机齿轮箱的正确调整方法 ………………… (335)

369. 旋耕机刀片的安装方法 …………………………… （337）

370. 旋耕机作业前应进行的主要调整 ………………… （338）

371. 旋耕机组的起步和作业速度的选择 ……………… （339）

372. 旋耕机常见故障及排除方法 ……………………… （339）

373. 与手扶拖拉机配套的旋耕机的安装调整 ………… （340）

（四）耙地作业 ……………………………………………… （341）

374. 圆盘耙田间作业时的主要调整内容及调整方法 …… （341）

375. 耙地作业耙深不够的原因及排除方法 …………… （342）

376. 耙地作业耙深不均匀的原因及排除方法 ………… （343）

377. 耙地作业碎土不良的原因及排除方法 …………… （344）

378. 耙地作业地表不平整的原因及排除方法 ………… （345）

379. 耙地作业耙出残株的原因及预防措施 …………… （346）

380. 耙地作业出现漏耙的原因及预防措施 …………… （346）

381. 水田耙在使用中应注意的问题 …………………… （347）

（五）播种作业 ……………………………………………… （347）

382. 播种机具技术状态检查的内容和标准 …………… （347）

383. 播种量的计算方法和试验操作步骤 ……………… （349）

384. 播种量的田间校正方法 …………………………… （351）

385. 划印器长度的计算方法 …………………………… （352）

386. 播种作业播量不准确的原因及排除方法 ………… （353）

387. 播种作业播量不均匀的原因及排除方法 ………… （354）

388. 播种作业播行不直的原因及预防措施 …………… （355）

389. 播种作业行距不标准的原因及预防措施 ………… （356）

390. 播种作业出现漏播的原因及预防措施 …………… （357）

391. 播种作业出现重播的原因及预防措施 …………… （358）

392. 播种作业播深不均匀的原因及预防措施 ………… （359）

393. 播种作业出现覆土不严的原因及预防措施 ……… （360）

394. 精量穴播作业出现穴距不准的原因及预防措施 …… （360）

395. 精量穴播作业出现穴粒数不准的原因及预防
措施 ………………………………………………… （362）

396. 精量穴播作业出现穴内无种子的原因及预防
措施 ……………………………………………………………… (362)

397. 精量穴播作业出现损伤种子的原因及预防
措施 ……………………………………………………………… (363)

398. 精量穴播作业出现穴深不标准的原因及预防
措施 ……………………………………………………………… (363)

399. 精量穴播作业出现露种的原因及预防措施 ……… (364)

400. 精量穴播作业出现压穴不实的原因及预防措施 (364)

(六)水稻插秧作业 …………………………………………………… (365)

401. 水稻插秧机应用技术中的主要问题 ……………… (365)

402. 用插秧机控制大田基本苗数的措施 ……………… (366)

403. 插秧机插秧深度的要求及调整 …………………… (367)

404. 插秧时对秧块湿度的要求及过干或过湿的危害 (367)

405. 插秧机作业时秧苗补给的方法和要求 …………… (367)

406. 插秧机对插植臂及秧针的技术性能要求 ………… (368)

407. 作业结束后插秧机的维护保养 …………………… (368)

408. 东洋插秧机每班作业前应检查的主要内容 ……… (369)

409. 东洋插秧机株距的调整方法 ……………………… (370)

410. PF455S 插秧机安全离合器不起作用的原因及排除
方法 ……………………………………………………………… (370)

411. PF455S 插秧机插植离合器接合不上的原因及排除
方法 ……………………………………………………………… (370)

412. PF455S 插秧机液压钢丝的调整要求 ……………… (371)

413. 插秧机主离合器接合后,机器不动或行走不力的原因及
排除方法 ………………………………………………………… (371)

414. 机插秧对大田耕作质量的要求标准及作业机具的
选择 ……………………………………………………………… (371)

415. PF-455S 型手扶插秧机常见故障及排除方法 ……… (372)

(七)中耕作业 ………………………………………………………… (374)

416. 全面中耕除草作业灭草率低的原因及排除方法 … (374)

417. 全面中耕除草作业锄深不标准的原因及解决方法 …………………………………………… (375)

418. 全面中耕除草作业地表不平的原因及预防措施 …………………………………………… (376)

419. 全面中耕除草作业将湿土搅上的原因及预防措施 … (376)

420. 全面中耕除草作业出现漏锄杂草的原因及预防措施 ……………………………………… (377)

421. 行间中耕除草培土作业伤苗伤根的原因及预防措施 ……………………………………… (378)

422. 行间中耕除草培土作业中行走轮压苗的原因及预防措施 ………………………………… (380)

423. 行间中耕除草培土作业锄铲埋苗的原因及预防措施 ……………………………………… (381)

424. 行间中耕除草培土作业机件刮苗的原因及预防措施 ……………………………………… (382)

425. 行间中耕除草培土作业锄深不均匀的原因及预防措施 …………………………………… (382)

426. 行间中耕除草培土作业培土高度不标准的原因及解决方法 ……………………………… (383)

427. 行间中耕除草培土作业时出现垄位移动的原因及预防措施 ……………………………… (383)

428. 行间中耕除草培土作业时出现漏锄的原因及预防措施 …………………………………… (384)

(八)行间追肥作业 …………………………………… (385)

429. 追肥量不足的原因及预防措施 …………………… (385)

430. 追肥量不均匀的原因及预防措施 ………………… (386)

431. 追肥作业中出现施肥位置不正确的原因及预防措施 ……………………………………… (387)

432. 追肥作业造成根系损伤的原因及预防措施 ……… (388)

433. 追肥作业造成茎叶损伤的原因及预防措施 ……… (388)

19

434. 追肥作业出现漏施肥料的原因及预防措施 ………… (389)

(九)镇压作业 ……………………………………………… (389)

435. 镇压作业出现拖堆壅土的原因及预防措施 ………… (390)

436. 镇压作业中出现压强不足的原因及预防措施 ……… (390)

437. 镇压作业出现碾压不良的原因及预防措施 ………… (391)

438. 镇压作业出现压后板结的原因及预防措施 ………… (392)

439. 镇压作业出现漏压、重压的原因及预防措施 ……… (392)

(十)喷药作业 ……………………………………………… (393)

440. 喷药作业出现杀虫力弱的原因及预防措施 ………… (393)

441. 喷药作业出现灭草效果差的原因及预防措施 ……… (395)

442. 喷药作业出现药害的原因及预防措施 ……………… (395)

443. 喷药作业出现漏喷、重喷的原因及预防措施 ……… (396)

444. 喷杆式喷雾器常见故障及排除方法 ………………… (396)

445. 超低量喷雾器的常见故障及排除方法 ……………… (397)

446. 喷粉机常见故障及排除方法 ………………………… (398)

447. 3WS-7 型手动喷雾器常见故障及排除方法 ………… (398)

448. 3WB-16 型手动喷雾器常见故障及排除方法 ……… (399)

449. 东方红-18 气力式喷雾器常见故障及排除方法 …… (400)

(十一)喷灌作业 …………………………………………… (401)

450. 离心泵和混流泵常见故障及排除方法 ……………… (401)

451. 轴流水泵的常见故障及排除方法 …………………… (402)

452. 喷灌作业出现喷水量不足的原因及排除方法 ……… (403)

453. 喷灌作业出现雨滴间断的原因及排除方法 ………… (404)

454. 喷灌作业出现雨滴不均匀的原因及排除方法 ……… (405)

455. 喷灌作业出现地面径流的原因及排除方法 ………… (405)

456. 喷灌作业出现断喷、漏喷的原因及排除方法 ……… (406)

(十二)灭茬作业 …………………………………………… (406)

457. 灭茬作业出现灭茬深度不准的原因及解决
方法 ……………………………………………………… (406)

458. 灭茬作业出现扣茬不严的原因及解决方法 ………… (407)

459. 灭茬作业出现垄迹不平的原因及解决方法 ………… (407)

460. 灭茬作业出现碎土不良的原因及解决方法 ………… (408)

五、场院作业 ……………………………………… (409)

（一）选种作业 ……………………………………… (409)

461. 选种作业出现选种精度低的原因及排除方法 ……… (409)

462. 选种作业出现轻杂质较多的原因及排除方法 ……… (410)

463. 选种作业出现种子内混有杂质的原因及排除
方法 ……………………………………………… (411)

464. 选种作业中出现种粒被吸跑的原因及排除
方法 ……………………………………………… (412)

465. 选种作业出现种粒破碎的原因及排除方法 ………… (412)

（二）药物拌种作业 ………………………………… (412)

466. 药物拌种作业出现种子表皮敷药量不标准的原因及
解决方法 ………………………………………… (413)

467. 药物拌种作业出现种子表皮敷药量不均的原因及解
决方法 …………………………………………… (413)

（三）扬场作业 ……………………………………… (414)

468. 扬场作业出现抛距太近的原因及排除方法 ………… (414)

469. 扬场作业出现杂余物过多的原因及排除方法 ……… (415)

470. 扬场作业出现抛粮间断的原因及排除方法 ………… (415)

471. 扬场作业出现抛粮不均的原因及排除方法 ………… (416)

（四）粮食烘干作业 ………………………………… (416)

472. 粮食烘干作业达不到贮存标准的原因及排除
方法 ……………………………………………… (416)

473. 粮食烘干作业出现烘干过度的原因及排除方法 …… (418)

474. 粮食烘干作业出现种粒降湿不均的原因及排除
方法 ……………………………………………… (419)

475. 粮食烘干作业出现种粒膨胀的原因及排除方法 …… (420)

六、农副产品加工机械 ……………………………… (421)

476. 碾米机常见故障及排除方法 ……………………… (421)

477. 磨粉机常见故障及排除方法 …………………………（422）

478. 6YS-90 型液压榨油机常见故障及排除方法 ………（422）

479. 饲料粉碎机常见故障及排除方法 …………………（423）

七、电动机 ………………………………………………（425）

480. 三相异步电动机的保护措施及保护元件 …………（425）

481. 电动机装设电流表、电压表的要求及其控制回路
　　 的连接 ………………………………………………（427）

482. 电动机启动时应注意的问题 ………………………（427）

483. 电动机在运行中的注意事项 ………………………（428）

484. 正确判断电动机定子绕组首、末端的方法 ………（429）

485. 三相异步电动机直接启动需要的设备 ……………（432）

486. 新安装或长期停用的电动机启动前应做的检查 …（432）

487. 电动机绝缘强度的检查方法和绝缘电阻最低
　　 合格值 ………………………………………………（433）

488. 高压三相异步电动机启动和停止运行的正确
　　 操作方法 ……………………………………………（434）

489. 电动机故障的检查方法和步骤 ……………………（434）

490. 电动机的正确拆装方法 ……………………………（435）

491. 检查电动机轴承运转是否正常的方法 ……………（436）

492. 电动机绕组常用的烘干方法及注意事项 …………（436）

493. 根据三相交流绕组烧损的症状，分析判断故障产生
　　 原因的方法 …………………………………………（438）

494. 电动机启动困难或不能启动的原因及排除方法 …（439）

495. 电动机温升过高或冒烟的原因及排除方法 ………（439）

496. 电动机转速低的原因及排除方法 …………………（441）

497. 电动机轴承过热的原因及排除方法 ………………（441）

498. 电动机运行有异常噪声的原因及排除方法 ………（441）

499. 电动机运行中振动过大的原因及排除方法 ………（442）

500. 电动机的维修周期和定期维修的主要内容 ………（443）

一、基 础 知 识

1. 延长农业机械使用寿命的方法

影响农业机械使用寿命的原因错综复杂,大体可分为两大类:

(1)**自然因素** 自然磨损、腐蚀和金属疲劳损伤,改变了零件的性能、尺寸和形状,破坏了正常的配合关系,最终缩短了农业机械的使用寿命。如发动机气缸磨损、弹簧弹力减弱、橡胶油封老化、齿轮与轴承剥落、轴类零件裂纹等。这类故障是在长期工作中逐渐形成的,是不可避免的,但只要注意正确使用和加强维护保养,就可以延缓和减少故障的发生,防止发展成事故性损坏。如新机器规范地磨合试运转;避免金属零件接触有害介质,在金属零件表面涂油防锈;非金属零件表面涂防腐的油漆;提高零件的表面光洁度;对受交变载荷的零件热处理;加强维护保养,保证各运动副的润滑,杜绝干摩擦和半干摩擦现象的出现等。

(2)**人为因素** 由于使用、保养、调整不当,或修理、制造质量差等人为原因,使零部件工作条件恶化而出现故障。这类故障一般为人为故障,只要在工作中正确使用和加强维护保养,故障是可以避免的。

2. 农业机械发生故障的征象

农业机械发生故障后,会有一定的表现特征,其表现形式多种多样,可归纳为以下几种。

(1)**作用反常或失灵** 如发动机启动困难或不能启动,转速不正常(忽高忽低)、自行灭火;离合器分离不清;变速箱挂挡困难;制动器失灵;发电机不发电等。

(2)**外观表现反常** 如发动机排气冒黑烟、白烟或蓝烟,漏水、

1

漏气,灯光不亮等。

(3)**声音反常** 如发动机的不正常敲击声,排气管放炮声,变速箱齿轮啮合噪声等。

(4)**温度反常** 如发动机过热,变速箱或后桥温度过高,轴承过热等。

(5)**气味反常** 如燃油燃烧不完全的烟味;烧机油味;橡胶、导线、绝缘材料及摩擦片的烧焦味等。

(6)**消耗反常** 如燃油、润滑油、冷却水的消耗量显著增大;喷油泵或发动机油底壳润滑油面自行升高等。

3. 农业机械故障分析的原则

故障分析的原则可概括为:依据征象、联系原理、结合构造、全面分析、先易后难、从简到繁、由表及里、按系分段、逐级查找、尽量少拆。

故障的征象是故障分析的依据。一种故障可能表现出多种征象,而一种征象有可能是几种故障的反映。同一种故障由于其恶化程度不同,其征象表现也不尽相同。因此,在分析故障时,必须准确掌握故障征象。全面了解故障发生前的使用、修理、技术保养情况和发生故障全过程的表现,再结合构造、工作原理,分析故障产生的原因。然后按照先易后难、先简后繁、由表及里、按系分段的方法依次排查,逐渐缩小范围,找出故障部位。在分析排查故障的过程中,要避免盲目拆卸,否则不仅不利于故障的排除,反而会破坏不应拆卸部位的原有配合关系,加速磨损,产生新的故障。

4. 判断农业机械故障的常用方法

故障发生后,依据故障征象,通过听、看、嗅、触摸及测量等手段并通过下述方法,找出故障发生的部位及原因。

(1)**部分停止工作法** 断续地停止某部分零部件工作,观察征象的变化情况,从而判断出故障发生的部位。例如,多缸发动机工作时出现排气管断续冒烟时,可轮流停止各缸的供油(断缸法),当某缸停供后(停止工作),冒烟现象消失,则可断定故障发生在此缸。

(2)**比较法** 当对某零部件产生怀疑时,可用技术状态正常的相同零部件替换,比较换件前后故障征象的变化,来判断故障发生的部位。例如,初步诊断某缸喷油器有故障,发动机工作出现"缺腿"征象,更换技术状态良好的喷油器后,故障征象随之消失,可以断定此缸原喷油器有故障。

(3)**试探法** 这种排除故障方法,一般用在同是一种征象,可能是两种以上故障的反映之时。例如,发动机启动困难,初步诊断由气缸压缩力不足(活塞环与气缸磨损间隙增大)造成,经向气缸内注入少量清洁机油后,征象消失,则表明怀疑属实。再如,怀疑敲缸声是供油提前角过大造成的,经试调供油提前角后,征象消失,则说明怀疑属实。

采用此方法时,一定要先对引起这种征象的故障因素进行认真的分析。再由表及里、按系分段、依次查找,在逐渐减小范围的基础上,决定试探内容,注意尽量少拆卸,并应考虑到拆后恢复原状态的可能性。

(4)**不拆卸检查法** 在不拆卸或少拆卸的情况下,利用"不拆卸检查仪"检查相关部位的技术状态。例如,用转速表测定发动机转速,用气缸压力表测定气缸压缩压力等。

5. 农业机械的常用维修方法

常用的修理方法有换件法、修理尺寸法、附加零件法、局部换新法、恢复尺寸法和换位使用法。

(1)**换件法** 当零件损坏到不能修复或修复成本太高时,应当用新的零件替换损坏件。随着经济的发展和生产水平的不断提高,在修理过程中采取换件修理的比重越来越大。

(2)**修理尺寸法** 这是一种充分延长零件使用寿命、降低使用成本的方法。当相关零件磨损到一定限度后,按规定的修理尺寸,对相关零件进行加工,使其形位公差达到规定的配合技术要求。

3

如东方红-75/54 型拖拉机的气缸磨损超限后,可按修理尺寸镗磨直径加大 0.25、0.5、0.75、1.0、1.25 毫米,同时选配相应加大尺寸的活塞和活塞环。

(3) 附加零件法 用一个特制的零件装配到零件磨损的部位上,以补偿零件的磨损,恢复它原有的配合关系。当附加零件再次磨损超限后,可重新制作新的附加零件替换磨损超限部位。

(4) 局部换新法 如零件某个局部损坏严重,而其他部位完好,可将局部损坏部分去掉,按标准重新制作一个新的部分,用焊接或镶嵌方法把新加工的损坏部位与原件基体部分连接成一个整体,从而恢复零件的原有工作能力。如局部更换断齿齿轮等。

(5) 恢复尺寸法 将已磨损超限的零件,通过焊接、电镀、喷镀、胶补、锻、压、钳、热处理等方法,将损坏的零件恢复到符合技术要求的外形尺寸和性能。在整个修复过程中一定要保证零件的形位精度,不能降低零件的表面硬度和耐磨性,不能使零件基体金属组织发生变化和产生有害的残余应力,不能影响零件修复后的加工性能。

(6) 换位使用法 可换位使用的零件,一般在几何形状和结构尺寸上都完全一样,只是在工作时,其工作受力和磨损不一致(也叫偏磨)。磨损一定程度后,相互调换位置,利用零件未磨损或磨损较轻的工作面继续工作,不但保证了零件使用的技术性能要求,还可以延长该零件的使用寿命。这些可换位使用的零件,往往在设计零件结构时就考虑到了,不需进行任何加工。如轮式拖拉机两前轮,履带拖拉机驱动轮都应定期换位使用,以充分延长其使用寿命。

不论采用哪些修理方法,首先考虑的应当是经济效益,一般修复零件的费用不应超过零件原价的 50%。

6. 农业机械修理时的零件鉴定方法

(1) 感官鉴定法 不用量具和仪器,用眼、耳、手等感觉器官对零件的技术状态做出判断,要求鉴定人员有一定的经验积累。

如,用目测鉴定零件有无裂纹、折断、弯曲、扭曲、腐蚀、疲劳蚀损等;用小锤轻轻敲击,凭声音的变化,判定零件连接是否紧密,零件是否有裂纹等;用手晃动配合件,初步鉴定其配合间隙的大小等。

感官鉴定只是初步鉴定(粗鉴定),对一些重要零件,在感官鉴定后,还应用仪器、量具进一步验证。

(2)**量具测定鉴定法** 采用各种量具检查零件的配合尺寸、间隙、表面形状和位置偏差等,这是一种比较精确、规范的鉴定方法。常用的量具有直尺、直角尺、钢卷尺、卡钳、厚薄规、游标卡尺、百分尺、百分表等。

(3)**样板鉴定法** 这种方法简单、实用、高效。但首先要按技术要求制作出精度较高的标准样板。鉴定时只须将被鉴定的零件与样板比较即可。

(4)**专用仪器鉴定法** 在农业机械的修理过程中,对一些重要零部件必须用专用的仪器进行检查鉴定。如发动机曲轴、连杆等大修时必须进行磁力探伤检查(磁力探伤仪);用水压试验器检查密封容器的密封性能;用弹簧试验仪检查弹簧的弹力;用动平衡试验台检查高速转动零部件的动平衡状态;用高压油泵试验台校验高压油泵的技术状态等。

(5)**不拆卸鉴定法** 参考第4例,此不赘述。

7. 农业机械修理和故障排除常用工具

(1)**拆装工具** 常用的有各种扳手、螺丝刀、锤和各种拉拔器等。

(2)**测量工具** 常用的有直尺、钢卷尺、厚薄规、游标卡尺、万能量角尺、百分尺、百分表、转速表、万能电表等。

(3)**钳工工具** 常用的有手锯、锉、錾、刮刀、铰刀、锤、砂轮、钻机、丝锥等。

(4)**钣金工具** 常用的有划线板、划针、样冲、划规、划线盘、金属剪等。

(5)**金属加工机床** 常用的有普通车床、铣床、刨床、钻床等。

(6)**焊接工具** 常用的有交、直流电焊机,气焊机等。

(7)**其他工具** 千斤顶、气泵、吊车等。

(8)**专用仪器仪表** 磁力探伤仪、水压试验器、弹力试验器、动平衡试验台、电器试验台、高压油泵试验台、喷油嘴试验器等。

8. 游标卡尺的规格及正确使用方法

游标卡尺可用来测量零部件的长度、宽度、深度和内、外径尺寸。常见的游标卡尺有 0～125、0～160、0～180、0～250、0～300 毫米等多种规格,测量精度根据游标读数值有 0.1、0.05、0.02 毫米 3 种。

游标卡尺使用前要把尺身揩净、检查游标和主尺的零位是否对齐。要求两个量脚相互贴合,用肉眼看不出间隙时,游标和主尺零位应重合,否则测量尺寸不准。在测量时,要求量脚与测件接触,松紧度恰当,读数时首先按游标尺零线所在位置读出主尺刻度的整数部分,然后找出游标尺的哪条刻线与主尺相对,即可读出它的小数部分,视线尽可能与卡尺刻线面垂直。不得用卡尺强制卡持零件,更不允许把卡尺当扳手用,以免损坏卡尺。卡尺应定期进行校验。

9. 厚薄规的规格及正确使用方法

厚薄规是用来测量零部件配合间隙大小的量具。一般按标准规定有 5 种规格,分别为:1 号 13 片,测量范围 0.02～0.1 毫米;2 号 16 片,测量范围 0.03～0.5 毫米;3 号 11 片,测量范围 0.03～0.5 毫米;4 号 14 片,测量范围 0.25～1.00 毫米;5 号 11 片,测量范围 0.50～1.00 毫米。3 种规片长度分别为 50、100 和 200 毫米。

测量时,根据需要可 1 片或几片组合,测量精度为 0.01 毫米。使用时应把规片和被测间隙接合面擦拭干净,塞紧力适宜,根据塞入的规片数求得配合件之间的间隙大小。

10. 农业机械修理常用的热处理方法

(1)**退火** 即将工件缓慢均匀加热至所需要的温度,并保温一段时间,然后再缓慢冷却至室温,这一过程即为退火。进行退火时,对含碳量较高和含合金元素较多的钢材制品,其冷却速度应尽可能缓慢,一般采取随炉冷却。而中碳钢和低碳钢制品在炉中冷却至500℃～600℃后,就可出炉冷却。

(2)**正火** 将工件缓慢加热至所需要的温度,保温后在空气中冷却至室温,这一过程称为正火或常化,常用钢材的正火温度见表1。

表1 常用钢材的正火温度

碳 素 钢		碳素工具钢		合金钢	
钢 号	正火温度(℃)	钢 号	正火温度(℃)	钢 号	正火温度(℃)
08～10	900～960	T_7	810～830	15Cr	860～880
15	900～940	T_8	760～780	20Cr	860～880
20	890～920	T_9	760～780	38Cr	850～870
25	870～910	T_{10}	830～850	40Cr	850～870
30～35	850～900	T_{11}	840～860	45Mn$_2$	830～850
40	850～870	T_{12}	850～870		
45	830～860	T_{13}	860～880		
50～55	820～840				
60	800～820				

(3)**淬火** 将工件加热到所需要的温度,保温后快速冷却至室温,这一过程称为淬火。常用的淬火剂有水、10%的盐水、10%的碱水和柴油等。在淬火的操作中,应根据工件的结构、尺寸和几何形状,采取不同的操作方法。厚薄不均的工件,厚的部分应先进入冷却剂中;细长的工件或薄而平的工件,应垂直浸入冷却剂,以防弯曲变形;薄壁环形件,应轴向垂直浸入冷却剂;不通孔或有凹面的工件,应将孔或凹面朝上浸入冷却剂。常见钢材的淬火温度见表2。

表 2　常用钢材的淬火温度

牌　号	淬火温度(℃)	淬火后硬度 HRC	牌　　号	淬火温度(℃)	淬火后硬度 HRC
30～35	840～850	50～55	60Si Mn	840～860	760
40	830～850	50～58	T_7、T_8	780～800	60～63
45	810～830	50～58	T_9、T_{13}	760～810	62～64
50	820～840	50～58	G Cr_6	800～825	≥62
60	820～840	≥60	G Cr_9	825～840	＞62
40 Cr	840～860	50～55	G Cr_{15}	835～855	＞62
50 Mn	830～850	60～62	$W_{18}Cr_4V$	1265～1280	＞62
60 Mn	830～850	60～62	$W_9Cr_4V_2$	1220～1240	＞62
45 Mn_2	830～850	＞55			
60Si_2	840～860	＞60			

(4) **回火**　将淬火后的工件,再加热到某一温度,保温和冷却后,使工件获得需要的性能,这一过程叫做回火。根据加热温度不同,分为低温回火(150℃～250℃)、中温回火(300℃～500℃)、高温回火(500℃～600℃)。回火后的冷却,碳素钢大多在空气中冷却,合金钢则采用油冷。

11. 农业机械的正确拆卸方法

①拆卸前应彻底清除表面泥土和油污,拆卸过程中应保持清洁。

②应弄清被拆卸部分的构造和工作原理,以免损坏机件。

③根据须要进行拆卸,坚持尽量少拆的原则,可拆可不拆者,以不拆为好。

④文明拆卸,合理使用工具,避免猛打猛敲,以免零件损伤或变形。

⑤拆卸顺序一般是由附件到主件;由外层到内层;先由总机分解为总成,再由总成分解为部件,再由部件分解为零件。

⑥拆卸时应注意零件的互相位置关系,核对记号,做好标记(涂色或打印记号),为修后装配做准备,避免装配时破坏原配合关系。

⑦零件分解后,应分类摆放,精密零部件应注意采取防尘措施。

12. 农业机械的正确装配方法

①所有须要装配的零部件必须经过严格的技术鉴定和彻底清洗,在确保技术状态良好的情况下才能进行装配。

②装配时按拆卸的逆顺序进行;先主件后附件;先里(内)后外;由零件组装成部件,再由部件组装成总成,再由总成组装为总机。

③文明装配,采用专用工具或设备。

④做好零件标记和装配记号的核对,保证零部件之间的原相互位置和运动关系不变。

⑤装配静配合件时,应采取加热(或冷却)的办法,杜绝不文明的装配。

⑥装配动配合件时,应注意在配合表面涂油润滑,以免在开始运转时产生干摩擦。

⑦装配过程中,注意装配质量检查,发现问题及时解决。

13. 柴油的正确选用

拖拉机、汽车用的柴油机和农用柴油机均属高速柴油机,所用燃油为轻柴油。

(1)**柴油的分类和牌号** 《GB 252－87 轻柴油规格》按产品质量、性能将轻柴油分为三个等级:即优等品、一级品和合格品(其质量性能指标分别达到国际先进水平、国际一般水平和国内平均先进水平),每一个等级按凝点分为 10 号、0 号、－10 号、－20 号、－35 号、－50 号六个牌号。

(2)**柴油的选用** 主要根据地区气温高低,最经济地选择适用牌号的轻柴油。为保证柴油机燃料供给系统在低温下正常供油,所选用柴油的凝点应比使用地区的最低气温低 5℃左右。10 号轻柴油适用于有预热装置的高速柴油机。0 号、－10 号、－20 号、

-35 号、-50 号分别适用于风险率为 10％的最低气温值在 4℃、-5℃、-14℃～-5℃、-29℃～-14℃、-44℃～-29℃的地区（风险率为 10％的最低气温值表示最低温度低于该温度的概率为 0.1,也就是说,最低气温低于该温度的可能性不超过 1/10）。各牌号轻柴油使用地区范围大致为:0 号轻柴油适于全国各地区的 4～9 月份使用,长江以南地区冬季也可使用;-10 号轻柴油适于长城以南地区冬季和长江以南严冬季节使用;-20 号轻柴油适用于长城以北地区冬季和长城以南、黄河以北地区严冬使用;-35 号轻柴油适于东北、华北、西北寒区严冬使用;-50 号轻柴油适用东北、西北高寒区严冬使用。

轻柴油号越高,价格越高,考虑到经济效益,选用时,在能保证柴油机正常工作的前提下,尽可能选用低号轻柴油。

14. 合理选用润滑油

柴油机和汽油机所用润滑油叫内燃机润滑油,简称内燃机油。

(1)内燃机油的分类 我国目前内燃机油品种是参照美国石油学会(API)使用分类法,按照内燃机油的特性和使用场合分成等级。

汽油机油有:EQB、EQC、EQD、EQE、EQF。

柴油机油有:ECA 、ECB、ECC、ECD 等。

黏度 二冲程汽油机油有:ERA、ERB、ERC 和 ERD 等。

牌号是按美国汽车工程师学会(SAE)黏度分类法主要用运动黏度划分的。冬用机油分为 5W、10W、15W、20W 四个级别;春秋及夏季用机油分为 20W、30W、40W、50W 四个级别。以上 8 个级别的机油都为单级油,各有其适用的温度范围,在不同的季节,必须换用适当黏度级别的机油。

为了能在一个地区范围内冬、夏通用,既有良好的低温启动性能,又有适当高温下工作的黏度(具有良好的黏温性能),这种具有两个黏度级的机油,称为多级油。如 5W/20、10W/30、15W/40、20W/40 等。

①柴油机油的选用：

L-ECA 级柴油机油［GB 5323－85(88)］适用于缓和至中等条件下工作的轻负荷柴油机。按黏度划分有：20、30、40、50W 四个牌号(相当于旧标准的 8、11、14、18 号机油)。

L-ECB 级柴油机油适用于缓和至中等负荷条件工作的使用高硫燃料的轻负荷柴油机。目前我国还没有该级产品规格的国家标准。

L-ECC 级柴油机油(GB 11122－89)用于中等负荷条件下工作的低增压柴油机和工作条件苛刻(或热负荷高)的非增压高速柴油机。产品有 5W/30、10W/30、15W/40、20W/40、20W/20、30、40 等 7 个牌号。

L-ECD 级柴油机油(GB 11123－89)用于高速高负荷条件下工作的增压柴油机。

国产柴油机油的使用范围见表 3。

表 3　国产柴油机油的产品名称及使用范围

质量等级	产 品 名 称	使 用 范 围
CA 级相当 APICA 级	单级油： 20 号 CA 柴油机油 30 号 CA 柴油机油 40 号 CA 柴油机油	北方地区冬季，南方全年或北方夏季 南方负荷较大，磨损较严重的柴油汽车
CC 级相当 APICC 级	L-ECC 级柴油机油 单级油： 30 号 CC 柴油机油 40 号 CC 柴油机油 多级油： 5W/30CC 柴油机油 10W/30CC 柴油机油 10W/40CC 柴油机油 20W/40CC 柴油机油 20W/20CC 柴油机油	 －7℃以上 0℃以上 －40℃～40℃ －20℃～40℃ －20℃以上 －7℃以上 －7℃～20℃

续表 3

质量等级	产品名称	使用范围
CD 级相当 APICD 级	L-ECD 级柴油机油 单级油: 10WCD 柴油机油 30WCD 柴油机油 40WCD 柴油机油 多级油: 5W/30 柴油机油 10W/30 柴油机油 15W/30 柴油机油 15W/40 柴油机油 20W/40 柴油机油 20W/20 柴油机油	 −10℃以下 −7℃以上 0℃以上 −40℃～40℃ −20℃～40℃ −18℃～40℃ −18℃以上 −9℃以上 −7℃～20℃

②二冲程汽油机油的选用:该品种目前还没有国家标准。国产汽油机油使用范围见表 4。

表 4　国产汽油机油的产品名称及使用范围

质量等级	产品名称	使用范围
QB 级相当 APISB 级	L-EQB 级汽油机油 单级油(GB 485−84): HQB-6 汽油机油 HQB-10 汽油机油 HQB-15 汽油机油 多级油(ZBE 31001−87): 5W/20QB 汽油机油 10W/20QB 汽油机油 15W/30QB 汽油机油 20W/30QB 汽油机油	北方地区冬季,南方地区全年或北方夏季,南方夏季磨损较大的汽车 低于−40℃～20℃ −20℃～40℃ −18℃～40℃ −7℃以上

续表 4

质量等级	产品名称	使用范围
QC 级相当 APISC 级	L-EQC 汽油机油（GB 11121－89） 单级油： 30 号 QC 汽油机油 40 号 QC 汽油机油 多级油： 5W/20QC 汽油机油 5W/30QC 汽油机油 10W/30QC 汽油机油 15W/40QC 汽油机油 20W/40QC 汽油机油 20W/20QC 汽油机油	 －7℃以上 0℃以上 低于－40℃～20℃ －40℃～40℃ －20℃～40℃ －18℃以上 －9℃以上 －7℃～20℃
QD 级	L-EQD 汽油机油 单级油： 30 号 QD 汽油机油 40 号 QD 汽油机油 多级油： 10W/30QD 汽油机油 20W/40QD 汽油机油	 －7℃以上 0℃以上 －20℃～40℃ －7℃以上
QE 级	L-EQE 汽油机油 单级油： 30 号 QE 汽油机油 40 号 QE 汽油机油 多级油： 10W/30QE 汽油机油 15W/30QE 汽油机油 15W/40QE 汽油机油	 －7℃以上 0℃以上 －20℃～40℃ －18℃～40℃ －18℃以上

(2)齿轮油的分类、牌号及选用　用于拖拉机、汽车和作业机械传动系统的齿轮润滑。

车辆齿轮油的分类、牌号及选用：1988 年以前，我国车辆齿轮油的分类标准是：按 100℃ 运动黏度分 20 号和 30 号普通齿轮油、22 号和 28 号双曲线齿轮油，其代号用 HL-20 号、HL-30 号、HL57-22 号和 HL57-28 号表示。新国标规定车辆齿轮油属 L 类（润滑剂和有关产品）中的 C 组（齿轮）。与内燃机油相同，参照 API 使用分类法和 SAE 黏度分类法分类。

新标准的车辆齿轮油，按其负荷承载能力和使用场合不同而分成：

L-CLC 级齿轮油，适用于中等速度和负荷比较苛刻的手动变速器和螺旋伞齿轮的驱动桥。

L-CLD 级齿轮油，适用于低速高扭矩下操作的各种齿轮，特别是各种车辆的准双曲面齿轮。

L-CLE 级齿轮油，适用于在高速冲击载荷、高速低扭矩和低速高扭矩下操作的各种齿轮，特别是各种车辆的准双曲面齿轮。

CLC、CLD、CLE 相当于 API 使用分类的 GL-3、GL-4、GL-5。

新标准的车辆齿轮油按黏度分为 70W、75W、80W、85W、90、140 和 250 七个牌号。带有 W 的黏度号用于冬季，没有 W 的黏度号用于春、秋、夏季。同时符合两个黏度级的齿轮油称为多级油（如 80W/90 等）。

目前车辆齿轮油只有行业标准或企业标准。

农用拖拉机一般选用 CLD 或 CLE 级齿轮油。并根据当地各季节气温选择齿轮油的牌号：长江流域及其他冬季气温不低于 -10℃ 的广大温区，可全年使用 90 号油；长江以北及其他气温不低于 -12℃ 的地区，可全年使用 85W/90 号油；长江以北及其他气温不低于 -26℃ 的寒冷地区，冬季应使用 80W/90 号油；冬季最低气温在 -26℃ 以下的高寒地区，冬季应使用 75W 号油。

(3)润滑脂的分类、牌号和选用　在机械设备上不宜用液体润滑剂的部位使用润滑脂起抗磨、防护和密封等作用。如拖拉机、汽车和作业机械上的轮毂轴承、各拉杆球头、发电机、水泵、离合器轴承等,均使用润滑脂。

我国润滑脂的分类采用国际标准 ISO 的分类方法。润滑脂属 L 类的 X 组。根据润滑脂在应用中的操作条件对润滑脂进行分类,每一种润滑脂用一组(5 个)大写字母组成的代号来表示。而目前生产和销售的润滑脂品种和名称还未纳入上述分类体系,旧标准的分类是按润滑脂稠化剂组成成分分类,再按用途或使用条件分级,并按稠度划分牌号。

①钙基和合成钙基润滑脂的选用:钙基润滑脂分为 1、2、3、4、5 等五个牌号。合成钙基润滑脂分 2、3 两个牌号。钙基润滑脂外观光滑,颜色淡黄色至暗黄色,特点是不溶于水,不耐高温,一般工作温度在 70℃以下,转速在 3000 转/分以下的滚动轴承和滑动摩擦面间均可使用。农业机械常用的是 2、3、4 号钙基润滑脂和 2、3 号合成钙基润滑脂。中等转速、轻负荷和最高温度在 50℃以下的部位用 2 号合成钙基润滑脂;中等转速、轻负荷至中等负荷和最高温度不超过 60℃的摩擦部位用 2 号钙基润滑脂或 3 号合成钙基润滑脂;中等转速、中等负荷和最高工作温度在 65℃以下的摩擦部位用 3 号钙基润滑脂;低转速、重负荷和最高工作温度在 70℃以下的摩擦部位用 4 号钙基润滑脂。

②钠基润滑脂的选用:钠基润滑脂分为 2、3、4 三个牌号。钠基润滑脂颜色由深黄至暗褐甚至黑色,特点是耐高温性较好、耐水性较差、遇水起乳化作用。适用于润滑温度较高而不遇水的部位,如离合器前轴承、发动机轴承等。其中 2 号和 3 号的钠基润滑脂的工作温度不超过 120℃,4 号钠基润滑脂的工作温度不超过 135℃。

③钙钠基润滑脂的选用:钙钠基润滑脂分为 1、2 两个牌号。特点是具有一定的抗水性和耐高温性。钙钠基润滑脂广泛用于各种类型的电动机、发电机、汽车、拖拉机和其他机械的滚动轴承润滑。1 号钙钠基润滑脂工作温度在 85℃以下,2 号钙钠基润滑脂的

工作温度在 100℃以下。

除上述几种润滑脂外,还有用二硫化钼粉以 3%~5%的比例加到各种润滑脂里制成的二硫化钼润滑脂。用在高速、重负荷、高温及有化学腐蚀工作条件下的润滑部位,均有良好的润滑效果。

(4)目前常用的润滑油添加剂的种类及使用方法 目前国内外研究和推广应用的一系列以节能和减磨为目的的润滑油添加剂,主要有以下几种:T. M. T 润滑油添加剂、托福油(Tri-Flon)、P. P(Perma Power)发动机保护剂、"捷达"(Solder)发动机保护剂、耐驶(NASA)润滑油添加剂、系列/48-正号(System/48-Pius)、FJM 型节能减磨润滑剂、LA101 节能添加剂、JZ-A 型机油增效剂、ADK 新车灵、ADK 旧车灵及福尔驶等。配方各异,其主要成分有聚四氟乙烯微粒(直径 1 微米以下)、二硫化钼、石墨等,还有一些特别的化学制剂。

润滑油添加剂的使用方法简单,可按产品说明书,将适量的添加剂加在发动机的润滑油中。如 T. M. T 添加剂的适宜用量为每升润滑油中加 28.35 克,LA101 的适宜用量为 9 份机油中加 1 份 LA101,JZ-A 的适宜用量为 3%。具体添加方法为:热车条件下放净旧润滑油,并更换机油滤清器滤芯,重新加入新润滑油,启动发动机,将添加剂摇匀后加入曲轴箱中,使发动机运转 30 分钟以上即可。

15. 正确使用防冻液

常用的防冻液有乙二醇、乙醇、甘油、甘油-乙醇等。由于配制时比例成分不同,其凝点也有所不同。因此,选用时,应根据当地冬季最低气温、作业区域来确定防冻液的种类。一般而言,所选防冻液的结冰点应比最低气温低 10℃~15℃,以免防冻液不起作用。

目前最常用的两种防冻液配制成分见表 5、表 6。

表5 乙二醇-水防冻液的成分、密度和冰点关系

冰 点(℃)	乙二醇 %(重量百分比)	密 度(P20)
−10	28.4	1.0340
−15	32.8	1.0426
−20	38.5	1.0506
−25	45.3	1.0586
−30	47.8	1.0627
−35	50.9	1.0671
−40	54.7	1.0713
−45	57.0	1.0746
−50	59.9	1.0780
−63	68.1	1.0866
−66	70.0	1.0888
−45	82.7	1.1015
−40	86.1	1.1043
−30	93.2	1.1096
−20	97.1	1.1120

表6 酒精-水防冻液的成分、密度和冰点关系

冰 点(℃)	酒 精(%)		密 度(P20)
	体 积	重 量	
−5	14.00	11.27	0.98009
−10	24.00	19.54	0.96925
−15	31.00	25.46	0.96100
−20	37.00	30.65	0.95271
−25	42.00	35.09	0.94479
−30	48.00	40.56	0.93404
−35	56.00	48.15	0.91790
−40	63.00	55.11	0.90231
−45	70.00	62.39	0.88551
−50	77.00	70.06	0.86749

使用防冻液应注意的问题：

①加防冻液前，应清除冷却系的水垢，并放尽残水，以免冲淡防冻液，改变冰点。

②加防冻液只能加到冷却系容量的 93％～95％,不能加得过满。防冻液具有吸湿性,冷却系应密封良好。

③乙二醇、乙醇防冻液有毒,不得接触皮肤,不能用嘴吸,以防中毒。

④乙二醇是有机溶剂,加注时不要漏洒在油漆表面。

⑤乙二醇、甘油防冻液因挥发而减少时,应及时添加清水,渗漏时应添加同一冰点的防冻液。

⑥使用乙醇、甘油-乙醇防冻液时,乙醇易挥发,且易着火,为了安全,乙醇防冻液只宜用在冰点在 -30℃ 以上的配方中。如因酒精挥发而使液面降低时,可用 80％乙醇和 20％的水混合均匀后加以补充。

⑦各种防冻液不能混用、混装,所剩防冻液应在容器上注明名称、冰点,以防混淆。

⑧使用防冻液时,应注意和防腐剂混合使用,以免对冷却系统造成腐蚀和形成水垢。常用的防腐剂配方见表 7。

表 7 常用防腐剂配方

组　　成	配比 1(重量百分比)	配比 2(重量百分比)
巯基苯并噻唑(工业用)	0.15	0.15
硼　砂	1.50	1.50
苯甲酸钠	1.00	1.00
磷　酸	0.20	0.50
三乙醇	0.20	1.00
氢氧化钠	0.50	0.33

二、拖拉机的故障排除

(一)发动机部分的故障排除

16. 根据声音的变化判断故障发生部位的方法

通过异常声音的变化,分析、判断发生故障的部位,是及时排除故障、防范事故发生的重要环节。判断拖拉机声音是否正常,必须熟悉拖拉机运转时的正常声音;必须熟悉拖拉机各部构造和工作原理。只有这样才能做出正确的判断。

由于各部件构造,工作原理,作用和承受负荷大小、性质等不同,其发出的异常声响也不一样,具体表述如下。

(1)**活塞、缸筒敲击声** 当喷油泵供油时间过早或缸筒、活塞由于磨损间隙增大时,活塞在上止点处,在膨胀气体的作用下,会发出猛烈的音哑敲击声。

听诊部位在喷油泵一侧,在各缸活塞上止点部位(图1),当切断各缸供油时,声音消失。

(2)**曲轴主轴颈与轴瓦的敲击声** 当主轴瓦磨损或烧瓦时,主轴承会发出沉重的闷击声。听诊部位在配气机构一侧的曲轴箱处(图1)。用中速和间歇提高转速运转时听诊。

(3)**曲轴连杆轴颈与轴瓦的敲击声** 当连杆瓦严重磨损时,轴承间隙增大,发出比较猛烈的音哑声。烧瓦后声音更猛烈,近于钟声。听诊部位在喷油泵一侧曲轴回转部位(图1),发动机预热后,在低转速下听诊。切断各缸供油时,仍有敲击声。

(4)**活塞销与铜套的敲击声** 活塞销衬套磨损,间隙增大时,在发动机运转时,会发出音调较高的"当、当、当"的响声。切断供

19

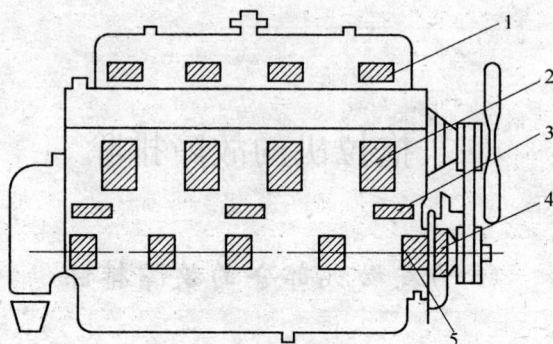

图 1　发动机听诊部位
1. 气门　2. 活塞、连杆铜套、活塞环　3. 凸轮轴
4. 定时齿轮　5. 主轴承及连杆轴承

油时,声音消失。听诊部位在喷油泵一侧的活塞运动部位(图1)。

(5)**气门与摇臂头的敲击声**　气门间隙过大时会发出尖锐的"滴答、滴答"的声音,声音连续不断。听诊部位在配气机构一侧的气门罩处(图1)。发动机低速运转时听诊,切断各缸供油时,仍有敲击声。

(6)**烧气门的声音**　气门烧损时,由于封闭不严,在空气滤清器处有"嗤、嗤"声响,严重时,进气支管有烫手感。

(7)**气门座圈松动、脱落时的声音**　镶座圈时如过盈偏小,使用一定时间后易松动,这时发动机运转时会发出"嚓、嚓、嚓"的声音,伴随这种声音的还有一股气流声,在发动机将要熄火时声音非常明显。

(8)**变速箱的噪声**　变速箱的噪声一般由齿轮油不足或轴承磨损造成。根据不同挡位噪声的程度,可判断各挡位齿轮的磨损程度。磨损越严重,发出的噪声越大。若在空挡位置发出有节奏的"格当、格当"的响声(小油门时声音尤为明显),这是常啮合齿轮断齿(掉牙)产生的。当气温较低,齿轮油黏度大,溅油齿轮一时不能将润滑油溅起,出现干摩擦时,变速箱会发出间断的"吱、吱"声。

所以冬季使用拖拉机时,凡采用齿轮油润滑的部位,最好能预热一下。

(9)**中央传动的异常声响** 中央传动出现异常声响,一般由传动齿轮副及轴承磨损、润滑不良或调整不当,破坏了大小锥齿轮的正常啮合状态产生的。当齿侧间隙过小时,将会发出刺耳的尖啸声(左转弯时尤为明显)。

通过声音的变化就能正确判断故障的准确部位和故障内容,这不是一天之功,而是要在实践工作中逐步摸索、积累、总结,发现规律,掌握规律,运用规律。一旦技术状态发生变化就能被发现,把故障排除在萌芽状态,达到提高"三率"(技术状态完好率、出勤率和班内时间利用率)、提高劳动生产率、提高作业质量、降低作业成本,延长机器使用寿命的目的。

17. 发动机功率下降的原因及排除方法

(1)**表现** 拖拉机工作没劲、发动机工作冒烟(蓝烟或黑烟)、易过热,稍有超负荷极易熄火。行驶速度降低。

(2)**原因** 造成功率下降的原因可归纳为3个方面:

①没有认真执行技术保养规程,造成空气滤清器堵塞,进气不畅;柴油滤清器或油管堵塞,供油不足;排气管路阻塞,排气阻力过大,废弃残留量过大,导致功率下降。只要按规程要求及时进行技术保养就能避免此类故障的出现。

②装配调整不正确。具体表现为:气门间隙过大、过小或封闭不严;喷油泵凸轮轴供油开始角或发动机曲轴供油提前角过早或过晚;喷油器工作不正常,雾化质量、密封性不好;调速器开始起作用(Ⅱ号泵称作用点)转速过低;喷油泵回油阀限制压力过低或接触不严等都会造成发动机功率下降。通过正确的调整故障就可排除。

③发动机经过长期工作缸筒活塞磨损超限;高压油泵柱塞偶件磨损超限,造成供油量不足等。遇到这种情况,一般要进专业场所修理。

18. 发动机排气冒异烟的原因及排除方法

发动机排气冒异烟是技术状态不好的一种表现。如继续使用,必将导致压缩系统相关零部件的快速磨损,耗油量增加,马力不足,动力性能和经济性能下降,应立即停车排除。

发动机排气冒烟颜色可分为黑色、白色和蓝色 3 种。首先要通过仔细观察准确认定排气颜色;然后注意排气冒烟过程中是否伴有杂音及杂音出现的部位;三是注意观察烟是连续的还是间断的,是突发的还是逐渐发展的;四是注意曲轴箱通气孔是否也有烟排出,是多还是少;五是注意燃油耗量是否增加,机油压力是否有变化等。必要时可查阅一下技术档案、修理档案和工作日记等,只有全面了解情况,才能准确判断故障原因。

(1)**冒黑烟** 发动机冒黑烟是由于燃油燃烧不完全,产生的自由碳由排气管排出而引起的。究其原因,主要由燃油供给系统、空气供给系统和发动机压缩系统的技术状态不良造成。

①燃油供给系统的故障

第一,调整不当,供油量大于标准供油量,油、气比例失调,燃烧不完全,排气管冒黑烟不但连续而且均匀。这种情况新修发动机在马力试验台上就表现出来。

第二,由于调整不当或个别缸柱塞调节拉杆接头与油泵拉杆产生相对位置移动时,个别缸供油量偏大,此缸出现燃烧不完全,这时排气冒黑烟是间断的、有规律的,断缸检查时,冒烟消除。

第三,喷油嘴雾化质量不好,喷油锥角不正确,燃烧不完全,排气冒黑烟。若是个别缸喷油嘴喷油雾化质量不好,燃烧不完全造成的排气冒黑烟是间断的、有规律的,若各缸油嘴喷油雾化质量都不好,锥角不正确,则所冒黑烟是连续的。造成雾化质量不好的原因主要由喷油嘴调压弹簧弹力减弱或折断造成。

第四,供油提前角不正确(稍偏小),燃油燃烧时间缩短,燃烧不完全,排气冒黑烟。

②空气供给系故障

第一，空气滤清器缺乏保养堵塞或通气管道不畅，进气不足，燃烧不完全，排气冒黑烟。

第二，配气机构的故障造成发动机充气不足、废气排不净、燃烧不完全冒黑烟。故障表现为气门间隙大；气门弹簧烧坏、弹力不足、气门烧损和气门被积炭等杂物垫起导致关闭不严等。

③发动机超负荷，排气管冒黑烟；负荷恢复正常后，黑烟消失。这不是故障，属使用不当。驾驶员操作机器时应合理使用挡位，尽可能避免机器超负荷工作。

(2)冒白烟　喷入气缸的燃烧油没燃烧；柴油中含水分较多或冷却水漏入气缸；油路中有空气等排气管都会冒白烟，造成这一现象的原因有以下几点：

①发动机温度低，燃油得不到完全燃烧，没燃烧的燃油呈雾状由排气管排出。②缸垫烧损，冷却水进入气缸，在高温高压作用下，水呈雾状由排气管排出。③供油时间太晚，燃油不能在工作行程中全部燃烧，没燃烧的燃油呈雾状随废气一同排出，呈白烟。油门越大越明显。如是单缸供油过晚（随动柱调整螺钉退扣），这时排气管冒白烟是间断的、有节奏的冒，并伴有粗暴的"砰、砰"声，断缸检查时，白烟消失；如单缸供油晚到活塞下行时，喷入气缸的燃油不燃烧全部由排气管排出，并伴有发动机着火"缺腿"，马力下降。④喷油嘴后滴、喷油嘴针阀在打开位置卡住或喷油嘴压力弹簧折断等，使进入气缸的燃油不仅不雾化，而且供油量也增大，燃油不能全部燃烧，大部分由排气管排出。⑤柱塞副磨损（或质量低劣），密封性不好，喷油时间滞后，部分燃油没燃烧被排气管排出。⑥燃油质量不好，自燃点及闪点高，燃烧时间落后，燃烧速度慢，不能完全燃烧。⑦配气机构故障：单缸进气门间隙过大；摇臂、推杆、气门调整螺栓折断等，使进气门不能打开，燃烧室没有空气，燃油不能燃烧，着火"缺腿"，启动困难；个别气门没有间隙，气门不能关闭，燃油也不能燃烧出现"缺腿"。⑧喷油嘴装配不紧漏气，气缸压力不足部分燃油不能燃烧，由排气管排出。⑨由于润滑不良，气门

在打开的位置卡住,使气缸压缩不足,燃油不能燃烧造成"缺腿"。

(3)**冒蓝烟** 发动机烧机油排气管冒蓝烟。出现这一故障原因如下:

①压缩系统缸筒锥度、椭圆度超限;缸筒与活塞间隙太大;活塞环开口间隙、边间隙超限;活塞环开口重合("对口");活塞环被积炭胶住,弹性消失;扭转环或锥度环安装位置及方向不正确。②缸筒有较深的纵向拉伤。③气门与气门导管间隙过大。④空气滤清器油盆中机油油面过高。⑤油底壳机油油面过高。⑥新车或大修后的发动机没有严格按磨合规范进行磨合。⑦燃油质量低劣,含有较多废机油。

19. 发动机启动困难的原因及排除方法

柴油发动机启动困难的原因很多,归纳起来主要有以下几个方面:

(1)燃油供给系统可能存在的问题

①柴油用完或油箱开关未打开。

②油路中漏进空气,造成油路堵塞。一旦出现这种情况应彻底排出空气,其操作步骤是:打开油箱开关,先查低压油路,检查各油管接头是否漏油,将喷油泵和燃油滤清器的放气螺栓拧出 2～3 扣,扳动手压输油泵或手泵杆泵油,放出空气,直到流出的柴油中没有泡沫为止,然后拧紧放气螺栓;松开高压油管在喷油器一端的螺母,转动曲轴,当管口流出的油不再含泡沫时,重新拧紧螺母,再转动曲轴数圈,使各喷油器中充满柴油。

③ 燃油管路或滤清器堵塞。拆下管路或滤清器进行清洗、疏通即可。

④喷油器针阀咬死。清除积炭后用机油研磨,如损坏严重、应更换新品。

⑤柱塞偶件磨损严重。若柱塞上端磨损后出现灰白色的痕迹,宽度超过 4 毫米,长度超过 8 毫米,应更换新品。

⑥出油阀针密封环带磨损严重。根据使用情况,在换柱塞偶

件时,同时更换出油阀偶件。

⑦出油阀针斜面与座孔有异物垫起。将出油阀偶件取出清洗干净即可。

⑧供油时间不正确或喷油压力过低。按使用说明书的规定,重新调整喷油提前角和喷油压力至标准值。

⑨燃油输油泵不送油。在排除了进油管道的漏气后仍不输油,应检修输油泵。

(2)空气滤清器、排气管、消音器堵塞。

(3)燃烧室内积油过多 将油门操纵手柄拉到不供油位置,扳动减压手柄打开气门,转动曲轴排尽机油。

(4)启动转速过低 (指手摇启动的单缸柴油机)。

(5)气缸压缩力不足 其原因如下:

①减压手柄的位置不对,仍处在减压位置。

②气缸盖衬垫漏气。若重新紧固缸盖螺栓后仍有漏气,应更换衬垫。

③活塞环对口或磨损超限。

④气门漏气。造成气门漏气的原因很多,应检查气门间隙、气门弹簧、气门导管及气门与气门座的密封情况。根据检查结果,损坏的机件应更换,属密封不严的应彻底修复。

(6)涡流室镶块松动错位、积炭或有裂纹 若发现镶块松动错位,应在对位后拧紧固定螺钉;若积炭严重,应彻底清除积炭;对出现裂纹或损坏的应更换新品。

(7)天气太冷、气温太低 应按冬季使用柴油机的要求进行启动前的准备工作,采取相应的预热措施。

(8)选用柴油牌号不对 应根据各季节气温的变化,选适宜牌号的柴油。

20. 柴油机转速不稳定的原因

(1)柴油机转速不稳定的两种表现 一种是转速大幅度波动,声音清晰可辨,通常称为"游车"或"喘气";另一种是转速在小幅度范围内波动,从声音上不易辨别,并且无一定的规律,在低速状态下出现时,往往容易引起熄火。

(2)**柴油机转速不稳定的原因** 其原因比较复杂,它涉及到使用、维修、制造等各个环节,柴油机的各有关系统都有可能对转速不稳定产生一定的影响。总的说来,燃油供给系统的技术状态是造成转速不稳的主要因素。具体表现如下:

①燃油滤清器或油路堵塞、油管碰扁、油箱盖通气孔堵塞等,使供油不畅;油管破裂、接头不严密、油箱中油面过低,使油路中吸入空气,破坏了供油的连续性。

②输油泵工作能力降低。喷油泵回油阀漏油或弹簧弹力减弱,低压油供应不足。

③柱塞碰伤、柱塞套歪斜、柱塞套定位螺钉或出油阀紧座拧得过紧,柱塞调节臂弯曲、柱塞弹簧座装反,使柱塞转动不灵。

④供油拉杆弯曲,拉杆孔不同心,运动卡滞。

⑤各缸供油不均匀度过大。

⑥各缸供油时间不一致。

⑦某缸柱塞弹簧、出油阀弹簧折断或弹力不足。

⑧某缸喷油器喷油压力过低、雾化不良或针阀卡滞。

⑨喷油泵凸轮轴轴承或柱塞调节臂与调节叉间隙过大。

⑩调速器安装调整不当;零件磨损配合间隙过大,作用滞后。

⑪调速弹簧变形、弹力过大或过小;旋转零件不平衡。

⑫系列泵拉杆弹簧或 A4CB-8.5×10 型喷油泵调速器复绕弹簧过软。

⑬系列泵调速器推力盘与传动盘磨出凹坑或沟槽,飞球座铆合过紧;A4CB-8.5×10 型喷油泵安全离合器打滑。

⑭供油提前角过大或过小(常见于东方红-40 拖拉机因供油时间过早而产生高速游车)。

⑮活塞环与缸套磨损、气门漏气,各缸压缩压力不一致等。

21. 柴油机工作时自行熄火,排除油路中的空气再启动后,工作不久又自行熄火的原因

其原因有以下 3 点:

①喷油器磨损严重或积炭,针阀偶件密封不严,致使气缸部分压缩气体漏入喷油器,并经喷油器回油管进入低压油路。

②低压油路不畅通(油箱盖通气孔堵塞、燃油滤清器通过阻力过大,油管接头孔被棉纱或密封垫圈部分堵塞等),输油泵输油量过小或Ⅱ号泵回油阀的接头螺塞错装在进油口上(此时,只能靠重力向喷油泵供油),使低压油供应不足。负荷工作时,喷油泵油道内的油入不敷出,油量逐渐减少,油压降低,甚至出现负压,致使柴油机工作不稳定,直至自行熄火。

熄火后拧松放气螺塞排气时,由于负压的作用,空气被立即吸入油道(不易觉察,总认为是排气),当用手油泵泵油排气时,被吸入的空气又以气泡的形式随燃油排出,被误认为熄火的原因就是因为油路中进入了空气造成的,因此在排完气后工作不久又会出现自行熄火。

③油管接头不严或低压油管有裂纹,停车时会向外漏,但负荷工作时会向油道内渗气。累积到一定量后,油路产生气堵,致使柴油机自行熄火。只有彻底排出油管接头漏油和更换有裂纹的油管,故障才能真正排除。

22. 柴油机过热的原因及排除方法

造成柴油机过热主要是由使用、保养、调整不当造成的。归纳起来主要有以下几个方面:

①各运动机件润滑不良,出现半干摩擦或干摩擦(机油量少、机油黏度过低或机油压力过低等)。应检查润滑系统,保证油面高度,更换符合要求的机油,调整机油压力等。

②运动机件装配调整不当,间隙太小,运转时摩擦发热。应按要求调整装配间隙。

③供油时间过迟,燃烧不完全。应校正供油提前角。

④排气门间隙过大,降低排气效率。应重调气门间隙。

⑤燃烧室内的积炭过多,没有及时清理,造成导热不良和压缩比增大。彻底清除积炭。

⑥超负荷工作时间过长。应杜绝长期超负荷作业。

⑦水冷柴油机水泵皮带过松或折断;冷却水太少且水垢太厚;节温器安装不当或失效。

⑧风冷柴油机油散热器内部短路,散热不良;风道、气缸体或气缸盖散热片太脏,散热效果差;导风罩未扣严,漏风;冷却风扇皮带太松或损坏等。

23. 机油压力过低的原因及排除方法

①机油牌号不对。应更换正确牌号的机油(详情见第 14 例)。

②机油压力表损坏或压力表连接的管路堵塞。更换机油压力表,疏通油路。

③机油变质。更换新机油。

④油底壳内机油量不够。添加机油至标准量。

⑤油质稀薄,被柴油稀释。换用牌号符合要求的机油,查明机油稀释的原因,逐项排除。

⑥集滤器或机油滤清器堵塞,吸油阻力大或根本吸不上油。应彻底清洗或更换集滤器和机油滤清器。

⑦机油泵齿轮(或转子)磨损;油泵盖衬垫漏油;油泵装配不当。更换齿轮(或转子)调整齿隙,更换油泵盖衬垫,按要求装配油泵。

⑧各轴承的配合间隙过大,使机油中途跑掉。

⑨机油管路不畅通或有漏油现象。

⑩机油泵限压阀调压弹簧损坏或调节阀调节不当。应更换损坏的弹簧或重新调节调压阀。

24. 机油压力过高的原因及排除方法

①机油压力表失灵。更换新表。

②机油温度低或黏度大。使用正确牌号的机油(详见第 14 例)。

③润滑油路堵塞。因机油脏,使压力表以后的油路和回油阀

油路堵塞,压力增高。应注意定期更换润滑机油和清洗油路。

④机油滤清器壳体与缸体间纸垫安装错位,或更换纸垫时忘做油孔,壳体上回油阀油孔被遮住,回油阀回油阻力增加,回油少,主油道内油量减少不明显,使机油压力升高。重新检查纸垫的安装位置。忘做油孔的纸垫应做孔后装配使用。

⑤回油阀压力调整过高,使主油路压力控制得过高。或因回油阀卡死、失灵、不回油使压力增高。按要求调整回油阀压力。

⑥安全阀不严密,开启压力低,长期使部分机油不经粗滤器,即进入主油道,增加主油道压力和流量。按要求重新调整安全阀开启压力。

25. 机油压力表指示压力不稳的原因及排除方法

指示压力不稳的主要表现:发动机启动后,机油压力逐渐下降,甚至降到零;机油压力表指针在大油门时压力低,小油门时压力高,到达一定转速后,压力表指针随转速同时变化,机油压力表指针摆动。出现这一现象的原因如下:

①发动机启动后,机油压力较高,主要是因为润滑系统各油路及油底壳中机油温度低、黏度大。尽管有的配合件间隙较大,但机油的渗漏比较少,暂时还能保持一定的压力。随着温度的升高,机油黏度大大下降,大部分机油渗漏跑掉,油压下降,甚至到零。这种情况的出现,除各润滑部位配合间隙因磨损超过正常值外,还有限压阀、回油阀因磨损封闭不严,弹簧弹性减弱,调整螺丝松动,压力表油管内壁杂质积聚逐渐增多等所致。

②机油压力表指针摆动,甚至刚修复的发动机也有此现象,其原因:一是机油回油阀阀座不正,弹簧工作时歪斜,弹力减弱,回油阀压力降低。应重新检查装配回油阀。二是回油阀(钢球)与阀座粗糙,接触面积较大,密封不良。应对阀座进行研磨,严重时更换新品。

当油路内压力略高时,就会使阀门开启很大。阀门开启后,油压骤降,阀门又在弹簧的作用下关闭。如此反复,回油阀时开时闭,因而机油压力也随之忽高忽低,致使压力表指针大幅度摆动。

③大油门时机油压力低,小油门时机油压力高的主要原因是:回油阀弹簧弯曲、偏磨折断。弹簧弯曲、偏磨后,常发生卡滞现象。这时,回油阀开启,不仅要克服弹簧的弹力,同时还要克服弹簧与过滤器壳体卡住的阻力,因而比较困难,关闭时,同样也比较困难。

当小油门时,阀门处于关闭状态,保持一定的油压。加大油门,油压升高到能克服弹簧弹力和卡滞的阻力后,阀门突然打开,油压迅速下降。正常情况下(技术状态正常的回油阀),此时阀门在弹簧作用下,应减小开度,保持一定的油压。但由于弹簧卡滞不能起减小阀门开度的作用,大量机油从回油阀流回油底壳,就出现了油压比小油门还低的现象。

减小油门时,情况正好相反,当油门减小,油压降到一定程度后,弹簧弹力克服油压和卡滞阻力,使阀门关闭,油压随之升高。并保持与发动机转速相应的较高压力下工作。

拖拉机工作时,一旦出现以上情况,应进专业修理厂修理。

26. 发动机机油温度高于水温的原因

机油油温过高,主要是由散热不良或不能散热,润滑油供应不足或油质低劣等所致。具体表现如下:

①油温调节开关的位置不对,机油不经散热气散热,导致油温高于水温。应重新调整开关位置。

②由于安全阀弹簧弹力减弱或折断,安全阀及阀座磨损,封闭不严,安全阀被杂物垫起等,使机油不经粗过滤器和散热器散热,由安全阀流入主油道,使机油温度过高。

③机油粗过滤器被杂物堵塞,安全阀打开,机油得不到冷却,使油温过高。所以,使用中应根据技术保养条例,经常及时清洗机油粗过滤器,用棉纱滤芯时更应及时保养、清洗、更换。安装棉纱时不宜过多(350～400 克为宜),不宜过紧,应均匀,不得有过大的空隙。

④机油散热器油管及散热器管被积炭、杂质等堵塞或通道变

小,散热器不能散热或经散热的油量少,整体散热效果差,致使机油温度过高。工作中应注意对这些油道的清理、使其畅通,避免故障的发生。

⑤机油散热器隔板脱焊漏油,机油不经散热就流出。正常情况下,经散热器散热的机油进、出油温差应大于5℃,否则说明隔板脱焊,应及时焊修。

⑥机体和缸盖水套内腔水垢过多,或有过多的泥沙、杂物积附于缸套周围,使燃烧室及缸套得不到良好散热,使机体温度高,导致机油温度高。应注意用软水冷却,并定期清洗缸体和缸盖内腔的水垢。

⑦缸盖、缸筒、活塞、气门等部件表面积炭过多,影响散热,使机油温度过高。应彻底清除积炭。

⑧主轴颈、连杆轴颈与瓦的间隙过小,润滑油膜不易形成,润滑条件变坏,摩擦生成的热量增加,致使机油温度上升过快。主轴颈、连杆轴颈与瓦的配合间隙大,运转中冲击负荷较大,油膜被破坏、油温也会上升。因此,在发动机修理时,主轴颈、连杆轴颈与瓦的配合间隙一定要在标准的范围内。

⑨缸筒、活塞、活塞环磨损,配合间隙过大,或锥度、椭圆度偏差过大,或活塞环咬死、折断、对口等,使高温气体窜入油底壳,造成机油温度过高。此时应按修理尺寸标准,对缸筒进行修复(镗、磨)和选配相应尺寸标准的活塞、活塞环。

⑩曲轴箱通气孔堵塞,影响曲轴箱散热和曲轴箱废气的排除,使曲轴箱压力增大,温度升高。使用中应经常(班保养时)疏通通气孔。

27. 东方红-75/54型拖拉机发动机,离心式过滤器转子转速降低或卡死的原因

离心转子正常工作状态是:工作转速为5 500~5 700 转/分。小于5 500 转/分,滤清效果变坏。发动机在最高转速,机油油温正常(80℃以上)时停止供油,从风扇叶片停止转动时开始计时,离心

转子在惯性力的作用下,旋转可持续 30～40 秒。小于 30 秒,应查明原因予以排除:

①机油温度过低、黏度大,通过过滤器转子的油量少,反作用力矩降低;温度低、黏度大、转子轴承阻力增加等,致使转子转速降低。

②机油压力低,转子喷油压力降低,使反作用力矩变小,导致转速降低。东方红-75/54 型拖拉机发动机(4125A)离心转子入口处机油压力为 6 千克/厘米^2 时,转子转速为 5 500～5 700 转/分(这是因为在粗滤器进油道处设有一个量孔,用以分配粗、细滤器间的油压,保证主油道压力为 2.2～2.5 千克/厘米^2 时,转子(细滤器)入口处压力为 6 千克/厘米^2。此时转子转速可达 5 500～5 700 转/分)。

③转子内油垢过多,使油管滤网或喷孔堵塞,不能喷油或喷油量少,使转子转速大大降低或根本不能转动。

④保养装配时,转子轴上固定螺母拧得过紧或止推轴套装反,使转子不能转动,这时拆下转子盖,检查转子壳,如果壳内一点杂质也没有,证明转子无过流作用。

⑤转子上盖与壳体间垫片损坏或漏装;转子上下衬套磨损,使转子内机油渗漏严重,机油压力降低,油量减少,使其转速降低。

⑥离心式过滤器罩和过滤器壳体间衬垫内圆过大或使用橡胶衬垫,在压紧螺母的挤压下,使衬垫肥大与转子发生摩擦,导致转速降低,甚至卡死。

28. 油底壳油面升高的原因及排除方法

①缸套阻水圈损坏,冷却水渗漏进油底壳。应更换阻水圈。

②气缸盖有裂纹。此时能发现排气中水分增多。应更换气缸盖。

③气缸套与机体接合面漏水。检查时注意缸套肩部与缸体之间的铜垫片是否损坏,必要时更换新品。

④缸套阻水圈经长期使用变质,失去弹性密封作用或在装配

时损坏,使冷却水漏入油底壳。

⑤气缸盖衬垫损坏。检查
能发现水箱有假"开锅"现象。
更换缸垫,故障就可排除。

⑥气缸套穴蚀穿透漏水。
应更换新缸套。

⑦水泵轴承与水封密封不
良,或水封橡皮圈损坏,造成漏
水进入油底壳。应更换新水封
和水封橡皮圈。

⑧水冷式机油冷却器芯子
损坏,使冷却水进入机油内。
应检修更换冷却器芯子。

⑨缸盖安全水堵损坏或松
动,冷却水流出并沿缸盖上回
油孔流入油底壳。使用中应注
意检查和紧固水堵。

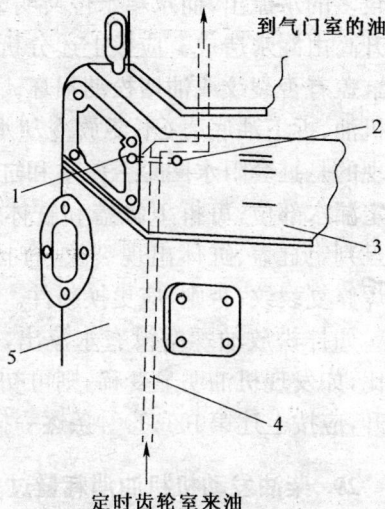

图 2　润滑摇臂油路

1. 堵油螺栓(1)　2. 堵油螺栓(2)
3. 缸盖　4. 至气门摇臂油道　5. 缸体

⑩东方红-75/54 型拖拉机,缸盖通过摇臂润滑油路螺栓松动
(图 2)。发动机停止工作后,润滑油路无压力,冷却水沿此处流入
润滑系统,使油底壳油面增高。

⑪喷油泵漏油、使柴油经定时齿轮室直接流入油底壳。应检
查油泵,更换油封。

⑫喷油器严重漏油或喷油压力低,燃油不能完全燃烧,没燃烧
的油沿缸壁流入油底壳。此时应校验喷油器。

⑬气门摇臂固定螺栓松动,使某一缸气门不能打开,喷入气缸
的燃油不能燃烧,沿缸壁流入油底壳。此时能发觉发动机工作时
"缺腿"。应检查拧紧固定螺栓,重新调整气门间隙。

⑭采用分置式液压悬挂系统的拖拉机,液压油泵主动齿轮轴
自紧油封损坏,液压系统的液压油沿定时齿轮室流入油底壳。

排查故障时,应停车熄火,30 分钟后,拧松油底壳放油螺塞,如

有较多的水流出,而水箱水位又明显下降时,可初步判定油底壳油面升高由漏水造成。应按上述分析查找漏水部位。首先从外表检查缸盖有否裂纹或油堵松动损坏。如无异常,再拧下放油螺塞,放净机油,拆下油底壳(不要放冷却水),检查漏水部位。此时,最易发现的是缸套阻水圈是否漏水和缸体是否有裂纹漏水。如仍不能确定漏水部位,可拆下缸盖和缸体,用水压试验器进行加压试验。一旦判定缸盖、缸体出现裂纹,有技术条件的单位,可进行电焊或气焊修复裂纹;否则,应更换新件。

如拧松放油螺塞没有水流出,取少许机油与标准新机油进行对比,如发现机油明显变稀,则可初定是燃油漏入造成油底壳油面上升,应按上述第⑪⑫⑬⑭条逐一排查。

29. 柴油发动机机油消耗量过多的原因

四冲程柴油发动机,平均机油消耗率通常为 2～8 克/马力·小时。

机油消耗量过多,主要可归纳为 2 条途径:一是发动机烧机油,二是渗漏机油。排查故障时应先从直观入手,检查渗漏。检查各油管接头、接合面、曲轴轴承油封等处是否漏油。在排除漏油的嫌疑后,再集中精力查烧机油的原因。

造成烧机油的原因大致可归纳为以下几点。①曲轴箱内油面过高,曲轴转动抛向气缸壁的油量增多,蒸发及燃烧损失增大。②活塞环弹力不足、磨损严重,扭转环、锥度环及带有道角的环方向装反;活塞环在环槽中胶结,致使密封和刮油作用减弱;活塞环开口间隙和边间隙过大,泵油作用加剧,大量机油窜入燃烧室。③气缸磨损严重,椭圆度过大或缸壁有划痕。应更换新缸套。④活塞磨损,气缸间隙增大。气缸中心线不垂直。活塞偏磨。活塞环槽回油孔堵塞。⑤曲轴箱通气孔堵塞,使曲轴箱机油压力增高。⑥气门与气门导管磨损,配合间隙过大。机油从气门导管间隙进入燃烧室,烧掉或进入排气管道排出。⑦机油质量不符合要求,黏度过小或机油温度过高。

使用中,一旦发现因烧机油造成机油消耗量过多,此时发动机的动力性和经济性都会变差,应进修理厂修理。

30. 发动机机油压力高速时反而比低速时低的原因

出现这种现象的主要原因是:回油阀弹簧弯曲、偏磨;弹簧及调整螺钉端面不平;阀孔脏污或孔壁损伤,致使弹簧卡滞、回油阀动作迟缓等。也可能是机油集滤器堵塞,当发动机高速运转时,轴瓦间隙等处机油泄漏速度增加,机油泵泵油速度快,但由于集滤器堵塞通过阻力增大,便不能满足机油泵吸油量因转速增高而增多的要求,造成机油压力较低;而在发动机低速运转时,机油循环流动慢,机油泵泵油速度低,通过集滤器的油量基本上能满足油泵吸油量的要求,能建立正常的机油压力。

31. 机油滤清器的正确拆卸和清洗方法

不同形式的滤清器有不同的拆卸清洗方法。粗滤器一般工作50～60小时就应清洗;纸质滤芯,新机工作120小时后应换滤芯,以后每隔240小时更换一次滤芯。拆洗带状缝隙式粗滤器时,拆卸后取出外、内滤芯,并用塞子堵住孔口。在煤油或柴油中用毛刷,顺纹路清洗内、外滤芯的表面,切不可用金属刷或刮刀,也不要用棉纱揩擦。刷洗清洁后,再在煤油中冲洗,然后将滤芯立放,沥尽沾附在上面的煤油。也可在热柴油中泡洗滤芯(用热水间接加热柴油),然后用打气筒由外向里吹净缝隙中的脏污。然后将洗净的滤芯用橡皮或木塞堵住孔口,将滤芯上的绕带都浸入油中,观察油渗入滤芯的时间。清洗干净的滤芯应在20～40秒钟内充满油。如超过100秒,则表示通透不好,必须用专用设备以高压柴油喷射清洗。如果清洗后仍超过100秒,则应更换新的滤芯。

拆卸刮片式粗滤器时,将滤清器浸入柴油中,转动捏手,刮下滤芯上的油污,并用压缩空气吹净。如果滤芯上积垢过多,可松开螺母,十分细心地将滤片取出,彻底清洗后,按原顺序逐片装复,转动捏手应旋转自如。

拆洗离心式精滤器时，松开外壳上螺母，取下外壳，再松开转子轴上的螺母，取出转子，再拆转子盖，然后清除转子盖和转子体的污垢，并将零件在清洁的柴油或煤油中清洗吹净。有些离心式精滤器的转子盖与转子体上有箭头记号，安装时一定要注意对准，拧紧螺母时用力要均匀，慢慢地拧，装好后转子应转动自如。

无论粗滤器还是精滤器，拆装清洗时，都要保证密封圈、橡胶垫、石棉垫等不得有损坏或丢失。

32. 柴油发动机"飞车"的原因及排除方法

(1)"飞车"现象　"飞车"时，会出现柴油机声音异常、振动强烈和排气管冒黑烟等现象。

(2)"飞车"的原因　"飞车"的实质，是喷油泵调速器作用失灵，供油量不能随负荷的变化而变化，或是因气缸内进入了额外的燃油或过多的机油，使燃烧产生的动力大大超过柴油机运转阻力。这时，柴油机工作失去平衡，转速不受控制而急剧升高。造成"飞车"的常见原因如下：①喷油泵柱塞在最大供油量位置卡滞，或柱塞转动不灵活。②供油拉杆及调速器运动件卡滞，或配合间隙过大，作用滞后。③柱塞定位螺钉拧入过多，回油不畅（Ⅰ号泵和早期Ⅱ号泵）。④柱塞调节臂从供油拉杆调节叉中脱出。⑤火焰预热器损坏，泄漏的燃油由进气管进入燃烧室，或在启动预热时提前供油，气缸内积聚了过多的燃油。⑥空气滤清器内油盆喷油面过高，或清洗空气滤清器时，滤网上沾有过多的柴油或汽油。⑦调速器内润滑油过多，或润滑油黏度过大等。

(3)须采取的措施　使用中一旦发生"飞车"，应立即采取以下措施，迫使柴油机迅速熄火。①把油门拉至停供位置，并关闭油箱开关。②拧松高压油管，迅速切断供油。③用衣物将空气滤清器包裹严实，或迅速拆掉空气滤清器罩帽，堵死进气管，阻止空气进入气缸。只要进气管道严密，此法效果是可靠的。

发生"飞车"事故的机车，应送修理厂对以上部位进行检查和修理。

33. 发动机缸体常见的损坏表现及预防措施

缸体常见的损坏是:缸体上平面变形(平面度超限)、主轴瓦座孔同轴度超限、缸套座孔的过梁处和水套出现裂纹等。

(1)产生变形原因 ①设计强度不够。②在铸造和机械加工过程中,铸件没达到充分的时效处理,存在残余应力。③使用不当。发动机在缺乏冷却水的情况下长时间工作,或经常超负荷作业,使机体过热。④没按规定的顺序、转矩、逐次均匀地拧紧缸盖和主轴承螺栓。⑤使用整体缸盖封闭的各缸缸套台肩凸出量偏差过大。

(2)产生裂纹原因 ①在发动机过热时骤加冷水,或在发动机体过冷时(冬季)骤加热水。②水垢太厚且厚薄不均,使缸体散热慢或散热不均,产生局部过热。③事故性损坏(捣缸)。④冷却水冻结。

(3)预防措施 ①设计时提高强度系数。②铸件进行充分时效处理,彻底消除残余应力。③使用中避免超负荷作业。注意添加冷却水,不允许长时间在缺乏冷却水和无水情况下,先发动发动机,后加水的错误做法。④维修时,按规定顺序、转矩,逐次均匀地拧紧缸盖和主轴承螺栓。⑤保证缸套的正确安装(详见 36 例)。⑥发动机因缺水出现过热(开锅)时,应先减负荷,待温度稍降后,缓慢加入热水。⑦高号保养和阶段性维修时,应注意清理机体和缸套水垢。⑧冬季停车按操纵规程放尽冷却水,以防冻坏机体。⑨避免捣缸事故(见 43 例)。

34. 气缸套早期磨损的原因及预防措施

(1)导致气缸套早期磨损的原因 导致气缸套早期磨损的主要原因,用一句话表示,就是使用不当。

具体表现如下:①新车或大修后发动机没按规范进行磨合试运转,就直接投入满负荷作业。②长期超负荷作业。③长时间怠速空转。④频繁启动发动机。⑤没按技术保养条例要求,对空气滤清器进行技术保养,使不清洁的空气进入气缸,使缸套活塞产生磨料磨损。严重时,只需一个班次就会造成缸套活塞的报废。⑥没按技术保养条例要求定期更换润滑剂(油),机油老化变质。这样不但失去其润滑功能,还会混入机械杂质而引起磨料磨损,导致气缸套的早期磨损。⑦发动机冬季启动操作不正确。⑧发动机启动后,不经预热就投入作业。⑨发动机"带病"作业。⑩没有随季节的变化选用润滑油。⑪油门操作不规范,有"轰油门"的坏习惯。

(2)预防气缸早期磨损的措施　①新车或大修后的发动机,必须严格按规范磨合试运转后,才能投入作业。②严格按拖拉机使用操作规程使用机器。严禁发动机"带病"作业,严禁长期超负荷作业,严禁长时间怠速空转,严禁频繁启动发动机,严禁先启动后加水,严禁"轰油门"。③严格执行技术保养条例,定期检查、保养空气滤清器、机油滤清器和柴油滤清器。定期更换油底壳机油,加入的机油必须符合使用季节的要求,更换机油时,必须彻底清洗油底壳和润滑油路。④按照使用操作规程,正确操作使用拖拉机。如停车不超过 15 分钟时,发动机可以不熄火,以减少启动次数。启动发动机时,油门一般置于中小油门位置。当气温低于 15℃时,启动时不要加油门,曲轴空转至感到轻松后再供油启动(中小油门)。启动后的发动机应适当预热,水温到 60℃时方可投入作业。发动机的正常作业水温在 70℃~80℃为好。⑤正确使用油门。作业时油门应稳定在额定供油位置。如因工作负荷改变,须要改变油门时,不论是加油或是减油,均应缓慢进行。以发动机不冒黑烟为原则。⑥进行技术维护保养时,应注意保持人员、工具、零件、油料的清洁。加主燃油时,尽可能采取浮子取油、密闭加油;所用主燃油一定要经 72 小时沉淀。添加的机油要经过沉淀、过滤。加油工具绝对清洁,平时应密封入柜保管。

35. 正确选配缸套、活塞和活塞环的方法

①购买新件时,缸套与活塞、活塞环的尺寸分组代号必须相同。只有这样才能保证缸套、活塞有标准的配合间隙。多缸发动

机,所有各缸缸套、活塞、活塞环的尺寸代号必须一致。除此外,所有各缸活塞组的重量差应在规定的范围内。

②按修理尺寸镗、磨修复的缸套。选配活塞、活塞环时,其尺寸标准必须与缸套的修复尺寸相一致,且各缸活塞组的重量差应在规定的范围内。

③为确保装配标准,缸套、活塞组装前,应重新检验装配间隙。首先用量缸表按要求测量缸套内径尺寸(包括圆度、圆柱度误差),然后用外径千分尺测量活塞裙部尺寸,最后计算二者的配合间隙。

36. 缸套的正确安装方法

拖拉机发动机和一般农用柴油机气缸套,多为湿式缸套。安装湿式缸套时,首先应彻底清洁缸套和缸体内孔,尤其要注意对缸套上下支撑环的清洗。如发现有毛刺、尖角和刮手现象,可用锉刀锉掉后再用砂布磨平。

装阻水圈前,应先将缸套放入缸体座孔内试装。缸套能在缸体座孔内轻轻转动,无明显晃动为宜。关键是缸套台肩应凸出缸体平面 0.06~0.15 毫米,不足时应用铜皮垫调整。须要加垫时,应先将垫套在缸套上,再装阻水圈,使它垫在缸体座孔上端。当突出量过大时,应车修缸套上端面。多缸发动机相邻缸的高度差,最大不得超过 0.05 毫米。装配时,一定要保证缸体座孔上端面清洁无杂物。

装阻水圈前,应先检查阻水圈的质量,修平毛边。发现有老化、裂纹、无弹性、粗细不均、过粗或过细等缺陷的阻水圈,应予以报废,不能装机使用。

阻水圈装配时,不应有扭曲现象。如出现扭结,应用螺丝刀的圆柱部位插入,并顺圆圈将光滑面理顺,再在外圈表面,涂上一层润滑油或肥皂水,以便向缸体装配。

缸套装入缸体座孔时,应用两手平均用力按两下。若用缸盖压入,注意,应均匀对称地拧动螺母压入,不得用锤砸入。若发现配合过松,应取下查明原因,排除后再安装。

缸套装配后,一定要进行水压试验,确保不漏水。有条件时,要进行磨合试验。

干式缸套的安装和湿式缸套的安装大致相同,不同的是,要求缸套外径与缸体座孔内径配合紧密,安装时应清洁,不得在缸套外径和缸体座孔内径涂油,以免影响缸套与缸体的均匀贴合。

37. 缸套从凸肩处断裂的原因和预防措施

有的发动机更换缸套后,发生缸套从凸肩处断裂的现象,究其原因,主要有以下几点:①缸套凸肩端面高出缸体上平面量过多(超过 0.15 毫米的最大允许量),且各缸凸出量相差过大(大于0.05 毫米)。②缸套凸肩下平面与缸体支撑面不平整,其缸体变形,接合面间不清洁,缸套装入后,中心线偏斜。③缸垫选用不适当,缸盖的压紧力不是作用在缸套凸肩的上端面上,而是作用在缸套上端的小端面上,使缸套凸肩处承受过大的剪切力,而导致断裂。

预防凸肩处断裂的措施见 36 例。

38. 缸套出现穴蚀的原因及预防措施

产生穴蚀的原因是多方面的,但起主导作用的是缸套的高频振动和冷却水套截面过小。发动机运转时,在爆发压力的冲击及活塞往复运动对气缸壁的敲击下,侧向力的方向和大小不断变化。此时,气缸套便产生高频侧向振动,气缸套两侧水套内的容积和压力随之波动,使气缸套外壁的冷却水层产生局部真空和高压。在高真空下的冷却水形成气泡(水套狭窄处更甚)。气泡在高压冲击下突然破裂时,产生强大的压力和冲击波,使气缸套外壁疲劳剥落(如 4115 发动机气缸套外壁与缸体内壁之间,冷却水截面最小处只有 5 毫米左右。严重时,一个作业季节就能将缸套穿透)。此外,冷却水的腐蚀也具有加快穴蚀的作用。

试验证明:适当减小缸套与活塞的配合间隙(减轻气缸套的振

动）；改进气缸套材料，加大冷却水套截面；提高冷却水水质；保证正常的供油提前角和喷油器喷油压力；合理平稳地使用油门，不突然加油、减油，不"轰"油门，尽可能降低缸套的振动，对减缓穴蚀均有一定作用。一旦出现穴蚀，轻微时，一般可将气缸套转位 90°后继续使用，以延长其使用寿命。严重时应更换新缸套。

39. 气缸垫和气缸盖的正确装配方法

在安装气缸垫时，首先应检查气缸盖和机体平面是否平整或翘曲。当不平度或翘曲度超过允许尺寸时，应进行光磨修理。然后将气缸垫有铜皮封口的一面对着缸盖，并检查缸垫各孔与机体上各孔是否一一对应，在确认无误后，再装缸盖。安装缸盖时，必须按正确的顺序和力矩拧紧缸盖螺栓，单缸和双缸机，一般按对角线顺序，多缸机都是从缸盖的中间位置开始，对称交替地向四周逐一紧固（图 3）。用扭力扳手分 2～3 次逐步拧紧。要提醒注意的是，铸铁缸盖在热车时进行，铝合金缸盖应在冷车时进行。

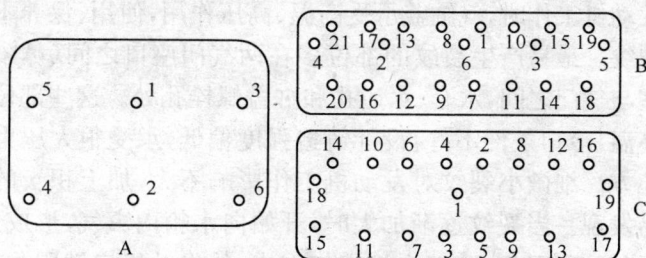

图 3　缸盖螺母拧紧顺序

A. 双缸柴油机　　B、C. 多缸柴油机

40. 气缸垫烧坏的原因及预防措施

(1)气缸垫烧坏的原因　①气缸盖与机体装配平面，翘曲变形超限。因漏气而烧坏气缸垫。②缸盖螺栓未按要求顺序和力矩拧紧，且拧紧力矩相差太大。缸垫压不紧的部位，在高压气体和冷却水的冲击下，极易损坏。③气缸套台肩凸出机体平面的高度不够，

缸垫压不实,高压气体容易烧坏气缸垫。④多缸发动机各缸台肩凸出量相差过大,致使凸出较低的缸套,周围的衬垫压不紧,在高压气体的冲击下,缸套周围衬垫易被烧坏。⑤机体上平面的螺栓孔周围凸起,导致缸盖不能压实缸垫,也易烧坏缸垫。⑥突然加速、猛轰油门,或因排气管积炭,严重堵塞而造成排气不畅,也易造成气缸垫烧坏。⑦气缸垫质量不符合要求,过厚过薄或厚薄不均等,易使气缸垫烧坏。⑧由于机体加工误差,气缸套在机体内处于倾斜状态。台肩凸出量一边高一边低,极易造成气缸垫烧坏。⑨发动机长时间过热,也易烧坏缸垫。⑩喷油嘴滴油。喷射后滴入气缸里的柴油,在高温缺氧的条件下,附着在喷油嘴下边和气缸套上端不完全燃烧,形成积炭堆积,使位于喷油嘴下边的缸垫及气缸套边缘的衬垫烧蚀。

(2)预防措施 见 36、37 例。

41. 气缸盖产生裂纹的原因及预防措施

发动机工作时,气缸盖承受高温、高压作用,使用、保养不当常产生裂纹。最易产生裂纹的部位多在两气门座口之间(鼻梁处),燃烧室与气门之间,水套、水道孔和缸盖螺栓孔处。这些部位都是承受高温,冷却条件不好,设计铸造强度偏低,承受很大压力和拉力的地方。细微小裂纹对发动机工作影响不大,加上积炭的覆盖也不易发现。当裂纹逐渐加大时,开始向水箱内窜气,形成气泡,出现假"开锅"现象;冷却水渗入气缸内,使发动机启动困难,冒白烟,着火声音不好,马力下降。

气缸盖产生裂纹的原因,归纳起来主要表现为:①安装气缸垫时,气缸盖,气缸体之间的孔位没有很标准地对正。这样,降低了冷却水的流量,影响了冷却效果,使机温升高。②使用中,在机温较高的情况下,更换或添加冷却水,致发动机骤冷骤热,最易引起裂纹的发生。因此,在使用中必须注意,在机温很高时,不急于向机器内加冷却水,而是先卸掉负荷,中低速空转降温,机温正常后,再缓慢加入冷却水。③严禁先启动发动机,后加冷却水的错误操作方法。④发动机长期在供油时间偏晚的状态下工作。⑤产生裂纹部位,水道过窄或拐角过小,冷却循环不畅,散热不良。在这种冷却不均匀、塑性不一的情况下,易产生裂纹。⑥冷却水内含碱性较大,水套易生水锈而又得不到及时清除。由于水锈和水垢等原因,降低了冷却效果,日积月累,从而引起裂纹。⑦经常错误地使用减压机构进行停车操作,发动机在高温下,突然大量吸入冷空气,气缸盖突遇冷却而产生裂纹。

预防措施可参阅 39、40 例。

42. 拉缸的原因、预防措施及修复方法

(1) 产生拉缸的原因 发动机拉缸有两种情况:一种是急性的。此时,发动机突然冒烟,不能正常运转,严重时活塞和缸套卡死,发动机突然熄火,摇转曲轴不能正常转动。另一种是,缸套和活塞逐渐产生机械损伤,压缩漏气,窜机油,启动困难,功率下降。

造成拉缸故障的原因主要是:①发动机过热,缸套内润滑油烧失,活塞与缸套呈干摩擦状态。②活塞、活塞环、缸套配合间隙过小,引起拉缸。这种情况多出现在修后的新车试运转中。③活塞环安装折断或工作时卡断,拉伤缸套。④使用混合油(汽油和机油)的发动机,如 AK-10 型发动机,混合油中的机油的比例太小,润滑不良,造成拉缸。⑤活塞销卡环磨损、脱落,活塞销窜出拉伤缸套。

(2) 预防措施 ①合理使用机器,保证发动机在正常的工作温度(70℃～85℃)范围内工作。②提高修理质量标准。彻底清除活塞、缸套积炭,保证标准的装配间隙和合理、规范地修后磨合试运转。③采用混合油的发动机,一定要严格按照标准配制用油。

缸套、活塞出现轻微拉缸,刮痕不深时,可用细金刚砂布打光后继续使用。严重拉缸时,有修理尺寸的,可通过镗、磨缸套,更换加大相应尺寸的活塞及活塞环;无修理尺寸时,应更换新品。活塞卡死在缸套内时,应拆除活塞,查明原因,重新修理(或换新件)。

43. 捣缸事故发生的原因

捣缸属重大破坏性事故,轻者使缸套、活塞、连杆损坏,重者会使整台发动机彻底报废。

事故发生前,发动机短时间内工作不正常:有时是单缸不工作、冒黑烟,有时是冒一股一股的黑烟,发动机内有非常强烈的打击声,很像铁锤敲击缸体的响声。此时,应立即停车检查事故产生的原因。

(1)连杆螺栓折断、退扣,引起捣缸 ①装配时连杆螺栓拧紧力矩过大,螺栓拉伸变形而折断。②连杆螺栓拧紧力矩过小,轴瓦间隙过大,运转中产生冲击载荷或烧瓦,使连杆螺栓折断。③连杆螺栓装配时没有锁紧,运转时出现退扣,间隙变大。在冲击载荷作用下,引起捣缸。④连杆螺栓材料质量不好,承载能力差,疲劳折断。

(2)气门掉入气缸中引起捣缸 ①气门杆折断(俗称揪气门)。一般发生在安全弹簧环槽和气门锁瓣部位。②气门锁瓣脱落,安全卡簧失去作用,使气门掉入气缸。③气门弹簧折断,气门掉入气缸。

(3)缸套脱缸 缸套台肩与缸体连接处折断,造成缸套、活塞、连杆、曲轴、缸体等零件损坏。

主要原因有:①缸套台肩与缸套体处加工圆角太小或没有加工圆角。在发动机交变载荷作用下,应力集中、产生裂纹,以致折断。②安装缸套时操纵不当,因阻水圈过紧,压入缸套时,用力不均,使缸套台肩圆角处产生微观裂纹,工作中发生断裂而脱缸。③由于安装时阻水圈的作用或缸套台肩下平面不平,与缸体接触平面间有杂物,使缸套装斜。在活塞工作时的侧压力作用下,引起缸套轻微纵向摆动,在长期交变载荷的作用下脱缸。④缸套材质不好,制造时内部有缺陷(如砂眼、裂纹等)。工作时,这些部位易折断而脱缸。

(4)活塞在销孔处断裂损坏(俗称揪脖),连杆小端打坏缸体

①活塞与缸套安装间隙过小,粘缸后拉断活塞。②活塞与缸套磨损间隙过大。发动机工作时,活塞在缸套内摆动,撞击而损坏。③连杆弯曲、扭曲等变形,使活塞受较大的附加应力作用而损坏。④装配时,活塞与活塞销紧度过大,致使活塞变形或产生微观裂纹,使活塞损坏。⑤活塞材质不好,强度不够,引起损坏。

(5) **活塞销折断、连杆小端打坏缸套或缸体** ①活塞销材质差,强度小,制造时就存在微观裂纹等缺陷。使用中,由于交变负荷的作用而折断。②活塞销与活塞、连杆衬套配合间隙过大,运转中承受较大的交变负荷冲击,使活塞销疲劳折断。此时,在连杆的小端有强烈的敲击声。③活塞销孔中心线偏斜,与活塞纵向中心线不垂直,受力关系复杂。运转时,活塞销受附加应力作用而折断。④修理时漏装活塞销卡环,或卡环槽磨损,活塞销窜出拉缸,最后引起捣缸。

(6) **连杆劈断、折断打坏缸体** ①"飞车"导致过载负荷而折断。②连杆弯曲、扭曲,内部有砂眼、裂纹等缺陷,降低了连杆自身强度。工作中,在交变负荷作用下折断。

(7) **发动机供油时间偏早,发动机敲缸引起** 这使活塞与活塞销,连杆及轴瓦等零件长期经受爆发的反向冲击力的作用,增加一个较大的附加载荷,疲劳损坏,最后引起捣缸。

(8) **不合理地使用油门引起** 经常在熄火前、起步前和平时的使用中猛轰油门,使发动机转速骤然增加和降低,导致发动机各摩擦件的润滑,经常出现瞬时干摩擦和半干摩擦,增加磨损;发动机转速的骤然增加和降低,使曲柄连杆机构、配气机构各零件受较大的冲击载荷;转速突变,使零件受到的冲击载荷比正常平稳工作时要大几倍。长期如此,导致缸套、活塞、连杆、轴瓦等零件疲劳损坏,引起捣缸。

44. 发动机烧瓦的原因及预防措施

发动机发生烧瓦故障,多为人为事故。

(1) **烧瓦的表现** 烧瓦事故发生时,发动机表现工作无力(有超负荷感），冒黑烟、"缺腿"，以至突然熄火。稍停后，烧瓦轻微时，曲轴仍可转动，烧瓦严重者，曲轴不能转动。

（2）**烧瓦的原因**　烧瓦事故主要由于润滑油供应不足，出现干摩擦，温度骤升，使轴、瓦互相咬死。造成润滑不良的原因是：

①润滑油不足或没有润滑油。发动机润滑油由于突然大量渗漏（如散热器油管破裂、过滤器外罩纸垫损坏、油底壳放油螺塞丢失、各部管接头漏油等），没有及时发现，使润滑系统缺油。

②机油牌号不符合使用要求，质量低劣；机油保管不当，进水，使油乳化，失去润滑能力。

③润滑油路堵塞，特别是通往轴瓦的油路堵塞（杂物、油泥），失去润滑而烧瓦。这种情况多发生在某单个连杆轴瓦烧坏。

④轴瓦间隙过大或过小。间隙过小，润滑油不易进入，润滑油膜不能形成，轴瓦处于半干摩擦状态。摩擦过热，熔化合金而烧瓦。间隙过大，机油流失快，也不易形成稳定油膜，而引起烧瓦。

⑤机油泵不供油。如机油泵传动机构失灵、齿轮损坏、支架折断、传动轴脱落、折断或花键打秃；机油泵严重磨损，滤网严重堵塞，限压阀被杂物垫起或弹簧弹力减弱、折断，关闭不严或开启，致使机油泵不能向润滑油路供油而烧瓦。

⑥机油压力过低。各润滑表面得不到足够的油量润滑，长期下去容易引起烧瓦。

⑦机油黏度大或机油稀释。寒冷季节，发动机预热不好而强行启动时，极易烧瓦。机油稀释、润滑性能降低，轴瓦间不易形成油膜，也易引起烧瓦。

⑧拖拉机长期超负荷作业，发动机转速下降，轴瓦压力增加，润滑油供油量减少、油温过高，也易引起烧瓦。

检查发动机是否烧瓦时，可拧松油底壳放油螺塞，放出机油。如发现油中有发亮的合金粉末，当用手指轻轻捻动时，有细沙粒磨手的感觉时，即可认定为烧瓦故障。

（3）**烧瓦的预防措施**

①选择合乎规格的润滑油。油底壳经常保持标准的油面，并

按发动机技术保养周期,清洗油道、更换新机油。

②发动机工作时,保持正常的机油压力和温度,出现异常,应立即排查。

③修理、保养时,注意检查机油泵及传动机构零件的技术状态。要求其转动灵活、可靠,调整合适。

④安装轴瓦前,应仔细检查轴瓦间隙,保持正常配合间隙。当轴瓦间隙过小时,摇转曲轴时费力。拖拉机熄火时,风扇不能回转。

检查轴瓦间隙,可用内、外径千分尺测量轴瓦孔径和相应的曲轴轴径尺寸来确定。

不拆卸发动机检查轴瓦间隙。其方法是:放净油底壳机油、卸下油底壳,把要检查的轴承盖卸下,擦净润滑油。用一块长 20~30毫米、宽 10~13 毫米、厚度相当于被检查轴瓦标准间隙的软铜片,沿曲轴轴线方向放在轴颈上。装上轴承盖,用标准力矩拧紧螺母,然后把减压手柄放在减压位置,转动曲轴。如能自由转动,表明轴瓦间隙过大;如曲轴不能转动,则表示轴承间隙合适。

在实际工作中,比较常用的另一种方法是:用长 20 毫米、宽 2毫米、厚 0.2~0.3 毫米的保险丝片放于轴瓦间,操作方法同上,测量其间隙。

安装时,要注意对号、成套,尤其注意有油孔的瓦片,一定要同连杆、缸体有油孔的瓦座对应安装。每装一道轴瓦后,应摇转曲轴检查安装情况,如不慎装反,曲轴不能转动时,应查明原因重新安装。

⑤曲轴轴颈及轴瓦由于受力不均,磨损不均匀,轴向形成锥度,径向形成椭圆。此时,应按修理尺寸进行磨修,消除锥度和椭圆,换用相应尺寸的轴瓦,恢复正常的配合关系。

45. 活塞环质量检测内容及活塞间隙的测量方法

(1) 活塞环质量测验内容

①检查活塞环弹性。活塞环弹力要适当,过大过小都不好,检查时可用专用仪器检验,也可用对比法检查。用对比法时,首先应

具备标准环,即将待检查的环和标准环竖起来,一上一下叠在一起。然后从上面施加压力,观察两环的开口状态:如同时相遇(或开度一致),则被测环技术性能良好;如被测环开口比标准环小(或提前闭合),则被测环弹力过小,不能继续使用;如被测环开口比标准环大,则表明被测环弹力过大。

②检查活塞环的翘曲度。翘曲度不应大于 0.02～0.04 毫米。

③检查活塞环的漏光度。将活塞环平放在气缸内,在其下边放一个小光源,上面放一块遮光板,观察活塞环与气缸壁之间的漏光缝隙。一般情况下,用厚薄规测量活塞环漏光缝隙,不应超过0.03 毫米;连续光缝隙长度,不应大于气缸直径的 1/3;漏光缝隙的总长度,不应大于气缸直径的 1/2。

④检查活塞环工作表面不得有刻痕、擦伤、剥落,外圆柱面和上下端面应有一定的光洁度。

(2)活塞环间隙的测量方法 活塞环间隙包括活塞环开口间隙、边间隙和背间隙。测量方法为:①开口间隙。将活塞环放入标准缸套内,保持平整,然后用厚薄规测量即可。②测量边间隙时,可将活塞环放入活塞环槽中,同样用厚薄规测量。

当活塞环开口间隙和边间隙过大时,不能继续使用,应换新件;活塞环开口间隙过小时,可在台虎钳口上垫上铜片,将活塞环卡紧,然后用细平锉刀在其开口处锉修。锉修时应勤检查,以免锉去太多,锉后的端口应平整。当边间隙过小时,可将活塞环平放在固定有 0 号以上金刚砂纸的水平板上,磨修环侧面,直至将环放入环槽中能灵活转动为止。

46. 活塞环常见故障产生的原因

活塞环常见故障是跑气、对口、挫伤、折断、咬死、窜油等。

(1)跑气 活塞环各环开口错开位置不正确。对口、开口间隙过大,环拉伤、折断或咬死等,导致燃气"迷路",作用不好而造成跑气。活塞环跑气时,气缸压力降低。严重时在不减压的情况下,能够摇转曲轴,在机油加油口能听到"渴、渴"的漏气嘘叫声,并伴有烟气冒出。

(2) 对口　发动机运转时,活塞环除内缩外胀外,还有沿圆周"蠕动"的运动。造成这种"蠕动"的原因是缸套、活塞的锥度、不圆度、配合间隙过大,连杆弯曲、气缸壁研磨网纹路不规则等,最后导致活塞环对口。

(3) 挫伤(拉伤)　活塞环开口间隙、背隙过小,环与缸壁摩擦力过大,缸内积炭严重以及装配时污损和油料不清洁等都会导致拉伤。

(4) 折断　活塞环开口间隙过小,旧气缸换新活塞环后,第一道气环撞击缸套因磨损而出现的台肩(一般用手能触摸出来),或装配时活塞环开口扩张得过大等,都会导致活塞环折断。

(5) 咬死　活塞环侧隙过小、拆装时没用专用工具,使活塞环出现螺旋形变形而产生弹性效应或缸内积炭严重等,都会导致活塞环咬死。

(6) 窜油　活塞环开口间隙、侧隙(边隙)过大,扭转环(扭曲环)、锥形环上下方向装反,油道孔堵塞等都易导致窜油。

除此之外,活塞环开口间隙过小,开口处撞击;侧隙过大,环与环槽撞击;旧气缸换新环,第一道气环与缸套台肩撞击等,都会导致发动机运转时有噪声。

由上可知,除活塞环装配的"三隙"(开口间隙、侧隙、背隙)的技术状态外,发动机积炭和润滑的质量是导致活塞环故障的重要原因。

47. 锥度环和扭转环(扭曲环)的正确安装方法

锥度环的工作面是锥度较小的锥面(90 系列柴油机的锥度环锥角为 2°),横断面成梯形(图 4b)。这种环装入气缸后,只有环的外侧下边缘与缸壁接触,提高了表面的接触压力,改善了磨合性和密封性。同时下行时刮油性能好,上行时由于斜面的"油楔"作用,能在油膜上浮起,有均布润滑油作用。因此,虽然接触压力较大,也不致引起熔着磨损。

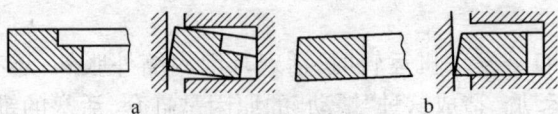

图 4　活塞环断面形状

a. 扭转环　b. 锥度环

扭转环的横断面呈不对称形状,在环的内圆上缘切槽(如4125A 型柴油机的第二、第三道气环),或切有倒角(如 4115T 型柴油机的全部气环);也有在环的外圈下缘切槽或倒角。由于环的断面不对称,弹力不平衡,装入气缸后便自行扭转(图 4a)。环的外表呈上小下大的锥面,与气缸壁成线接触,并且与环槽也是线接触,靠紧在环槽的上下端面上。这不仅具有良好的磨合性和密封性,同时也减轻了对环槽的冲击和磨损,刮油和布油性能也较好。

锥度环和扭转环安装时都有方向要求,绝不能装反,否则会引起严重的窜油(泵油)现象,增加润滑油的消耗量和发动机积炭。正确的装配应当是:锥度环的小端面应朝上安装(90 系列柴油机的锥度环小端面刻有"上"字,旧锥度环记号不清时,应使外圆磨亮的一端朝下)。扭转环的内圆切槽或倒角的面应朝上安装;外圆切槽或倒角的面应朝下安装。

锥度环和扭转环都不宜做第一道气环,因为第一道气环承受很大的燃烧压力,这两种环用做第一道气环,都有被推离气缸壁、失去密封作用的可能。

48. 具有两道油环的活塞,用组合式油环代替整体式油环的正确安装方法

组合式油环具有与气缸壁接触面积小,接触压力大,压力分布均匀,回油通路大,对气缸失圆的适应性好等特点。它比整体式油环有更高的刮油能力和密封性能。因此,用组合式油环代替整体式油环时,只装一道环,就可满足刮油性能的要求,同时还可减小摩擦阻力损失。但为了避免润滑油,通过上油环槽窜入气缸和改

善活塞裙部的润滑,应将组合式油环装于上油环的槽中。

安装时应按一定的顺序进行(图 5),即径向衬环 2→下边一片平环 1→轴向衬环 3→上边两片平环 1。各平环的开口应相互错开,径向衬环的接口应对接而不重叠。

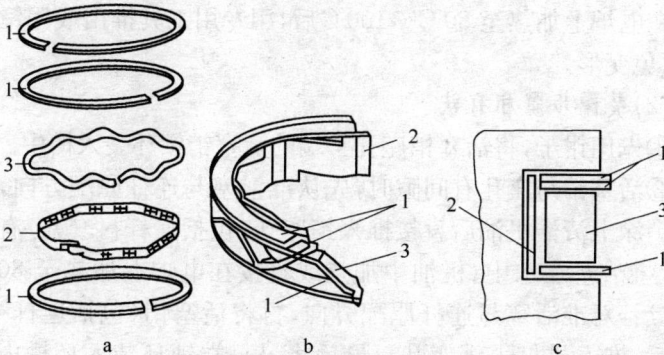

图 5 组合式油环
a. 零件图 b. 装配图 c. 安装示意图
1. 平环 2. 径向衬环 3. 轴向衬环

49. 清除活塞上积炭的方法

积炭严重时,应将活塞取下清除。活塞取下后先用轻柴油浸泡,待积炭松软后再用刮刀或钢锯条刮除。积炭清除要彻底,要注意环槽的清理。清除干净后,再用清洁的柴油清洗,洗净后装复。

积炭不严重时,活塞可不取下,但要将活塞推至上止点时进行清理,方法同前。但为防止刮下的积炭掉进活塞与气缸壁之间,可用黄油将其缝隙封闭。清除完积炭后,再用干净的棉纱蘸汽油,擦净刮下的积炭和封闭用的黄油。

需要提醒的是:在清除积炭时不要刮伤活塞和气缸壁。

50. 活塞和连杆的正确拆装方法

(1)拆卸步骤和方法

①首先检查活塞和连杆的配对方向。必要时可作标记,以免装配时错位。

②用扩张器从上至下依次取下活塞环,并依次放好。

③用钳子取下活塞销环。

④活塞销与销座孔为过盈配合或过渡配合。有间隙时,活塞销可直接用手推出;有过盈时,可将活塞在水中或机油中加热,或直接在电炉上加热至 80℃～100℃后,用专用工具推出或用锤子打出,以免变形。

(2)装配步骤和方法

①先用钳子,将活塞销座孔一端的活塞销锁环装入槽中。

②活塞销与座孔有间隙时,先认准活塞与连杆原配方向,再将活塞销涂上清洁机油后直接推入销座孔(包括连杆衬套)。有过盈时,可将活塞在水中、机油中加热或直接在电炉上加热至 80℃～100℃后,对准活塞与连杆原配方向,再将活塞销(包括连杆衬套)涂油后,推入或打入销座孔。最后将另一端锁环装入环槽内。组装前应校验各缸活塞、连杆组重量差在允许的范围内。

③台虎钳口垫上铜(铝)片后,将连杆夹紧在台虎钳上,用扩张器从下而上将活塞环装入环槽内。用扩张器时,不要过分扩张,以免活塞环开口出现大的偏差(一般不大于 0.04 毫米),形成永久螺旋变形,产生弹簧垫圈效应,甚至折断。

51. 正确安装活塞连杆组件的方法

首先应将气缸套、活塞、连杆大小头等彻底清洗干净,并涂以清洁机油,然后用铁皮卡子围紧活塞环,从气缸上部将活塞连杆装入气缸。此时应注意组件的安装方向:对于凸顶活塞,凡是顶部有箭头标向的,箭头所向应对着排气管。也有箭头指向发动机前端的,安装时应注意区分。对凹顶活塞,如是球面涡流凹穴,凹穴应朝向气缸盖涡流室;如是两个平底圆形气门穴,则应朝向缸盖的气门头。对于顶部厚薄不一致的平顶活塞,厚的一侧应装在燃烧爆发时,活塞受侧压的一边。在安装顶部厚薄一致的平顶活塞时,没有严格的方向要求。

当活塞连杆装入气缸后,在连杆瓦盖的瓦片上涂以机油,并对正机上的记号，按规定的扭矩将连杆螺栓拧紧。连杆大头在轴颈上的轴向间隙，应为 0.3～0.6 毫米（径向间隙为 0.06～0.11 毫米，应在活塞连杆组装入气缸前检查）。装配结束后，摇转曲轴 1～2 圈，感觉适合，再将连杆螺栓锁紧，确保其不回松。

52. 曲柄连杆机构中，必须按尺寸分组配对使用的配合件

为便于制造加工和使零件间具有良好的配合关系，曲柄连杆机构中一些配合件，按制造公差分为几个组。这些配合件必须按尺寸分组配对使用。这些配合件主要有：活塞与缸套及活塞环、活塞与活塞销、曲轴主轴颈与主轴瓦、曲轴连杆轴颈与连杆瓦等。

53. 曲柄连杆机构中的主要配合间隙

主要配合间隙有：气缸间隙（活塞裙部与气缸壁之间垂直于活塞销方向间隙），连杆轴承间隙（连杆轴颈与连杆瓦的径向间隙），主轴承间隙（主轴颈与主轴瓦之间的径向间隙），活塞销与活塞销座孔间的间隙（装配时一般过盈配合），曲轴轴向间隙，连杆大端的轴向间隙（连杆大端端面与曲柄平面间的间隙），连杆小端的轴向间隙（连杆小端端面与销座内端面间的间隙），活塞环端间隙（活塞环装入气缸后的开口间隙），活塞环边间隙（活塞环在环槽中高度方向的间隙），活塞环背隙（活塞环在环槽中厚度方向的间隙），气缸压缩余隙（活塞在上止点，活塞顶面与气缸盖底平面间的间隙）等。

这些配合间隙，直接影响到发动机动力性、经济性、可靠性和使用寿命。因此，修理装配时，必须保证这些间隙都在标准范围内。不但如此，就是在使用中，也必须保证这些间隙在正常的使用范围内，一旦发现异常应立即停车检修。

54. 检查曲轴主轴瓦和连杆轴瓦间隙的方法

轴瓦间隙的简易检查方法如下。

①将轴瓦安装好，按规定扭矩上紧瓦盖，用量缸表和外径千分尺分别测量轴瓦直径和轴颈直径。两直径之差值，就是轴瓦间隙。

②将长度小于轴瓦宽度的保险丝,轴向安放在下轴瓦中部和轴颈之间,按规定扭矩拧紧瓦盖螺栓,然后取出保险丝,测量其厚度即为轴瓦间隙值。此法只用于检查质地较硬的铅青铜瓦间隙。对铝合金瓦不宜(容易在瓦片上压出印痕)。

③将宽度 10 毫米,长度略小于轴瓦宽度,厚度相当于轴瓦极限间隙的铜片,顺轴向放于轴瓦与轴颈之间。用规定的扭矩上紧瓦盖后,在减压状态下试转曲轴(注意不要过分用力,要缓慢转动)。如能转动,则表明间隙过大,需要更换轴瓦。

主轴瓦间隙的检查,应按先中间后两端的顺序进行。

55. 连杆大、小头孔磨损后的修复方法

连杆小头孔磨损后,可将孔镗削到修理尺寸,然后配加大外径的铜套即可;也可对小孔进行焊补修复,方法是用铁丝做焊条气焊,焊好后再进行车床加工,重新压入标准铜套。

连杆大头孔磨损后,一般采用堆焊法修复。即对磨损部位进行堆焊,再经车削加工或镗削加工,至标准尺寸即可。

56. 连杆弯曲、扭曲的检验及修复方法

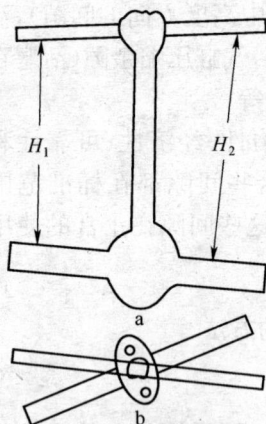

图6 连杆弯曲和扭曲的简易检验

连杆的弯曲和扭曲应在连杆检验校正器上检验。如没有专用设备,也可用两根圆而笔直的等长木轴进行检验,木轴直径与连杆大、小头孔以轻压配合为宜。将两根木轴分别插入连杆大、小孔(图 6),然后测量木轴两端距离 H_1 和 H_2,如 $H_1 \neq H_2$,则连杆弯曲变形如图6a 所示。由连杆小头端观察木轴,如木轴互相交叉(图 6b),则连杆扭曲变形。如两根木轴既互相交叉,而 H_1 和 H_2 又不相等,则连杆双重弯曲变形。

当连杆弯曲度超过 0.06 毫米,扭曲

度超过 0.08 毫米或产生双重弯曲变形时,应进行校正。连杆校正一般在连杆校正器上进行。如无校正器,也可用台虎钳进行校正,其方法是:用三根圆钢柱,一根放在活塞与缸壁间隙偏大一边的连杆中间,另两根放在活塞与缸壁间隙偏小一边的连杆两头,然后旋紧台虎钳加以校正。校正时,不要急于求成,校正量一次不可过多。一次不成两次,直至校直。

57. 连杆螺栓折断的原因及预防措施

连杆螺栓折断,如不及时发现和果断处置,极易引起捣缸、烧瓦事故。

使用中,如出现发动机工作不平稳,声音异常,单缸不着火且冒黑烟,应立即停车检查。

(1)连杆螺栓折断的原因

①连杆螺栓预紧力不够,导致连杆上、下瓦盖接合面开缝,运转中产生冲击拉断或剪断螺栓。

②连杆螺栓拧紧力矩过大,材料发生屈服变形,反使预紧力比原来减小,在冲击载荷的作用下,螺栓过度伸长而引起折断。有些修理人员,在没有扭力扳手的情况下,用加长杠杆拧紧,往往发生拉伸螺栓而折断的情况。最可怕的是有些驾驶员误以为螺栓拧得越紧越好。提醒注意,连杆螺栓必须要用扭力扳手按规定的扭矩上紧。

③连杆螺栓在拉伸应力的作用下,表面发生裂纹,引起螺栓疲劳折断。

④连杆螺栓使用时间太久,磨损严重,螺母与螺栓接触不严、松动,在冲击载荷的作用下折断。

⑤连杆螺栓材质不佳,加工粗糙,承受不了标准的扭力而产生变形或裂纹,在冲击载荷的作用下,产生应力集中而折断。

(2)预防措施

①为了防止发生连杆螺栓折断事故,必须严格按各机型使用说明书中规定的保养周期,检查连杆螺栓的紧固情况。如发现松

动,要用标准力矩拧紧,损坏秃扣的螺栓应更换新件。

②检修发动机时,上紧连杆螺栓应使用扭力扳手,按标准扭矩,分 2～3 次交替均匀拧紧。连杆螺栓拧紧后发现螺母开口与螺栓小孔不对位时,应退回螺母重新拧紧对准销孔,并锁好开口销。拧紧连杆螺栓前,应注意检查螺栓顶部是否全部卡入连杆大端螺栓孔内。

③修理中应严格检查连杆螺栓,必要时应进行磁力探伤检查,遇有裂纹、秃扣、拉伤等缺陷的应更换新件。

58. 曲柄连杆机构的正确使用与技术维护

①新的或大修后的发动机,必须按磨合规范进行磨合。

②必须严格执行发动机使用说明书中的技术保养条例,及时清洗机油滤清器、空气滤清器和油底壳;定期更换机油滤清器滤芯、空气滤清器滤芯和机油;必须及时清除积炭,尽量减少机械杂质进入发动机造成磨料磨损。冷却系统必须使用清洁软水,禁止加硬水,定期清洗水箱,清除水垢。

③发动机启动时,要进行正确的预热。启动时机油压力未建立起来时,不得供给柴油启动机车。L195 和 S195 型柴油机,启动前,首先必须摇几下曲轴,待机油压力浮标升起后,再供给柴油启动。预热时不得供给柴油,启动时油门不宜过大,以免造成柴油"洗缸"。尽量减少冷车启动、强行牵引启动和滑坡启动;避免频繁启动。启动后,水温、油温、机油压力正常时,再投入负荷作业。

④合理使用油门。不长时间怠速空转,不"轰"油门,平稳变换油门位置,适应负荷需要,不长期超负荷作业,不得随意提高调速器转速,不随意调大喷油泵的供油量和改变喷油嘴喷油压力。

59. 曲轴弯曲变形的检查与修理方法

将曲轴置于车床或磨床顶尖上,或放在 V 形铁架上,然后用百分表进行检验。这样测得的径向跳动数值的一半,即为弯曲度(这是个相对值,其中包括曲轴中间主轴颈表面的椭圆度)。这种方法比较简便,由于曲轴弯曲度允许值较大,所以主轴颈表面椭圆的影响可以忽略不计。因此,在实际工作中,大多采用此法检验曲轴弯曲度。当曲轴弯曲度小于 0.3 毫米时,可通过轴颈的修磨将曲轴磨直。如果弯曲度超过 0.3 毫米时,必须进行校直。

对弯曲严重的曲轴常用冷校法校直,方法是:将两端主轴颈用特别的 V 形支架支承,然后用压力机校直。在设备条件较差时,可将一机体(缸体)倒放,在第一、第五道主轴承座中,各装一片下瓦,把第三道主轴承下瓦片取出来,将需要较直的曲轴弯曲的一面向上,仍用原来的主轴承固定螺栓,上好第三道主轴瓦,使弯曲的曲轴得到校直。

60. 曲轴折断的原因及预防措施

(1) 曲轴折断的原因

①材质不佳或制造有缺陷,加工粗糙,达不到设计要求。

②机体各道主轴承中心线不重合(不同心),导致高速运转时,曲轴受交变应力的作用,而发生折断事故。造成主轴承不同心的原因主要表现为两方面:一是制造时,缸体热处理过程中,自然时效引起主轴承不同心。二是在修理装配或刮瓦时不当引起主轴承不同心。

③磨修曲轴时,曲轴主轴颈和连杆轴颈的圆角加工几何尺寸及粗糙度,不符合技术文件要求,使曲轴圆角处产生较大的应力集中。尤其是经过多次磨修后,由于轴颈尺寸相应减小,更易折断。

④曲轴轴心线偏移使飞轮偏摆,在惯性力的作用下,使曲轴产生疲劳而折断。按要求,飞轮摆差不能超过 0.8 毫米。

⑤曲轴安装的平衡块不符合要求,或安装时错位,以及曲轴磨修时采用偏心法,使曲轴半径超差,破坏了原来的平衡,运转时产生较大惯性力,使曲轴疲劳而折断。

⑥飞轮连接螺栓松动,运转时曲轴发生抖动而失去平衡,产生较大的惯性力,使曲轴疲劳,极易在其尾端折断。

⑦曲轴与飞轮的锥孔配合不符合技术要求,两者之间没有形成面接触。高速运转时,飞轮易松动,造成曲轴和飞轮之间的冲击。此时飞轮受到 2 个方面的冲击,使曲轴键槽两侧面很快出现裂纹。如继续使用,裂纹逐渐扩大,最后导致曲轴折断,这种情况单缸机多见。

⑧曲轴弯曲变形超差,使不平衡量大大超过允许值,在不平衡离心力的作用下,轴承超载,发动机产生强烈振动,使曲轴折断。

⑨轴承装配间隙过大或合金脱落,引起冲击载荷增大。运转时,曲轴产生甩动现象,曲轴过度受力,导致折断。

⑩发动机发生飞车、捣缸、顶气门等事故,也会导致曲轴折断。

⑪冷校直也是曲轴折断的一个原因。

⑫供油时间过早,在活塞未到达上止点前,柴油便燃烧,使曲轴受到较大的冲击负荷,如长时间在此种情况下运转,使曲轴疲劳而折断。

⑬长期处于各缸供油量不均匀的情况下运转,各缸爆发力大小不一,使曲轴各轴颈受力不均,时间长了也能引起曲轴折断。

⑭使用操作不当。如起步过猛;长期超负荷运转,使曲轴承受过大的冲击负荷,导致曲轴折断。另外,不文明操作,油门使用不合理,忽大忽小,使发动机运转不平衡或爆燃,长期在这种情况下作业,加速曲轴疲劳进程而导致曲轴折断。

(2)曲轴折断的预防措施

①曲轴在安装之前,应对其主要部位的技术标准进行严格的检验(如曲轴的连杆轴颈分配角、曲轴的曲轴半径、曲轴飞轮组件的动平衡等),并将检验结果记入修理档案。

②气缸体主轴承孔的同轴度误差,应符合技术要求。

③发动机大修时,应对曲轴、连杆等进行磁力探伤检查。无磁力探伤设备的,可用浸油敲击法、锤击法等检验。一旦发现轴颈表面有径向裂纹,或有较深的、延至轴肩圆角的轴向裂纹时,应更换新轴。

④磨修曲轴时,轴颈的过渡圆角,应符合规定的技术要求。

⑤曲轴轴颈与轴瓦的配合间隙,应符合技术要求。

⑥曲轴与飞轮锥孔的配合应符合技术要求。一定要使轴颈锥面与锥孔的配合为面接触,贴合面积在75%以上。

⑦按规定的顺序和扭矩,紧固飞轮与曲轴的连接螺栓,并加以锁紧,以防松动。

⑧保证润滑系统油路畅通,定期更换润滑油和清洗润滑油道,以免造成轴瓦与轴颈发生干摩擦。

⑨定期校验喷油泵和供油时间、供油提前角,使其在发动机技术要求的范围内。

⑩按拖拉机使用说明书的要求,合理使用机器,严禁长期超负荷作业。

61. 延长曲轴使用寿命的技术措施

①新车或大修后的发动机,必须经过严格规范的磨合试运转后,才允许正式作业。

②不允许长期超负荷作业。超负荷作业时,发动机转速明显下降、机温升高、润滑不良、易产生干摩擦和半干摩擦。另外,由于超负荷,连杆大端的离心力和惯性力将显著增加,使连杆轴颈受力大增,甚至折断曲轴。

③合理使用油门,改掉滥轰油门的坏习惯。

④定期清洗曲轴离心净化室。彻底清除净化室内沉积的机械杂质。单缸机每耗主燃油800~1 000千克时,多缸柴油机大修时,应清洗净化室,清洗时一定要认真地、仔细地、彻底将杂质清除干净。否则,易堵塞曲轴油孔,导致烧瓦抱轴。

⑤保证轴瓦间隙和轴向间隙在技术要求的范围内。

⑥磨修曲轴时,要绝对保证轴颈与曲柄的过渡圆角,在技术要求的范围内。避免应力集中的出现。

⑦按拖拉机使用说明书要求,合理使用机器:起步要平稳,避免起步过猛产生冲击负荷;在高低不平的路面(地面)行驶时,用低速挡。因负荷变化,需要加油或减油时,应平稳操纵油门,不突加、突减和滥"轰"油门。杜绝因使用操作不当而产生冲击负荷,造成

曲轴的弯曲、扭曲,甚至折断。

⑧发动机熄火时间较长,或长时间停放的发动机,重新启动时,应先摇转曲轴数十圈,使轴颈与轴瓦运动副充满润滑油,减小干摩擦和半干摩擦造成的磨损。

⑨定期更换油底壳机油,清洗油道。

⑩发动机启动后,预热至水温 60℃时,才能正式投入作业。

62. 判断曲轴轴向间隙是否过大的方法

曲轴工作时会受热伸长,同时还承受正时齿轮和离合器等引起的轴向推力的作用。为保证曲轴既有热膨胀的余地,又不致产生过大的轴向冲击,保证曲柄连杆机构的正确工作位置,就必须对曲轴进行轴向定位,将其轴向间隙保持在一定的范围内。

使用中,由于止推轴承(止推环、止推片)等零件的磨损,曲轴轴向间隙会逐渐变大,引起曲轴轴向窜动。此时,在发动机运转时,可听到"咯噔、咯噔"的闷击声,当抖动油门突然改变转速或突加负荷时,响声尤其显著。断缸检查时,一般无明显变化,分离离合器后,响声会减弱或消失。当间隙过大时,顺轴向撬动曲轴时能发现有明显的轴向窜动。此时,离合器的操纵性能也随之变差。这时应停车修理,将间隙调整至标准范围内。

63. 确定活塞压缩行程上止点的方法

(1)**标记确定** 发动机飞轮上一般都具有表示活塞上止点的标记(多缸发动机通常表示第一缸活塞的压缩上止点),当飞轮上的标记与壳体上的标记对正时,即为相应缸的活塞上止点。但并不一定是压缩行程上止点,也可能是排气行程上止点。因此,尚需结合气门的开、闭情况协助确定,即缓慢转动曲轴,当第一缸进气门摇臂的长端下压后(进气门打开),又抬起时(进气门关闭),继续转动曲轴,使飞轮和壳体上的上止点标记对准,此时便是第一缸的压缩上止点。

然后按发动机的工作顺序,每转动曲轴一个做功行程间隔,即为某缸的压缩行程上止点。如工作顺序为 1—3—4—2 的四行程发动机,确定第一缸压缩行程上止点后,再转曲轴 180°即为第三缸压缩行程上止点。同理,再继续转动曲轴,依次确定第四缸和第二缸压缩行程上止点。对于工作顺序为 1—5—3—6—2—4 的六缸发动机,在确定第一缸压缩行程上止点后,再转曲轴 120°即为第五缸压缩行程上止点,依此类推,继续转动曲轴,便可找出其余各缸的压缩行程上止点。

(2)根据喷油泵供油情况,认定压缩行程上止点　方法是松开各缸高压油管接头螺帽,转动曲轴,某缸开始供油,此缸活塞即处于压缩行程上止点的近似位置(有供油提前角)。

(3)利用气门叠开期确定压缩行程上止点　由于进气门的早开和排气门的迟闭,在排气行程上止点时,进排气门处于叠开状态。据此,通过观察气门推杆的运动情况,来确定活塞压缩行程上止点。转动曲轴,某缸排气门推杆下行,同时进气门推杆上行。当两推杆运动到等高位置时,此缸便处于排气行程上止点或其近似位置,然后再继续转动曲轴一圈,即为此缸的压缩行程上止点或其近似位置。

对于多缸发动机,根据发动机工作顺序和曲轴连杆轴颈的排列情况,也可通过使某缸处于排气行程上止点,而确定另一缸的压缩行程上止点。如四缸四行程发动机,工作顺序为 1—3—4—2 或 1—2—4—3,曲轴的 1、4 缸连轴颈朝向一个方向,2、3 缸连轴颈朝向另一个方向,两者曲柄夹角为 180°,当 4 缸处于排气行程上止点时,则 1 缸必然处于压缩行程上止点,反之亦然。

六缸四行程发动机,工作顺序为 1—5—3—6—2—4 或 1—4—2—6—3—5。其中 1、6 缸,2、5 缸,3、4 缸的连杆轴颈、分别朝向三个不同方向,其曲轴夹角为 120°。当六缸处于排气行程上止点时,则一缸处于压缩行程上止点,依此类推,便可确定各缸的压缩行程上止点。

64. 维修发动机时,检查气缸压缩余隙的重要作用

活塞在上止点时,活塞顶平面与气缸盖下平面间的距离,称为气

缸压缩余隙(也称压缩室高度)。在发动机使用与维修过程中,由于气缸垫厚度,连杆大、小端孔中心距离和曲轴回转半径的改变,以及连杆衬套间隙、连杆轴承和主轴承间隙,活塞销与销座孔配合间隙的增大等原因,均会造成气缸压缩余隙的变化,从而引起压缩比的改变,直接影响发动机的动力性能、经济性能和使用寿命。因此,维修发动机或更换曲柄连杆机构的有关零件后,必须检查气缸的压缩余隙。各种机型发动机压缩余隙不完全相同,维修检查时,以各机型的技术标准进行。几种常见发动机压缩余隙见表 8。

表 8　几种发动机的压缩余隙　　(单位:毫米)

发 动 机 型 号	压 缩 余 隙
4125A	1.16～1.72
4115T	1.8～2.3
490	0.9～1.1
485	1.2～1.4
290	0.8～1.0

压缩余隙的检查方法:先拆下气缸盖,将厚度比压缩余隙稍大的 2～3 块铅块(或保险丝),放于活塞顶面上(避开燃烧凹坑和气门),再装回气缸盖,并按要求拧紧缸盖螺母,然后缓慢转动曲轴,使活塞越过上止点,然后拆下气缸盖取出铅块测其厚度,各铅块厚度平均值,即为压缩余隙。

65. 凸轮轴的轴向定位一般采用的方法

凸轮轴工作时受热,使其膨胀伸长,故须要留有一定的热膨胀余地,但其轴向间隙又不能过大,否则会引起凸轮轴的轴向窜动。这不仅使零件磨损加剧,也会因凸轮位置的变动,而引起配气相位的变化,进而影响发动机的正常工作。因此,必须对凸轮轴进行轴向定位,将其轴向移动量限制在一定的范围内。

凸轮轴轴向定位一般采用以下两种方法:

(1)采用止推螺钉定位(图7a) 正时齿轮室盖上设有止推螺

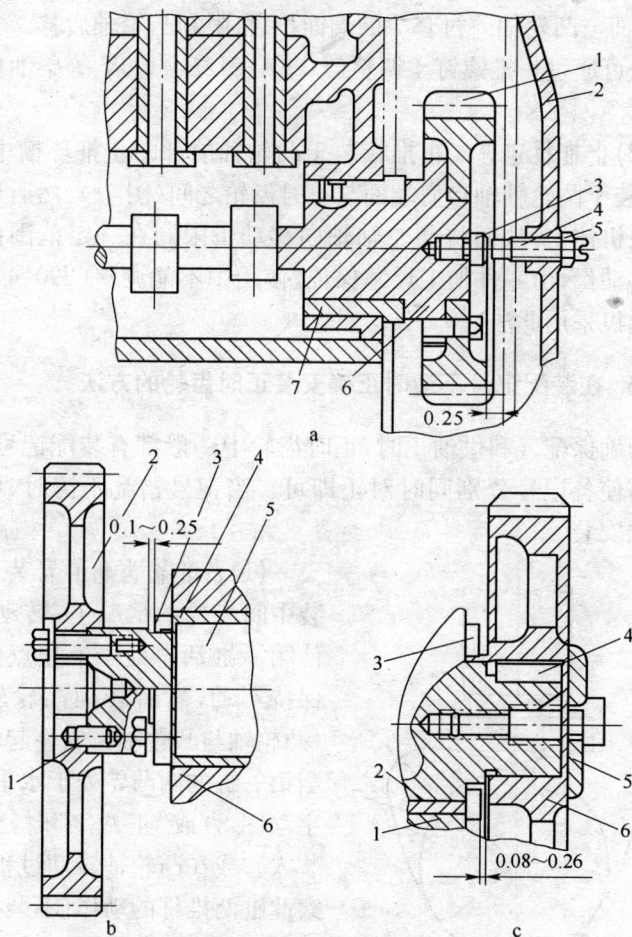

图7 凸轮轴轴向定位

a. 止推螺钉定位(4125A型柴油机)

1. 凸轮轴正时齿轮 2. 正时齿轮室盖 3. 止推销 4. 止推螺钉
5. 锁紧螺帽 6. 凸轮轴突缘 7. 前衬套

b. 止推板定位之一(390型柴油机)

1. 定位销 2. 正时齿轮 3. 止推板 4. 前衬套 5. 凸轮轴 6. 机体

c. 止推板定位之二(495型柴油机)

1. 气缸体 2. 前衬套 3. 止推板 4. 键 5. 压板 6. 正时齿轮

钉 4，与凸轮轴前端的止推销 3 相对，限制凸轮轴前移；凸轮轴突缘 6 的端面与凸轮轴前衬套 7 的端面相对，限制凸轮轴后移。其轴向移动量可通过止推螺钉 4 调整（4125A、2125、4115T 等柴油机都用此法）。

(2) **止推板定位**　止推板装于凸轮轴前部的止推环槽中（图 7b），或装于凸轮轴轴台肩端面与正时齿轮之间（图 7c），然后用螺钉固定在机体上，从而将凸轮轴轴向移动量限制在一定范围内。其轴向移动量，由零件加工尺寸保证，使用中不能调整（290、490、495 等柴油机采用此法）。

66. 在装配记号不清时正确安装正时齿轮的方法

为确保配气和供油正时，正时齿轮上一般都有装配记号，安装时只需使各记号分别同时对正即可。当记号错乱不清时，可按以下方法安装。

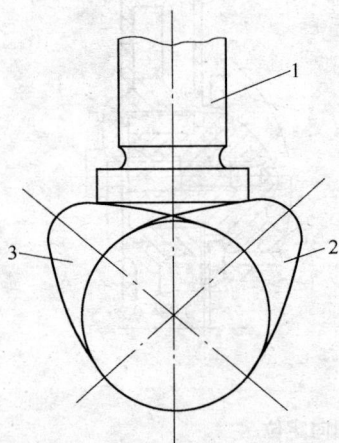

图 8　凸轮的水平"倒八字"状态
1. 挺柱　2. 排气凸轮
3. 进气凸轮

(1) **凸轮轴齿轮的安装**　在不装中间齿轮的情况下，转动曲轴，使第一缸活塞处于上止点位置并保持不动，然后转动凸轮轴齿轮（凸轮轴与凸轮轴齿轮一起转动）。当第一缸的两凸轮处于水平"倒八字"（图 8）或"正八字"时，将齿轮装入。或在凸轮轴转动过程中，观察此缸两推杆的动作（不装摇臂）：排气门推杆向下行、进气门推杆向上行，当两推杆又运动到相同高度时（选用长度相等的推杆）。将中间齿轮装入即可。

由发动机配气相位可知，如果进气门早开角和排气门迟闭角相等，当活塞在上止点时，进、排气门凸轮必然处于等高位置。如果进气门早开角和排气门迟闭角不相等,虽然两凸轮不处于等高位置,但与等高位置相差角很小,仅为排气门迟闭角与进气门早开角之差的 1/4(凸轮轴转角)。而凸轮轴齿轮每个齿所对应的角度,却较之大得多,这样在安装中间齿轮时,便差不了一个齿。所以,无论进气门早开角和排气门迟闭角相等与否,用此法安装都能保证配气正时的正确性。

(2)喷油泵齿轮的安装 安装好凸轮轴齿轮后,转动曲轴,使第一缸活塞处于压缩行程上止点前的供油提前角的位置(可用风扇皮带轮法或飞轮法确定),并在中间齿轮、曲轴齿轮、凸轮轴齿轮的相应啮合处做好记号。将中间齿轮拆下,然后装上喷油泵齿轮,并装好喷油泵,转动喷油泵齿轮,当喷油泵第一缸开始供油的瞬间,停止转动,再将中间齿轮按所做记号装入即可。

67. 利用气门叠开期检查配气相位是否正确的方法

对进气门早开角和排气门迟闭角相等的发动机(如 4125A 型柴油机),当某缸活塞在排气行程上止点时,此缸的进、排气凸轮,必然处于气门叠开期的等高位置。利用这一点,便可检查配气相位的正确与否。其方法是:缓慢转动曲轴,当某缸进气门推杆向上运动,同时排气门推杆向下运动,而两推杆又处于等高位置时,如此缸活塞恰在排气行程上止点,则可说明此发动机配气相位基本正确。

68. 在不拆气缸盖的情况下正确识别气门排列顺序的方法

对发动机进行技术维护时(如调气门间隙),往往需要知道气门的排列次序,在不拆气缸盖的情况下,主要根据进、排气管的布局情况识别。如图 9a 所示,气门排列次序应为:排、进、进、排、排、进、进、排;图 9b 所示气门排列次序则为:进、排、进、排、进、排、进、排。

除此,也可根据气门(或摇臂)的动作识别。其方法是:缓慢转动曲轴,当某缸两气门同时动作时,下行的气门为进气门,上行的气门为排气门。依此类推,便可逐一识别各缸的进气门和排气门,从而得知气门排列的次序。

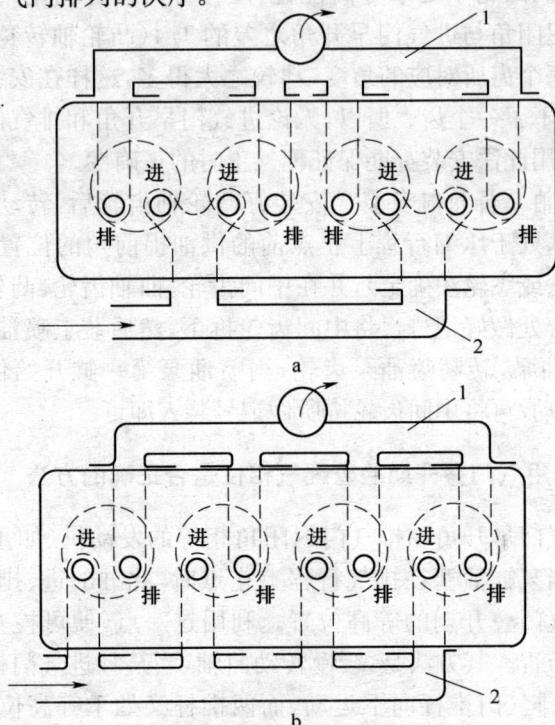

图 9　气门排列次序的识别

1. 排气管　2. 进气管

69. 用两次调整法调整多缸发动机气门间隙的方法

气门间隙的调整必须在气门处于关闭状态(凸轮未开始顶起气门顶杆)时进行。

在四行程多缸发动机中,当某缸活塞在压缩行程上止点时,都有哪些气门处于关闭状态,可根据发动机工作顺序和配气相位分析确定,但如若采用发动机的示功图(热功图),确定各缸气门状态,则更简明、更直观。

先画出发动机各行程的相似示功图(图 10)。

将任一缸(图中为 1 缸)标注在压缩行程上止点位置,再根据发动机工作顺序和各缸工作间隔角,按工作循环的反方向标出各缸的相应位置,然后进行分析。

图 10a 为工作顺序 1—3—4—2 的四缸四行程发动机示功图。当 1 缸在压缩行程上止点时,3 缸在进气行程下止点(进气门未闭),4 缸在排气行程上止点(进、排气门叠开),2 缸在做功行程下止点(排气门已开)。由此可知,当某一缸在压缩行程上止点时,不仅此缸的进、排气门是关闭的,而此缸上一缸的进气门和下一缸的排气门也都是关闭的。为便于记忆,此规律可简称为"上进下排"。据此,只要知道发动机工作顺序和气门排列次序,便可迅速准确地确定气门调整的顺序。如发动机工作顺序为 1—3—4—2,气门排列次序为:排、进、进、排、排、进、进、排,当 1 缸处于压缩行程上止点时,依据"上进下排"规律,1 缸的两个气门、上一缸(2 缸)的进气门和下一缸(3 缸)的排气门均可调整,在发动机上自前向后数,一次可调 1、2、3、5 四个气门;然后转动曲轴一周,使 4 缸处于压缩行程上止点,依此类推,可同时调整 4、6、7、8 四个气门。即两次把气门间隙调整完。

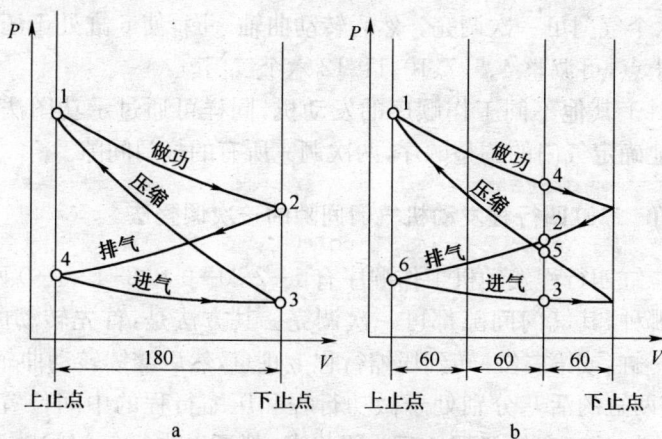

图 10　确定气门关闭状态的相似示功图

a. 四缸发动机　b. 六缸发动机

如发动机工作顺序为 1—3—4—2,而气门排列次序为:进、排、

进、排、进、排、进、排,当 1 缸处于压缩上止点时,依据"上进下排"规律,一次可调 1、2、3、6 四个气门,转动曲轴一圈,4 缸处于压缩行程上止点,可调 4、5、7、8 四个气门。

图 10b 为工作顺序 1—5—3—6—2—4 的六缸四行程发动机示功图。当 1 缸在压缩行程上止点时,5 缸在进气行程下止点后 60°。3 缸在进气行程下止点前 60°,6 缸在排气行程上止点,2 缸在做功行程下止点后 60°,4 缸在做功行程下止点前 60°。因此,1 缸的两个气门、5 缸和 3 缸的排气门、2 缸和 4 缸的进气门都处于关闭状态。

由此可知:六缸四行程发动机,当某一缸在压缩行程上止点时,不仅此缸的两个气门关闭,而且此缸的上两缸的进气门和下两缸的排气门也都是关闭的,也遵守"上进下排"的规律。

例如跃进牌汽车发动机工作顺序为:1—5—3—6—2—4,气门排列顺序为:排、进、进、排、进、排、排、进、排、进、排,当 1 缸在压缩行程上止点时,1 缸的两个气门、1 缸上两缸(2、4 缸)的进气门和下两缸(5、3 缸)的排气门均可调整,在发动机自前向后 1、2、3、6、8、9 六个气门可一次调完。然后转动曲轴一圈,使 6 缸处于压缩行程上止点,可调整 4、5、7、10、11、12 六个气门。

对于其他不同工作顺序的发动机,同样可通过示功图法准确无误地确定气门的调整顺序,两次调完所有的气门间隙。

70. 二缸四行程发动机气门间隙的一次调整法

二缸四行程发动机工作顺序有 1—2—0—0 和 2—1—0—0 两种。不论哪种,其气门间隙都可一次调完。其方法是:首先转动曲轴,将第一缸(或第二缸)转到压缩行程上止点,然后继续转动曲轴 1/4 圈,使两缸的活塞分别处于做功行程和压缩行程的中间位置。此时两个缸的四个气门都处于关闭状态,都可以进行气门间隙调整。工作顺序为 2—1—0—0 的发动机,则应首先确定第二缸的压缩行程上止点,然后再转动曲轴 1/4 圈进行调整。

71. 气门间隙的正确调整方法和注意事项

气门间隙的调整是发动机各号技术保养必须进行的项目。气门间隙调整必须准确,过大会引起充气不足和排气不尽,过小会造成气门关闭不严,极易烧坏气门。因此,气门间隙过大或过小都会引起发动机功率下降,经济性能降低。

正常的测量方法是,活塞在压缩行程上止点时(一定要关闭减压机构),将厚薄规插入摇臂头和气门杆端头之间,测量其间隙大小。提醒注意的是,技术规定的气门间隙是冷车值还是热车值。一般冷车值比热车值要大一些(一般是冷车间隙进气门为 0.35 毫米,排气门为 0.4 毫米;热车间隙进气门为 0.25 毫米,排气门为 0.3 毫米)。

调整气门间隙时,先松开锁紧螺母,用螺丝刀拧动调整螺栓至间隙合适为止。再用螺丝刀顶住调整螺栓(避免螺栓转动),将锁紧螺母锁紧。为谨慎起见,最后再复查一遍所有进、排气门间隙是否符合标准,否则应重新调整。

驾驶人员应充分认识到:时刻保持标准的气门间隙,不需要做任何的额外投资,便能取得发动机良好的动力性能和经济性能。

当气门摇臂头因磨损出现凹窝或不平时,用上述方法测量很难得到标准的间隙。此时可用调整螺栓直接调整。用此法必须先测取调整螺栓的螺距值。一般发动机气门调整螺栓螺距为 1 毫米。调整时,使活塞在压缩行程上止点,松开调整螺母,用螺丝刀将调整螺栓拧紧,完全消除间隙后,依据气门间隙值的大小,将调整螺栓退扣至相当于气门间隙值的圈数,再将螺母锁紧即可。例如热车时,进气门间隙 0.25 毫米,调整螺栓距为 1 毫米,拧紧调整螺栓完全消除间隙后,再退扣 1/4 圈即可。只要能够准确掌握消除间隙和退扣圈数,用此法调整气门间隙,比用厚薄规更准确。

72. 气门导管的正确安装方法

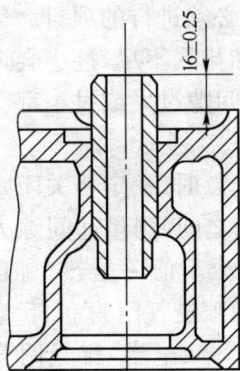

图 11　4115T 型柴油机气门导管安装高度

安装气门导管时,一定要确保其安装高度,即气门导管上端面高出气缸盖上平面的距离,符合技术要求,图 11 为 4115T 型柴油机气门导管安装高度。导管安装过高,气门打开时,可能造成气门弹簧座与气门导管上端面相碰,导致气门推杆弯曲,严重时甚至折断气门摇臂。导管安装过低,会增加进、排气阻力和气门漏气。

有的气门导管两端不对称,还要注意安装方向。安装时切勿装错。

气门导管多用铸铁或铁基粉末合金制造。导管装配时,与气缸盖的配合有一定的紧度,所以安装时最好采用专用压力设备,将导管垂直压入导管座孔。为便于压入,压入前最好在导管外圆面涂以清洁机油。如用锤击打入,最好配制专用工具并垫上木板,并在导管涂油后,垂直打入座孔,以防导管变形或破碎。

73. 正常的气门间隙短时间内明显变大或变小的原因

修后发动机气门间隙调整正常,短时间工作后,气门间隙发生明显变化,其主要原因有:①新镶气门座材料不标准,太软。②气门与气门座接触环带不标准,太窄。③研磨气门后清洗不干净,留有砂末,形成磨料磨损。④气门与气门座间夹杂积炭等杂质,气门间隙调整就出现误差。

综上所述,发动机工作时,气门与气门座配合面的急剧磨损、气门与气门座之间夹杂物的脱落等导致气门上移,会使气门间隙明显变小;气门推杆弯曲变形、摇臂支座紧固螺钉和气门间隙调整螺栓松动或滑脱,也会使气门间隙明显变大。

74. 气门封闭不严的原因及修复方法

(1)气门封闭不严的征象 发动机一旦出现气门封闭不严,工作时,拖拉机会冒白烟或灰色烟、着火声音不好、启动困难、功率下降,严重时,烧气门。在工作时也能清楚听到"嘶、嘶"的漏气声。如果是进气门烧损或封闭不严,工作时会发现进气管温度特高(手不能触及)。

(2)造成气门封闭不严的原因 ①气门间隙调整过小。当发动机工作温度正常后,配气机构受热膨胀,摇臂顶开气门,造成气门不能完全关闭。②气门与气门座圈严重磨损、烧蚀后,气门与气门座接合环带出现麻点,使气门封闭不严。③气门与气门座积炭过多,气门密封环带与气门座不能严密接合。④气门杆弯曲、气门头变形或倾斜,使气门与其座圈不能严密接合。⑤气门弹簧折断或弹力减弱,使气门不能严密地接合在气门座圈上。⑥气门杆与气门导管装配间隙过小,气门在导管做往复运动时,有发涩和卡住现象。

一旦发现发动机有气门封闭不严迹象时,应首先检查调整气门间隙,然后必须按规定及时彻底清除积炭,研磨气门。对磨损超限的气门及座圈应及时修复,无修复价值的,应更换新品。

(3)封闭严密性检查 修复、研磨后的气门及座圈环带应完全符合技术要求。修复后封闭严密性检查方法,常见的有 3 种:①在气门头斜面上,用软铅笔划等距线数条(图 12),然后将气门装回气门座圈上,轻拍 3~4次。取出后,如每条铅笔划线均在环带的中部断开,则表明气门环带已形成。②用红铅油检验。在气门头斜面上涂上红铅油,放

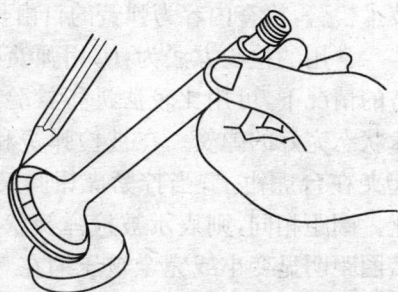

图 12　气门密封环带检查

回气门座内,然后轻轻转动气门 1/4 圈后取出。如气门座口的环带上,全部沾满红铅油,且均匀整齐,则表明气门研磨良好。③气门研磨好后按技术要求装回原位,在进、排气歧管内倒入汽油或煤油,观察气门及气门座圈接合处有无渗漏。一般情况煤油在 2～3 分钟,汽油在 3 分钟左右无渗漏,则表明气门研磨后密封性良好。

75. 气门弹簧弹力减弱或折断的原因及检验方法

气门弹簧弹性减弱后,气门关闭不严,漏气,发动机启动困难,功率下降。气门弹簧疲劳折断后,发动机声音突变、敲击、"缺腿"、冒白烟。严重时或处理不当,气门安全卡环失效掉入气缸,活塞顶击气门,会捣坏缸盖及其他相关机件。

(1) **造成气门弹簧弹力减弱和折断的原因** ①金属材料疲劳折断或弹力减弱。②发动机油门使用不合理,突增突减,发动机转速忽高忽低,加速弹簧疲劳速度,造成弹簧折断。所以"轰油门"是极其有害的坏习惯,应当杜绝。③发动机"飞车"也容易引起弹簧折断。④配气机构润滑油路堵塞,润滑、散热不良,高温使气门弹簧退火,导致弹力减弱。⑤弹簧材质不好,热处理不当。过软,弹力不足;过硬,容易折断。

一旦发现气门弹簧弹性减弱或折断,应更换新品。

(2) **弹簧的技术检验** 发动机维修时,一定要对气门弹簧进行技术检验,检查内容为弹簧的自由长度和弹性。

常用的检验方法为:①用弹簧弹力试验器。②在没有专用设备的情况下,可用比较法进行检验。其条件是必须先准备一根技术状态完好的弹簧。在被检弹簧和标准弹簧中间垫一块铁片,一起夹在台虎钳上,当拧紧虎钳弹簧受压后,观察两弹簧圈距的变化。圈距相同,则表示被检弹簧状态良好可继续使用。若被检弹簧圈距明显变小或完全被压缩在一起,则表示弹力不足,应报废,更换新件。

最简单的方法,是把标准弹簧和被检弹簧,串在一根螺栓上,两簧之间加铁皮隔开。靠螺母端的弹簧端面加一稍厚的铁片,用螺母拧紧压缩弹簧,观其弹簧的变化。

76. 气门烧损的原因及预防措施

(1)**气门烧损的征象** 气门烧损前后,发动机工作表现有明显变化,如有轻微的冒黑烟,着火声音不好。严重烧损时,发动机工作"缺腿",冒白烟,深灰色烟更加明显等。若是进气门烧损,进气管出现过热,烫手。遇此情况,应立即熄火,作进一步分析检查。其方法是:摇转曲轴,逐缸检验压缩压力(卸下其他缸喷油嘴)。每转两转,有一次较重的感觉,并在压缩终了能听到短而清脆的排气声,则表明该缸气门状态良好。如转两转没有较重的感觉,在压缩过程中,进气管或排气管有很长、很响的"吃吃"声,则表明该缸气门已经烧损。

(2)**造成烧气门的原因** ①气门间隙过小,气门与气门座配合不严密。燃烧后的高温气体从缝隙中窜出,时间长了,造成气门烧损。②气门弹簧弹力减弱,使气门与气门座密封性差。在高温高压气体的冲击下,气门烧损,尤其是排气门极易被烧损。③气门杆严重磨损,与导管配合间隙过大,气门在上下运动中出现摆动,气门头与气门座正常的配合环带被破坏,密封不好漏气,导致气门烧损。④气门及气门座积炭过多,使得气门密封不严、漏气。气门杆部积炭多,使气门上下运动不灵活,导致烧气门。⑤供气量过大,燃烧不完全,排气有继燃现象,造成排气门烧损。⑥ 拖拉机长期超负荷作业等。

(3)**注意事项** 为防止气门烧损,使用中应注意:①必须按技术保养条例要求,定期检查调整气门间隙,确保气门间隙在正常范围内。②检修时,应对配气机构进行全面检查。应检验气门弹簧的弹力和自由长度,气门杆与气门导管的配合间隙,气门和气门座密封环带的配合、磨损情况等,对不符合技术要求的应修复或更换新件。③校验喷油泵的供油量应符合技术要求。供油量不能大于标准供油量。盲目认为增大供油量就能提高功率的做法是错误的,应当杜绝。

77. 气门摇臂衬套烧损的原因

造成摇臂衬套烧损的原因主要是缺少润滑油或根本就无润滑油润滑。衬套与轴在干摩擦状态下工作,导致烧损咬死。造成润滑不良或无油润滑的原因:一是润滑油路不畅或堵塞;二是维修时装配错误。

(1) **润滑油路油道孔堵塞** 缸盖通向摇臂润滑的油道孔较小,长期不清洗,易被杂物或油泥堵塞,造成油路不畅,甚至堵死,使摇臂不能润滑。修理和技术保养时,一定注意要彻底清除油道的脏物,保证润滑油路畅通。避免衬套烧损。

(2) **维修保养时的装配错误** ①缸垫装反,使缸体至缸盖的润滑油路被完全堵死。如东方红-75/54 型拖拉机,其油道孔在缸体左前方,缸垫装反后,将油孔挡住,油路不通。所以,装缸垫时,一定要注意油孔的对位,注意安装方向。②摇臂轴安装不正确或未锁紧,导致摇臂轴转动或轴向窜动,使轴上油孔与摇臂支架或与衬套油孔错位。图 13 为东方红-28 型拖拉机发动机摇臂轴与支架。若

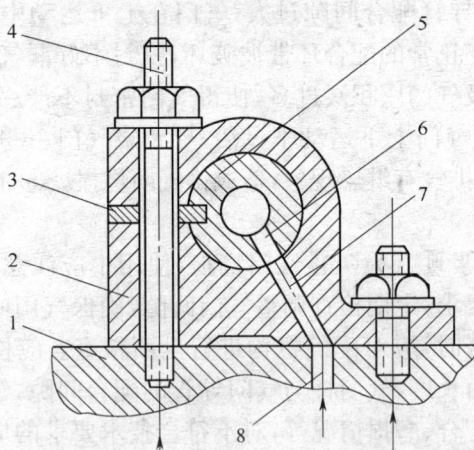

图 13 东方红-28 型拖拉机发动机摇臂轴与支架
1. 缸盖 2. 支架 3. 限位垫圈 4. 支架螺栓 5. 摇臂轴
6. 摇臂轴进油孔 7. 支架油孔 8. 缸盖油孔

限位垫圈 3 一旦漏装或没嵌入摇臂轴 5 的定位槽内,工作时,摇臂轴转动后与支架 2 上的油孔 7 错位,油路阻断。③油路各机件松脱,磨损漏油严重,导致摇臂轴润滑不良。如东方红-75/54 型拖拉机发动机第二缸和第三缸摇臂轴中间管前后装反,贴衬压不紧或漏装,弹簧弹力不足,都使其漏油,造成润滑不良。④多数发动机摇臂润滑油道与凸轮轴颈及轴承相通。由于凸轮轴颈与轴承磨损间隙增大,大量润滑油在轴承处泄漏,无法上行至摇臂油路,导致摇臂衬套烧损。

78. 气门下陷量过大与过小的危害

气门下陷量过大,使发动机压缩比降低,同时由于气门的上移,使气门弹簧弹力减弱,气门关闭迟缓或关闭不严,使发动机启动困难,功率下降,耗油增加。

气门下陷量过小,会使发动机压缩比增大、工作粗暴,使零件受力过大,降低工作的可靠性和使用寿命。严重时有可能造成活塞顶撞气门,导致相关零件的损坏。

使用中应根据气门与气门座磨损情况,对气门下陷度进行检查。超过允许范围时,应更换气门或气门座。换用新气门或新气门座后,如气门下陷度偏小,可适当铣削气门座圈和研磨气门,直至标准。

79. 发动机工作"缺腿"的原因及排除方法

柴油发动机工作中出现"缺腿"是比较常见的故障。

(1)造成"缺腿"的原因 ①出现间断性"缺腿"故障原因,一般是由于滚轮、滚轮衬套、滚轮销轴等磨损不均匀或损坏等,造成凸轮轴供油开始角变化过大。②怠速运转"缺腿",多为喷油泵怠速转速时,喷油量不均匀率过大所致。③出油阀密封锥体与减压环带之间折断,或出油阀座被机械杂质卡死在开放位置上。④柱塞与柱塞调节臂配合松动,柱塞向减小油量的一边转动(直至不出油)。⑤调节拉杆夹头(Ⅰ、Ⅱ号喷油泵称调节叉,单体泵称调节齿轮)固定螺栓松动,夹头向减小喷油量一侧移动,直至不供油。⑥柱塞套与出油阀座配合不严密或出油阀垫损坏。⑦柱塞弹簧、出油阀弹簧折断。⑧发动机供油提前角过大或过小。⑨高压油管漏油或接头处变形,柴油通过截面积缩小甚至堵死。⑩喷油器工作不正常。针阀卡死在关闭位置或喷油压力过高等。

(2)故障排除方法 首先用断缸(即停止供油)法,逐缸检查。当断至某缸发动机,发现其着火不发生变化时,即说明该缸"缺腿"。然后遵循由表及里,先易后难的程序,逐项检查上述可能导致"缺腿"故障的原因。找到后,排除之。

80. 发动机各缸工作不一致的原因及排除方法

这种故障出现时,发动机排气管有噪声并伴有白烟和敲击声。

(1)产生故障的原因 ①喷油泵喷油量不均匀率过大(超出允许值)。②喷油器喷油不均匀率过大,喷油压力过高或过低。滴油、密封性不好、喷油锥角不对、多孔喷油嘴部分孔堵死等。③喷油泵凸轮轴各缸对于第一缸供油相位角偏差过大等。

(2)故障排除方法 ①校验、调整喷油泵,确保各缸供油均匀度在标准范围内。②校验、调整喷油器,使喷油压力、喷油锥角在标准范围内,保证良好密封性,杜绝滴油现象。③将各缸供油相位角调至标准范围内。

81. 发动机转速不稳定的原因

发动机转速不稳定有 2 种情况:一种是转速在大幅度的范围内摆动,声音清晰可辨,一般称之为游车(也称调速器"喘气");另一种是转速在小幅度内波动(如在 30 转/分以内),声音不易辨别,且无规律性地在任何转速和任何负荷下都可能出现。在低速情况下较为明显,并往往容易引起发动机自动熄火,一般称之为转速波动。这 2 种情况,以后者为多。

(1)发动机游车的原因
造成发动机游车的主要原因有以下 2 种。

一是喷油泵至调速器运动部分的零件阻力大,致使发动机曲轴转速,随发动机负荷变化而变化。曲轴由转速的变化经喷油泵凸轮轴转速、调速器,反映到调节拉杆(Ⅰ、Ⅱ号泵称拉杆,单体泵称调节齿杆)的位置改变产生滞后;而从调节拉杆位置的改变,经喷油泵喷油量反映到发动机曲轴转速的改变,又产生一个滞后(这2种滞后都是不可避免的,但滞后的轻重程度,随调速器喷油泵工作状态的不同而不同。工作状态较好,滞后较小;工作状态差,滞后较大)。当零件阻力增大,滞后也增大,这就形成了游车。

二是发动机供油提前角过大或过小,也使其产生游车(不同的发动机供油提前角的大小是适应不同的发动机转速而形成的)。

上述2种原因形成的游车,以前种为多见。造成其反映滞后过大的原因如下。①柱塞在柱塞套内转动不灵。②柱塞调节臂与折断的柱塞弹簧发卡。③调节拉杆与拉杆衬套磨损严重、发涩。④调速器壳体内机油过稠或油面过高,运动阻力增大。⑤调速器的调速套筒衬套与调速器轴配合间隙过小、发涩。⑥调速器摩擦联结器内外弹簧片压紧螺母,拧紧力矩过小,导致齿轮打滑扭矩过小,或内外弹簧片弹力弱。

Ⅱ号喷油泵还有以下4种原因:

①两拉杆衬套孔不同心,拉杆衬套导向面与水平面不垂直,拉杆弯曲。

②调节叉在拉杆上固定的位置(可转动的范围)不正确。

③飞球座总成在飞球(圆盘)支架等分槽内滑动的阻力大。其原因:一是由于飞球与飞球座的各方面误差,使飞球座总成的重心不可能在对称中心的平面上,而使飞球座总成歪斜。同时,6个飞球座总成的歪斜程度不一,互相牵制,因而造成飞球座总成运动不灵。从支架上飞球座总成接触的摩擦痕迹,亦可说明这种现象。这一阻力的大小,还受传动盘与推力盘斜面粗糙度的影响。当传动盘粗糙度小,推力盘粗糙度大或反之,都会造成飞球座总成歪斜,阻力增大。二是由于转速突然变化时,传动盘与推力盘不可能同步,而造成飞球座总成在另一平面内歪斜产生阻力。这一阻力

则受推力盘转动灵活性的影响,推力盘转动灵活性好,则阻力小。反之,则阻力大。上述 2 种情况,都和球座总成与支架本身技术状态有关。试验证明:支架两边的不平行度越小,粗糙度越小,槽的两侧越光滑、无毛刺,则调速器的灵敏度越高。

④推力盘平衡性的影响。由于推力盘毛坯不均匀,加之加工偏移,当外表又没加工时,造成壁厚相差甚大。再加上装配误差等影响,导致推力盘重心偏移,转动时产生明显的晃动,这种有害的晃动直接影响飞球座总成工作时的稳定性,致使飞球座总成与支架之间阻力增大,而引起游车。特别是当传动轴套与推力盘的配合间隙过大时,这种影响就更加厉害。

Ⅰ号喷油泵调速器传动盘橡胶缓冲块损坏,也常引起发动机游车,并多在发动机空转最高转速时出现。主要原因是:传动盘随凸轮轴间断的转动。转动时,发动机转速下降;停转时,发动机转速上升。

(2)发动机转速波动的原因 除上述发动机游车的原因外,还有下列原因。①调速器轴承磨损严重,引起调速器轴轴向窜动和径向跳动过大。②飞锤十字架、飞锤衬套孔与飞锤销磨损严重,配合间隙过大。③调速器调速套筒环槽与拉杆横销磨损严重,配合间隙过大。④调速器托架、拉杆叉孔与托架轴磨损严重,配合间隙过大。⑤支架弹簧(也称复绕弹簧)两脚与支架弹簧拨圈、托架磨损严重,与拨圈或托架之一形成间隙过大。⑥调速器操纵臂、油门拉杆叉销孔与连接销磨损严重,配合间隙过大。⑦调速器操纵臂轴法兰台肩与挡板孔磨损,轴向间隙过大。⑧调节拉杆导臂孔与球头销磨损严重,配合间隙过大。

对于Ⅱ号喷油泵除上述外,还有以下 4 点:

①飞球与传动盘磨损严重,传动盘上磨出大的凹坑。

②凸轮轴轴向间隙大、径向间隙也大,导致喷油泵泵油时,凸轮轴的脉冲震动大。由于调速器与喷油泵同轴,脉冲震动便直接传递到飞球座总成上,引起飞球座总成的径向跳动和轴向窜动,造成拉杆游窜,致使转速不稳定。试验证明,凸轮轴的轴向间隙最好

控制在 0.15 毫米以内。

③传动轴套锥孔与凸轮轴锥体的配合，是这种调速器结构的一个不可忽视的配合关系。它要求两者装配后，锥孔与锥体应完全贴合。否则，装配后的传动轴由于摆差较大，引起推力盘晃动，而导致拉杆游窜，势必造成发动机转速波动。

④传动轴套、传动盘与缓冲块（指前期）配合晃动量过大。柴油发动机转速不稳定，是一个比较复杂的问题。除上述原因外，尚与喷油泵的供油特性和柱塞偶件、出油阀偶件、喷油嘴偶件的磨损情况（主要是密封性），低压油路的输油压力的稳定性，以及发动机的其他技术状态等有关。

82. 判断油泵低压油路是否畅通的方法

有些柴油发动机功率不足，加速没劲与低压油路的畅通有着密切关系。当怀疑低压油路有问题时，可通过输油泵来判断低压油路的畅通情况。其方法是：在发动机熄火状态下，用输油泵泵油数次后拔出手柄，如果手柄自己很快掉下去，说明输油泵前面的油路（柴油粗滤器、输油泵滤芯、油管、油箱等）有被堵塞的可能（因无油、真空度大、倒吸输油泵手柄）。如下撬输油泵手柄感到很重，压下去很困难，说明输油泵以后柴油滤清器堵塞（油泵上回油螺钉中的弹簧力为 0.1 兆帕，在这个压力下，一般不会感到吃力）。

83. 检查输油泵进、回油阀密封性的方法

输油泵不供油或供油量不足，多数是因为进、出油阀与阀座密封不严，活塞磨损，活塞弹簧失效，活塞推杆和推杆孔磨损等原因引起。进、出油阀与阀座不严更是输油泵最常见的故障之一。为便于迅速准确地找出故障原因，可在发动机上对输油泵出油阀密封性进行检查，方法如下。

①撬下输油泵手柄，若感觉很轻松，表明进油止回阀密封不严。按下手柄时，柴油仍然从进油阀返回油箱。②拆下手压泵，用手指压缩进油阀弹簧 0.5～1 毫米，不让燃油将其冲出。若进油阀

密封不严,油面就会缓慢上升(在做此项检查前,不要用手压泵泵油)。若相反,则表明进油阀密封性良好。在检查输油泵出油阀密封性时,可用手压泵泵油数次,然后轻轻压下手柄,如手柄不动,说明出油阀密封性良好,活塞磨损正常。若手柄慢慢上升,表明输油阀密封性不良,或活塞有较大磨损。若手柄上升很快,表明出油阀不密封或活塞严重磨损。

84. 发动机小时耗油量过大的原因

小时耗油量大时,发动机工作的表现是冒烟或燃油供给系统漏油严重。造成耗油量大的原因有:①喷油泵供油量过大或供油量不均匀率过大。②喷油器工作不正常,如喷油压力过低等。③供油提前角过大或过小。④柱塞偶件、出油阀偶件磨损严重。⑤燃油系统漏油严重。一般漏油集中表现在以下几个部位:低、高压油管及其接头处,输油泵泄油孔,输油泵活塞推杆与输油泵壳体导向孔,柱塞与柱塞套,柱塞套与上体(也称喷油泵盖、喷油泵头,Ⅰ、Ⅱ号泵称上体)座孔支承面等。

85. 发动机怠速转速偏高的原因

发动机怠速偏高,也称为"没有小油门"。当油门向减油方向移动时便熄火。

造成这一现象的原因有:①调速器支架弹簧拨圈与操纵臂轴相对位置固定得不正确。②发动机供油提前角过大。③柱塞偶件、出油阀偶件和喷油嘴偶件磨损严重。④低压、高压油管及其接头处漏油。

86. 造成发动机供油提前角过大或过小的原因及正确检查调整方法

发动机供油提前角过大或过小,是常见的,是对发动机工作影响较大的故障之一。其危害将使发动机启动困难或不能启动,或启动后突然自动熄火。除此,还能造成发动机功率下降、小时耗油量过大、冒烟、敲缸、过热、"缺腿"和游车等。造成供油提前角过大或过小的原因如下：

(1)发动机供油提前角不正确的原因 ①柱塞偶件、出油阀偶件磨损严重。②柱塞挺杆(随动柱)、调整螺栓、滚轮、滚轮衬套和滚轮销轴磨损严重。③柱塞挺杆调整螺栓锁紧螺母松动，螺栓位置改变。④凸轮轴凸轮磨损严重。⑤凸轮轴轴承磨损严重，凸轮轴径向跳动过大。⑥凸轮轴锥形轴颈半圆键键槽或半圆键损坏，凸轮轴与花键轴套错位，固定螺母松动。⑦凸轮轴传动齿轮与花键接盘固定螺栓松动，传动齿轮磨损严重等。

Ⅱ号喷油泵还会有滚轮体垫块磨损严重。

(2)发动机喷油提前角(多指个别缸)不正确，除发动机供油提前角不正确的原因外，还有下列原因 ①柱塞套与出油阀座两平面配合不严密。②柱塞弹簧、出油阀弹簧折断。③出油阀垫圈不严密或损坏(多指Ⅱ号泵)。

(3)发动机供油提前角的正确检查与调整 以东方红-75型拖拉机为例介绍如下。

在检查供油提前角前，应连接好所有的低压油管，将喷油泵供油操纵杆放在最大供油量位置。用手压泵泵油，直到燃油系统中的空气完全排出。然后按下列程序进行检查：①在喷油泵第一缸出油阀紧座上，装一个定时管(图14)。②在风扇皮带轮附近的螺母上固定一指针，该指针应指向皮带轮外表面。③减压、转动发动机曲轴，直至玻璃管内出现不含气泡的柴油为止。④摇动玻璃管，以除去上部的一部分柴油。然后缓慢转动曲轴，同时注意玻璃管内的柴油油位。油位应在一定时间内保持静止不动，当油位开始上升的瞬间，应立即停止转动曲轴。此时，在皮带轮轮缘的外表面上，对着指针处画出第一个记号(用粉笔或铅笔)。⑤拧出飞轮壳上的定位螺钉，调头插入原孔中，直至顶到飞轮。用手压住定位螺钉继续转动曲轴，直到定位螺钉插入飞轮上的孔中为止。此时，再在皮带轮外缘的表面上对着指针处划上第二个记号。曲轴的这个位置，正是第一缸活塞压缩行程的上止点。⑥沿皮带轮外缘表面测量两个记号之间的弧长(图 15)。发动机供油提前角为 15°～19°,相当于皮带轮外缘表面弧长为 22.5～28.5 毫米(1°相当于弧长 1.5 毫米)。

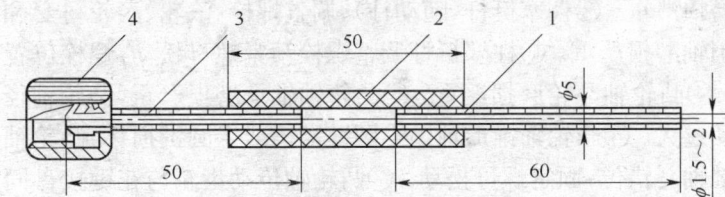

图 14 定时管 (单位:毫米)
1. 玻璃管 2. 橡皮管 3. 高压油管 4. 外加螺帽

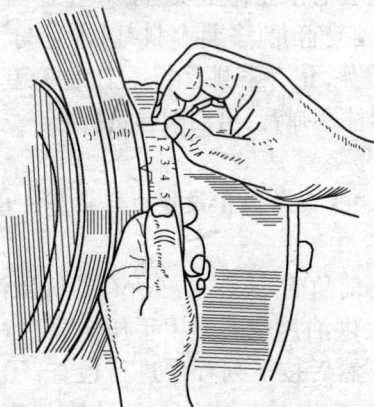

图 15 测量风扇皮带轮上两记号间的弧长

若供油提前角不正确,则应改变花键接盘和凸轮轴传动齿轮的相对位置(图 16),并按下列程序进行调整。

第一步,拧下凸轮轴传动齿轮与花键接盘固定螺栓。

第二步,按下述方法调整花键接盘和凸轮轴传动齿轮的相对位置:顺时针方向转动花键接盘,供油提前角增大;逆时针方向转动花键接盘,供油提前角减小。花键接盘上有 14 个孔,分上下两组,每组 7 个孔,同组孔与孔之间夹角为 21°;而传动齿轮上也有 14 个孔,也分上下两组,每组 7 个孔,同组孔与孔间夹角为 22.5°(图 17),凸轮轴传动齿轮与花键接盘每变动一个孔,凸轮轴改变 1.5°,

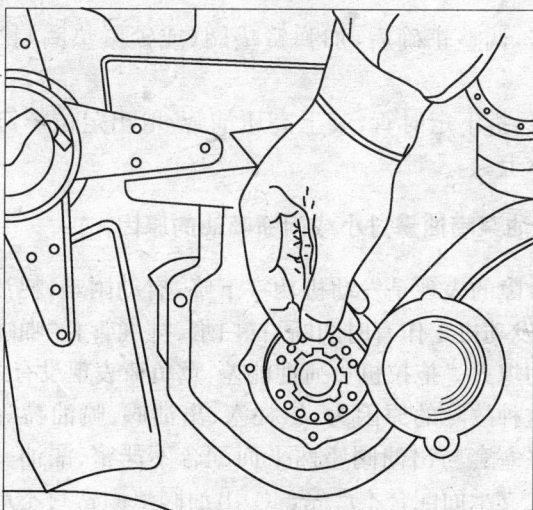

图 16　调整供油提前角

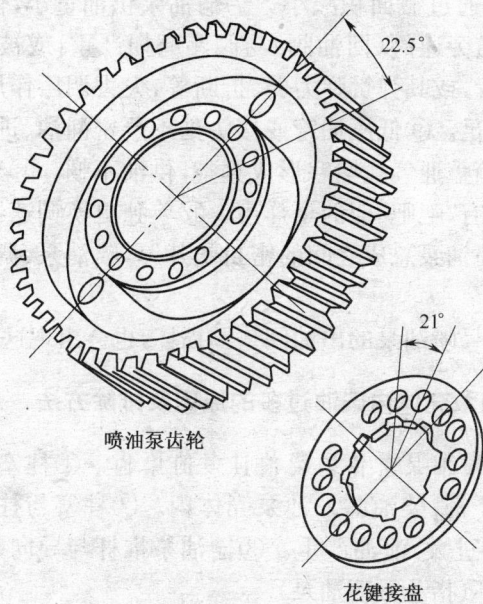

22.5°

喷油泵齿轮

21°

花键接盘

图 17　喷油泵传动齿轮及花键接盘

曲轴改变 3°。

第三步,调整正确后,加弹簧垫圈(或锁紧垫圈)拧紧固定螺栓。

第四步,拆下定时管,装上高压油管,取出定位螺钉并调头拧入飞轮壳体上。

87. 喷油泵喷油量过小或间断喷油的原因

这种故障的表现是发动机功率下降,启动困难,耗油量小。喷油间断时,发动机工作有时间断、冒白烟、排气管有"啪啦"声,严重时突然自动熄火。拖拉机负荷性能差,重负荷表现没有劲。

造成这种故障的原因为:①柱塞、出油阀、喷油嘴等偶件磨损严重。②柱塞套与出油阀座两平面配合不严密、漏油。③柱塞套与上体座孔支承面配合不严密。④出油阀垫圈密封不严。⑤柱塞或出油阀弹簧折断。⑥高压油管或其接头处不严密漏油;高压油管变形,柴油通过截面积减小。⑦输油泵供油量小,供油压力低。⑧喷油泵油道旁通阀(回油阀)与阀座磨损严重,或被机械杂质卡死在开放位置,或其弹簧弹力弱、折断等,失去调压作用,使其油压降低,贮油不足。⑨低压油管或接头处不严密漏油、进气。⑩柴油箱缺油或油箱盖通气孔堵塞形成真空,供油不畅。⑪柴油内有水,供油间断,并有"吧吧"似的爆炸声。⑫单独更换调速器总成,或调速器总成与喷油泵总成之间的密封垫片厚,喷油泵、调速器未经重新试验调整。

此外,Ⅱ号喷油泵的出油阀垫圈损坏,也会出现这种故障。

88. 喷油泵壳体内柴油过多的原因及排除方法

(1)造成喷油泵壳体内柴油过多的原因 ①柱塞套与上体支承面配合不严密,柴油漏入油泵壳体内。②柱塞与柱塞套磨损严重,配合间隙过大,泄油严重。③输油泵推杆与导向孔磨损严重、或其油封损坏(指Ⅱ号喷油泵)。

(2)排除方法 喷油泵上体安装柱塞偶件后,应进行密封性试验,在试验油压为 2.5～3.5 千克/厘米^2(Ⅱ号泵为 35～40 千克/厘米^2)情况下,保持 1 分钟。各密封处不应有渗油冒泡现象。试验时,应将喷油泵回油孔堵死,并把柱塞用专用工具卡死。

对Ⅱ号喷油泵,在检修试验中,一旦发现渗油冒泡时,可在柱塞套与上体座孔支承面之间,加一个厚为 0.15～0.2 毫米的铜垫圈(原出厂时没有铜垫圈)。考虑凸轮轴各缸对第一缸供油相位角允差,所有各缸应做同样处理。

属于输油泵的故障,要修复输油泵推杆与导向孔,或更换输油泵。

89. 喷油泵柱塞弹簧和出油阀弹簧折断的原因及预防措施

一旦发生喷油泵柱塞弹簧和出油阀弹簧折断故障,会造成发动机功率下降、冒白烟和间断“缺腿”。

出现这种故障的原因主要是,弹簧材质不佳,热处理不当,脆性大,而易损坏。也有因冷车轰油门,使发动机转速忽高忽低而引起折断的。因此,在使用机器时,应采取正确的操作方法,改正猛轰油门的坏习惯。

90. 喷油泵柱塞在柱塞套内转动不灵活或卡死的原因及预防措施

这种故障在发动机上的表现为“游车”或“飞车”。在喷油泵上的表现为,调节拉杆移动阻力较大或根本不能移动。

(1)造成故障的原因 ①柱塞在柱塞挺杆调整螺钉之间(或者在卡簧内)上下窜动间隙小,或干脆无间隙。②柱塞套与上体座孔配合无间隙,使柱塞套产生变形。③柱塞套定位螺钉顶在柱塞套上过紧,使柱塞套产生变形。④柱塞与柱塞套清洗装配时,配合表面不清洁或边缘碰撞,产生毛刺、变形、发涩,转动不灵。⑤出油阀紧座拧紧力矩过大,使柱塞产生变形。⑥柴油不清洁,机械杂质进入配合表面。⑦喷油泵壳体内机油太脏。⑧柱塞挺杆总成高度过高,导致柱塞在上止点时,柱塞与出油阀座之间间隙过小,甚至无间隙,造成碰撞,使柱塞头部上边缘产生变形。

(2)**预防措施** ①柱塞与柱塞套配对后,不准调换其中任何一个零件。柱塞顶端与螺旋槽应保持锐角,不允许有损伤现象。用清洁柴油,将研磨过的配合表面彻底清洗干净。检查柱塞在柱塞套内转动、移动的均匀性。全长有 1/3 伸出柱塞套外的柱塞,在置于垂直位置和 45°倾斜位置时,柱塞(带调节臂)在任何转角上,在自重的作用下,在柱塞套中应能自由地、无阻地滑下。②柱塞套装入座孔用定位螺钉定位后,应能上下移动,但不得转动。③按技术要求拧紧出油阀紧座。④柱塞与柱塞弹簧座用卡簧限位后,上下窜动间隙应为 0.2~0.55 毫米;柱塞连同柱塞弹簧座放在柱塞挺杆调整螺钉上,柱塞上下窜动间隙也应为 0.2~0.55 毫米。⑤喷油泵壳体应加入清洁机油,并定期检查其清洁程度,过脏时放出,并查明原因,及时处理。⑥按技术要求装配柱塞挺杆,使柱塞在上止点时,柱塞与出油阀座之间最小应有 0.3 毫米间隙。

91. 调速器开始起作用后转速过低或过高的原因及修理方法

(1)**故障表现** 发动机功率下降或上升。拖拉机行驶速度降低或升高。

(2)**故障的原因** ①调速器调速弹簧弹力变弱。②调速器开始起作用,转速调整不正确。③高速限止螺钉松动。④单独更换调速器总成,或更换调速器总成与喷油泵总成之间的密封垫片后,喷油泵、调速器未经重新试验调整。

(3)**修理方法** 发现这一故障后,应按各机型喷油泵、调速器的技术要求,检查调整调速器弹簧,并更换不符合要求的零件。

92. Ⅱ号喷油泵调速器飞球支架与调速器前壳体发卡的原因及排除方法

(1)**故障表现** 调速器飞球支架与调速器前壳体发卡,发动机启动时,或超负荷(在突然减轻负荷)时容易"飞车"。

(2)**故障原因** ①喷油泵凸轮轴轴承磨损严重。②调速器传动轴套摆动过大。③飞球支架内孔磨损严重。

(3) **故障排除方法**　①更换轴承。②正确拆卸、装配调速器传动轴套。传动轴套锥孔与凸轮轴锥体贴合面积,应不小于 80%,且传动轴套装在凸轮轴上用螺母固定后,在 $\phi 28$ 外圆最外端检查时,传动轴套中心的摆动允差为 0.15 毫米,制造时应控制在 0.10 毫米以内。③飞球支架外圆直径可由原来的 98 毫米加工至 96 毫米,或在传动轴套上镶套。④用内刮刀刮除调速器前壳体被飞轮支架磨损出来的宽为 4～8 毫米、深为 0.5～1.5 毫米的半圆环形沟后台肩。

93. 喷油器喷油雾化质量和密封性不好的原因

(1) **故障表现**　在试验器上检查能够发现喷油器漏油、回油多,喷油嘴偶件滴油或浸润严重,喷油起止不分明、不干脆利落、声音不清脆。

(2) **故障原因**　①喷油嘴弹簧折断。②喷油嘴偶件导向部位及密封锥体磨损严重。③喷油嘴针阀体与喷油器壳体密接两平面锈蚀或划伤。④喷油嘴偶件固定螺母肩胛部位烧损,或该固定螺母拧紧力矩不正确。⑤清洗不彻底,装配不清洁。

94. 喷油嘴针阀卡死的原因及排除方法

喷油嘴针阀卡死有开放和关闭两种位置,其共同表现是:发动机工作时,拧紧或拧出调整压力螺钉时,发动机工作没有任何变化。由于卡住的位置不同,所以,表现也不完全相同。

(1) **卡死在开放位置时的表现**　①发动机敲击、冒白烟。排气管有"啪啦"声。②喷油器和排气支管温度较其他缸高。③断缸检查时,发动机敲击、冒白烟、排气管"啪啦"声消失,并从高压油管松开处喷油、排气(也称高压油管回火),高压油管温度较其他缸高。④喷油器回油螺孔处回油特少。

(2) **卡死在关闭位置时的表现**　①发动机"缺腿"。②喷油器、排气支管温度较其他缸低。③断缸检查时,发动机没有任何变化,并从高压油管松开处只喷油、不排气。④喷油器回油螺孔处回油特别多。

(3)**造成这种故障的原因** ①柴油不清洁。②拆下高压油管时进入脏物，或在装配喷油器壳体与喷油嘴偶件时，清洗不干净。③喷油嘴偶件的固定螺母肩胛部位烧损，或该固定螺母拧紧力矩过大。④喷油器往气缸盖上固定螺母拧紧力矩过大或偏差过大。

(4)**故障排除方法** 拆下喷油器，取下喷油嘴偶件，再把喷油嘴针阀尾杆夹在台虎钳上，用铜手锤轻轻敲击喷油嘴针阀体凸缘与喷油器壳体密接平面，即可由喷油嘴针阀体内抽出针阀。对于卡死程度较严重的，也可先放入加温至 80℃的机油内煮 20～40 分钟，再用上述方法抽出针阀。对于卡死在关闭位置的，清洗后，用清洁机油研磨一下就可继续使用。对于卡死在开放位置的针阀，取下后要认真鉴定，如针阀没有退火，用清洁机油研磨后还可继续使用；如针阀已变成蓝紫色(说明针阀已经退火)，这时，应更换新的喷油嘴偶件。

95. 喷油泵不喷油的排除方法

第一步，查看油箱中是否有油，油是否凝结，油箱开关是否打开，调速手柄是否放在中间位置。

第二步，摇转曲轴、观察高压油管及两端接头处是否漏油。

第三步，拧开喷油泵的放气螺钉，放尽空气，如果不流油或流油不畅，表明低压油路堵塞。

第四步，卸下高压油管，如果有油从出油阀紧帽孔中流出或滴出，说明出油阀漏油。

第五步，摇转曲轴，看有无一股股的油从出油阀紧帽孔中喷出。无油喷出，表明喷油泵处于不喷油位置，可能是油泵柱塞或调速器有犯卡的地方，也有可能是连接脱落。油泵柱塞转到最大供油位置仍不喷油，可能是油泵弹簧折断，或柱塞卡死在柱塞套中，弹簧不能使柱塞回位。

第六步，摇转曲轴，有油一股股地喷出，接上高压油管和喷油器就无油喷出，说明油泵柱塞严重磨损，或喷油嘴烧死在关闭位置,也可能是喷油压力调得过高。

96. 喷油器的正确使用与技术维护

为了延长喷油器的使用寿命,使用中,应定期检查喷油器的喷油压力和雾化质量。其方法是:将喷油器从气缸盖上取下,用高压油管装在机体外检查。如发现针阀在压力不到 120 千克/厘米^2 时已开启;喷油器头部滴油及雾化不良,甚至形成明显的连续油束流出;柴油喷射不能立即切断,出现多次喷射现象;多孔喷油器的喷孔喷出的油雾不均匀对称,长短不一;喷孔堵塞喷不出油等现象,说明喷油器工作状态不良。

除此以外,也可用比较法进行检查。即先准备一个技术状态完好的标准喷油器,安装在一个"T"形高压油管上,高压油管的下端连接在喷油泵出油阀上的高压油管接头上。然后摇转曲轴,使喷油泵喷油,观察被查喷油器的喷油情况,与标准喷油器的情况是否一致。若一致则说明被查喷油器技术状态良好。反之,则说明喷油器的工作状态不良。

除定期检查喷油器喷油压力和雾化质量外,使用中还应注意以下事项:①必须使用清洁的燃油,及时清除积炭,不得伤及喷孔,倒锥和各密封面。②安装喷油器时,垫圈应符合标准,不得随意改变装入深度。③装配时,喷油器不得歪斜,偶件应成对更换,不同型号的偶件不能随意代用。④防止喷油器过热而使针阀咬死。

97. 更换喷油嘴的正确操作方法

更换喷油嘴应按下列顺序和方法进行:①拆下喷油器帽及锁紧螺母,拧松调整螺钉。②依次取出弹簧、弹簧座、顶杆。③将喷油器壳体夹在台钳上,拧松喷油器紧帽,取下喷油嘴。④将拆下的各零件在清洁的柴油中清洗,检查各零件是否完整无损。要求顶杆不弯曲,顶杆钢球不失圆、不剥落,壳体各接触面平整没有锈蚀斑痕。⑤新喷油嘴在柴油中摆动冲洗,除去防锈油,使油道、油嘴、油室畅通。⑥装配步骤与拆卸时相反。装喷油嘴偶件时,绝对不允许在弹簧有压力作用下进行。⑦按规定力矩拧紧紧帽，然后依次将顶杆、弹簧座、调压弹簧装入壳内，旋上调整螺钉。在油嘴试验器上调整压力，合格后再将紧帽销紧。

98. 喷油嘴的正确修理方法

(1)**清洗和检查**　使用超声波清洗喷油嘴。首先彻底清除积炭，其方法是：将 56 克烧碱溶于 0.47 升的水里，再加入 14 克洗衣粉。严格掌握碱的含量，其浓度不能高于 15%，否则就会腐蚀喷孔和喷油嘴的接合面。清除积炭后，将零件放入清水中，充分刷洗干净，然后用压缩空气快速吹干。用放大镜，在良好的光线下仔细观察针阀杆部的磨损程度，及其他有关部位有无损坏或腐蚀现象。其次，看针阀锥面是否烧损变色。若上述检查均正常，再检查针阀升程。针阀升程如果超出规定值，表明座面磨损过大，应报废。通常针阀在针阀体内的升程公差，不允许大于 0.1 毫米。绝大多数针阀直径为 6 毫米，针阀升程为 0.4 毫米；直径 7 毫米的针阀，其升程为 0.5 毫米。最后是滑动性检查。在无油的情况下，针阀必须能靠自重下落到针阀体座面。当翻过来时，又能倒出来。操作时，勿将针阀掉落到地上。

(2)**喷油孔的修理**　单孔式喷油嘴的喷孔直径多为 1.0、1.5 毫米；多孔喷油嘴的喷油孔的孔径为 0.25～0.4 毫米。在清理这些小孔时，必须使用专用通针。常用的通针直径规格为 0.25、0.3、0.35、0.4 毫米。可以轻轻砸扁通针的末端或磨成 45°的沟槽形，以便较容易的清理喷孔。

(3)**座面的研磨和修理**　针阀座的座面角为 58°30′，而针阀的锥角为 60°(少数有 90°的)。角度之间的这种微小差异，可以使针阀和针阀体的座面接触为"线接触"，要求接触线应在针阀锥面的大端部位。其作用是补偿表面粗糙度的不规则和同心度的偏差。这个夹角差异的大小与喷油时的跳动响声有很大关系。座面密封不好，表现为渗漏或滴漏，结果使燃烧恶化，增加积炭，甚至产生不规则的敲击声，工作不均匀和排气冒烟的现象。

修整工艺是用研磨棒研磨座面。研磨棒的材料通常用软钢，其锥面的锥体角为59°（如锥角的名义值为90°的，则为89°）。将研磨棒夹持在研磨机上或小型台钻上，选用转速600～1 200转/分进行研磨。

座面的研磨棒按其直径的不同分为：6.00毫米、6.01毫米、6.02毫米。当研磨棒磨损后，必须重新修磨研磨棒，或更换修好的研磨棒，以便加快研磨过程。研磨时，将少许的氧化铬研磨膏涂在研磨棒的锥形头部，而在导向杆上涂上清洁的机油润滑。在把针阀体套进研磨棒时，切忌将已涂上的研磨膏粘到针阀孔上，以免研磨时将孔扩大。用手握住针阀体来回迅速滑动，使两个锥面不时接触、研磨，大约5秒钟（最多30秒）即可完成。取下清洗干净，用放大镜仔细观察研磨棒头部接触印痕。如果研磨棒的锥面出现两道印痕，说明两个锥面的锥角相同，可以继续研磨，直到研磨出全面接触的印痕为止。如果只出现一道印痕，说明研磨棒的锥角与针阀体座面锥角不吻合。根据印痕的上线或下线情况，用什锦锉将锥面修整一下，令其出现两道印痕后，继续研磨，直到出现整个印痕为止。

(4)**修正后的检查** 针阀体座面研磨好后，必须彻底清洗（决不允许有残留的研磨膏存在），然后插配针阀，装上喷油器体进行喷油试验。①滑动性检查（同前述）。②喷油响声检查。用手压泵做喷油试验时，针阀的跳动会发出清脆的响声。响声的不同，在一定程度上标志着座面密封和喷雾的好坏。针阀跳动的响声，很难通过两偶件间的研磨得到改善，只要座面密封良好，就不必研磨。正确的接触印痕应在针阀体大端处。③雾化要求。油雾要细而且均匀，有正确的雾锥角和形状。对于多孔式喷油嘴，要求各喷孔的喷射形状尽量一致。④喷油压力。如果换上新的喷油器弹簧，喷油压力的调整应高于规定值0.49±0.25兆帕。⑤回油泄漏试验。在试验泵上，根据压力表压力下降的时间来判断配合间隙是否合适。

99. 喷油器针阀偶件滴油的修复方法

如果因针阀和阀座不密封而引起喷油器滴油时,应抽出针阀,在密封面涂少量机油进行研磨,直到不滴油为止。

轴针式喷油器,当针阀偶件磨损,喷孔增大时,可用缩孔法修复。其方法是:在喷孔处放一直径为 3～5 毫米的钢球,用小铁锤轻轻敲击钢球,使喷孔局部发生塑性变形,以缩小喷孔直径。喷孔在冲击后,可能因受力不均而导致针阀与阀座密闭不严,为此还要进行研磨处理。研磨方法是:在针阀的喷针和阀座的密封面上涂些细研磨膏,仔细将针阀套进阀座内,用手钳垫上布,夹住针阀柄,然后用手捏住阀座,并稍加压力,倒顺研磨半分钟左右即可。最后彻底将研磨膏清洗干净后,即可组装。

100. 喷油泵柱塞副的更换时间

柱塞工作时,对着进油孔的区域磨损最严重,如果其表面沿轴线方向有划痕,且划痕分布较宽,磨损区域呈乳白色时,就应更换新件。柱塞停供边边缘直棱角磨钝,出现不规则的塌陷时,也不能继续使用,需要更换新件。除此以外,还应对柱塞副进行严密性试验。试验在专用仪器上进行。如无专用仪器,也可用无通孔螺帽将喷油泵的高压油管接头堵死,然后用一撬杠连续不断地撬动喷油泵挺柱,使柱塞顶部柴油处于压缩状态。如经一段时间的撬压后,挺柱便不能再继续上下运动,说明柱塞副严密性能良好。如果总是能撬动挺柱上下移动,则表明柱塞副严密性已破坏,不能继续使用,应更换。柱塞副更换时,应整套换新。

101. 出油阀的密封性检查和修理方法

卸下高压油管,将油门置于停止供油位置,用手油泵泵油数次,喷油泵顶部油管接头处没有柴油溢出,则表明出油阀密封性良好。反之,须要修理或更换。

对于没有手油泵的柴油机,可把出油阀弹簧紧座卸下,用拇指使劲按住出油阀,打开减压、加大油门、摇转曲轴,如果供油时,感到有很大的力量将手指顶起,且顶起的高度与出油阀减压环带高度相等,则出油阀密封性良好;如顶力不够、高度不足,且有柴油呈雾状从封闭环处喷出,则应修理或更换出油阀。

如果出油阀是因为杂质污染物引起漏油,应拆下用汽油洗净装复即可;如果是轻微磨损,可涂少许机油进行研磨即可;如果磨损严重,可采用镀铬研磨的方法修复。即:将出油阀装在研磨机或钻床上,在密封锥面处涂些研磨膏,将阀芯轻轻插入阀座内,进行研磨(注意防止研磨膏掉入减压环带和导向部分),直到锥面上出现均匀而呈暗色的连续环带时为止。

102. 排除油路中空气的方法

大多数柴油发动机的油路系统中都有放气螺钉,排除油路中的空气,只要拧松放气螺钉即可。对于没有放气螺钉的柴油机,可通过松动油管接头,排除油路中的空气。其操作步骤,应当是先从低压油路开始排气,再排高压油路中的空气。直至把油路中的气体排完。

须要指出的是:一定要找出空气进入油路的原因,从根本上解决油路中有空气存在的可能。

103. 发动机供油提前角、喷油提前角和喷油泵供油位角的定义及其相互关系

发动机供油提前角,是喷油泵开始向高压油管供油时,活塞距离上止点前的曲轴转角(图18α)。喷油提前角是喷油器开始向气缸内喷油时,活塞距离上止点前的曲轴转角(图18β)。

喷油泵供油位角(供油起始角),是柱塞副开始供油时,挺柱中心线与凸轮对称中心线的夹角(图18θ)。

喷油提前角的大小,表示了喷油时间的早晚,它反映了喷油器喷油与活塞的位置关系。正常的喷油提前角应保证,整个燃烧过程在活塞上止点附近完成,并使最高燃烧压力发生在上止点稍后的时刻。

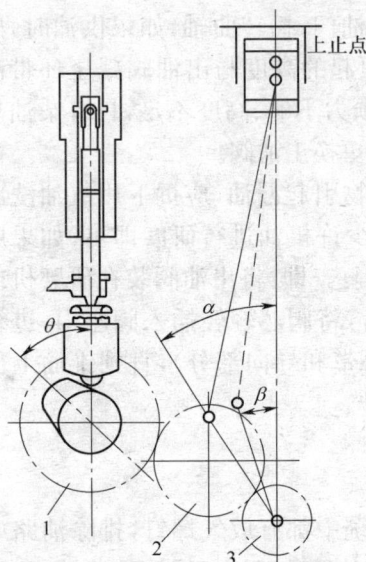

**图 18 发动机供油提前角、喷油
提前角与喷油泵供油位角示意图**

1. 喷油泵驱动齿轮 2. 中间齿轮
3. 曲轴齿轮 α. 供油提前角 β. 喷
油提前角 θ. 喷油泵供油位角

喷油提前角直接受供油提前角的影响,对结构一定的发动机,喷油提前角由相应的供油提前角保证。喷油泵供油时,由于高压油管的弹性膨胀和燃油的可压缩性,从喷油泵到喷油器间,燃油压力的传递,以及高压油管剩余油压升高到喷油器开始喷油的压力,均需要一定的时间。所以,喷油提前角肯定小于供油提前角。如 4125A 型柴油机的供油提前角为 $15°\sim19°$,而喷油提前角为 $7°\sim10°$。

供油提前角与喷油提前角的检查调整,须在发动机上进行。由于供油提前角的检查较为方便,故使用中,一般只检查调整供油提前角,用正确的供油提前角,来保证喷油提前角的正确。但当喷油泵磨损严重时,由于柱塞上行封闭套筒进油孔时,并不能获得瞬间的压力增长,会使供油提前角的检查产生较大误差,所以,在此情况下,应以检查喷油提前角为好。

喷油泵供油位角,决定了柱塞有效行程所对应的凸轮外廓的作用区段(即供油区段),因此,它直接影响喷油泵供油规律和喷雾质量(在转速一定时,柱塞在供油过程中是变速运动,凸轮外廓作用区段不同,柱塞运动速度便不同,单位曲轴转角所对应的供油量变化也不同。供油量随曲轴转角的变化关系,称为供油规律)。进而影响发动机工作性能。供油位角的检查调整通常在试验台上进行。

应特别指出,供油位角的变化,不仅会引起供油规律和喷雾质量的变化,也会引起供油提前角(喷油提前角)的变化,但供油提前角的变化对供油位角并没有影响。因此,使用中如只检查调整供油提前角,而不注意供油位角的检查调整,并不能恢复正常的供油规律。所以,必须先调整好供油位角,然后再把供油提前角调整到规定值,才能保证发动机正常工作。

104. 在发动机上检查喷油泵供油位角的方法

喷油泵供油位角的检查,一般应在喷油泵试验台上进行。只有在喷油泵柱塞偶件和出油阀偶件密封性较好,正时齿轮磨损较轻的情况下,凸轮外廓对称的喷油泵,也可直接在发动机上进行检查。现以 4125A 型发动机 Ⅱ 号喷油泵为例,说明其检查方法:

①在第一缸出油阀紧座上装一定时管,在正时齿轮室盖上装一指针,并使其指向风扇传动皮带轮边缘。

②将油门置于最大位置,排除油路中的空气。在减压状态下摇转曲轴,直到定时管内充满不带气泡的柴油为止。晃动定时管倾出部分柴油,以便观察油面。

③慢慢转动曲轴,当定时管中油面开始上升的瞬间,立即停止转动,同时在风扇皮带轮外缘对准指针处做一记号。然后继续转动曲轴约半圈(使套筒进油孔打开),再反转曲轴,当定时管中油面开始上升的瞬间,再在风扇传动皮带轮外缘所对指针处,做第二次记号。测量两次记号间的弧长,此弧长即为两倍供油位角所对应的弧长。其供油位角为 $45°\pm1°$,为减小检查误差,可取 $45°$(相当于曲轴转角 $90°$),故所测得的弧长应为皮带轮周长的 1/2。

④在第一缸检查正确的情况下,以此缸为基准,再检查其余各缸。用定时管法确定各缸的供油始点,并在风扇传动皮带上做出相应记号,按发动机工作顺序(1—3—4—2),测量各相邻记号间的皮带轮弧长。正常时,其值均应为皮带轮圆周长的一半 ±1.5 毫米,相当于各缸供油间隔角为 $90°\pm30'$(凸轮轴转角)。这样便可保证各缸的供油位角都是正确的。

供油位角不正确时,可改变滚轮体垫块厚度,以调整滚轮体工作高度。在喷油泵技术状态良好的情况下,滚轮体正常工作高度为 25.8 毫米。但对于使用中的旧喷油泵,仅满足此高度要求并不一定能保证供油位角正确,所以,滚轮体工作高度的最后决定,应以得到正常的供油位角为准。

105. 喷油泵供油位角调整后,一定要检查柱塞后备行程的原因

喷油泵在工作过程中,由于凸轮、滚轮、滚轮轴及柱塞等零件的磨损,会造成喷油泵供油位角减小。为了恢复正常的供油位角,需将滚轮体工作高度调大,使柱塞位置相应升高。但是,若调整量过大,柱塞运动到上止点时,就有可能与出油阀座相撞,进而导致柱塞折断,凸轮轴弯曲变形,凸轮工作面损伤等事故。因此供油位角调整后,必须检查柱塞的后备行程。其方法是:转动凸轮轴,使柱塞运动到上止点,然后用螺丝刀撬动柱塞尾端使柱塞上移,其上移量应不小于 0.3 毫米。

106. 出油阀密封锥面与减压环带磨损后,对发动机工作的影响

出油阀在工作中,由于磨料的磨削、油液的冲刷及出油阀与阀座的撞击等原因,会逐渐产生磨损。

出油阀密封锥面磨损后,密封性下降。在供油间隔中,高压油管中燃油回漏量增加,剩余油压下降,致使喷油开始时间滞后,供油量减少。发动转速越低,其影响越显著。

出油阀减压环带磨损后,减压作用减弱,喷油器断油不干脆,容易引起喷后滴油,喷油延续时间拖长,补燃加重。同时由于高压油管剩余油压增加,导致喷油开始时间提前,供油量增多。在多缸发动机中,由于各缸出油阀磨损程度不同,还会引起供油不均匀度增大,供油时间不一致。最后结果导致发动机工作粗暴、排气冒烟、功率下降和启动困难等。

107. 柱塞式喷油泵凸轮轴的凸轮单面磨损,选择调头使用应具备的条件

喷油泵工作时,通常是凸轮推动挺柱的一面磨损较重。如果凸轮及整个凸轮轴的尺寸和形状都是对称的(如Ⅱ号喷油泵凸轮轴),为延长凸轮轴使用寿命,凸轮单面磨损后,可以调头安装使用。但为了保证喷油泵的供油顺序仍与发动机工作顺序相适应,必须相应地调换高压油管的连接位置,将其供油顺序由原来的1－3－4－2变为1－2－4－3,如东方红-75拖拉机Ⅱ号喷油泵。为保持供油顺序不变,必须把2缸和3缸高压油管对调连接,即将2缸高压油管与3缸喷油器连接,而3缸高压油管与2缸喷油器连接。

对于凸轮外廓不对称的凸轮轴,凸轮单面磨损后则不能调头安装使用,否则会影响喷油泵供油特性,使发动机不能正常工作。

108. 高压油管的工作长度和孔径不能随意改变的原因

从喷油泵到喷油器的柴油是以压力波形式(约1500米/秒)传递的,同时柴油具有可压缩性,高压油管又有一定的弹性变形,所以高压油管的长度和孔径对喷射过程有直接影响。在孔径一定的情况下,高压油管长度的变化,会引起喷油规律的改变。如长度增加,会使压力波传递的时间增长;同时高压油管容积的增大,将造成喷油延迟角和喷油延续角增加,进而影响燃烧过程的正常进行。从这个意义上讲,高压油管长度应尽量缩短。在多缸发动机上,各缸高压油管的长度孔径应相等,以保证各缸喷油时间一致,喷油量均匀,发动机工作平稳。

各种发动机高压油管的长度和孔径是配合喷油规律的要求确定的。所以,使用中不能随意改变高压油管的长度和孔径。同台发动机,各缸高压油管孔径应当一致。

109. 喷油泵在试验台上按标准调好的标定转速和标定油量,装配后供油量减少的原因

出现这种现象的主要原因如下:

(1)**喷油泵方面的原因** 喷油泵试验调整时的条件与柴油机实际工作环境不同所致。如,喷油器与油管的技术状态不同(通过能力、渗漏程度等),或者试验时将喷油泵回油口堵死,或试验用的

输油泵输油压力大,致使低压油压力高于实际工作的压力等,都会造成实际工作时供油量相对减少。

除此外,调试时的油温低、柴油黏度大,柴油泄漏量比实际工作时少,也是造成实际供油量减少的一个原因。为抵偿这种影响,应根据室温和柱塞偶件磨损情况,适当增加供油量。即在供油压力尚能达到 300~350 千克力/厘米^2 的柱塞偶件,一般可将供油量调到比标准供油量多 5%~6%。

(2)调速器方面的原因 如果调试时停供转速过高而未加解决,装到柴油机进行功率试验时,柴油机最高空转转速必然过高。在此情况下,如果用拧动高速限制螺钉的办法,将最高空转转速降至规定值,调速器起作用转速会随之降低,标定转速时供油拉杆的位置必然后移,结果也会造成供油量减少(或者说标定转速下降),功率不足。

110. 喷油泵停供转速过高的原因

喷油泵停供转速过高,反映到柴油机上就是最高空转转速过高(其实质是稳定调速率过大的问题)。在此情况下,如果发动机负荷发生变化,会引起发动机转速大幅度波动,不仅使柴油机动力性和经济性降低,而且使零件磨损加剧,严重时甚至造成"飞车"事故。因此,对停供转速过高的现象必须引起重视,认真解决。造成停供转速高的原因主要有以下几点。

①柱塞偶件严密性差,或柱塞规格不符合要求(斜槽角度小或直径小)。在这种情况下,为了满足标定油量的要求,必须加大柱塞转角,以增加柱塞供油行程。这样,柱塞由标定供油位置到停供位置所需要的拉杆行程必然增大,即必须有更高的转速使拉杆移动更大的距离,才能使柱塞由标定供油位置转动到停供位置,便造成了停供转速过高,甚至不能停供。

②调速器与喷油泵运动零件磨损,配合松旷,或运动不灵活,运动阻力大,使调速器不灵敏度增大,作用滞后。为了克服较大的运动阻力和补偿各配合部位增大了的间隙,必须有更高的转速,才

能使供油拉杆有足够的作用行程,将柱塞推至停止供油位置。

③调速器弹簧刚度过大或弹力过大(加垫片过多,预压量过大)。在这种情况下,调速弹簧被压缩同样长度,其所需的离心力必然比正常时大。因此,正常停供转速时离心力对调速弹簧的压缩量减小,供油拉杆移动量相应减小。要使拉杆移动到停供位置,必须进一步提高转速,增大离心力,于是便造成停供转速过高。如调速弹簧过软而加垫片过多,可能会造成弹簧并圈而不能停供。

④调速器起作用转速过高。此种情况在Ⅱ号喷油泵上容易发生。Ⅱ号喷油泵调速器的作用点,是根据供油拉杆移动得快慢确定的,如果经验不足,在喷油泵技术状态不良,供油拉杆抖动量较大的情况下,往往会将标定转速前供油拉杆的抖动,误认为是作用点,结果将起作用转速调得过高,这就必然会引起停供转速过高。

⑤Ⅱ号喷油泵启动行程过大,柱塞套筒定位螺钉伸入太长而堵住回油孔,拉杆挡钉调整不当等,均会造成停供转速过高,甚至不能停供。

⑥$A_4CB-8.5 \times 10$ 型喷油泵调整器飞锤重量不足,飞锤推脚磨损后焊补过长,使作用于滑套的离心力相对不足,也是造成停供转速过高的常见原因。

总之,造成喷油泵停供转速过高的具体原因很多,不同的喷油泵其原因也不尽相同。就其基本原因来说可归纳为:调速器从标定转速到停供转速时,供油拉杆作用行程不足和柱塞由标定供油位置到停止供油位置的转角过大这两方面的原因。

为了确切判定到底是哪方面的原因,可将操纵臂放在最大位置(与高速限制螺钉接触),逐渐提高喷油泵转速。当由标定转速上升到规定的停供转速时,观察供油拉杆的移动量是否能达到规定要求(东方红-75拖拉机Ⅱ号喷油泵应为7～8毫米,$A_4CB-8.5 \times 10$ 型喷油泵,约为7.5毫米)。若能达到,说明问题在柱塞偶件;若达不到,则问题发生在调速器上。

111. 喷油器进油管接头中的缝隙式滤芯不能随意拿掉的原因

有的喷油器进油管接头中设有缝隙式滤芯,其作用是对进入喷油器的高压柴油进行沉淀过滤,防止有杂质进入喷油器。如果把滤芯拿掉,就会增加针阀偶件的磨损,并容易引起针阀卡滞。此外,去掉滤芯后,高压柴油的容积也会有所增大,喷油过程中,柴油的可压缩性的有害影响也会相对增大,对正常的喷油规律会产生一定的影响。所以,滤芯不能随意拿掉。考虑到滤芯一旦堵塞将会影响供油,应通过定期清洗滤芯把问题解决,而不是拿掉滤芯。

112. 喷油器针阀升程增大的原因及其危害

喷油器喷油时,针阀由关闭位置所能升起的距离,即称之为升程(图 19 中的 Δ)。

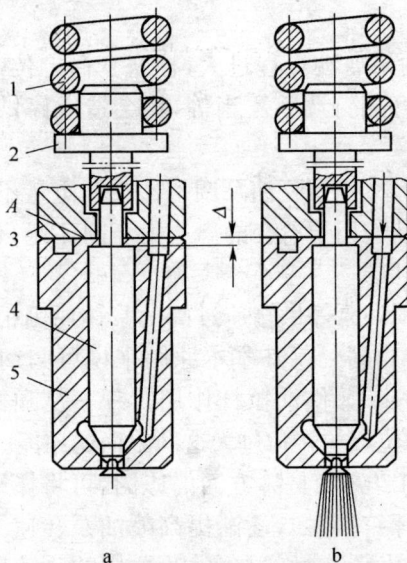

图 19 喷油器针阀升程

a. 针阀关闭状态 b. 喷油状态

1. 弹簧 2. 推杆 3. 喷油器体 4. 针阀

5. 针阀体 A. 磨损处 Δ. 针阀升程

造成针阀升程增大的主要原因是:喷油器工作时,喷油器体下端面,在针阀台肩端面的长期撞击磨损下,其撞击部位会出现凹陷(图 19 中 A 处);而对于针阀升程可调的喷油器(如 4146 型柴油机的喷油器),也可能是由于调整不当引起升程增大。由于维修人员不注意,甚至不了解针阀升程的改变,会对柴油机的工作造成影响,所以维修时,往往忽略对喷油器体下端面磨损的检查。以致针阀升程过大而影响发动机的正常工作。严重时导致功率下降。

针阀升程增大后,针阀与座面间流通截面增大,流量增大,而且针阀由最高位到断油位置(落座),所需时间增长,喷油延续时间增加,而改变了正常的喷油规律。这会造成柴油机燃烧过程恶化,热负荷增大,功率下降,耗电增加,除此还会引起喷油器过热积炭和加剧密封锥面的磨损。

113. 喷油器喷油压力过高或过低对发动机工作的影响

喷油器喷油压力,是指喷油器开始喷油时的压力。为保证燃烧过程的正常进行,各种柴油机喷油器的喷油压力都有一定标准。喷油压力过低,会使燃油喷射时油流速度降低,喷雾锥角和油束射程减小,雾化质量变坏,容易发生滴油现象;同时还会使喷油始点提前,终点迟后,喷油延续时间有所增长,喷油量增大。其结果是补燃加重,燃烧不完全、排气冒烟和积炭严重。若喷油压力过高,会加剧喷油泵和喷油器的磨损,柴油泄漏损失增加,喷油量减少,喷油延续时间缩短,喷油速率增大,导致柴油机工作粗暴。

由此可见,喷油压力过高或过低,不仅会导致柴油机功率下降,增大燃油消耗率,而且对柴油机工作的可靠性和使用寿命也有一定影响。

喷油器喷油压力的调整一定要按规定进行。在柱塞偶件和针阀偶件技术状态良好的情况下,可将喷油压力调到规定值的上限,而在偶件磨损较重的情况下,应调至规定值的下限。一般情况下不允许随意改变喷油压力。

114. 喷油器回油管回油过多的原因及排除方法

喷油器工作时,针阀体油腔中的柴油具有很高的压力,虽然偶件配合精密,但也会有少量柴油渗漏到喷油器体腔内,并经回油管流回柴油滤清器或油箱(这部分柴油还具有润滑针阀的作用)。因此,回油管有少量回油是正常现象。但若回油量过多,应当查明原因。有可能是喷油器体与针阀体的接合面损伤或不清洁、接触不严密,导致部分柴油由针阀体上部的环形油槽直接漏入喷油器体空腔内;也可能是针阀与针阀体导向面磨损严重,配合间隙过大,使柴油渗漏量增加。

一旦发现回油过多,应立即修复或更换有关零件,而不是把回油管堵死。否则,渗漏的柴油无法排出,会造成喷油器体腔内油压升高,油针升起时阻力增加,而导致喷油压力过高。正常的喷油规律破坏,使柴油机工作不稳定,排气冒烟,有敲击声,进一步加剧喷油泵与喷油器的磨损。

115. Ⅱ号喷油泵花键轴套易松动的原因及其危害

凸轮轴与花键轴套间采用锥面配合,通过前端的紧固螺母,将两者压紧在一起。凸轮轴与花键轴套间转矩的传递,主要是靠配合锥面压紧后产生的摩擦力实现的,半圆键主要起定位作用。使用中,一旦锥面磨损,或在更换凸轮轴与花键轴套时,配合锥面的锥度不符合技术要求,均会造成两锥面的贴合面积过小(正常值应在 80% 以上)。此时,即使紧固螺母拧得很紧,凸轮轴与花键轴套也不能产生足够的传递转矩所需的摩擦力,而大部分作用力只能靠半圆键传递,致使键与键槽松旷损坏,造成花键轴套松动。

花键轴套松动后,不仅使供油时间改变,而且还会造成凸轮轴半圆键及键槽损坏、凸轮轴与花键轴套配合锥面严重损伤,甚至报废。所以,维修或更换凸轮轴及花键轴套时,一定要对两个锥面进行严格的检验选配。贴合面积小于 80% 时,不能装配使用。

116. 更换Ⅱ号喷油泵花键轴套时应注意的问题

有些喷油泵更换花键轴套
后,往往会发生供油提前角变化
很大,而且难以进行调整。出现
这一现象是由于不同型号的柴油
机配套的Ⅱ号喷油泵,其花键轴
套的盲键对称中心线与半圆键键
槽中心线的夹角 θ(图 20)与原花
键轴不同所致。A₄CB-8.5×10
型喷油泵此角为 0°。4115 型柴
油机的 Ⅱ 号喷油泵 θ = 12°。

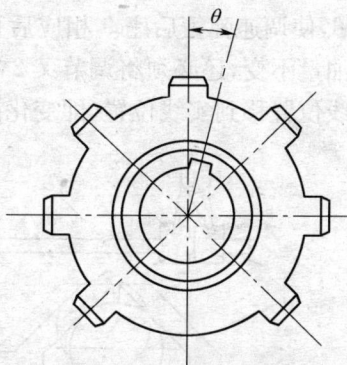

图 20　喷油泵花键轴套

4125A 型柴油机的Ⅱ号喷油泵早期产品为 12°,由于角度偏小,在
有的柴油机上,即使把喷油泵驱动齿轮与花键盘的连接,调到供油
时间最早的孔,其供油时间仍有偏晚现象发生。所以后来就由 12°
改为 17°,以后又由 17°改为 15°。为便于区别,15°与 17°的花键轴
套键齿外圆上,都加工了一条深 0.5 毫米、宽为 1.3 毫米的环槽。

由此可知,更换花键轴套时,如不注意其区别而选用不当,必
然会使供油提前角发生较大的变化。例如,将 A₄CB-8.5×10 型的
喷油泵的花键轴套,装于 4125A 型柴油机的Ⅱ号喷油泵上,其供油
时间将晚 15°或 17°,以致很难进行供油提前角的调整。

117. Ⅱ号喷油泵调速器改变支承轴位置后,须重新检查调整作用点和标定油量的原因

Ⅱ号喷油泵调速器支承轴位置改变后,会引起发动机标定转
速和标定油量的变化。如图 21 所示,当支承轴 8 由实线位置向后
移到双点划线位置时(移动距离为 A),校正器及调速弹簧前座 10
都随之后移,标定状态时(调速弹簧前座 10 与校正弹簧后座间,既
无作用力也无间隙),传动板 4 的位置也必然后移一相同距离,即
由原来的实线位置移到双点划线位置。于是标定油量减小。同

时,调速弹簧弹力也因调速弹簧前座 10 的后移而增加,使标定转速升高。在此情况下,为保持标定转速不变,必须拧入高速限制螺钉 6,使调速弹簧后座 9 相应后移,以减小弹簧的弹力。为保持标定油量不变,还必须将调节叉 2 在供油拉杆 3 上前移,使其由双点划线位置移到实线位置(即变化前的相应供油位置)。

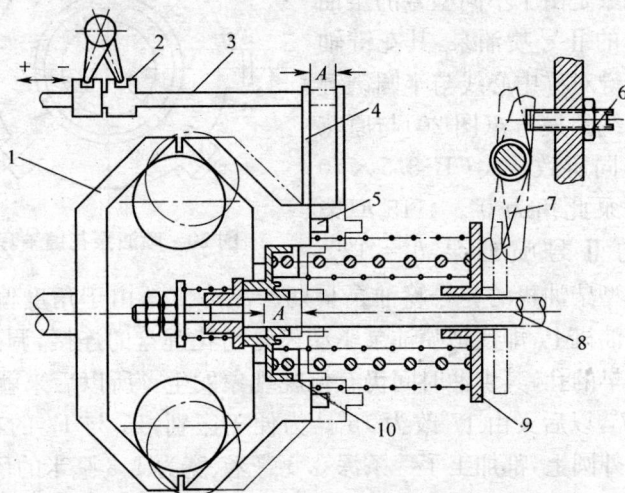

图 21　支承轴位置改变对标定转速与标定油量的影响
1. 传动盘　2. 调节叉　3. 供油拉杆　4. 传动板　5. 推力盘　6. 高速限制螺钉
7. 调速叉　8. 支承轴　9. 调速弹簧后座　10. 调速弹簧前座

当支承轴位置前移时,其情况则与上述调整相反。由此可见,改变支承轴位置后,为保证标定转速和标定油量仍符合规定,必须重新检查调整作用点和标定油量。

118. 全制离心式调速器,在发动机油门位置不变而负荷发生变化时的作用

各种全制离心式调速器的结构虽然不同,但在发动机油门位置不变,而负荷发生变化时的调速过程是相同的。现以Ⅱ号喷油泵为例(图 22),说明如下。

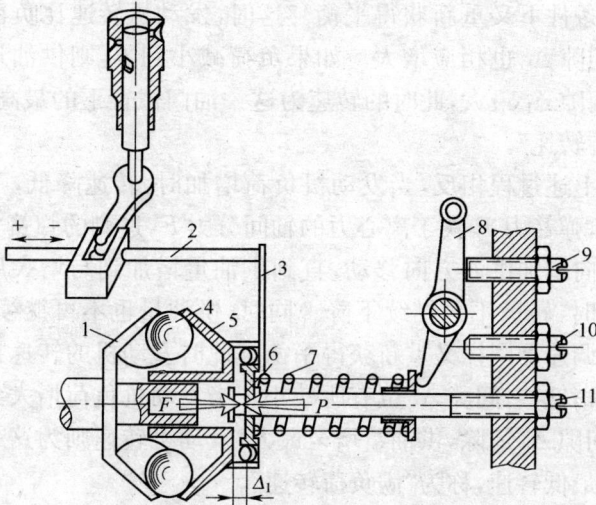

图 22　全制式调速器工作原理简图

1. 传动盘　2. 供油拉杆　3. 传动板　4. 飞球　5. 推力盘
6. 调整弹簧前座　7. 调速弹簧　8. 操纵臂　9. 高速限制螺钉
10. 急速螺钉　11. 支承轴

　　当油门(操纵臂)固定在某一位置时(图中为与高速限制螺钉接触的最大位置),在调速器调速范围内,如果发动机的负荷是稳定的,供油量又恰好适应负荷的需要,则发动机便在某一转速下稳定运转。此时飞球 4 离心力的轴向分力 F,与调速弹簧力 P 相平衡,调速弹簧前座 6 与支承轴台肩之间有间隙 Δ_1,调速器处于相对稳定状态。

　　当发动机负荷减小时,作用在发动飞轮上的阻力矩,暂时小于发动机发出的有效扭矩,发动机的平衡状态被破坏,转速随之升高,飞球离心力增大,离心力的轴向分力 F 便大于弹簧力 P,调速器的平衡状态也被破坏。于是,过剩的离心力的轴向分力,便推动推力盘 5 和调速弹簧前座 6 右移,使传动板 3 带动油门拉杆 2 向减小供油量方向移动。当供油量减小到与减小后的发动机负荷相适应时,转速不再继续升高,供油量也不再减小,发动机与调速器便在新的条件下又重新获得平衡。这时,发动机转速比负荷变化前稍高,间隙 Δ_1 也相应增大。如果负荷减小到零,则供油量减到最小,而间隙 Δ_1 最大,此时的转速为这一油门位置下的最高转速,称为"空转转速"。

与上述过程相反,当发动机负荷增加时,转速降低,飞球离心力减小,弹簧力 P 大于离心力的轴间分力 F,过剩的弹簧力推动供油拉杆向增加供油方向移动,直到供油量增加到与增大后的负荷相适应时,转速不再继续下降。同时,供油量也不再继续增加,发动机与调速器同样又重新获得平衡。此时发动机的转速比负荷变化前要稍低些,间隙 Δ_1 也有所减小。当发动机负荷增大到一定程度时,间隙 Δ_1 消除,供油量增至最大,发动机转速则为这一油门位置下的最低转速,称为"满负荷转速"。

综上所述,当发动机油门位置不变而负荷变化时,首先将引起发动机转速的变化,随着转速的变化,调速器起作用,相应地改变供油量,从而使转速不再继续变化。由此可见,当负荷变化时,调速器并不是控制一个固定不变的转速,而是控制在一个变化较小的转速范围内,或者说能维持发动机转速基本不变。

119. 全制离心式调速器,在发动机负荷不变而改变油门位置时所起的作用

当发动机负荷不变而改变油门位置时,可以改变调速器的调速范围,即改变发动机转速。这种情况,在工作中经常遇到,如拖拉机在公路行驶时为了超车,可加大油门位置,提高车速。在道路较窄,行人较多时,可减小油门位置,降低车速。在此过程中,调速器是怎么样起作用的呢(图 23a)? 当发动机负荷不变,油门(操纵臂)处于位置 I 时,发动机在调速器较低调速范围内,某一转速下稳定运转。此时,发动机与调速器都处于相对平衡状态,即供油量与负荷相适应,离心力的轴向分力 P 与弹簧力 F 相平衡。如将油门从位置 I 移到位置 II,由于调速器弹簧被压缩,弹簧力 F 大于离心力的轴向分力 P,调速器平衡状态被破坏,推动供油拉杆由位

置Ⅰ移到位置Ⅱ,增加了循环供油量,但由于发动机的负荷并没有变化,所以供油量必然多于负荷的需要。这时,发动机所发出的有效转矩大于阻力矩,平衡状态被破坏,于是转速升高。而随着转速的升高,离心力的轴向分力又大于调速弹簧力,推动供油拉杆向减小供油量的方向移动。当由位置Ⅱ移到位置Ⅲ时(图 23b),即基本上又回到原来的位置Ⅰ时,供油量又与负荷相适应,发动机与调速器在新的条件下又重新获得平衡。此时,由于调速弹簧预加压缩力增大了,与之平衡的离心力轴向分力也必然相应增大。因此,发动机转速比原速提高,但循环供油量却基本上没有变化(转速提高

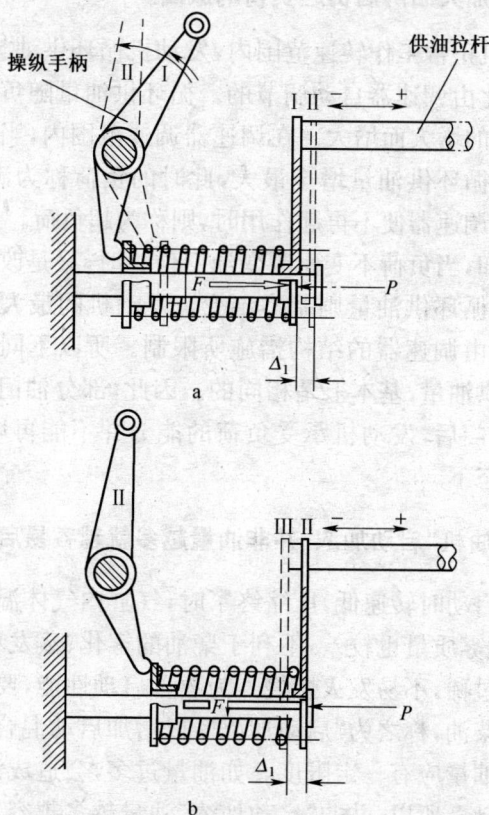

图 23　全制式调速器改变调整范围的过程

后,机械摩擦损失增加,严格说来供油量稍有增加)。同理,如将油门位减小(扳向相反的方向),则其作用过程与上述情形相反,发动机转速降低。

由此可见,装有全制离心式调速器的发动机,在负荷不变而改变油门位置时,实际上是改变了调速器弹簧的预加压缩力,其最终结果只是改变了发动机转速(改变调速范围),而循环供油量基本不变。

120. 装有全制离心式调速器的发动机,在部分油门位置时发动机超负荷,加大油门后仍超负荷的原因

在发动机正常工作转速范围内,发动机循环供油量的大小,是随负荷的变化由调速器自动调节的。循环供油量随负荷的减小而减小,随负荷的增大而增大。在调速器调速范围内,当负荷增大到一定程度时,循环供油量增至最大,此时的负荷称为满负荷,如负荷继续增大,调速器便不再起作用时,则称为超负荷。

由此可知,当负荷不变而改变油门位置时,只是改变了调速器的调速范围,循环供油量则基本不变。发动机的最大循环供油量是一定的,它由调速器的结构措施所限制。所以不同油门位置时的最大循环供油量,基本上是相同的。因此,部分油门位置是超负荷的,加大油门后,发动机承受负荷的能力并不能再增加,仍然处于超负荷状态下。

121. 柴油机"启动加浓"并非油量越多就越容易启动

柴油机启动时转速低,压缩终了时,气缸内气体温度和压力都较低,柴油喷雾质量也较差,不利于柴油的雾化、蒸发和混合,致使可燃混合气过稀,不易发火燃烧。为改善启动性能,要求在启动时多供给一些柴油,称之为"启动加浓",以增加启动混合气浓度。但"启动加浓"油量应有一定限度。如油量过多,会造成混合气过浓,反而不易启动。所以,并非"启动加浓"油量越多越容易启动。"启动加浓"油量一般应为额定供油量的 150% 左右,当气温较低、柴油

机技术状态较差时应大些,反之则应小些。

122. 拖拉机柴油发动机一般都设置"校正器"的原因

拖拉机工作中负荷变化范围较大,常会遇到超负荷的情况。由调速器工作过程可知,柴油机在标定工况时,供油拉杆已处于最大供油位置。在此状况下,如不设"校正器",当负荷进一步增加(即超负荷)时,供油量不能再增大,调速器不再起作用,转速会随之下降。在转速下降过程中,虽然充气系数稍有增加,机械摩擦损失也有所减小,但由于喷油泵速度特性的影响,循环供油量也随之有所减小。因此,柴油机的扭矩随转速的降低增加得很缓慢,就不能适应短时间超负荷的需要,造成转速大幅度降低,以致熄火。为改善这种情况,在拖拉机柴油发动机上一般都设有"校正器"。这样在超负荷时,随转速的降低,能自动增加供油量(称为校正加浓),从而增大柴油机的扭矩,提高克服超负荷能力。克服超负荷的能力可用扭矩储备系数 μ 来评定,即:

$$\mu = \frac{Me_{最大} - Me}{Me} \times 100\%$$

式中　　$Me_{最大}$——最大扭矩

　　　　Me——标定工况时的扭矩

不带校正器时,柴油机的扭矩贮备系数一般在 5%～10%。设校正器后,其值可提高到 10%～20%。扭矩贮备系数愈大,克服超负荷的能力愈强。应当指出,柴油机在校正加浓情况下工作,会增大柴油机的机械负荷和热负荷,并且排气冒烟,容易积炭。因此,校正加浓只是柴油机克服短时间超负荷的权宜之计,绝不允许长期在超负荷情况下工作,否则不仅会增大燃料消耗率,降低生产率,而且会降低柴油机工作的可靠性及使用寿命。

123. A₄CB-8.5×10 型喷油泵调速器复绕弹簧的作用,其弹力过大或过小对柴油机工作的影响

图 24 中,复绕弹簧 6 用于将操纵臂轴 5 与托架 7 弹性地连接

在一起,与调速器上部的菱形挡块 1 共同组成校正器。柴油机在标定工况时,叉杆 3 位于实线位置,其上部的调整螺钉 9 与菱形挡块 1 相接触。假如没有复绕弹簧,操纵臂轴 5 与托架 7 间呈刚性连接。当负荷继续增大时(即超负荷),虽然转速下降,飞锤离心力 P 减小,但不论调速弹簧力 F 怎样大于离心力 P,也不可能再推动滑套 2 使叉杆 3 右移,供油量不能继续增大,调速器不再起作用。而在有复绕弹簧的情况下,当调速弹簧力 F 与离心力 P 之差大于复绕弹簧预紧力和机构摩擦力时,过剩的调速弹簧力可通过滑套 2,推动叉杆 3 下端右移,迫使复绕弹簧 6 变形(弹簧脚张开),使叉杆 3 由实线位置移到虚线位置。由于叉杆挺直,其上部的调整螺钉

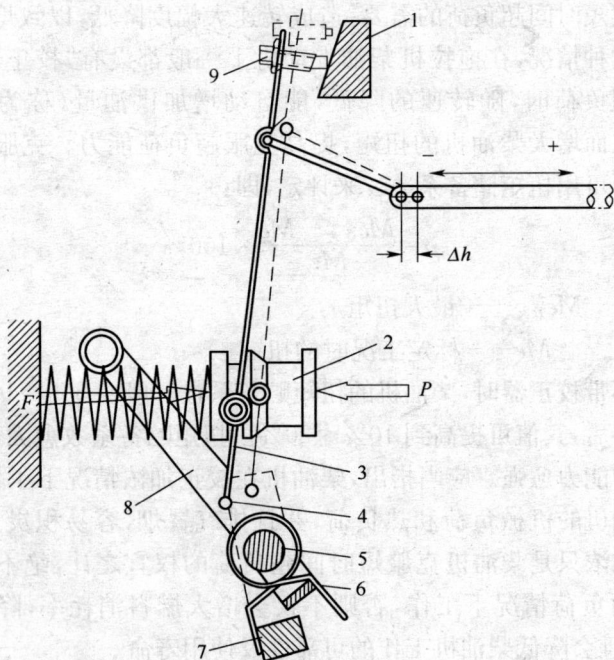

图 24 A_4 CB-8.5×10 型喷油泵调速器校正加浓原理

1. 棱形挡块 2. 滑套 3. 叉杆 4. 叉杆轴 5. 操纵臂轴
6. 复绕弹簧 7. 托架 8. 操纵臂 9. 调整螺钉

9便沿菱形挡块 1 的斜面向上滑移,推动供油拉杆向增大供油方向移动一小段距离 Δh,从而起到了校正加浓作用,改善了柴油机克服超负荷的性能。

此外,当叉杆 3 上端的调整螺钉 9 与菱形挡块 1 接触后,如继续加大操纵臂 8 的位置,复绕弹簧 6 会首先变形张开,操纵臂 8 与托架 7 间暂时出现相对转角,而不必克服弹力较大的调速弹簧力,因此操纵省力。而当操纵过猛时,复绕弹簧的变形还可起到缓冲作用。

复绕弹簧弹力的大小,对柴油机工作有一定的影响。弹力过小,会造成"过度校正",而当负荷变化引起转速变化时,由于复绕弹簧容易变形,会造成调速器作用滞后,不灵敏度增大,柴油机工作不稳定;如弹力过大,会使校正器开始起作用时转速降低,校正作用滞后,校正加浓油量减少,柴油机克服超负荷的能力变差。因此,在调试喷油泵调速器时,应注意对复绕弹簧弹力的检查,必要时应予以修复或更换新件。

124. 发动机有效功率愈大其有效扭矩愈大的说法的正确性

这种说法不确切。有效扭矩表示发动机克服外界阻力矩的能力,即表示所能承受的负荷的大小,它主要取决于每工作循环所产生的有效功的大小。有效功率则表示发动机单位时间内做功的多少,它取决于有效扭矩的大小和曲轴转速的高低。三者关系如下:

$$Ne=\frac{Me \cdot n}{716.2}(马力)$$

(1 马力=0.735499 千瓦)

式中　　Ne——有效功率

　　　　Me——有效扭矩(千克力·米)

　　　　n——曲轴转速(转/分)

(1 千克力·米=9.806 65 焦(耳))

由此可见,在发动机转速相同时,有效扭矩愈大则有效功率愈大;而在扭矩相同时,曲轴转速愈高,则有效功率愈大。所以,转速低扭矩大的发动机的有效功率,比转速高扭矩小的发动机的有效功率,可能大,可能小,也可能相等。因此,有效功率大的发动机,其有效扭矩并不一定大。

125. 调试喷油泵时,检查"作用点"与"停供转速"的目的

检查"作用点"与"停供转速"的目的,是间接检查柴油机的标定转速和最高空转转速。

标定转速是柴油发动机的重要性能指标,它直接影响柴油机的动力性、经济性和工作可能性。在标定转速一定的情况下,最高空转转速的高低又反映了调速率的大小。因此,调试喷油泵时,应保证标定转速与最高空转转速符合规定。由调速器工作原理可知,在标定转速时,调速器飞锤(球)离心力与调速弹簧力相平衡。此时,调速弹簧前座与校正弹簧后座间(Ⅱ号喷油泵调速器),或叉杆调整螺钉与菱形挡块间(A$_4$CB-8.5×10 型喷油泵调速器),处于既无间隙又无作用力的状态,这种状态难以直接检查确定,并且也不可能直接在试验台上检查最高空转转速。因此,标定转速与最高空转转速是否正确,须通过检查作用点与停供转速来确定。作用点转速(即开始起作用转速),一般比标定转速高 5~15 转/分(凸轮轴转速)。停供转速的高低与标定转速和调速率有关,一般比标定转速高约 100 转/分左右(凸轮轴转速)。

126. A$_4$CB-8.5×10 型喷油泵柱塞偶件磨损后,不能用拧退叉杆调整螺钉的方法增加供油量的原因

A$_4$CB-8.5×10 型喷油泵柱塞偶件磨损后,有的驾驶员直接采用在拖拉机上拧退调速器叉杆调整螺钉的方法,增加供油量,这种做法应当避免。由调速器工作原理可知,柴油机在标定工况时,调速器飞锤离心力与调速弹簧力相平衡,叉杆调整螺钉与菱形挡块间既无间隙又无作用力,供油拉杆处于最大供油位置。此时,如将叉杆调整螺钉拧退,叉杆并不前移,供油量并不增加,而只是调整螺钉与菱形挡块间,相应地出现了间隙。要使叉杆前移而增大供油量,还必须降低转速。这就是说,拧退叉杆调整螺钉后,供油量

的增大是通过降低标定转速,增加供油拉杆行程来实现的。其结果将造成柴油机功率降低,耗油率增加;由于柱塞偶件磨损情况不同,各柱塞向增大供油方向转动同一角度,会增大供油量不均度;供油拉杆行程增大,还可能使柱塞调节臂从拉杆调节叉中脱出,以致发生"飞车"事故。因此,使用中不允许随意拧动叉杆调升螺钉来增大供油量。

127. 丰收型分配泵调速器拉杆长度的正确调整方法

拉杆长度的调整是否适当,直接影响供油和调速性能。调整拉杆长度的目的,在于确定油量控制阀的开度,使其既能满足标定供油量的要求,又能保证最高空转转速的供油量不超过规定值。拉杆长度的正确调整方法(图 25),在油量控制阀切槽中心线与连接臂之间的装配角度 $C=38°$ 时(出厂时已调定),将摇板 3 向右推到底,并使拉杆 8 弯钩内面紧贴拉杆销 7,然后拧转拉杆螺母 1 调整拉杆长度,使油量控制阀连接臂 10 的长边与泵体后端面的夹角 D 为 $5°\sim7°$。为便于测量,也可使连接臂端面至泵体后端面间的最小距离 H 为 $8\sim10$ 毫米。调至要求后,将拉杆螺母锁紧。

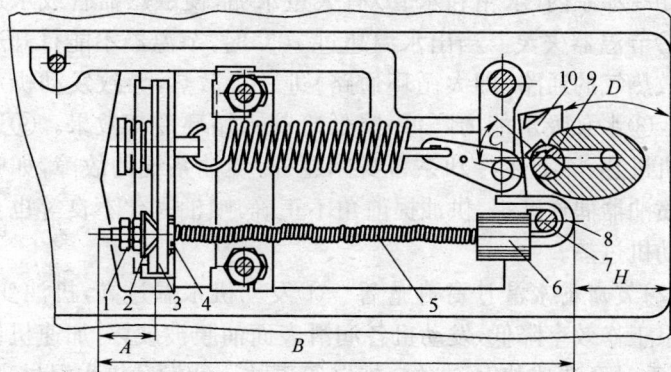

图 25　调速器拉杆长度的调整

1. 拉杆螺母　2. 球面垫圈　3. 摇板　4. 垫圈　5. 拉杆弹簧　6. 拉杆套
7. 拉杆销　8. 拉杆　9. 油量控制阀　10. 连接臂

在拉杆长度调整正确的情况下,标定工况时,油量控制阀已具有足够的开度。此时,标定油量的大小不再受节流作用的影响,而仅取决于柱塞行程的大小。如将油量控制阀开度进一步增大,不仅不能使最大供油量增加,反而会增大调速器的不均匀度。由于调速器的最大作用行程是一定的,如果油量控制阀开度过大,随着转速的升高,油量控制阀的开度,便不能关小到应有的程度。其结果是使空转油量过多,造成柴油机最高空转转速过高,甚至导致"飞车"。因此,企图用增大拉杆长度来增大供油量的做法是错误的! 拉杆长度也不能随意减小,否则,由于油量控制阀开度不足,转速升高时,节流阻力增大,这会导致标定油量减少,柴油机功率降低,工作不稳定。

128. 发动机水温过高的原因、危害及排除方法

(1)造成发动机过热,水温过高(水温表指示超过 95℃)的原因 ①水箱帘或百叶窗在水温高时,没有及时调整,散热不良。②发动机冷却系内水量不足。③风扇和水泵皮带过松或折断。④风扇叶片方向装反,反向吹风。⑤水箱散热器堵塞,散热效果降低。⑥冷却系内(水箱和水套)有大量水垢,使散热器管或水道堵塞。⑦节温器失灵。当出水温超过 70℃时,节温器不能打开通往水箱散热气的通路(即大循环通路)进一步散热,导致发动机水温过高。⑧水泵吸水能力降低,降低冷却水循环冷却效果。⑨造成发动机过热,除上述冷却系自身问题外,燃油系统的故障,如喷油泵和喷油器偶件磨损,供油提前角不正确,喷油雾化不良等也会造成发动机过热。

(2)发动机水温过高的危害 ①发动机水温过高,机油变稀,机油泵工作效率降低,发动机各润滑表面油膜被破坏,加速机件磨损,严重时会造成烧瓦、拉缸、拖缸等事故。②发动机水温过高,使喷入气缸中的燃油提早燃烧,压缩力不足、功率下降。过早燃烧还会出现爆燃敲击现象,严重时单缸发动机甚至会出现反转。③发动机水温过高,燃烧室温度高于正常温度,喷油嘴油针受热膨胀卡死。

(3)排除方法 由此可知,发动机长期水温过高的危害是严重的,为保证冷却系统能经常处于良好技术状态,使用中要对冷却系定期清洗、检查、调整。①班保养和号保养时,注意检查风扇和水泵皮带的松紧度,及皮带的状态,发现断裂应更换新件。②班保养和号保养时,注意清除水箱散热器脏物及堵塞物。③节温器一旦失灵,应更换新品。④定期清洗冷却系统内的水垢、污物。清洗方法如下:一是放出冷却系全部冷却水(有节温器的发动机,应从缸盖水管内取出,装好出水管)。二是配制清洗液(表9)。三是将配制好的清洗液加入水箱,启动发动机。发动机转速要时快时慢,让清洗液波动流动,以利冲刷冷却系中的沉淀物并使其浮动。运转时间一般在5～10分钟,待水温达到70℃～80℃时熄火,停置10～12小时,再启动发动机。再以中速(800～1 000转/分)运转5～10分钟,然后熄火,趁热放净清洗液。四是加入清洁水,使发动机中速运转清洗2～3次。待放出水质清洁后,装回节温器,关闭放水阀,再添加清洁水至规定水位。

表9 清洗液配方

机 型	清水 (升)	烧碱 (千克)	煤油 (千克)	洗涤苏打 (千克)
东方红-75/54	60	4.5～4.8	1.5	
东方红-40	8.5	—		0.5
东方红-28	16	1.0	1.0	

注:其他型号可参考执行

129. 发动机水温过低的原因、危害及预防措施

(1)发动机水温过低的原因 发动机水温过低(指水温在60℃以下),在寒冷的冬季比较常见,其原因为:①发动机水箱保温帘调整过低,或百叶窗片张开角度太大。②节温器失灵,冷却水经常大循环。

(2)水温过低的危害 发动机温度过低,主要危害是加剧发动机压缩系统磨损。

其主要表现为:①发动机工作温度低,柴油燃烧中,产生的水

蒸气和酸性氧化物反应后产生酸(即硫酸),黏附于气缸壁上,产生强烈的酸腐蚀。②发动机温度过低,柴油燃烧不完全,油流冲刷缸壁润滑油膜,加速缸套活塞磨损。③发动机热损失增多,使燃烧后的压力降低;机油黏度大,机械摩擦功率损失增加,使功率下降。④容易形成积炭,活塞环胶结,压缩力不足,造成发动机功率下降。

(3)预防措施 在寒冷的北方,拖拉机冬季作业前,应做好保养,充分做好保温工作。作业中,应根据发动机温度变化,随时调整保温帘和百叶窗叶片的开度,使发动机的工作温度在正常范围内。

130. 水泵轴水封填料处漏水的原因及排除方法

(1)造成漏水的原因 主要表现为水封紧固螺母松动、填料过松和填料损耗后过少等。

(2)排除方法

①由水封紧固螺母松动和填料过松引起的漏水,只要重新拧紧螺母压紧填料即可。拧紧螺母时,每转动 1/6 圈须检查漏水是否已消除,不可上得过紧。

②填料由于损耗后过少,拧紧螺母后仍有漏水现象,此时应加添或更换水封填料。

备用填料按以下方法操作:一是按顺时针方向拧松水封螺母(东方红-75 型拖拉机的这个螺母是左旋螺纹,统称反扣螺母)。二是将新填料(一般用黑色的涂有石墨的石棉绳),按顺时针方向,紧密地缠绕在水泵轴上。三是填料数量应适当(不宜过多或过少),以能使水封螺母在后衬套上旋紧 4~5 圈为合适。

若无备用填料时,可自己配制,其方法:一是用粗 5 毫米的石棉绳编成辫,在机油中浸泡 1 分钟,然后取出拧干。二是用润滑粉和石墨(重量比 1:25)配制涂料粉。三是将浸油的石棉绳滚满涂料粉。这样制成的石棉填料柔和而平滑,减轻水泵轴的磨损。四是进、出水胶管卡箍应拧紧,胶管腐蚀严重时,应及时更换,以防由于检查不慎,造成事故。

131. 发动机冷却系水垢的形成、危害及预防措施

(1)**水垢形成的原因及危害** 发动机冷却系内经常添加不清洁的硬水,是形成水垢的主要原因。硬水中的矿物质受热后形成不溶于水的物质,附着在冷却系零件的表面,甚至堵塞孔径较小的水道,使气缸、缸盖散热不良,发动机过热,烧损润滑油、加速机件的磨损,使发动机功率下降。

(2)**预防措施** 为防止冷却系内产生水垢,必须使用清洁的软水。一般雨水、雪水为软水,经沉淀过滤后即可做冷却水用;河水、湖水较软,井水、泉水和海水最硬,必须经软化处理后方可用做冷却水。用肥皂可鉴别软、硬水。肥皂在水中容易产生泡沫的为软水,不易产生泡沫的是硬水。

硬水可以软化,常用的方法有以下几种:①烧开沉淀(煮沸法)。②使水通过清洗过的炉渣过滤,每1～1.5千克炉渣可过滤200升水,然后沉淀6～8小时再用。③草木灰浸出液法。用1份的草木灰和9份的水(按重量计),混合搅拌均匀,沉淀15小时后即可使用。④硝酸铵软化法(表10)。将硝酸铵晶体溶解成硝酸铵溶液,然后注入冷却水中,每升硬水加3～4克硝酸铵。硝酸铵不仅可以防止水垢形成,而且还能溶解已产生的水垢。

表10 几种拖拉机软化水的配方

机 型	冷却系容量 (升)	草木灰浸出液与硬水比例		硝酸铵用量 (克)
		硬水量(升)	浸出液用量(升)	
东方红-75/54	60	57.6	2.4	180～200
东方红-28	15	19.4	0.6	45～60

132. 水泵壳体下方的小孔不能被堵死的原因

水泵壳体下部的小孔为溢水孔,其作用是排除通过水封渗漏出的少许冷却水。一旦发现漏水严重时,应更换水封填料,排除漏水故障,而不是将此孔堵死。如果这样做,冷却水会进入水泵轴

承、破坏润滑,加剧轴承的磨损或造成锈蚀;冬季还可能因水泵壳内积水,而造成水泵冻裂事故。

133. 液式双阀节温器主阀门上小孔的作用

液式双阀节温器主阀门上有一个直径为 3～5 毫米的小孔。其作用是向冷却系加水时,水套内的空气可经此孔排除,以便于加满冷却水。此外,冬季作业时,小股热水通过此孔进入散热器循环(小循环),可避免散热器冻裂。

134. 冷却风扇的正确安装方法及注意事项

冷却系的风扇属于轴流吸风式,工作时是向里(后)吸风而不是向外(前)吹风。风扇叶片与叶轮旋转平面有一定倾角,风扇旋转时,叶片将空气排向后方,前方的空气在真空作用下被吸入补充,形成自前向后的气流。这样,散热器前方的冷空气通过散热器后,向发动机机体吹风,有利于提高散热效果。

如果风扇方向装反,工作时,空气流动的方向与正常装配的恰恰相反。这样,流过散热器的不是冷空气,而是机体散发出的热空气,所以散热效果极差,很快就会出现发动机开锅现象。所以,安装风扇时,一定要注意方向,切莫装反。

135. 4125 型柴油机风扇皮带张紧轮轴安装时的要求

在 4125 型柴油机风扇皮带张紧轮轴上,有一直径 3 毫米的径向小孔,其作用是使张紧轮内腔与大气相通。张紧轮轴承采用车用机油润滑。加注机油时,张紧轮内腔的空气由此孔排出,使加油容易。除此,还能将内腔中,受热膨胀的热空气和机油的挥发气体由此孔排出,既能防止内腔中压力增高,将油封挤坏而漏油,又起到内腔的散热作用。

向张紧轮支架上安装张紧轮时,应注意小孔的方向一定要朝上,否则,张紧轮内腔的机油会从此孔流失,而烧坏轴承。

136. AK-10 型启动机活塞的正确装配方法

AK-10 型启动机是曲轴箱换气式二行程发动机,其气缸壁上有进气孔、排气孔和换气孔。活塞运动时,如活塞环的开口与气孔相对,不仅降低密封性,而且还可能造成活塞环折断。为避免活塞环开口与气孔相对,不仅要在环槽中设有稳钉,以防活塞环转动,而且在活塞的安装上要有一定的方向要求。其方法是:活塞顶部的箭头记号,应指向排气孔一侧(即飞轮一侧);记号不清时,应使第三道环槽的稳钉位于排气孔一侧。这样第三道活塞环的开口,恰好对准两排气孔之间的过梁,保证各活塞环的开口都不会与气孔相对。

137. AK-10 型启动机不着火的原因及排除方法

最常见的是启动机热车状态不能启动。具体表现为:启动机转过数个压缩,有间断爆发声或无爆发声;排气管排气有气无力;长时间启动不着。

(1)启动机不着火的原因　启动机不着火的影响因素很多,归纳起来主要是燃油供给、点火装置和启动机压缩系统技术状态不良所致。具体原因如下:

①汽化器不供油:一是汽化器浮子室内缺油。二是汽化器喷油孔堵塞。三是燃油开关或汽化器浮子进油口处滤网堵塞。

②磁电机不供火。

③磁电机点火时间不准确:一是磁电机点火过晚。二是电机点火时间晚半周(180°)。

④火花塞无高压火花或火花太弱(暗红色)。

⑤混合气过稀:一是阻风阀开度过大,节流阀开度过小。二是汽化器与缸体接缝处不严密或螺栓松动,垫片损坏漏气。三是汽化器浮子油面过低。四是汽化器喷孔不畅通。五是油路及油箱盖通气孔堵塞。

⑥混合气过浓:一是节流阀开度过大,阻风阀开度过小。二是

浮子油面过高或针阀不严密。三是启动机内(曲轴箱)积油过多。四是浮子破漏损坏。五是主喷孔过大。

⑦汽油和机油的混合比例不准确,特别是机油含量过多,使启动机不易着火。

⑧启动机缸垫烧损,冷却水渗入缸套或曲轴箱,连杆轴承烧损、缸盖螺栓松动等。

⑨启动机缸套、活塞及活塞环磨损超限或损坏。

(2)故障分析

①首先检查压缩系统状态:根据拉动启动绳时,飞轮旋转是否费力,及平时使用情况,初步判断启动机压缩系统机件磨损情况。如果拉动启动绳后,启动机飞轮能空转数圈,而且逐渐缓慢地停转,此时,拆下火花塞,加入少许清洁机油,转动飞轮 2~3 圈,再拉动启动绳时感到费力(压缩力增加),而且又可以启动着火,则可以判定压缩系统主要零件磨损严重(如活塞及活塞环等)。

条件具备的情况下,可通过测量气缸压缩压力的方法进行检查,其方法是:一是关闭加油阀,卸下火花塞,将汽油机气缸压力表安装在火花塞孔中。二是用启动绳快速拉动启动机飞轮,压力表的最大值即为启动机压缩终了压力。AK-10 型、AK-10-1 型启动机,气缸压缩终了压力标准值应大于 6 千克/厘米^2,允许不修理值应大于 5 千克/厘米^2。

②检查点火系统和燃油供给系统:若启动机压缩系统良好,启动不着火的问题,可能在点火系统或燃油供给系统。这时,可将手放在排气管上,启动启动机,若排出的气体潮湿且有汽油味,可判定燃油供给系统正常,故障在点火系统;如排出的气体干燥无味,故障可能在燃油供给系统。

为进一步查明故障原因,可拆下火花塞,接好高压线,放在启动机缸盖上,使其搭铁,然后用启动绳转动飞轮,观察火花塞是否有火花。若有连续的蓝色火花,而且有"啪、啪"的爆炸声,说明点火系统无故障。若火花微弱,间断或无火花,则应检查火花塞,高压线和磁电机。

油路故障的检查:将加油阀盖打开,用加油杯加入预先混合好的汽油,启动启动机。若启动机着火,经短时间又自动熄火,则说明油路有故障,不供油。应全面拆卸检查汽化器或油箱开关及油箱是否有油。

如果燃油供给系统和点火装置无任何故障,而启动机启动后,气缸内有爆炸声,吸、排气管有放炮声,并且同时伴有反转的趋势,则有可能是点火时间不对或节流阀与阻风阀开度调整不正确,使混合气过稀所致。

具体判断如下:一是若气缸内有爆炸声,且有反转趋势,说明点火时间过早。二是若气缸内爆炸声混乱,吸、排气管放炮、回火,说明混合气过稀或点火时间过晚。三是若气缸内无爆炸声,则说明点火时间调整错误,点火时间晚半周(180°)。

(3)故障的具体排除方法

①如果汽化器不供油,应首先检查汽化器油箱内是否有油、油箱开关是否打开、滤网是否堵塞、汽油箱盖通气孔是否畅通。

上述各部确认无故障时,应拆下汽化器进行彻底清洗,主要部位:一是拆下主喷孔,用打气筒吹净其内夹杂的污物。二是汽化器怠速喷孔。三是浮子针阀孔(浮子室上盖)。四是浮子上盖空心螺丝滤网。

②磁电机的故障排除。见251、252、253、254、255、256例。

③启动机供电系统无火花,除磁电机的故障外,还有高压线和火花塞。火花塞积炭、油污、绝缘体破裂及电极间隙调整不正确,使火花塞不能发火或火花暗红、微弱。

高压线应经常保持良好的绝缘,与磁电机高压接头确实连接在一起,与火花塞的连接确实,以防虚接。

④启动启动机时,可按下汽化器加浓按钮,大开节流阀,微开阻风阀。

汽化器壳体与缸体接缝是用纸垫密封的。纸垫损坏时,应换新垫,固定螺栓应拧紧,以防漏气使混合气过稀。

汽化器浮子室油面过低,也会导致混合气过稀。此时,应检查浮子室油面。方法是:将汽化器主喷孔油管下部的放油塞卸下,接上连通管,在外部检查浮子室油面高度(223 型汽化器浮子室油面高度为 18±1 毫米。222 型汽化器浮子室内,油面至壳体与盖接合表面,应保持 23 毫米的距离,或比主喷孔口低 2~5 毫米)。油面过低时,可调整浮子在针阀上的位置,针阀上有三个刻度,油面过低时,应将浮子调到针阀的上一个刻度,使油面提高,符合标准值。浮子室油面过高时,应将浮子调到针阀的下一个刻度,使油面高度适当。

⑤启动机混合气过浓时,首先应使节流阀和阻风阀开度互相配合起来,即减小节流阀和适当增大阻风阀开度,直至混合气浓度适宜。

如因曲轴室机油过多,或混合气过浓启动机不着火,可将启动机缸盖上部加油阀打开,并拧下曲轴室放油螺塞,然后用启动绳快速拉转飞轮(此时应关闭节流阀),排除曲轴室过剩的混合油,然后再启动。

⑥启动机使用的燃油是汽油和机油以 15:1(容积比)的比例预先混合而成,其比例不得随意改变(要特别提醒的是这个比值是容积比,而不是重量比)。机油过多,启动困难;机油太少或根本不加机油(纯汽油),将加速启动机磨损,是不允许的。配好的混合油,使用时最好再搅拌一下。

⑦启动机点火不准确,应重新调整。其方法是:拧下火花塞,用测量深度的方法从火花塞孔处插入游标卡尺,转动飞轮,使活塞处于压缩上止点,用卡尺抵住活塞顶并记下卡尺读数。然后,再按飞轮转动的相反方向转动飞轮,使游标卡尺下降 5.8 毫米。这时,如果磁电机断电器白金触点开始张开,则表明点火提前角正确;如果触点是完全张开或开始闭合,则说明点火时间过早;如果没张开,则说明点火时间过晚。这时,应对磁电机进行调整,其方法是:松开磁电机固定螺钉,转动磁电机壳体,改变椭圆孔与紧固螺钉的位置,直至标准,最后重新拧紧固定螺钉固定。

⑧启动机缸垫烧损、螺丝松动、活塞及环的机械磨损等,也会

使启动机不着火。应对启动机进行全面检查、修理,更换损坏零件。装配时应特别注意活塞的装配方向,切勿装错,而引出事故。

138. AK-10 型启动机功率不足的原因及排除方法

启动机功率不足的表现是:带负荷时,工作不稳定,排气有烟,启动机过热,带动主发动机启动时不能达到额定转速,甚至有熄火现象。造成功率不足的原因是:

(1)**混合气过稀或过浓的原因** 混合气过浓和过稀,都会对燃油的燃烧造成不良的影响(不能完全燃烧或燃烧不充分),造成发动机功率不足。

①混合气过浓的原因:一是节流阀开度过大,而阻风阀开度过小。二是怠速螺钉调整不正确。三是浮子油面调整过高,或浮子漏油严重下沉,使浮子室油面过高。

②混合气过稀的原因:一是节流阀开度过小,而阻风阀开度过大。二是汽化器或汽化器与缸体接合处垫片损坏,密封不严密造成漏气。三是油路不畅或漏油严重。

(2)**点火时间过早或过晚** 点火时间过早,气缸的最大压力产生在压缩行程中,发动机有反转趋势。此时,活塞上行要克服燃烧混合气体膨胀的反作用力,导致功率下降。

点火时间过晚,使整个燃烧过程推迟。燃料燃烧甚至延续到排气行程,燃烧压力增长缓慢,功率下降,同时造成启动机过热。

(3)**火花间断和较弱** 火花间断或较弱不但给启动机的启动带来困难,就是启动着火后,也会出现气缸爆发间断,启动机转速不稳,排气冒白烟,放炮,马力不足等问题。

(4)**汽油质量的原因** 汽油质量不好或燃油配制比例不标准,导致燃烧不良、马力不足。

(5)**油路不畅的原因** 油路不畅或漏油严重,使供油不足,导致马力不足。

(6)**机械磨损所致** 启动机曲柄连杆机构磨损严重,气缸压缩压力不足,使启动机功率下降。

以上故障的排除方法,参阅 137 例。

139. AK-10 型启动机活塞损坏的原因及预防措施

(1)**活塞损坏部位** ①活塞环槽及下边缘卡坏。②顶部碰坏。③活塞销卡簧处损坏,裙部拉出沟痕等。

(2)**活塞损坏后的外部表现** ①活塞在缸套内卡死。②活塞在工作中与缸套敲击。③启动机启动困难、没劲等。

(3)**造成活塞损坏的原因** ①活塞环稳钉脱落,卡坏活塞。②汽化器阻风阀或节气门固定销钉脱落被吸入气缸,损坏活塞。③活塞销卡簧脱落。④气缸体镜面配气口锐边未加修圆。⑤修理、装配质量不合格,主要表现为:一是活塞方向装反。二是漏装活塞环稳钉。三是活塞环开口间隙过小。四是活塞与缸套间隙过小或过大等。⑥使用、保养不当。具体表现是:一是发动机预热不够,带主机时间太长。二是负荷过重。三是燃油不清洁、配制不标准。

(4)**预防措施** ①使用中应定期检查活塞环稳钉的配合情况,发现松动或磨损,应及时修理或更换。活塞环稳钉与活塞的装配为过盈配合。由于活塞与稳钉的线膨胀系数不一样[活塞比稳钉(黄铜材质)膨胀系数大],所以装配时,过盈量一定要规范,要符合技术要求。②经常检查汽化器阻风阀和节气门的阀门固定螺钉的技术状态(每工作 1 400～1 450 小时应对其进行彻底检查),发现松动,必须重新铆接牢固。③装配前应严格按修理工艺标准,检查活塞销座孔,及其与活塞销销孔的配合情况。活塞销卡环脱落的原因多是因活塞销座孔过度磨损、间隙过大、活塞销窜动等所致。或者是活塞销座孔上卡环槽过浅,卡环外露部分较多,由于活塞销的窜动或工作震动使其脱落。④更换活塞环时,应检查修圆气缸配气口,使其光滑无尖角、毛刺。⑤使用中注意事项。一是燃油的配制必须符合要求,不得随意配对[汽油和机油以 15∶1(容积比)搅拌混合均匀]。燃油及加油、贮油设备必须保持清洁。二是启动机满负荷连续工作不得超过 15 分钟,空转时间不得超过 2 分钟。三是保持汽化器清洁、毛毡垫完好无损。

140. AK-10 型启动机过热的原因及预防措施

(1)**启动机过热的表现**　工作不稳定,排气管冒烟排火,汽化器回火放炮,功率不足。

造成启动机过热的原因是:①混合气过稀。②点火时间过晚。③启动机缸盖积炭过多。④启动机冷却水进水口堵塞。⑤启动机空转时间过长。⑥启动机超负荷或负荷时间过长。

综上所述,导致启动机过热的原因,①、②条属于调整问题;③、④条属维护、保养问题;⑤、⑥条属使用问题。工作中只要认真做好技术维护保养,做到正确规范的操作,完全可以避免启动机过热现象。

141. AK-10 型启动机"飞车"的原因及预防措施

调速器失去调速作用,使启动机转速无限制的增加。启动机"飞车",加速零件磨损,严重时会引起捣缸等事故。

(1)**导致启动机"飞车"的原因**　①节流阀杆球头及调速器外臂球头位置不正确,或螺钉拧紧不当,使调速器卡滞,灵敏度降低,反应落后,造成"飞车"。②调速器拉杆调整过短,减小节流阀关闭程度,使启动机空转转速过高,引起"飞车"。③节流阀在全开位置卡住,调速器不能随转速的增加将节流阀关小(即调速器失去调速作用),造成启动机"飞车"。④启动机空转时,驾驶员用手拉动调速器拉杆(向节流阀大开方向),调速器失去调速作用,当负荷减小时,引起"飞车"。⑤调速器壳体中机油过多,飞球飞开及滑套、导向销滑动时的阻力增加。尤其是冬季机油黏度大,调速器灵敏度大大降低或失效,引起"飞车"。⑥调速器中经常缺油,润滑不良,导致调速器灵敏度下降或失灵,引起"飞车"。⑦调速器控制启动机转速太高,即调速器弹簧弹力调整过大,引起"飞车"。⑧自动分离飞锤弹簧弹力过大,启动机分离过晚,主发动机启动着火后,使启动机转速急骤上升,引起"飞车"。

(2)**预防"飞车"的措施**　发现启动机有"飞车"趋势或"飞车"

时,不应分离离合器,仍处于负荷状态(主机没着火)。应立即拉掉磁电机高压线,关闭阻风阀和节流阀,切断启动机供电和供油,强制熄火。

为防止启动机"飞车",要保持调速器连接杆件的正常技术状态,以及正确安装调整。启动时严禁用手推动调速器拉杆来提高启动机转速。自动分离调整不正确时,如分离过早,应重新调整。禁止用手推压接合杆,防止主机启动后,由于启动机转速的增高再加上操纵不及时,不能立即分离而引起"飞车"。

142. AK-10 型启动机连杆轴承(滚针)烧损的原因及预防措施

一旦出现轴承(滚针)过度磨损或烧损,即会表现出连杆轴转动不灵活、发卡,工作时有响声,启动机压缩力不足,功率下降等征象。

(1)造成启动机连杆轴承过度磨损或烧损的原因 ①燃油混合比例不准确,机油量太小,甚至没用机油。②启动机空转时间过长,冷却不好、过热,连杆轴颈润滑不良。③启动机经常超负荷,如冬季主机不提前预热,而是用启动机带动主机运转,预热时间过长,将连杆轴承烧损。④启动机汽化器或点火时间调整不正确。混合气过稀、点火时间过晚、启动机过热、功率不足、超负荷作业,致使连杆轴承烧损。⑤启动机停放、保管不当,曲轴室内积水,将连杆轴承严重锈蚀,经短时间使用而烧损。

(2)预防措施 ①使用的燃油必须严格按标准配制。AK-10 型启动机压缩系统的润滑,只靠燃油中加入的机油润滑。②主发动机启动前应充分预热,尤其是冬季寒冷的地区。杜绝用启动机长时间启动,或强行启动的错误做法。启动机每次连续工作时间不得超过 15 分钟,每次启动中间必须有充分的停歇时间,避免启动机过热和长时间超负荷。③压缩系统磨损严重,技术状态不好的启动机,应及时进行修理,不允许带病作业。④严格遵守启动机使用操作规程和技术保养条例。使启动机经常处于良好的技术状态。

143. AK-10型启动机离合器打滑的原因及检查排除方法

AK-10型启动机离合器出现打滑时,接合离合器后,启动机声音不变,主发动机风扇不转动;扳动离合器操纵杆时,轻松不费力。

(1)造成离合器打滑的原因　①主、被动摩擦片磨损或翘曲变形。②调整不当,摩擦片压不紧。③定位销折断。

(2)检查排除方法　发现接合离合器后主发动机不转时,应首先查明自动分离机构接合齿轮与飞轮齿圈是否啮合。当确认啮合良好时,再检查启动机离合器。如果是摩擦片磨损或变形,应更换新件;如只是调整不当,应重新调整至标准;如是定位销折断应安装新的定位销。

144. AK-10型启动机分离晚的原因及危害

(1)启动机分离晚的原因　①飞锤弹簧弹力调整过大。②推杆弹簧弹力减弱或折断。③飞锤卡涩。④接合齿轮与飞轮齿圈接合后,启动机接合臂没有抬起或不能抬起。⑤接合齿轮与飞轮齿圈发卡。⑥操纵时经常推压操纵杆。

(2)启动机分离晚的危害　主发动机启动着火后,正常的分离转速应当在主发动机转速到达300～325转/分时分离。分离过晚是非常有害的,轻者是加速启动机零件的磨损,严重时造成启动机"飞车"、捣缸等恶性事故。

145. AK-10型启动机分离过早的原因、危害及排除方法

(1)启动机分离过早的原因　①飞锤弹簧弹力不足或折断,飞锤的离心力很小时,即被甩开,使启动机与发动机分离。②飞锤钩形接合面与推杆套接合凸缘磨损,接合不牢,工作中自动脱开。③飞锤销孔与飞锤销过度磨损,飞锤销孔中心距离加大,使飞锤弹簧弹力减弱。

(2)启动机分离过早的危害　①不能顺利地启动发动机。②启动操作困难,为克服过早分离,操纵者往往用手紧压操纵杆。

一旦主发动机着火,操纵者不能准确及时分离接合,造成启动机超转,而加速零件磨损。

(3)启动机分离过早的排除方法 ①更换弹力不足或折断的飞锤弹簧。②飞锤钩形接合面与推杆套接合凸缘磨损后,有修复价值的修复,无修复价值的应换新件。③修复或更换磨损的飞锤和飞锤销。

146. AK-10 型启动机怠速的正确调整方法

调整启动机怠速的目的是为了获得启动机的最低稳定转速,使启动机怠速运转稳定,且汽油消耗量最小。

怠速调整,必须在启动机技术状态良好的情况下进行。调整前,应保证汽化器与启动机的连接处,以及曲轴箱等部位密封良好,汽化器量孔及油道应畅通无阻,点火系工作正常等。

怠速调整方法是:启动机启动后,全开阻风阀,并用节流阀控制转速在不超过 3 900 转/分的状态下预热。当水温达 80℃左右时,缓慢拧退节流阀最小开度限制螺钉,使节流阀开度逐渐减小,以使转速尽量降低,直到运转开始变得不稳定为止。再缓慢拧动怠速调整螺钉,使转速提高,恢复稳定运转,以获得此节流阀开度下的最佳混合气成分。然后再以同样方法反复交替地调整这两个螺钉,直至获得最低稳定转速为止(此转速不应高于 1300 转/分)。

怠速调整完成后,应全开节流阀,检查高速空转是否稳定。迅速开大和关小节流阀时,转速应随之迅速变化,过渡应圆滑。否则,应再适当调整怠速调整螺钉,或将节流阀最小开度适当调大。为满足高速稳定要求,最低稳定转速允许稍高些。

147. AK-10 型启动机怠速调整后,一定要检查最高空转转速稳定性的原因

AK-10 型启动机采用 223 型汽化器。怠速工作时(图 26a),启动机主喷管口处真空度很小,主喷管 9 不喷油,浮子室 6 中的燃油

经主量孔 8、怠速量孔 7、油道和调节量孔 5，进入怠速油道，与来自空气孔 3 和过渡喷孔 2 的空气混合成泡沫状乳剂，然后从怠速喷孔 1 喷出。负荷工作时（图 26b），由于节流阀 10 开大，喉管真空度增大，则由主喷管 9 喷油，怠速喷孔 1 处真空度降低，怠速喷孔停止喷

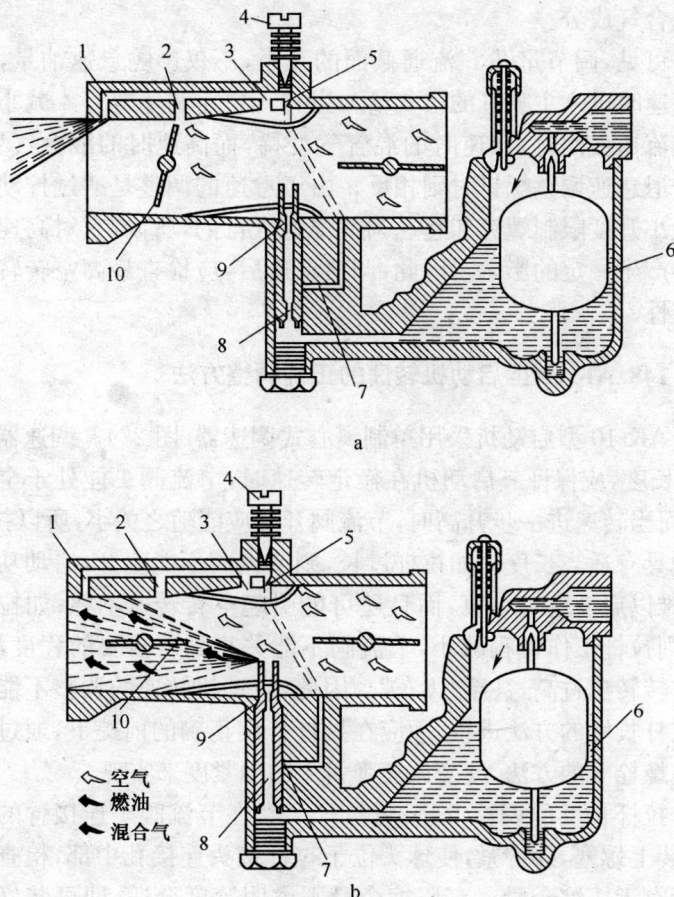

a

b

空气
燃油
混合气

图 26　223 型汽化器的工作

a. 怠速　b. 负荷

1. 怠速喷孔　2. 过渡喷孔　3. 空气孔　4. 怠速调整螺钉　5. 调节量孔

6. 浮子室　7. 怠速量孔　8. 主量孔　9. 主喷管　10. 节流阀

油,当节流阀 10 开大到一定程度时,主喷管 9 中油面会很快降低,部分空气由空气孔 3、经调节量孔 5、油道和怠速量孔 7 进入主喷管 9,与由主量孔 8 进入的汽油混合成乳剂,一起由主喷管 9 喷出。这样,由于主喷管内的真空度降低,汽油流入量减少,可得到较经济的混合气成分。

可见,调节量孔 5 流通截面的大小,不仅影响怠速油量,也影响高速时进入主喷管的空气量。当拧入怠速调整螺钉 4 减小调节量孔流通截面时,怠速时的混合气变稀,而高速时的混合气变浓;当拧退怠速调整螺钉时则相反。由于怠速的调整是通过拧动节流阀最小开度限制螺钉和怠速调整螺钉进行的,所以,它对高速空转也会产生一定的影响。因此,调整怠速后,应检查最高空转转速的稳定性。

148. AK-10 型启动机转速的正确调整方法

AK-10 型启动机采用单制离心式调速器(图 27)。调速器拉杆 2 的长度,应保证其启动机在额定转速时,节流阀 1 能处于全开位置;而当转速进一步升高时,节流阀开度应能随之关小,所以拉杆 2 必须具有适当长度。如拉杆过长,则节流阀不能全开,启动功率下降,难以启动主发动机,而且还可能引起空转转速不稳;如拉杆过短,则拉杆工作行程减小,节流阀不能关小到所需的程度,将造成空转转速过高,甚至"飞车"。因此,启动机转速的调整不能用改变拉杆长度的方法进行,而应在拉杆长度正确的前提下,通过拧动调整螺栓 5 的方法,改变调速弹簧 4 的预紧度来实现。

拉杆长度的调整方法:将拉杆 2 套在节流阀 1 连接臂的球头上,装上螺塞,并拧紧,使球头位于拉杆接头连接孔中部,检查接头弹簧有无压缩余量。有压缩余量则说明紧度合适,即可装好开口销。将节流阀手柄扳到全开位置,再把拉杆 2 向前拉至节流阀 1 全开。当调速器外杠杆 3 在最前位置时(即调速弹簧 4 有压缩时,外杠杆的自然位置),松开拉杆锁紧螺母,转动拉杆接头以调整拉杆 2 的长度,当接头连接孔中部对正外杠杆 3 的球头时,套在外杠杆球

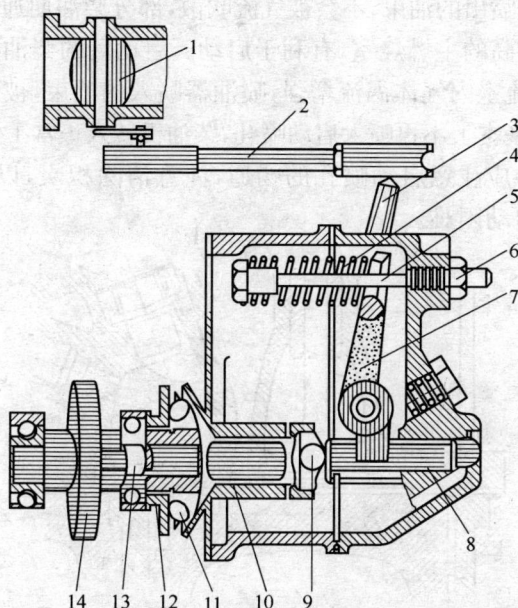

图 27 AK-10 型启动机调速器

1. 节流阀 2. 拉杆 3. 外杠杆 4. 调速弹簧 5. 调整螺栓
6. 锁紧螺母 7. 内杠杆 8. 导向销 9. 钢球 10. 滑套 11. 飞球
12. 支承盘 13. 调速器轴 14. 传动齿轮

头上,然后拧紧螺塞,使球头保持在连接孔中部,并且接头弹簧有压缩余量,再穿入开口销锁紧。检查两球头是否与连接孔壁相碰,如果相碰,须将接头转至合适位置,再上紧拉杆锁紧螺母即可。

调整后,用手推压拉杆检查拉杆的移动是否灵活,如有卡滞现象,应予消除,以免影响调速器的灵敏度。

149. 95 系列柴油机涡流室镶块上的小孔的作用及使用中的注意事项

95 系列柴油机涡流室镶块上,在主喷孔前,有一个正对喷油器中心线的锥形小孔 6,称为启动喷孔(图 28)。它的作用是改善柴油机的启动性能。启动时转速较低,涡流室中空气涡流弱,喷油器对准启动喷孔喷出的油束,不会被气流吹散,部分柴油便通过此孔直接喷入温度较高的主燃烧室,有利于启动。启动后的柴油机随着转速的升高,涡流室内气体涡流增强,喷油器喷入的油束,被强烈的气体涡流吹散,基本上不再喷入启动喷孔,柴油机转入正常工作。

使用中应注意启动喷孔的畅通,注意清除积炭,以免堵塞,否则会造成启动困难。

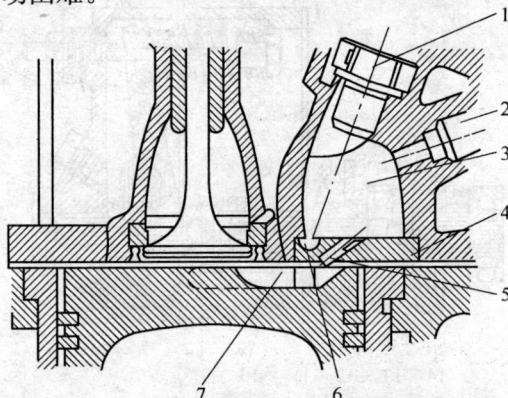

图 28　95 系列柴油机的涡流室式燃烧室

1. 喷油器　2. 插纸螺栓孔　3. 涡流室　4. 涡流室镶块
5. 主喷孔　6. 启动喷孔　7. 主燃烧室

150. 发动机飞轮和齿圈的技术鉴定内容和正确的拆卸、装配方法

(1)飞轮、齿圈的技术鉴定内容　①用直尺检查飞轮与离合器摩擦片接合平面的平面度,其标准值不大于 0.05 毫米,允许值为 0.15 毫米,极限值为 0.30 毫米。与技术要求不符时,应修复至标准再用。②检查接合面热裂纹。轻微的热裂纹是常见的,允许的,可继续使用;如果热裂纹严重,应进行修复后再用。③飞轮定位销孔、螺钉孔应完好,否则,应修复。④启动齿圈的齿不得磨损过重或破裂,否则应更换新齿圈。

(2)拆卸方法及注意事项　①拆前应注意飞轮与齿圈的装配位置和齿轮倒角方向,必要时可做记号,作为维修后装配的依据,以免装错。②将飞轮接合面向上放在小于齿圈内径的木块上,以便拆下齿圈。③用乙炔火焰沿齿圈圆周均匀加热至大约150℃,然后用锤或凿子,沿圆周均匀敲击齿圈将其拆下。

(3)**装配方法及注意事项** ①将飞轮接合面向下放在干净的平台上。②用乙炔火焰将新的,或修复后的齿圈缘圆周均匀加热至150℃~200℃,然后将加热后的齿圈放在飞轮肩胛上,装配位置和齿轮倒角方向应与拆卸时位置、方向相符。③用锤和凿子沿齿圈圆周均匀敲击,使其到位。④对启动齿圈端面磨损严重,而其他部位技术状态完好的齿圈,可将齿圈内孔和齿轮另一端加工倒角后调面使用,以延长其使用寿命。

(二)底盘部分

151. 离合器的正确使用与保养

①分离要迅速彻底,接合要平稳柔和。②作业时,不允许将脚放在离合器踏板上,更不准用半离合的方法控制车速。③合理使用离合器,不准用猛接离合器的方法克服陷车、超载和越过障碍物。④按技术保养周期,定期润滑分离轴承,注油量适中,以免油量过多进入摩擦片,造成离合器打滑。⑤一旦发现摩擦片上有油污,应及时清洗干净。⑥按技术保养条例要求,定期检查调整离合器间隙。⑦一旦发现离合器打滑、分离不彻底等故障,应及时排除,不准"带病"作业。

152. 离合器的正确调整方法

离合器主要调整内容是踏板的自由行程和分离杠杆与分离轴承端面之间的间隙。

(1)**单作用式离合器间隙调整** 首先通过改变离合器拉杆长度,调整分离杠杆与分离轴承之间的间隙,然后再通过拧动分离杠杆调整螺母,调整3个分离杠杆,使其与分离轴承间隙保持一致(3

个分离杠杆端部应在同一平面内)。

(2) 设有小制动器的离合器间隙调整　首先调整小制动器间隙至标准值,然后再调整离合器间隙,调整顺序不能颠倒。

调整小制动器间隙时,离合器应处于接合状态。此时,制动器盘摩擦片与制动器压盘之间的间隙应为 7~8 毫米。而在离合器处于分离状态时,小制动器弹簧耳环和压盘之间的间隙应为 3~5 毫米。当上述间隙不符合要求时,可通过改变拉杆长度,得到规定的间隙值。

如果出现,在离合器处于接合状态时,制动器摩擦片与制动器压盘之间的间隙小于 7~8 毫米,而离合器处于分离状态时,小制动器弹簧耳环和压盘之间的间隙大于 3~5 毫米时,应拆下拉杆上的连接销,拧松锁紧螺母,退出拉杆叉,使拉杆伸长,直至上述两个间隙达到标准值为止。反之,如果出现前一间隙过大,而后一间隙过小时,按相反的反向调整即可。

小制动器间隙调好后,再调离合器分离杠杆分离轴承之间的间隙。离合的正常状态应当是:在离合器处于接合状态时,分离杠杆端部与分离轴承端面之间的间隙为 3~4 毫米,相应的踏板自由行程为 30~40 毫米,3 个分离杠杆端部应在同一平面上,其偏差不应大于 0.2 毫米。不符合规定值时,应进行调整。其方法为:先拆下调整螺母的开口销,拧进或松退调整螺母,直至间隙标准为止。调整后,离合器踏板全行程为 150~160 毫米时,离合器应彻底分离,同时也应满足制动时间要求,否则,应重新检查、调整至标准状态为止。

(3) 双作用式离合器间隙的调整　除按单作式离合器的调整方法,调整分离杠杆与分离轴承间隙外,还要调整副离合器的间隙,即 3 个支撑螺栓与挡销的间隙,此间隙通过专用螺钉进行调整,拧进或松退螺钉即可。

153. 离合器打滑的主要原因及排除方法

(1) 操纵不当　经常把脚放在离合器踏板上,使离合器处于半接合状态工作,引起打滑。驾驶员应熟知离合器使用要求,杜绝错误行为。

(2)**踏板自由行程过小** 踏板自由行程过小,即分离杠杆与分离轴承间的间隙过小或消失。分离杠杆端面紧贴在分离轴承端面,使离合器经常处于半接合状态,工作时打滑。一旦发现踏板行程过小,应及时按使用说明书要求调整离合器间隙至标准值。

(3)**分离杠杆端面不在一个平面上** 技术要求3个分离杠杆的端面应在同一平面上,其偏差不应超过0.2毫米。否则,将会造成离合器摩擦片偏压、偏磨,摩擦片与压盘的总接触面积减小,导致离合器工作时打滑。遇到这种情况,必须重新调整,确保3个分离杠杆端面在同一平面上,同时,分离杠杆与分离轴承之间的间隙应符合技术要求。

(4)**油污污染** 离合器摩擦片、飞轮、压盘有油污导致离合器打滑。此时,应彻底清洗油污并找出油污的原因,从源头杜绝污染。

(5)**摩擦片破损** 出现破损,无修复价值的更换新件。

(6)**摩擦片磨损** 长时间使用的正常磨损,摩擦片变薄,导致摩擦片压盘之间的间隙增大,压力减小而打滑。严重磨损时,会导致铆钉外露,划伤压盘工作面,加重打滑程度。轻度磨损,通过分离杠杆与分离轴承的间隙调整进行补偿,消除打滑继续工作。磨损严重,铆钉外露时,应更换新摩擦片。

(7)**摩擦片烧坏** 摩擦片表面产生焦层,摩擦系数减小,使离合器打滑,严重烧损者应更换摩擦片。

(8)**零部件变形** 在动盘、压盘及蝶形弹簧钢片等零件变形时,导致摩擦片与压盘之间实际接触面积减小和不能正常压紧。都会引起离合器打滑,这时应及时修复或更换变形零件。

(9)**弹簧过软或折断** 压力弹簧过软或折断时摩擦片与压盘不能在规定的压力下接合,离合器经常处于半接合状态。工作中产生打滑,并加速摩擦片磨损,导致打滑故障加重。这时,必须换新的压力弹簧。

(10)**分离轴承烧损或卡死** 分离轴承一旦被烧损或卡死,离合器便失去分离能力,经常处于半接合状态,使离合器打滑。这种故障一般通过更换分离轴承解决。

154. 离合器分离不清的原因及处理方法

(1)离合器分离不清故障的表现 踏下离合器踏板时,传动轴仍然在转动,挂挡困难,有打齿轮的响声。

(2)故障的原因及处理方法 ①离合器的分离间隙太大或太小不一。应重新调整离合器分离间隙,调整时应保证 3 个分离杠杆端部与分离轴承之间的间隙一致,并在同一回转平面上。②从动盘钢片翘曲、变形或进水后锈蚀,使花键套和离合器轴锈死在一起,不能分离。遇此情况,应更换翘曲变形零件,清除锈迹,重新装配使用。③摩擦片损坏或太厚。应重新铆合摩擦片。④离合器踏板全行程不够,不能分离。应按使用说明书要求,调整离合器踏板全行程至标准值。⑤带有制动器的离合器(东方红-75/54 型拖拉机),制动器间隙调整不正确。应重新调整制动器和离合器间隙,具体方法参阅 152 例(离合器的正确调整方法)。⑥拖拉机长期停放,离合器进水,从动片与飞轮或压盘锈死,不能分离。应彻底清除锈迹。⑦分离杠杆调整螺栓松扣、秃扣或折断,间隙增大,不能分离。应更换新的分离杠杆调整螺栓,并重新调整离合器间隙。⑧离合器弹簧罩内积满油泥(如手扶拖拉机),弹簧不能压缩,导致离合器不能分离。应彻底清洗油泥和弹簧,重新装配调整至标准。

155. 离合器已分离,传动轴不能立即停转的原因及排除方法

(1)故障原因 ①制动器的制动片与制动压盘间隙过大,而制动弹簧耳环与制动器压盘的间隙过小或没有间隙。使制动压盘与制动片失去压力,不能制动,传动轴在惯性力的作用下继续转动。②制动片过度磨损,露出铆钉,制动效果减弱。③制动弹簧弹力太弱,装配长度过长(即预紧压力减小),或折断,使制动盘的压力减小,失去制动作用。④制动器弹簧耳环销孔、松放轴承分离叉销磨损,间隙增大。工作时使制动压盘与松放轴承产生相对位移(相当

于制动压盘与制动片间隙增大),不能制动。⑤制动盘与离合器轴连接半圆键脱落,不能制动。⑥制动片有油污导致打滑,不能制动。

(2)**排除方法** 综上所述,制动器失灵的原因可归纳为三个方面:一是制动器间隙调整不正确;二是摩擦片被油污;三是摩擦片过度磨损等。针对这些情况可分别采取相应措施给予解决:①重新调整制动器间隙至标准,具体方法可参阅 152 例(离合器的正确调整方法中的(2))。②彻底清洗沾上油污的摩擦片及压盘。③更换磨损严重的摩擦片。

156. 离合器从动摩擦片烧损的原因及预防措施

(1)**从动摩擦片烧损原因** 从动摩擦片烧损的主要原因是工作中离合器打滑和分离不彻底。而造成离合器在工作中经常出现的打滑和分离不彻底的原因,主要是使用人员的违规操作、使用所致。

具体违规操作行为表现如下:①违反离合使用的"分离迅速彻底,接合平稳柔和"的操作要求,而是采用"猛然接合和缓慢分离"的错误操作习惯。②用突然接合离合器的方法,克服拖拉机"陷车"或超越障碍。③有经常把脚放在离合器踏板上的坏习惯,使离合器长期在半接合状态下工作。④长期超负荷作业(如推土作业,一味追求工效,超负荷作业)。⑤经常做急转弯动作,尤其是起步就原地急转弯。⑥离合器间隙调整不正确,长期"带病"作业等。

(2)**预防措施** 要想提高离合器的使用寿命,保证离合器经常处于良好技术状态,驾驶人员工作中必须严格遵守拖拉机使用操作规程,克服不良习惯,合理使用机器。

157. 离合器和变速箱同心度的检查和调整方法

拆下驾驶室底板和联轴节,用两根直径为 3~4 毫米,一端磨尖的铁丝,分别缠绕在离合器轴和变速箱第一轴的端部,使两铁丝尖端对准而不相顶(图 29)。然后转动曲轴,使离合器轴和变速箱第一轴同速转动,观察转动一圈中两铁丝尖端相对位置的变化。

如果两铁丝尖端轴向间隙不变,而且始终对正,则表明两轴同心(图 29a);如两铁丝尖端轴向间隙不变,但上下或左右有偏差,则表明两轴存在平行偏移(图 29b)(最好能测出偏移量,为下一步调整时作参考);如果两铁丝尖端轴向间隙变化,上下或左右也有偏差,则表明两轴存在偏斜(图 29c)。

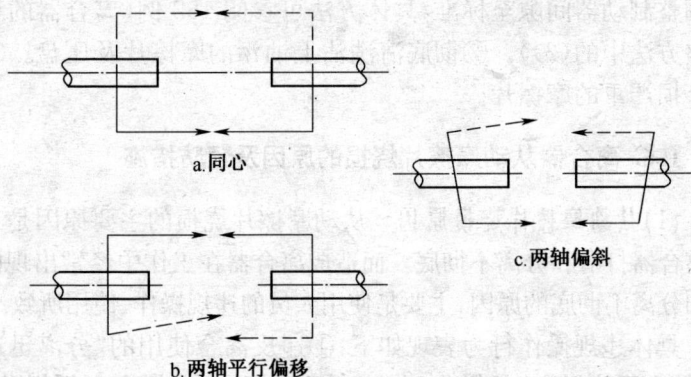

图 29　同心度检查情况

一旦发现两轴存在偏移或偏斜时,应进行调整。其方法是:首先松开发动机变速箱及后桥壳体各有关支点的固定螺栓,检查并紧固变速箱与后桥壳体的连接螺栓。当垂直方向不同心时,可通过增加或减少变速箱前支点或发动机前支点的垫片进行调整;当水平方向不同心时,可在前横梁上重新钻定位销孔,再左右移动发动机,使两轴同心。调整结束后,拧紧各支点的固定螺栓,复查同心度,直到符合要求为止。

158. 万向节接盘损坏或螺栓折断的原因及预防措施

(1)故障征象　　这种故障多发生在履带式拖拉机上。故障发生前,传动轴有响声,低速运转时,接盘跳动,运动轨迹成椭圆形。

(2)故障发生的原因　　①变速箱第一轴与离合器轴不同心度超过允许值,或万向节接盘及螺栓在工作中受一附加力,使接盘螺栓疲劳损坏。变速箱第一轴与离合器轴不同心的原因有下面几点。一是安装调整不当。二是变速箱前支点及后桥壳体固定螺栓,变速箱与后桥壳体的紧固螺栓松动、丢失或折断。使变速箱及后桥有绕后轴(指东方红-75/54型拖拉机后空心轴)转动的趋势,从而破坏了变速箱一轴与离合器轴的同心度。三是车架顺梁变形、折断或铆钉松动,使发动机和后桥相对位置改变,破坏了变速箱第一轴与离合器轴的同心度。四是发动机后支座螺栓松动,破坏了变速箱一轴与离合器轴的同心度。五是修理和铆合车架时,前后横梁相对位置改变,导致发动机、后桥位置相对改变,使变速箱一轴与离合器轴不同心。②变速箱一轴前轴承和离合器轴后轴承润滑不良,过度磨损,径向间隙加大,传动轴工作时跳动(发动机转速低时明显可见)。使万向节接盘及螺栓受一附加力,疲劳损坏。轴承磨损越严重,损坏越快。③操纵不当。起步、刹车过猛等,都会增加万向节接盘及螺栓的冲击力,将其损坏。④接盘铆合不好,螺栓质量不好,使螺母易松动或秃扣、松脱,导致接盘损坏。⑤接盘螺栓质量不好。

(3)预防措施 ①按使用说明书要求,定期检查、调整变速箱与离合器的同心度(东方红-75/54型拖拉机,每工作 1 400～1 480 小时后进行检查调整)。检查调整方法见 157 例。②按时润滑离合器后轴承,经常保持变速箱润滑油面高度,以使各轴承有良好的润滑条件。③遵守使用操作规程,合理使用机器,做到不超负荷作业,起步、刹车平稳。④按技术保养条例要求,定期检查万向节接盘及螺栓的技术状态。如果发现松脱及损坏,应及时紧固或更换。

159. 手扶拖拉机传动箱开裂的原因及预防措施

(1)造成传动箱开裂的主要原因 ①道路不平,传动箱体承受高频率的冲击荷载,使驱动轴变形,箱体受力情况发生变化,导致箱体开裂。②连接最终传动箱体与变速箱体的双头螺栓未及时检查、紧固,驱动轴的轴向间隙增大,冲击负荷增大。③圆锥滚子轴承滚柱磨损,轴承内外圈相对位置发生变化,冲击负荷增大而导致箱体开裂。

(2)预防措施 ①定期检查,并紧固箱体与其他部件的紧固螺栓,及时更换损坏的零部件。②用圆柱滚子轴承代替圆锥滚子轴承。③用铁板自制框架,将两传动箱体固为一体。这样,可以用调节螺栓张紧度,缓冲冲击力。

160. 安装离合器时,一定要注意分离杠杆初始位置调整的原因

分离杠杆的初始位置,常用分离杠杆内端面与相关零件的距离表示(它实际上是指分离杠杆内端面的翘起高度)。当分离杠杆的初始位置不符规定时,即使分离杠杆与分离轴承间的间隙(或踏板自由行程)符合要求,也会对离合器的工作造成一定影响。若分离杠杆内端面翘起过高,会使操纵费力,在分离离合器时,分离杠杆与分离轴承间压力增大,使磨损加重;若分离杠杆内端面翘起过低,在分离轴承移动距离一定的情况下,会使分离杠杆拉动分离拉杆的有效行程减小,可能造成离合器分离不彻底。因此,安装离合器时,必须将分离杠杆的初始位置调至规定数值(表 11)。

表 11　离合器分离杠杆初始位置调整数据

机　型	测量部位	距离(毫米)
东方红-75	分离杠杆内端面至摩擦片后平面	76+0.3
铁牛-55	分离杠杆内端面至后从动盘花键毂后端面	40-0.3
东风红-40	分离杠杆内端面至压盘端面	95±1
丰收-35	分离杠杆内端面至发动机与变速箱连接平面	153-0.5
东方红-28	分离杠杆内端面至离合器罩与飞轮接触面	106±0.8

在离合器使用过程中,随摩擦片的磨损,分离杠杆内端面的翘起高度会逐渐增大,踏板自由行程逐渐减小。在恢复踏板自由行程时,应考虑上述原因,不应只调整离合器拉杆长度(即改变分离轴承位置),而应根据具体情况,配合调整分离杠杆的调整螺母(即改变分离杠杆内端面的翘起高度),以保持分离杠杆的初始位置基本不变。

161. 铁牛-55 拖拉机离合器的正确拆装方法

铁牛-55 拖拉机离合器的压力弹簧支承板,是灰铸铁件,其抗弯曲、抗冲击性能较差,如果拆装方法不当,很容易断裂。因此,拆装时必须给予足够的重视,采取正确的方法。

(1)离合器盘总成由飞轮上拆下时的注意事项 ①拆下压力弹簧支承板的 3 个紧固螺栓(每隔 120°拆一个),并分别穿入 3 个拆装工艺孔内并均匀拧紧。将副压盘拉向靠近压力弹簧支承板的位置,使压力弹簧受到压缩,以免在拧松各紧固螺栓时,由于弹簧的张紧作用,造成压力弹簧支承板歪斜而断裂。随后拆下其余 7 个紧固螺栓。②用 2 个紧固螺栓作顶丝,交替均匀地拧入压力弹簧支承板上的 2 个拆卸工艺孔内(螺孔),使压力弹簧支承板平正地从定位销上脱出。

(2)离合器盘总成向飞轮上安装时的注意事项 ①安装前,先将 3 个紧固螺栓,插入压力弹簧支承板拆装工艺孔内并拧紧,再将 3 个支承螺钉拧退,使副压盘带动主压盘一起后移(为便于安装调整,也可将主压盘前端面至压力弹簧支承板前端面的距离调整到 $49.9_{-0.2}$ 毫米,再将支承螺钉调到规定状态),以免安装时,由于主压盘挡销与支承螺钉相抵,或由于弹簧张力不均而将压力弹簧支承板紧裂。②将离合器总成抬起,使压力弹簧支承板上的两个定位销孔与定位销对正,再用手平稳地推入或用木锤轻轻打入,使压力弹簧支承板与飞轮端面贴合,然后再对称均匀地拧紧 7 个紧固螺栓。③用主离合器轴和动力输出离合器轴(或装配用工艺轴),将前、后从动盘的花键孔中心找正后,均匀拧出拆装工艺孔内的 3 个螺栓,并分别装入压力弹簧支承板剩余的 3 个螺栓孔内拧紧。

提醒注意:在拆装过程中,不允许用铁锤强力敲击或用撬杠强行撬动。

162. 转向离合器打滑的原因及预防措施

(1)转向离合器打滑的原因 ①转向离合器摩擦片总厚度太

小,转向离合器内外弹簧工作长度增加,弹簧压力降低,使转向离合器打滑。②长期使用转向离合器,摩擦片磨损变薄,以致使被动片漏出铆钉,产生打滑。③转向离合器主、被动摩擦片间有油污。④转向离合器弹簧弹力不足,产生打滑。⑤转向离合器主动片翘曲变形,或端面磨出沟痕,被动片翘曲变形或烧损,都可造成转向离合器打滑。⑥操纵杆自由行程调整过小或无自由行程,造成转向离合器打滑。⑦拖拉机使用、操纵不合理造成转向离合器打滑。具体表现如下:一是长期偏牵引作业,为保证其行使的直线性,经常拉动一侧操纵杆,造成单侧离合器摩擦片早期磨损而打滑。二是拖拉机长期超负荷作业。三是错误操作方法,如操纵杆不拉到底,转向离合器经常处于半分离半接合状态工作,或制动器踏板踏得过早等,导致摩擦片早期磨损。

(2)预防措施　合理使用、定期检查、调整、保养是预防转向离合器打滑的有效措施。

具体要求有以下 4 点。①定期检查、调整操纵杆的自由行程。②操纵拖拉机时,拉操纵杆应平缓,松放时应平稳迅速。平时尽量减少拉动操纵杆的次数,拖拉机跑偏时,应及时排除。急转弯时,应将操纵杆拉到底,再踏制动器,转弯结束后应先松开制动器踏板,后放操纵杆。③正确拖挂农具及其编组,严禁长期偏牵引和超负荷作业。并避免重负荷时转弯。④注意防止中央传动齿轮室、最终传动齿轮室的齿轮油窜入转向离合器。每班作业结束后,应打开隔离室放油螺塞放油、水等污物。一旦出现因油污而轻微打滑时,应及时清洗。当油污严重时,应查明原因彻底排除。

163. 转向离合器操纵杆自由行程时而大时而正常的原因及排除方法

(1)出现操纵杆自由行程无规律,时而大时而正常故障的原因

①转向离合器被动片摩擦片磨损破裂。当分离转向离合器时,破碎的摩擦片夹在主动片与被动片之间,松开操纵杆时,压盘不能回到原位,使操纵杆自由行程变大。当碎片从主、被动片间漏掉

时,压盘又重新回到原位,操纵杆自由行程恢复正常。②转向离合器分离轴承磨损或固定螺母(也称压盘螺母)损坏、脱扣。分离轴承座在转向叉杆作用下远离压盘,与分离叉杆脱离,自由行程加大。③后桥轴轴向窜动量过大。④分离叉杆上、下支点处磨损。

(2)故障排除方法 ①清除碎裂摩擦片,重新铆合新摩擦片。②更换压盘螺母。③重新调整后桥轴的轴向间隙,使轴向窜动量在允许的范围内(参阅181例)。④修复或更换分离叉杆。

164. 东方红-75 型拖拉机操纵杆有效行程小、转向离合器分离不彻底的原因及排除方法

操纵杆有效行程过小,转向时虽然用力拉动操纵杆,但仍不能达到全行程,造成拖拉机转向困难。产生这一故障的原因及排除方法如下。

①转向离合器摩擦片总厚度(装配后主动鼓到压盘的尺寸)过大,压盘及分离轴承靠近隔板。当分离转向离合器时,分离轴承拨圈很快抵在隔板上,操纵杆拉不动,有效行程变小,分离不彻底。此时应重新检查,找出造成总厚度过大的原因,如因新铆合的摩擦片不合要求(过厚),应重新铆合标准厚度的摩擦片。保证总厚度在技术允许的范围内。

②转向离合器分离叉杆与分离轴承套的两个凸耳配合处,分离叉杆及叉杆座磨损。当拉操纵杆时,叉杆弯臂很快抵在主动鼓压盘上(甚至将压盘磨出沟痕),使操纵杆行程变小,不能彻底分离。通过修复或更换磨损件,使分离叉杆与分离轴承套、分离叉杆及叉杆座恢复正常的位置关系。

③转向离合器分离杠杆的安装倾角不正确。拉操纵杆转向时,操纵杆不能达到全行程,离合器未彻底分离时,分离杠杆球形穴槽与分离推杆球头卡死,转向离合器分离不彻底。此时应重新安装分离杠杆,使安装倾角在标准范围内。

④漏装支撑垫圈或装配的支撑垫圈太薄、损坏,这使转向离合器总成在后桥轴上有一个自由活动量。拉操纵杆时,转向离合器

不分离,而靠向隔板。将操纵杆拉到全行程时,转向离合器也不能彻底分离。此时应更换不合格的支撑垫圈,属漏装垫圈时,应重新补装合格的支撑垫圈,消除总成在后桥轴上的自由间隙。

⑤操纵杆轴及轴套内泥沙污物太多,轴在套内过紧或卡死,操纵杆行程过小,分离不彻底。此时,应彻底清除轴及轴套内的泥沙污物。

⑥车架顺梁、托架变形或折断,变速箱前支点螺栓,或变速箱与后桥壳体连接螺栓松动,操纵杆轴支架固定螺栓松动或折断等,都会造成操纵杆自由行程加大,有效行程变小,转向离合器分离不彻底。经查如是车架顺梁、托架变形或折断,应进行校正修复或更换新件;如是上述各点螺栓松动应按要求进行紧固,螺栓折断应更换新的螺栓。

综上所述可知,转向离合器分离不彻底就是由于操纵杆有效行程过小,自由行程过大造成的。使用中,转向离合器的使用频率是最高的。高频率的接合、分离,自然会加速磨损。所以为保证其技术性能,应注意经常地检查、调整操纵杆的有效行程和自由行程,使其处在标准范围内。

165. 履带式拖拉机不能急转弯的原因及排除方法

(1)**造成履带式拖拉机不能急转弯的原因**　①制动带有油污,制动时被动鼓打滑,不能急转弯。②制动器踏板自由行程过大(制动带、被动鼓磨损所致),制动不灵,不能急转弯。③制动带摩擦片破碎、脱落,不能制动。④转向离合器主、被动片翘曲变形,分离不彻底,制动器制动不灵,不能急转弯。⑤转向离合器压盘螺母松脱,分离轴承烧损,离合器不分离,不能急转弯。⑥一侧转向离合器滑转,当向另一侧急转弯时,由于负荷的突增,本就滑转的离合器,滑转更加严重,不能实现急转弯。

(2)**故障排除**　综上所述可知,拖拉机不能急转弯的原因可归纳为两个方面,一是转向制动器失灵,二是转向离合器有故障。排除故障就从这两方面入手。

①转向制动器故障排除：清洗制动带油污；调整制动器踏板自由行程在正常范围内；更换破损或磨损超限的制动带摩擦片；更换变形或损坏的制动带钢板。

②转向离合器故障排除：详见 162 例、163 例和 164 例。

166. 东方红-75/54 型拖拉机转向离合器片的正确安装方法

东方红-75/54 型拖拉机转向离合器，有主、从动片各 10 片，交错装配。装配时要求：与主动鼓凸缘相靠的一片，必须是从动片，而与压盘相靠的一片则应为主动片，切勿装反。这是因为在加工主动鼓外齿时，留有一道工艺槽 A（图 30）。如果与主动鼓凸缘相靠的一片是主动片，此片会脱离固齿落入环槽而失去作用，使转向离合器所能传递的最大扭矩减小，产生打滑现象。其次，如果此片为主动片，而与压盘工作面接触的一片则必然是从动片，这样会造成压盘工作的磨损增大。

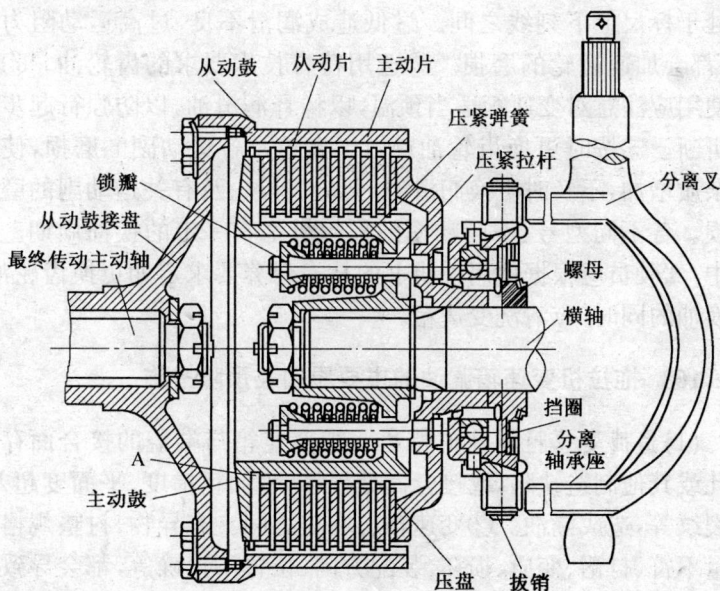

图 30　东方红-75 拖拉机转向离合器

167. 拖拉机变速箱的正确使用和技术维护

(1)拖拉机变速箱的正确使用 ①新车或大修后的变速箱,应按使用说明书的要求,对其进行磨合试运转。在磨合结束更换新的润滑油后,方能投入正常作业。②使用中应避免用溜坡或牵引的方法启动发动机,使变速箱齿轮受冲击载荷作用而损坏。③拖拉机换挡时,应将离合器彻底分离,避免强行挂挡(轮式拖拉机采用两脚离合器换挡),以防出现打齿现象损坏齿轮。挂挡时应果断到位,保证齿轮在完全啮合状态下工作,以免在半啮合状态下工作引起齿轮偏磨。④不带"病"工作。工作中产生脱挡,乱挡和异常响声时,应及时进行检查。排除故障后,再从事作业。

(2)拖拉机变速箱的技术维护 ①保证离合器和小制动器的正常工作状态,以免工作中因分离不彻底、制动不及时而造成换挡打齿,损坏齿轮。②定期检查变速箱油面高度,正常情况下,油面应处于标尺上下刻线之间。过低造成润滑不良,过高运动阻力增加,都会加速齿轮的磨损。③选用符合技术要求的齿轮油。④冬季使用应注意对变速箱适当预温,以稀释润滑油,以防强行起步齿轮折断。⑤按时更换齿轮油。由于齿轮及各运动副的磨损,使油中杂质增加,不及时更换润滑油,会造成齿轮及有关运动副的磨料磨损。各不同型号、不同功率的拖拉机都有一定的换油周期。使用中,驾驶员应根据使用说明书的技术保养要求定期更换齿轮油。在换油的同时,应清洗变速箱。

168. 拖拉机变速箱漏油的主要原因及预防措施

(1)造成变速箱漏油的原因 ①变速箱与端盖的接合面存在气孔或其他制造缺陷,或接合面处损坏,表面粗糙度、平面度超差、有裂纹等,造成漏油。②变速箱与端盖之间夹有异物,衬垫规格或数量不符、打褶、变质、损坏,装配方向、位置不正确等,都会导致漏油。③油封规格、数量不符合要求,油封装反、装歪、不到位,油封或油封座孔损坏等,造成漏油。④变速箱与端盖的固定螺栓拧紧扭矩不符合要求。过松,润滑油直接外溢;过紧,使衬垫或机体损坏造成漏油。⑤选用润滑油牌号不对,过稀或变速箱内油面过高,润滑油飞溅的压力比正常时高等也会造成漏油。⑥冬季烤车方法不当,造成衬垫、油封损坏,导致漏油。

(2)预防措施　①修理装配前,认真检查变速箱体,装配面和端盖的接合面有无制造缺陷(气孔、缺损),装配面的粗糙度、平面度是否符合形位公差要求,不合格的零件不能装配。做到从源头防漏。②装配时严格检查组装件的规格、数量、质量标准、位置、方向和接合程度等是否正确。否则不予装配。③在衬垫两面均匀涂上密封胶,并防止异物夹入。④按技术要求拧紧变速箱与端盖上的紧固螺栓。同一端盖上多个螺栓拧紧顺序应当是:一上、二下、三左、四右……,按此顺序多次拧紧。一般情况下,扭矩在49牛·米以下,分两次拧紧;49～98牛·米时,分三次拧紧;98～245牛·米时,分四次拧紧;245牛·米以上时,可适当增加拧紧次数。

169. 变速杆与拨叉槽松旷发响的原因及排除方法

(1)造成变速杆与拨叉槽松旷发响的原因　①变速叉变形,或拨叉工作面与拨叉槽磨损松旷,致使配合间隙增大,使滑动齿轮的轴向移动量超过了控制范围,造成与从动齿轮端面发生摩擦,发出"唰、唰"的摩擦声。也可能是车辆行驶时的震动,造成滑动齿轮与从动轮端面,相互撞击发出响声。②由于二轴花键套固定螺母松动,从动齿轮在二轴花键套上移动,当其与滑动齿轮相碰时,便发出"咯啦啦"的打齿声,移开后声音消失,于是形成了间断性的碰撞声。

(2)排除方法　①拆下变速箱盖检查,如属拨叉工作面或拨叉槽磨损,在有修复价值时,进行修复;无修复价值时,应更换拨叉。②若两轴花键套固定螺母松动,应按标准要求紧固螺母。

170. 变速箱齿轮齿隙过大、过小或啮合不均匀的排除方法

(1)齿隙过大的排除方法　拆开变速箱盖检查,发现某挡齿轮

的啮合间隙超过标准时,一般应成对更换。根据情况,若换其中一个齿轮能恢复正常间隙,也可只换一个齿轮,但一定要经过使用磨合,才能逐渐将噪声消除。

(2)**齿隙过小的排除方法** 拆下变速箱盖检查,如发现某挡发响,通过检查啮合间隙,确认间隙过小后,可换用较旧些或牙齿合适的齿轮,以恢复正常的标准间隙。若在路试中,仍有响声存在,应进一步检查中央传动齿轮齿侧间隙,并将其调整至标准间隙。

(3)**啮合不均匀的故障排除** 拆下变速箱检查,如属齿轮碰伤,应用砂轮片修磨,并用油石找平;如属齿轮掉牙或中心偏移,应更换齿轮;若是二轴或中间轴弯曲,应进行校直或更换变速箱齿轮轴。

171. 变速箱挂挡困难的原因及排除方法

将造成挂挡困难的原因及排除方法归纳为以下 7 点。

①离合器分离不彻底,动力没完全切断造成挂挡困难,并发出打齿声。具体表现为 2 个方面:一是由于操纵不当,踏板没踏到底造成分离不彻底,挂挡困难。这种现象常见于新手或学员由于不熟练,往往踏板没踏到底就挂挡,出现挂不上挡,且齿轮发响的状况。通过练习可解决。二是属于离合器技术状态较差导致的挂挡困难,应对离合器进行检查调整,具体方法参阅 152 例。

②新车齿轮端面或拨叉有毛刺,挂挡困难。新车或车辆大修后应进行规范的磨合试运转,使其初步形成良好圆滑的工作面。

③变速杆、拨叉、拨叉轴变形,变速杆球头与拨叉槽、拨叉与滑动齿轮槽磨损,破坏了原装配关系,因齿轮拨不到位而挂挡困难。此时,应对磨损或变形的部件、部位进行修复。无修复价值的应更换新件。

④锁定弹簧压紧力过大,滑动齿轮滑动不畅,而造成挂挡困难。应调整锁定弹簧的压紧力,或更换符合技术要求的弹簧。

⑤拨叉定位槽磨损严重,出现台阶,定位钢球卡住或卡死。应修复或更换磨损零部件。

⑥拨叉轴固定拨叉的锁定螺钉松动时,也会造成挂挡困难。应紧固松动的锁定螺钉。

⑦气温低、润滑油凝固,无法拨动齿轮时,也会出现挂挡困难。首先应选用冬季使用的润滑油。二是气温太低时(高寒地区),启动拖拉机前,除对发动机预温外,还应对变速箱、边减等部位进行合理的预温处理。

172. 自动掉挡(脱挡)的原因及排除方法

(1)**造成自动掉挡的原因**　①拨叉轴定位槽钢球严重磨损,锁紧弹簧弹力过弱或折断,使锁定机构的锁定作用不可靠,由于振动造成自动掉挡。②拨叉、滑动齿轮的拨叉槽过度磨损,间隙过大,拨叉、变速杆弯曲或变形,使滑动齿轮行程减小,这种情况下,齿轮不能完全啮合,定位钢球不能进入定位槽内,由于振动而自动掉挡。③齿轮端面严重磨损,沿齿长方向磨损过大,甚至偏磨成锥形。在传递动力时产生较大的轴向力,滑动齿轮在轴向力的作用下,克服自锁机构的锁紧力后发生滑移而脱挡。④齿轮和花键轴配合表面严重磨损,配合间隙过大,或轴承磨损严重,传递动力时齿轮发生倾斜而产生较大的轴向力。当该轴向力大于自锁机构的锁紧力时,滑动齿轮自动滑移而脱挡。⑤拨叉定位螺钉松动也会产生自动掉挡。

(2)**故障排除**　排除自动掉挡故障,主要是正确调整和操作变速机构,对于松动的部件进行紧固,对磨损或变形的部件进行修复,无修复价值的更换新件。

173. 变速箱乱挡的原因及排除方法

(1)**产生乱挡的原因**　①自锁机构中弹簧弹力减弱或折断,弹簧、钢球漏装,工作中由于振动,使不受变速杆控制的拨叉或拨叉轴带动滑动齿轮移动,又挂上一个挡位。②变速杆下端钢球与之相配合的凹槽磨损严重,换挡时,变速杆下端球头从凹槽中脱出,前挡位齿轮未拨离,又挂上另一个挡位而乱挡。③互锁机构因磨损失灵而乱挡。④变速杆组合件的球部和球座磨损,配合过松,不能可靠地起支点作用,不能保证正常摘挡和挂挡,易出现乱挡现象。

(2)**故障排除**　使用中,一旦出现乱挡故障,应及时找出其真正原因,并予以排除。对调整不当的部位进行重新调整。对磨损、变形或其他损坏的部位、部件,进行修复或更换。

174. 变速箱产生噪声的原因及排除方法

(1)**变速箱产生噪声的原因**　①齿轮齿面严重磨损或剥落,齿轮花键孔(大、小常啮合齿轮花键)磨损,使齿轮副原啮合面被破坏,齿侧间隙加大,工作时冲击出现噪声。此时,对磨损零件应进行修复或更换新件。②轴承磨损,间隙增大(轴向和径向),两传动齿轮中心距加大或不平行,两齿轮在运转中产生噪声,同时变速箱发热。应通过更换新轴承恢复原技术状态。③新齿轮齿面加工粗糙,也会产生噪声。通过规范的磨合,可使噪声自然排除。④轴头固定螺钉或卡环松脱、齿轮间隔套磨损,运转中,固定齿轮轴向窜动,发出噪声。应重新紧固固定螺钉和卡环。对磨损的间隔套有修复价值的修复,无修复价值的换新件。⑤变速箱缺油或油的质量不好,应选用合格的润滑油并添加润滑油至标准油面。

(2)**排除方法**　变速箱噪声是多种多样的,常出现的有"哗啦哗啦"声、"嗡嗡"声、"吱吱"声、"格当、格当"声。根据不同挡位的噪声的程度可以判定齿轮、轴及轴承的磨损程度。如空挡位置发出"格当、格当"响声,小油门时声音尤其明显,这是常啮合齿轮掉牙产生的。气温很低的冬季,齿轮油凝结,溅油齿轮一时不能将齿轮油溅起的时候,变速箱常出现间断的、无规律的"吱、吱"声。不同部位的磨损会产生不同的噪声,只要注意积累,完全可以准确判断故障部位,并予以排除。

175. 东方红-75 型拖拉机大小锥形齿轮早期磨损的原因及预防措施

东方红-75 型拖拉机作业时(前进挡),动力传递是经小锥形齿轮的凹面,传给大锥形齿轮的凸面。小锥形齿轮 14 个齿,大锥形齿轮 44 个齿,大锥形齿轮转 1 圈,小锥形齿轮要转 3 圈还多。所以,小锥形齿轮的凹面比大锥形齿轮凸面磨损严重,易剥落。

从使用中看,大小锥齿打齿损坏的少,而点蚀剥落的多。造成这种点蚀剥落的原因归纳起来主要有以下几点。

(1)润滑不良 齿轮工作面出现半干摩擦或磨料摩擦,加速齿轮的磨损损坏。造成润滑不良的原因有:①润滑油质量不合格。应更换合乎要求的润滑油。②润滑油不清洁,应定期清洗和更换齿轮油,加油时防止灰尘和杂物混入。③润滑油不足。出现润滑油不足时,要注意分析造成不足的原因,如属自然损耗,添加至标准油面即可。如果润滑油不足量较大,而且时间周期短,则应查明原因。要注意检查变速箱与后桥壳体连接螺栓是否松动,纸垫是否损坏;变速箱及后桥壳体放油螺塞是否丢失;后桥轴两边阻油圈(60×85×12)是否变质硬化损坏,弹簧是否脱落、折断;隔板毡条是否压紧、损坏;隔板螺栓是否松动等,对造成漏油的部位应采取相应的措施修复,以防中央传动润滑油漏失。

(2)安装调整不当或检查调整不及时 使大、小锥形齿轮的正常啮合关系遭到破坏,齿侧间隙增大,冲击力增加,导致齿面点蚀剥落。①由于 7612、7312 轴承磨损没有得到及时调整,后桥轴轴承座调整螺栓秃扣、隔板螺栓松动等原因,使后桥轴的轴向游动量,超过正常的 0.15～0.30 毫米;使大小锥形齿轮的齿侧间隙增大,啮合印痕变化,呈齿尖接触,冲击力增大,造成大、小锥形齿轮早期磨损损坏。所以,使用时应注意定期进行 7612、7312 轴承间隙的调整和后桥轴轴承座、隔板螺栓的检查紧固,以防松动。对损坏的螺栓应及时更换。②由于安装调整不当和工作中的正常磨损,造成大、小锥形齿轮的啮合关系变坏,出现局部接触(齿尖接触、齿根接触或大端接触等),造成应力集中,强度减弱,导致大小锥形齿早期磨损。大小锥形齿轮安装调整方法及要求,见 177、178 例。③变速箱二轴前轴承磨损,使小锥形齿轮前移,齿侧间隙增大,正常啮合关系破坏,冲击负荷增大,造成早期磨损和损坏。根据磨损情况调整或更换轴承,确保大小锥齿的正常齿侧间隙和啮合印痕。④2712K轴承磨损,径向间隙增大,使小锥形齿轮在工作中上、下、左、右摆动量较大,使齿侧间隙加大,啮合印痕变化,大小锥形齿轮工作失常。此时应更换磨损超限的轴承,重新调整大小锥形齿轮的间隙和啮合印痕。

(3) **操作原因** 由于使用操作不当,加速大小锥齿的早期磨损。具体表现为:①耕地作业内翻多,拉右操纵杆次数多,增加了7612轴承的磨损,使后桥轴的轴向间隙增加,改变了齿轮的正常啮合,导致大小锥形齿轮的早期磨损。为避免这一问题的出现,耕地作业最好采取内、外翻交替法或内外翻套耕法。②猛抬离合器和猛刹车,增加了大小锥形齿轮的冲击负荷,加速了大小锥形齿轮的磨损和疲劳损坏。猛抬离合器和猛刹车,都是错误的操作行为,应当杜绝。③偏牵引作业时(耕地),拉左操纵杆次数频繁,使7312轴承磨损加快,造成大小锥形齿轮啮合失常,也会造成齿轮的早期磨损。④长期高速作业、小地块作业、转弯次数增加,都会加快大小锥形齿轮的磨损。

(4) **相关部件的变形、折断或松动** ①大梁变形、折断,左右托架变形、折断也会破坏大小锥形齿轮的正常啮合,加速齿轮磨损、损坏。应修复或更换大梁及左右托架。②变速箱与后桥壳体连接螺栓松动,使大小锥形齿轮正常啮合间隙发生变化,破坏了正常啮合关系。应紧固松动螺栓,检查啮合关系,必要时进行调整。③大锥形齿轮与其接盘连接螺栓松动或折断,大锥形齿轮位置改变,正常啮合关系被破坏,磨损加快。如不及时紧固和更换螺栓,则会造成大小锥形齿轮打坏、后桥轴弯曲变形、后桥壳体破裂等破坏性事故。

(5) **更换零部件后不调整所致** 更换 700409 轴承后,没有重新调整大小锥形齿轮的齿侧间隙、轴向游动量和啮合印痕。由于小锥形齿轮的后移,破坏了大小锥形齿轮的正常啮合关系,造成大小锥形齿轮的早期磨损和损坏。所以,更换 700409 轴承后,一定要重新检查、调整大小锥形齿轮齿侧的间隙、啮合印痕和轴向游动量。

(6)**齿轮材料及加工质量不合格** ①材料不合格,硬度、强度都达不到要求。②渗碳厚度不够,强度变差。③渗碳层与内部组织过度急剧。④加工尺寸公差、形位公差超限。大小锥形齿轮不能形成良好啮合关系,应力集中。

(7)**更换方式** 大小锥形齿轮必须成对更换。

176. 螺旋圆锥齿轮中央传动,因齿轮齿面磨损而造成齿侧间隙增大后,不宜进行调整的原因

使用中因齿轮齿面磨损,造成齿侧间隙增大是正常现象。对于螺旋圆锥齿轮中央传动,齿侧间隙增大后,不应进行恢复性调整。这是因为在螺旋圆锥齿轮副传动过程中,同时参与啮合的齿数较多(重叠系数大),运转平稳,齿侧间隙增大虽然对工作有一定影响,但在一定范围内,其影响并不十分显著。相反,此时若重新将齿侧间隙调小到规定值,则必然会破坏齿轮副的正确啮合关系,改变正常的啮合印痕,反而会引起齿轮磨损的加剧,甚至造成齿面剥落,发生啃齿和断齿现象。权衡利弊,螺旋圆锥齿轮中央传动的调整,应以获得良好的啮合印痕为准。在啮合印痕和轴承间隙正常的情况下,只须对齿侧间隙检查,而不是调整。当齿侧间隙超过允许值时,应成对更换大小螺旋圆锥齿轮。

从齿轮传动原理可知,圆锥齿轮副必须在两齿轮节锥母线及节锥顶重合的条件下,才能得到正确啮合。因此,为保证圆锥齿轮中央传动的正常工作,安装新齿轮副时,应使其具有良好的印痕,并应将齿侧间隙调到规定的标准。

177. 螺旋圆锥齿轮中央传动啮合印痕的正确调整方法

螺旋圆锥齿轮副的啮合印痕,是其啮合质量的综合反映,良好的啮合印痕是保证中央传动正常工作的首要条件。对啮合印痕的要求包括印痕的位置、大小和形状3个方面。

啮合印痕与载荷大小有关,检查调整时,小圆锥齿轮工作面上的印痕应位于齿高中部,在齿宽方向应略靠近小端,其大小一般不

应小于齿高和齿宽的一半，其形状应连续均匀而不偏斜（理想的形状应近似椭圆形）。工作时，由于承受较大载荷，齿轮轴和齿轮均会产生弹性变形，啮合印痕将向大端移动，并沿齿高和齿宽方向有所扩大，使实际印痕趋于齿宽中部，受力均匀、工作可靠。中央传动工作一个时期后，由于齿轮的磨合（正常磨损），啮合印痕面积增大是正常现象，但不允许延伸到轮齿边缘，否则应调整。

啮合印痕的检查调整，应在轴承间隙（或预紧度）调整正常后进行。检查时将红铅油均匀涂在大圆锥齿轮轮齿工作面上（沿圆周均布不少于 3 个齿）。在对大圆锥齿轮略加制动的情况下，转动曲轴，使大圆锥齿轮转动 1 周后，查看小圆锥齿轮轮齿工作面上得到的印痕，如不符合要求，应进行调整。调整时应以前进挡为主，在前进挡啮合印痕符合要求的前提下，倒挡的印痕只要不靠近轮齿边缘即可。并且应先调整齿宽方面的印痕，然后再调齿高方面的印痕。

齿宽方向的印痕，可通过改变小圆锥齿轮的轴向位置进行调整。调整时，小圆锥齿轮的移动方向，与其轮齿工作面是凸面还是凹面有关（由齿轮旋转方向及轮齿螺旋方向决定），当小圆锥齿轮轮齿工作面为凸面时（如东方红-54 型拖拉机），小圆锥齿轮的移动方向与啮合印痕的移动方向相同。即，需要使印痕移向小端时，则向小端方向移动小圆锥齿轮；需要使印痕移向大端时，则向大端方向移动小圆锥齿轮。当小圆锥齿轮轮齿工作面为凹面时（如东方红-75 型，东方红-40 型等拖拉机），小圆锥齿轮的移动方向，与啮合印痕的移动方向相反。即，需要使印痕移向小端时，则向大端方向移动小圆锥齿轮；需要使印痕向大端方向移动时，则向小端方向移动小圆锥齿轮。为便于记忆，可概括为"凸同凹反"。

齿高方向的印痕可通过改变大圆锥齿轮的轴向位置进行调整。如印痕偏于齿顶，应将大圆锥齿轮向靠近小圆锥齿轮的方向移动；如印痕偏于齿根，则应向远离小圆锥齿轮的方向移动。

大小圆锥齿轮轴向位置的改变，通常是通过调整轴承座处的垫片的厚度来实现，或用拧转调整螺母的方法来调整。

178. 直齿圆锥齿轮中央传动,因磨损造成齿侧间隙增大后,一般不进行调整的原因

直齿圆锥齿轮中央传动,因齿面磨损而造成齿侧间隙增大后,如果中央传动还能保持正常工作,为了保证齿轮副的正确啮合位置,一般也不应进行调整。但由于直齿圆锥齿轮中央传动齿轮啮合重叠系数小(啮合的齿数少),冲击力较大,传动也不平稳,所以齿侧间隙增大后对工作质量的影响,比螺旋圆锥齿轮大得多。因此,过大的齿侧间隙将会影响中央传动的正常工作,在这种情况下,允许将齿侧间隙适当调小,但一定要保证啮合印痕在允许的范围内。

179. 要对中央传动圆锥轴承间隙进行定期检查和调整的原因

圆锥齿轮中央传动,工作时产生较大的轴向力,设计上采用圆锥轴承支承。圆锥轴承的磨损对其轴向间隙的变化影响较大,磨损后如不及时调整,将会破坏齿轮副正确的啮合位置和良好的啮合印痕,并使传动产生撞击。这不仅会加剧轴承和齿轮的磨损,甚至造成齿面严重剥落或打齿,还会给下一次调整造成困难,以致难以恢复良好的啮合印痕。由此可见,及时检查、调整圆锥轴承的轴承间隙,是保证中央传动正常工作质量和延长其使用寿命的关键措施。

东方红-75/54 型拖拉机,一般要求在高号技术保养时,检查、调整圆锥轴承的轴承间隙。

180. 调整中央传动轴承间隙(或预紧度)后,必须重新检查调整啮合印痕的原因

调整轴承间隙时(或预紧度),只有使各轴承的调整量分别等于其磨损量,才能保证中央传动齿轮的轴向位置不变。但实际工作中,各轴承的磨损情况并不相同(尤其是大圆锥齿轮的左、右轴承),又没有一定的规律,这样调整的结果,虽然能恢复正常的轴承

间隙,但不一定能保证齿轮副正确的啮合位置和良好的啮合印痕。所以,调整轴承间隙(预紧度)后,必须重新检查、调整啮合印痕。力求达到两者都符合要求。

181. 东方红-75 型拖拉机后桥轴窜动的原因、预防措施及排除方法

后桥轴向窜动量超过 0.3 毫米后,拉左边操纵杆时,右边操纵杆自由行程变小或消失;而拉右边操纵杆时,左边操纵杆自由行程变小或消失。

(1)造成后桥轴轴向窜动的原因　①后桥轴左、右两侧圆锥轴承(7612,7312)磨损。②隔板固定螺母松动。③调整螺母脱扣。④后桥壳体隔板下部断裂。

(2)预防措施及排除方法　①定期检查、调整轴向游隙不使其窜动。②隔板螺母松动后导致游隙改变,应调整后重新紧固。每个螺栓两个螺母应全拧紧,防止松动。③调整螺母脱扣,应抬下后桥轴,抽出转向离合器、圆锥轴承座及调整螺母。更换新螺母后,按规定调整方法,重新调整中央传动齿轮副。安装时,注意应使调整螺母锁片牢固,不得漏装。④修复或更换后桥壳体。

182. 东方红-75 型拖拉机大、小减速齿轮打牙的原因及预防措施

一旦发生大、小减速齿轮打牙(齿),最终传动齿轮室会发出"格当、格当"的响声,坐在驾驶室里会感到有节奏的抖动。

(1)造成打牙的原因　①轴承磨损或损坏,间隙增大,在侧压力作用下,大小减速齿轮中心距加大,正常啮合关系破坏,冲击力增加,齿轮倾斜,引起打牙。②大减速齿轮轴承(7518)调整挡板变形或紧固螺栓松动、折断,轴承外移,两传动齿轮中心距加大,轴线倾斜,引起打牙。③后轴弯曲变形、裂纹,使大减速齿轮倾斜,大小减速齿轮轴线不平行,啮合失常,齿轮断面受力不均,局部受力过大而打齿。④小减速齿轮轴承座孔磨损,或轴承座外圈与后桥壳

体轴承座孔磨损松动,小减速齿轮轴线倾斜,啮合失常。⑤车架变形或后托架变形,左右托架的后轴座孔水平不一致,导致后轴倾斜,后轴与后桥壳体后轴座孔不能牢固地贴合在一起,工作中活动,破坏了大小减速齿轮的正常啮合。⑥最终传动齿轮室缺油,使齿轮和轴承处于干摩擦状态,加剧磨损。⑦泥水进入齿轮室,破坏润滑加速齿轮磨损,以致造成打齿。⑧操作不当。如重负荷时猛抬离合器踏板,烂泥陷车;用猛松转向离合器操纵杆起步摆脱"陷车";高速行驶中的急刹车等,都会使减速齿轮承受很大的冲击力,导致打牙。⑨齿轮质量不符合质量要求。如淬火后变形、心部硬度不足等,都影响齿轮的啮合强度。

(2)预防措施 ①经常保持最终传动齿轮室良好密封,不漏油、不进泥水,润滑油充足。②正确使用机器,起步平稳,不用转向离合器起步克服超载,不急刹车。③当小减速齿轮齿厚磨损 1.5 毫米,或大减速齿轮磨损 1.27 毫米时,可将左右两侧齿轮连同轮毂及全套轴承成对相互换边使用,充分延长其使用寿命。

183. 东方红-75 型拖拉机最终传动齿轮室漏油、进泥、进水的原因及排除方法

最终传动装置见图 31。

(1)漏油,进泥水的原因 ①密封压环平面磨损,出现沟痕或偏磨,毛毡圈磨损。②内、外密封罩磨穿。③密封圈橡皮套破裂或铁丝松动。④密封弹簧被油泥贴住或锈死,失去弹性。这样,密封压环与毛毡圈失去压力后,致使密封不严。⑤后轴的弯曲度超过 1 毫米时,最终传动各部密封零件的正确配合被破坏,致使漏油进泥进水。⑥最终传动装置纸垫损坏,进泥水。

(2)排除方法 ①密封压环的毡封面要光洁、平整、厚薄一致,以防与毛毡封接触不严密而漏油进水。出现沟痕时应磨平磨光,再用砂纸磨研光洁、平整。②检查密封罩有无失圆,装入外密封罩时,转动是否会碰撞;装毛毡圈的圆环盘底有无漏水。其检查方法是:滴水于外环上,如有漏水应修复。内密封罩失圆过大或被磨穿

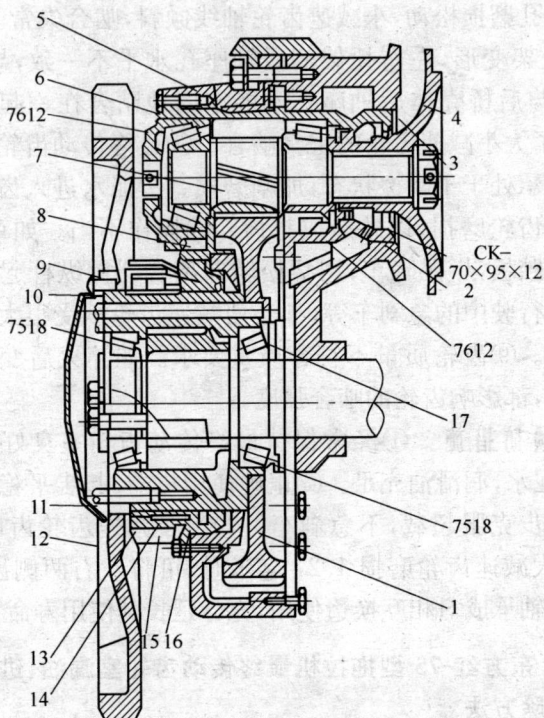

图 31 东方红-75 型拖拉机最终传动装置
1. 被动齿轮 2. 挡肩 3. 轴承座 4. 被动鼓轮毂 5. 齿轮室
6. 齿轮室盖 7. 主动齿轮 8. 密封罩 9. 垫片 10. 密封压
环弹簧 11. 毛毡圈 12. 驱动轮 13. 内密封罩 14. 密封压环
15. 外密封罩 16. 密封圈胶皮套 17. 轴承凸缘

应换新件。③检查外密封环是否失圆,工作时,是否与内密封罩和密封胶圈碰撞。④检查密封胶圈是否完整,密封壳体内密封弹簧的压力是否一致。压力不一致,会造成密封压环偏磨、偏接触,使毡环寿命缩短,容易进水。⑤后轴弯曲变形其摆差超过 0.8 毫米时,应在压力机上校正至标准。每次检修都应进行全面检查、修理。⑥平时使用中,应尽量减少拖拉机急转弯,防止后轴弯曲变形而损坏最终传动密封装置。

184. 轮式拖拉机差速锁的作用和正确使用方法

(1)差速锁的作用 在轮式拖拉机上,由于差速器具有"差速不差扭"的特点,当拖拉机一侧驱动轮驶入松软泥泞地段时,因土壤附着力很小,使驱动轮滑转,而另一侧驱动轮的转速,也随之相应降低或停止转动(两半轴转速之和恒等于差速器壳转速的两倍),致使拖拉机行驶困难或不能继续行驶。在此情况下,如将差速器两半轴直接或间接的连成一体,使差速器不再起作用,两半轴和两驱动轮以同一速度转动,就可以充分利用不打滑一侧路面较好的附着性能,使大部分甚至是全部扭矩传给不滑转的驱动轮,从而产生足够的驱动力,使拖拉机驶出打滑地段。这就是差速锁的作用。

(2)差速锁正确使用方法 ①只有在一侧驱动轮严重打滑的情况下,才允许接合差速锁。②接合差速锁时,应先分离离合器,在拖拉机停车后,再缓慢接合。否则,不仅差速锁接合困难,而且还会造成差速锁的损坏。③接合差速锁后,不允许再转弯,驶出打滑地段后,应立即将差速锁分离。以免加剧轮胎磨损,转向困难,或加速半轴等机件的损坏。

185. 轮式拖拉机转向困难的原因及排除方法

(1)造成转向困难的原因 ①前轮轮胎气压不足。气压低,轮胎着地面积大,回转阻力增加,使转向困难。②转向器(蜗轮蜗杆、齿轮副、螺杆、滚珠、螺母等)磨损或轴承磨损调整不及时;转向纵、横拉杆的球节销及销座磨损,而又未及时调整,使方向盘自由行程过大而转向困难。③前轮转向节(前立轴)弯曲变形,使前轮外倾角变小,前轮定位发生改变,引起转向困难。④前轮转向节立轴轴承或铜套严重磨损,立轴转动不灵活,使转向困难。⑤跑偏也给转向操纵带来困难。⑥各拉杆球形关节、立轴衬套等无润滑油,出现干摩擦,造成转向困难。

(2)转向困难故障的排除方法 ①经常检查并保持轮胎有充

足的气压。具体数值查阅各种机型使用说明书。②检查转向器、各拉杆关节磨损情况,属磨损间隙增大的予以调整,磨损、损坏严重的应修复或更换新件。③合理掌握行驶速度,田间作业及公路行驶不要猛打方向盘(打死轮)。过沟、埂应降速换挡,以防冲击、震动损坏转向机构。

186. 导向轮左右摇摆的原因及排除方法

(1)导向轮左右摇摆的原因 导向轮左右摇摆,一般是转向和行走机构调整不当,或零件磨损变形所致,概括起来主要有以下几种原因。①导向轮轴承磨损引起轴向间隙加大,或是转向节立轴和摇摆轴的轴套磨损,前轴、转向节立轴和导向轮半轴变形,使各定位角度发生变化。②导向轮的前束调整不当。③导向轮钢圈严重变形或固定螺母松动。④前轴定位销或紧固螺栓磨损或松动。⑤转向机构各部位球头销和销座磨损严重,配合间隙过大等。

(2)故障排除方法 排除导向轮左右摇摆的故障时,应在仔细诊断的基础上,对调整不当的部位重新调整至标准,导向轮气压低,应补充充气。而对磨损、变形的部件能修复的修复,不能修复的应更换新件。修复或更换新件后,应重新调整至标准状态。

187. 轮式拖拉机跑偏的原因及故障预防和排除方法

轮式拖拉机跑偏的形式常见的有 2 种。一是方向盘固定后,在行驶时,拖拉机自动、缓慢地向一侧跑偏;第二种是拖拉机正常行驶时,突然向某一侧跑偏。

(1)造成拖拉机跑偏的原因主要有以下几点 ①两侧轮胎气压相差较大,气压过低的一侧,轮胎着地面积大,滚动阻力也大,且滚动半径变小。这样,两侧轮胎滚动速度有慢有快,拖拉机跑偏。②摇摆轴支架松动,前轴倾斜,使拖拉机跑偏。③转向器传动副(齿轮副、蜗轮副、螺杆、螺母、滚珠、曲柄主销等)或轴承磨损,各杆件球头销及座磨损,以及转向节轴及衬套磨损,前轮轴承磨损等,都会使方向盘自由行程变大,转向不灵。拖拉机行驶时,由于路面崎岖不平或石块等障碍,使前轮自动转向。此时,转动方向盘不能立刻控制方向(自由行程大),造成拖拉机突然跑偏。④前轴弯曲变形、转向节轴变形使拖拉机跑偏。⑤两个驱动轮胎磨损不一样或新旧搭配使用、附着性能不同,使拖拉机跑偏。

(2)故障预防和排除方法 ①经常(定期或不定期)检查两侧轮胎气压,并使其压力大小一致,是预防跑偏最简单而又行之有效的措施。②定期将拖拉机左、右两侧轮胎(前、后轮)换位使用、使轮胎磨损均匀。这样,不但可预防跑偏,还能延长轮胎使用寿命。③对容易松动、磨损、弯曲变形的部位零件,应通过经常检查、紧固、修理或更换新件,预防和排除跑偏现象。

突然跑偏危害性极大,极易造成大事故,所以,一旦出现方向盘自由行程过大时,应引起重视。须对转向机构所有相关传动副的磨损情况进行检查、调整和必要修复,使拖拉机的转向机构经常保持良好的技术状态,以防事故发生。

188. 拖拉机制动失灵和偏刹的原因及排除方法

(1)制动失灵的原因 ①制动器踏板自由行程过大。②带式制动器的制动带、制动鼓,蹄式制动器的制动蹄、制动鼓,盘式制动器的制动盘、摩擦片等有油污。③制动带、制动蹄片、摩擦片磨损,铆钉露出。④制动鼓、制动盘、制动凸轮、定位转轴等零件磨损。⑤当某一侧制动器有上述缺陷时,将出现偏刹。⑥左右制动器踏板自由行程调整不一致,或踏板没连接,也会出现偏刹。

(2)故障排除方法 ①经常检查调整制动器踏板自由行程,使其在标准范围内。②经常保持制动器内无油污。遇有油污时,一定要查明原因,予以排除。制动带、盘和蹄片有油污,可拆下用汽油清洗干净,并在晾干后装复原位。③制动带、制动蹄片、摩擦片磨损、铆钉露出的应重新铆合。④制动鼓、制动盘、制动凸轮、定位转轴等零件磨损后,能修复的修复,没有修复价值的应更换新件。

189. 小四轮拖拉机气压制动装置常见故障产生的原因及排除方法

常见故障及排除方法

①气压不足:其原因和排除方法有以下 5 点。一是空气压缩机传动皮带过松,使空压机未能达到额定转速 1 000～1 400 转/分。应调整传动皮带的张紧度,在施加 3～5 千克力时,皮带挠度为 10～20 毫米为宜。二是空气滤清器组件作用不良,进排气阀、阀座的磨损使进排气阀密封不严。可用研磨砂研磨进排气阀及阀座,使之达到不漏气为止。三是空气压缩机缸筒与活塞磨损严重,间隙过大。应更换新的缸筒、活塞,并将配合间隙保持在 0.3 毫米以内。四是缸盖螺栓松动或气缸垫烧损而产生漏气。通过紧固缸盖螺栓,更换气缸垫排除漏气现象。五是空气滤清器堵塞。应拆下清洗或更换过滤填料。

②制动失灵:其原因和排除方法有以下几点。一是气压不足,无法实现理想的制动效果。排除方法按①中的方法排除。二是踏板自由行程过大。调整制动器踏板自由行程在标准范围内。三是控制阀膜破裂,气室膜片损坏。须更换新膜片。四是控制阀、排气阀密封不严。应研磨阀座,或更换排气阀。五是连接管破裂或接头松动。更换连接管、拧紧接头。六是制动蹄片与制动鼓间隙不正确。可通过调整臂进行调整,使其间隙在 0.2～0.6 毫米。七是蹄片有油污和泥水。应清洗蹄片和制动鼓并擦拭干净。八是制动鼓与制动蹄片接触面过小。应研磨制动蹄片,使接触面积达到 70％以上。九是制动凸轮轴在架上锈死。拆下凸轮轴用柴油清洗干净。

③偏刹:即一侧制动失灵。其原因和排除方法有以下几点。一是个别制动气室膜片破裂。应更换破裂膜片。二是个别气缸推杆卡死。用柴油清洗干净即可。三是制动凸轮轴锈死。用柴油清洗。四是制动鼓臂凸轮轴锈死。用柴油清洗或更换。五是左右轮制动摩擦片与制动鼓间隙大小不等,接触不一,应校正使之统一。

六是个别制动鼓磨损失圆,有沟痕。有修复价值时,进行修复继续使用。磨损严重,沟痕较深,无修复价值时,更换新品。七是左右轮胎气压差大。按规定标准充气。八是个别轮的制动摩擦片有污垢。应清除干净。

④制动不回位或有异常声音:其原因和排除方法有以下几点。

一是气阀杠杆没有自由行程。调整至正常间隙 2~8 毫米。二是制动器推杆歪曲而卡死。进行校正、清洗。三是制动凸轮有油污物。应清洗干净。四是制动蹄片回位弹簧过软或拆断。更换弹簧。五是制动蹄片与制动鼓间隙过小。调整至标准间隙 0.2~0.6 毫米。六是冬季制动室内有水冻结挤住膜片。作业结束保养时,放出贮气筒内的空气。七是制动阀、进气阀橡胶损坏。更换新品。八是摩擦片接触不良。通过调整制动偏心轴及制动凸轮,使摩擦片接触面积达到标准范围内。九是制动片铆钉露出。应重新铆合摩擦片。十是制动鼓失圆。在车床上修正或更换新件。

190. 球面蜗杆滚轮式转向器轴向间隙和蜗杆与滚轮啮合间隙的正确调整方法

铁牛 55 型拖拉机,使用球面蜗杆滚轮式转向器(图 32)。其正确调整方法如下:方向盘自由行程超过 30°,应进行调整。调整时,应首先检查调整各传动杆球节销处的间隙,使之正常。如不正常,可拆下纵拉杆两端穿在螺塞槽中的开口销,拧紧螺塞,直到消除球节销与销座间的间隙,再将螺塞退回 3/4~1 圈。然后穿入开口销锁紧即可。

经上述调整后,如方向盘自由行程仍然过大,则应进一步检查调整转向器:第一步通过增减转向器壳体和转向器下盖之间的调整垫片,调整转向器的轴向间隙,增加垫片,间隙变大,反之变小,直到能灵活地转动方向盘且无明显的轴向移动为止。第二步检查蜗杆与蜗轮的啮合间隙。将从拖拉机上拆下的转向器清理干净,拧下调整螺钉的锁紧螺母,取下止动垫片,拧转调整螺钉,以调整蜗杆与滚轮的啮合间隙(拧入,间隙变小;反之,则变大)。这样可

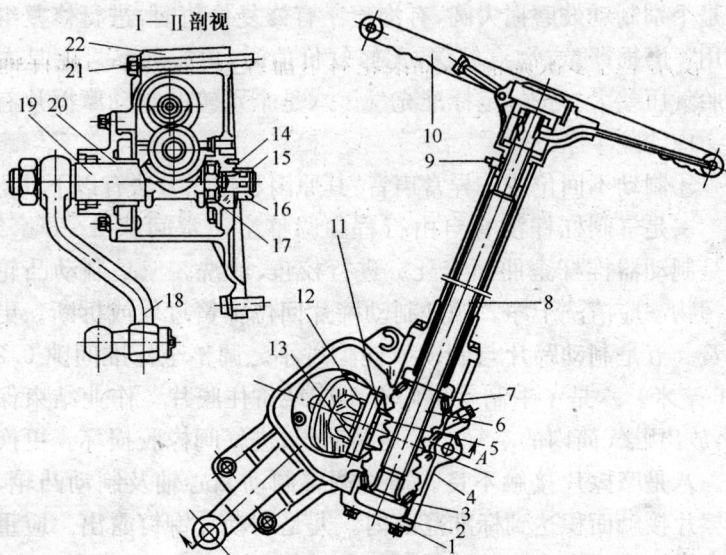

图 32 铁牛-55 型拖拉机转向机构

1. 下盖 2. 调节垫片 3. 无内圈圆锥滚子轴承 4. 球面蜗杆 5. 滚轮
6. 转向轴 7. 无内圈圆锥滚子轴承 14. 止动垫片 15. 调节螺钉
16. 锁紧螺母 17. 短圆柱滚子轴承 18. 转向管 19. 转向臂轴 20. 钢套
21. 螺钉 22. 转向操纵箱壳体

使滚轮处于中间位置而无明显的间隙。此时,垂臂下端由垂直位置前倾 5°,转动方向盘的力应为 1.5～2.5 千克。调整完后,装回止动垫圈,拧紧锁紧螺母,并把转向器装到拖拉机上,连接好纵拉杆即可。

在拖拉机检查转向器滚轮是否在中间位置,除可观察转向垂臂的位置外,还可采用转动方向盘转数的方法找正。即先朝一个方向转动方向盘,直到蜗杆与滚轮脱开为止(这时,转向垂臂可自由转动)。然后再向相反的方向转动方向盘(开始记圈数),直到蜗杆与滚轮脱开为止,并记下转动方向盘的圈数。然后再按记下圈数的一半转回方向盘,这就是滚轮的中间位置,此时,转向垂臂的下端应前倾 5°。滚轮在中间位置时,啮合间隙最小(正常时应无间隙),向两边转动时,啮合间隙逐渐增大。

使用中经多次调整后,如滚轮有卡滞现象,或滚轮与蜗杆轴线的距离已调到零,但滚轮在中间位置时,仍不能恢复到无间隙状态时,说明磨损严重,应更换新件。

191. 东方红-75/54 型拖拉机前梁(元宝梁)断裂的原因及预防措施

(1)前梁断裂原因

①引导轮(导向轮)缓冲装置失调。一是张紧缓冲装置调整不当,张紧弹簧压缩到 260 毫米以下,起不到缓冲作用。受冲击载荷作用而断裂。二是忽视引导轮轴润滑、保养,使引导轮轴与轴套处于干摩擦状态或完全咬死,失去缓冲作用,所受冲击力通过引导轮轴作用于前梁上。

②履带脱轨损坏前梁。

③车架变形铆钉松动。

④引导轮轴与前梁配合零件有缺陷。一是轴套过度磨损或轴套边缘凸起处断裂。二是轴头固定螺栓松动,引导轮轴弯曲、引导轮轴承磨损,间隙增大,冲击力增大,导致其断裂。

⑤错误操纵引起前梁断裂。一是高速急转弯或重负荷下转弯,致使前梁损坏。二是在崎岖不平的地面上高速行驶、超越障碍。使拖拉机受较大的颠簸、震动和冲击,使前梁引导轮轴孔处裂纹。三是只用一侧牵引钩牵引机车或拉误车,使拖拉机承受附加纵向扭矩,致使前梁裂纹损坏。

(2)预防措施 ①正确调整缓冲弹簧(260~265 毫米),保证其良好的缓冲作用。不准用改变弹簧长度的办法调整履带紧度。②履带松紧度适当。③不准用开动拖拉机的方法强行装复履带。④严格执行技术保养条例,注意引导轮轴承的润滑。引导轮轴弯曲时,应及时修复或更换,使其经常处于良好技术状态。⑤车架变形、铆钉松动应及时修复或更换。

192. 东方红-75/54 型拖拉机后轴产生弯曲裂纹的原因及预防措施

后轴弯曲变形后危害很大,可使大小减速齿轮打牙和最终传动密封装置损坏等。

(1)造成弯曲的原因 ①脱轨后强行倒车使履带复位,履带将引导轮和驱动轮拉紧,造成后轴弯曲。②经常做不必要的急转弯或重负荷下转弯,使一侧履带拉紧,驱动轮超载,使后轴弯曲。③履带调整过紧。④悬挂农具过沟坎不减速,由颠簸产生的冲击力,通过驱动轮作用于后轴上,使其弯曲变形。⑤最终传动大小减速齿轮打牙,使后轴弯曲。

(2)预防措施 ①履带脱轨后,禁止采用倒车强行复位的做法。应打开履带重新装好;如支重轮也脱轨时,必须将拖拉机撬起,重新铺好履带后再装复。②合理操作拖拉机,杜绝不必要的急转弯和重负荷下转弯。③合理调整履带紧度。④悬挂农具过沟坎一定要低速慢行,避免出现颠簸。⑤一旦感觉最终传动大小齿轮有不正常现象时,应停车检查。避免打牙后的连锁反应。

193. 履带式拖拉机履带脱轨的原因及排除方法

履带脱轨是履带式拖拉机的常见故障。脱轨对行走系统零件损害最大,易使前梁折断,后轴、引导轮轴弯曲变形等。

(1)造成脱轨的原因 ①引导轮轴、后轴弯曲,使引导轮、驱动轮中心线与拖拉机纵向中心线不垂直,履带在引导轮和驱动轮处向后或向前倾斜,不成直线,极易造成脱轨。②车架变形,尤其是两顺梁向同一侧弯曲变形,使履带脱轨。③履带紧度过松,拖拉机在松软地,或在有沟、坑、斜坡的地面上急转弯或倒车时,下部履带不能伸直,从支重轮、引导轮或驱动轮处脱出。④引导轮技术状态不良。如轴承间隙过大、前梁大小套严重磨损、缓冲弹簧过松或弹力减弱等,都使引导轮向后倾斜,引起脱轨。⑤支重台车轴向间隙过大,拖拉机在沟壑、斜坡上行驶及地头转弯时,支重轮极易脱离轨道。

(2)故障排除方法 ①对弯曲的引导轮轴、后轴,应及时进行校正修复或更换新件。弯曲度的检查,在普通车床主轴与尾座顶尖上进行测量。引导轮轴要求两轴中心线的不平行度,在 200 毫米长度内不大于 0.4 毫米。②车架变形进行校正修复,无修复价值的,应更换新件。③经常检查、调整履带松紧度,保证下垂度在标准范围内。

194. 履带式拖拉机跑偏的原因及预防措施

履带式拖拉机跑偏现象较为普遍,一旦出现跑偏,直线行驶性变差,对播种、起垄、中耕等作业质量影响较大,驾驶员劳动强度增大。

(1)造成跑偏的原因

①转向离合器打滑,使两侧驱动轮转速不一致,引起跑偏。

②左右转向离合器摩擦片厚度相差很大,使两侧驱动轮转速不一致,造成跑偏。

③左右两侧驱动轮磨损不一样,引起跑偏。

④两侧履带板及履带主销磨损不一致,导致两履带速度不一致,引起拖拉机跑偏。

⑤引导轮技术状态不良,使拖拉机跑偏,一是引导轮张紧弹簧弹力减弱、折断或调整不当;二是引导轮轴弯曲,引导轮向后倾斜;三是引导轮轴套磨损间隙增大,引导轮后倾;四是引导轮轴承磨损或调整不当,引导轮倾斜;五是引导轮轴头螺栓松动、秃扣,轴向间隙加大,引导轮轴向窜动;六是引导轮轴套台肩损坏,引导轮轴向窜动等。

⑥后轴弯曲、裂纹,使驱动轮安装位置歪斜,引起跑偏。

⑦新、旧履带板、销轴交替混装使用,造成跑偏。

除此以外,车架变形、裂纹、铆钉松动以及轴承磨损或调整不当等,都能使行走系统装配位置改变、正常啮合和传动受破坏,导致拖拉机跑偏。拖拉机负荷作业因编组牵引形式、作业项目、土壤性质等的影响,也会引起拖拉机负荷不平衡跑偏。

(2)预防措施　①加强行走系统的技术维护、保养、修理,保证各零件状态完好,安装、调整正确,使左右两侧状态基本一致。②田间和非田间作业设计,应尽量做到两侧均匀转向,以防行走、转向出现偏磨。③拖拉机农具配套编组合理(不能偏牵引和偏挂,东方红-75/54 型拖拉机牵引五铧犁或四铧犁除外),防止零部件偏磨和跑偏。④一旦发现拖拉机跑偏,应及时查明原因,并予以排除。

195. 履带式拖拉机行走装置的正确调整方法

以东方红-75 型拖拉机为例,调整方法如下:

(1)履带张紧度调整　将拖拉机停放在平坦的硬地上,取一平直木条放在两托链轮间履带两端的履带销轴上,测量履带下垂度最大处履带销轴上表面至木条下平面的距离。紧度正常时,此距离应为 30～50 毫米。如不符合,可拧转导向轮张紧螺栓的调整螺母,通过改变导向轮的前后位置进行调整。如张紧螺栓已调到底,而履带仍太松时,应取下一节履带板再进行调整。张紧度调整合适后,缓冲弹簧的压缩长度应为 260～265 毫米,以保证正常的缓冲作用,否则应重新调整至标准。

(2)导向轮轴向间隙的调整　拆下导向轮盖,松开锁紧螺母,将调整螺母拧紧,使轴向间隙消除后,再将调整螺母退回 1/5～1/4 圈,此时导向轮应能灵活转动,调好后将锁紧螺母上紧。

(3)支重台车轴向间隙的调整　顶起拖拉机,将支重台车抬离履带轨道,顺轴向晃动支重台车,用厚薄规量止推垫圈与外平衡臂端面间的间隙。正常间隙应为 0.2～0.5 毫米,超过 0.5 毫米,则必须进行调整。调整时拧下台车紧固螺钉,取下止推垫圈,抽去相应数量的调整垫片,再装回止推垫圈并上紧紧固螺钉,检查间隙是否适当。调整好后,支重台车应能在台车轴上自由摆动而又无明显的轴向晃动。

(4)支重轮轴向间隙的调整　顶起拖拉机,将被检查的支重轮抬离履带轨道,顺轴向晃动支重轮,检查支重轮的轴向间隙,若间隙超过 0.5 毫米,则必须调整。调整时先摊开锁片,拧下支重轮螺母,用专用工具拆下支重轮,并拆下密封壳,可取出全部调整垫片,再装上密封壳并压紧,以消除轴承间隙。然后测量密封壳与平衡臂凸缘之间的间隙,此间隙加上正常的轴承间隙,即应装调整垫片的厚度。将适当厚度的调整垫片于密封壳一起装回,上紧固定螺钉,并用铜锤敲击支重轮轴数下,用手顺轴向晃动支重轮轴,若感觉不到轴向间隙,又能用手轻松地使轴转动,即调整适当。在装回支重轮前,应检查密封装置有无损坏,整个密封装置在支重轮内的状态应完好,然后将支重轮压装到支重轮轴上,再装上轴端的橡皮圈和锁片,上紧支重轮螺母,并用锁片锁牢。

196. 东方红-75/54 型拖拉机牵引装置螺栓折断的原因及预防措施

(1)**拖拉机牵引装置螺栓折断**　这种情况较为常见,其原因有:①牵引装置螺栓松动。②牵引装置螺栓紧度不一致,受力不均,过载而折断。③牵引装置螺栓锈蚀,强度减弱,因拉伸折断。④操纵不当,起步过猛,转向离合器接合过猛,受冲击力作用而折断。⑤过深而窄的沟或小而陡的坡时,牵引装置托地,拖拉机及悬挂农具的重量全落在牵引装置上,使螺栓受较大的拉伸和扭矩,过载而断。⑥安装液压升降装置后,连接左、右托架和连接轴盖的 8 个双头螺栓极易折断,尤其是左侧的 4 个螺栓更易折断。在液压装置提升农具时,其反作用力通过油缸作用在后轴上,经连接轴盖传给双头螺栓。下降时,双头螺栓承受相反的作用力,在不断升降交变载荷的作用下,因其疲劳折断。⑦长期超负荷作业,使牵引螺栓超载疲劳折断。⑧螺栓材质不标准,加工不精确,螺孔配合过松或螺栓过短,长期使用反复拉伸变形而折断。

(2)**预防措施**　①修理时,彻底检查和更换有缺陷的螺栓。在装新螺栓时,应将其螺纹部分涂一层黄油,以防锈蚀。②使用时,每班技术保养时,应注意检查紧固牵引装置螺栓,以防松动。③有缺陷的螺栓应及时更换,不带"病"作业。④合理操作拖拉机,避免出现因操作不当,而造成的本可以避免的损坏。⑤过沟、壕、田埂时应低挡、低速、小油门。悬挂农具运输时,应根据地面情况,合理选择挡位,减小或防止颠簸、震动产生的冲击载荷,作用于下悬挂轴上。

197. 造成轮胎早期磨损的原因及预防措施

(1) **轮胎早期磨损的原因** ①轮胎气压过低,着地面积大,滚动阻力大,加速轮胎磨损;气压过高时,由于面积承受压力的增加,也会造成胎面磨损。②前束调整不当,拖拉机行驶时,前轮产生滑移、摆头,加速前轮胎磨损。③由操纵不当造成的磨损有以下几点。一是换挡起步猛松离合器,或在重负荷时,以大油门高速起步。二是不适当的急刹车,胎面与地面的滑动摩擦将轮胎磨损。三是超负荷作业或拉"误车",轮胎打滑。四是转死角,前轮侧滑。五是车轮碰撞障碍物,造成机械损伤。六是拉车启动发动机或溜坡启动发动机,使轮胎与地面产生强烈的摩擦。④拖拉机停放或轮胎保管不当,阳光曝晒,油污浸蚀等使轮胎老化变质。

(2) **预防措施** ①经常保持正常的轮胎气压,是减少磨损、延长使用寿命的重要措施。一般轮胎有两个工作气压,根据不同作业项目和土地条件选择最适合气压。在较硬的公路上,采用较高的气压;在松软的土壤里作业时,采用较低的气压。气压对轮胎牵引性能影响很大,旱田作业,气压由 1.5 千克/厘米^2 降至 0.8 千克/厘米^2 时,其牵引性能可提高 25%(气压降低后,接地面积增大,抓地花纹齿数增多)。但降低气压最低不能超过正常气压的 20%~25%,否则,将使轮侧翘曲变形过分增加,引起胎体胎线或帘布折断。②防止超载和偏载。③新旧轮胎分别使用。根据不同的作业项目和土壤条件,选用不同的轮胎。如已磨损的旧轮胎用于公路运输作业,可提高拖拉机行驶的平稳性;新的和花纹较高轮胎尽量用于田间作业,可提高其牵引性能。合理使用轮胎气压,既能降低成本,又能提高使用寿命。④两侧轮胎磨损不一致时,应及时调换使用,以防偏磨。⑤加强检测保养,发现扎钉和花纹沟中有石子等硬物应立即清除,以防不正常损坏。⑥及时翻新,提高翻新率。

在胎面花纹即将磨平时进行翻新,可延长使用寿命。⑦合理保管。严防曝晒和沾染有腐蚀性物质和油污。冬季保管应远离炉灶,防止高温使橡胶老化、损坏。

198. 选购轮胎的注意事项

(1)选 选购轮胎应从 5 个方面着手:①最好选子午线轮胎:子午线轮胎相比斜交线轮胎,具有滚动阻力小、不易磨损、附着力强、减震性能好、不易穿刺、不易爆裂、胎温升高小等诸多优点。②花纹选择:应根据经常行驶路面情况选择。路面质量较好,选用普通花纹子午线轮胎;路面松软则选用越野花纹子午线轮胎;路面为碎石路则选用混合花纹轮胎。③轮胎层数:根据机车的主要工作内容选定。并非层次越多越好。一般农用汽车、拖拉机拖车用 9.00-20 轮胎。选用 14 层的即可,比选用 16 层轮胎,经济实惠。④轮胎的牌号、型号最好根据机车要求而定。⑤厂家选择:最好选用一个厂家生产的产品,以免由于轮胎橡胶质量的差异,使左右两侧轮胎磨损不均匀,轮胎附着性能不一致,而最终影响使用性能,降低使用寿命。

(2)看(六看) 一看轮胎的外表有无被油污接触、化学品腐蚀的痕迹。二看轮胎外表与内壁是否有变形或锐器划破的裂纹。三看轮胎外侧是否注明厂家、型号、层数等,字样是否清晰。四看内、外胎牌号和型号是否一致、相符。五看外胎内壁是否光滑。六看内胎气门内螺纹是否滑扣。

(3)摸 用手沿四周压摸胎的内、外壁,检查胎的侧壁帘线布置是否均匀,有无线径和钢丝外露的情况。橡胶有无明显凹凸缺陷。

(4)装 轮胎选购后,最好就近安装充气。仔细观察轮胎受压后,胎侧有无肿起的块状及裂纹等异常,如有应立即拆下到购胎处更换,以免引起不必要的麻烦。

(5)附件是否齐全 如气门芯、芯盖、垫圈、气门压板、螺钉等。

（三）电气系统

199. 铅蓄电池的正确选购

按照不同类型的汽车、拖拉机恰当地选用铅蓄电池，是确保蓄电池使用寿命的重要保证。不同功率的机车，启动电流值悬殊较大：一般轻型汽车、拖拉机功率小，启动电流值在 200 安培左右，而重型汽车、拖拉机功率大，启动电流值可高达 600 安培以上。因此，选购时必须用与车型功率相匹配的蓄电池。如果规格选小了，车辆启动电流值过大，蓄电池承受不了，如同小马拉大车，影响使用寿命；规格选大了，启动虽无问题，但有发电机对蓄电池充电不足的可能性，也有损蓄电池的使用寿命。

对于改型后还在使用的老式机型，可参照改型后，新车配套的启动用蓄电池型号选购。处于高寒地区的机车，应从实际情况出发，选用额定容量略大一些的蓄电池。这是因为在 $-20℃$ 以下的低温条件下，蓄电池的启动频次将减少 2/3，也就是说，常温下能启动 30 次，而在低温（$-20℃$）下只能启动大约 10 次。但需注意，在条件允许时，应及时对蓄电池进行必要的均衡充电，以弥补蓄电池可能出现的充电不足，减轻硫化，延长其使用寿命。均衡充电的方法是：选用正常的充电方法进行充电，待蓄电池电压稳定后，停充 1 小时；改用 C_{20} 的 1/20 电流值充电 2 小时，停 1 小时的方法；反复 3 次，直到蓄电池各单格一开始充电，立即剧烈地产生气泡为止。

200. 新蓄电池在加入电解液前后的注意事项

新蓄电池在加入电解液之前，第一步应将其表面清理干净，把注液盖上的密封胶、纸布揭掉，拧下注液盖。第二步检查电解液温度，只有在电解液温度不超过 35℃ 时，方可向蓄电池中加注，加至蓄电池内的液面高度高出极板上端面 15 毫米为宜。此时蓄电池内部产生电化学反应。若电解液温度在 35℃ 静置 2～4 小时后，即可接上电源进行充电。若电解液温度大于 35℃,高达 45℃以上时,应采取通风或水浴法进行降温,待蓄电池内电解液温度低于 35℃以下时,方可进行初充电。蓄电池从加入电解液到初次充电,时间间隔最多不得超过 24 小时。

对于放置不超过期限的干荷电蓄电池,不需进行初充电,加入电解液后,即可使用。

201. 新蓄电池初次充电的正确操作方法

初次充电的好坏直接影响新蓄电池的容量和寿命,必须认真执行,其正确操作方法如下:

(1) **充电前的检查**　全面检查蓄电池及附属零件,检查容器有无破裂,附件是否短缺,并进行彻底的清洁处理。

(2) **配制、加注电解液**　严格按蓄电池出厂说明书的规定,配制适当浓度的电解液,然后按 200 例中的要求,加注电解液。并用 0~3 伏的直流电压表,检查每只单格蓄电池有无反极现象。

(3) **进行充电**　正确连接充电电路:蓄电池的正极接电源正极,蓄电池负极接电源负极(图 33),并按规定的初次充电电流进行充电。

图 33　充电连接示意图

充电过程通常分为两个阶段:第一阶段的充电电流,约为额定容量的 C_{20} 的 1/16~1/14,充至电解液中放出气泡,单格蓄电池端电压达到 2.4 伏。然后将电流降低一半,转入第二阶段充电,一直充至电解液剧烈冒出气泡,浓度和电压连续 2~3 小时稳定不变。全部充电时间为 60~70 小时。

充电过程中,应经常测量电解液温度,当温度超过 35℃时,应将充电电流减半,但充电时间要延长。如温度继续上升至 40℃时,应立即停止充电,待温度降至 35℃ 以下时再进行充电。在初充电过程中,除特殊情况(充电装置发生故障等),在 20 小时内不许中断。

(4)**调整电解液浓度和液面高度** 初充电时,由于水的电解,使电解液的液面降低,浓度也会发生变化。充好电的蓄电池,必须立即调整一次电解液的浓度和液面高度。当浓度高于规定值时,应适当取出部分电解液,加入适量的蒸馏水;反之,应取出部分电解液,添加浓度为 1.40 的电解液(严禁直接加入浓硫酸调整浓度),并使液面达到规定值,再充电 30 分钟。如果仍不符合要求,应反复调整,直到标准为止。

新蓄电池第一次充电后,达不到额定容量,应进行充、放电循环。用 20 小时放电率放电(即用额定容量 1/20 的电流,放至单格电压降到 1.75 伏为止),然后再用正常充电电流充足。经过一次充、放电循环,若容量仍低于额定容量的 90% 时,应再进行一次充、放电循环。蓄电池一般经过 3 次充、放电循环,其容量即可达到 100%。

202. 蓄电池早期损坏的原因及蓄电池的正确使用和保管

(1)**早期损坏的原因**

①极桩和夹头大小不符合,安装过松,接触不良,不能正常工作;安装过紧,拆装时猛打猛撬,损坏极桩。

②固定不可靠,剧烈震动,使胶封、外壳和盖裂开。

③充电电流过大,造成极板上活性物质加速脱落。

④每次启动时间过长,使蓄电池急剧放电,造成极板弯曲,活性物质崩裂。

⑤长期在充电不足的情况下放置或使用,极板硫化。

⑥电解液液面低于极板,露出部分被硫化。

⑦电解液中含有杂质(蒸馏水不纯,配制电解液时使用铜或铁等金属容器等)。蓄电池内形成"小电路",使蓄电池加速自行放电。

(2)**正确使用和保管蓄电池的方法**

①应保持外部清洁。如有电解液泄出时,应用苏打水或温水

将外壳擦抹干净。

②加液盖要拧紧,通气孔要时刻保持通畅。

③极桩和夹头要保持清洁、接触良好。连接好后,最好涂一层凡士林或黄油。

④蓄电池安装时要用橡胶、毛毡等软而有弹性的物质垫好紧固。做到既牢固又减震。

⑤电解液液面应高出极板上端面 10～15 毫米。要注意经常检查和及时添加蒸馏水。如因跌损和漏泄电解液,应补充电解液并测量比重。

⑥及时调整电解液比重,冬季使用,电解液比重适当提高些(具体要求以使用说明书为准),以防冻结。

⑦每次启动发动机不得超过 5 秒,连续 2 次启动的时间间隔不得少于 2 分钟,连续使用 3 次以上时,时间间隔不得少于 15 分钟。

⑧充电系统的工作应正常,充电量应适当(不得随意调整调节器)。

⑨停止作业的机车,每月要充放电一次。冬天应将蓄电池放在 5℃以上室内以防冻坏。

⑩长期不用应进行干保存。停用时间超过 1 年,或停用期间不可能进行充电的蓄电池,应采用干保存(即不带电解液保存)。其处理方法是:先将蓄电池用 20 小时率电流充足电后,再以此电流放至单格电压为 1.90 伏,然后再倒出电解液,注入蒸馏水浸润 12～15 小时(每隔 3 小时换一次蒸馏水,换 4～5 次),使极板微孔中残留的电解液得到充分调稀。而后再按蓄电池的种类,进行干保存。

⑪干保存时,移动式蓄电池一般不拆开,在最后一次倒出蒸馏水后,将蓄电池倒置,沥净内部蒸馏水,放在空气流通的地方让极板自然晾干,再拧紧胶塞,并用蜡或胶布封闭气孔,即可保存。

固定式蓄电池最后倒出蒸馏水后,须从壳体内取出极板组、隔板等部件。此时若发现取出的极板(主要是负极板)有发热现象时,应继续用蒸馏水溅泼,直到不发热为止,再将其晾干。正、负极板组应各自分开直立排列存放,相互间留有适当距离。如单片放置、堆叠片数不宜多过,防止将极板活性物质压掉。极板最好能放在架上。库内应干燥和适当保温。

⑫蓄电池在恢复使用前(固定式蓄电池须重新装配),均应注入符合规定浓度的电解液,浸透极板和进行补充电,方可使用。

203. 正确配制电解液的方法

(1)**检查配制原料** 检查配制电解液所用的硫酸和蒸馏水是否符合国家标准(表 12、表 13)。

表 12 铅蓄电池用硫酸标准(GB 4554-84)

指 标 名 称		稀 硫 酸		浓 硫 酸	
		一级	二级	一级	二级
硫酸(H_2SO_4)含量(%)	≥	60	60	92	92
灼烧残渣含量(%)	≤	0.02	0.035	0.03	0.05
锰(Mn)含量(%)	≤	0.000035	0.000065	0.00005	0.0001
铁(Fe)含量(%)	≤	0.0035	0.008	0.005	0.012
砷(As)含量(%)	≤	0.000035	0.000065	0.0005	0.0001
氯(Cl)含量(%)	≤	0.00035	0.00065	0.0005	0.001
铵(NH_4^+)含量(%)	≤	0.00065	—	0.001	—
二氧化硫(SO_2)含量(%)	≤	0.0025	0.0045	0.004	0.007
铜(Cu)含量(%)	≤	0.00035	0.0035	0.0005	0.005
还原高锰酸钾物质(以氧计)含量(%)	≤	0.00065	0.0012	0.001	0.002
色量(ML)	≤	0.65	0.65	1.0	2.0
透明度(mm)	≥	350	350	160	50
氮氧化物(以氮计)含量(%)	≤	0.000065	0.00065	0.0001	0.001

表 13 铅蓄电池用蒸馏水的标准

杂 质 名 称	最 大 允 许 值(%)
有机物	0.005
残 渣	0.0065
氯(Cl)	0.004
硝酸及亚硝酸盐(HNO_3,NO_2^-)	0.001
铁(Fe)	0.0008

续表 13

杂 质 名 称	最 大 允 许 值(%)
氨(NH₃)	0.008
氧化物	0.005
锰(Mn)	0.00006
氧(O)	0.01
电阻率	>30000Ω·cm(25℃)

(2)**检查容器**　所有的容器必须是耐酸、耐热的陶瓷、玻璃容器。还要准备好比重计、温度计、量杯、搅拌器和中和用的碳酸钠溶液。操作人员必须穿戴防护眼镜、胶皮手套、皮围裙、胶鞋等。

(3)**配制方法**　配制前根据需要,按表 14 计算出所需要的浓硫酸和蒸馏水的用量。先将蒸馏水放入耐酸容器中,在不断搅拌的情况下,将浓硫酸徐徐注入蒸馏水中。浓硫酸在与蒸馏水混合时,产生大量的热,必须随时测量电解液的温度。如温度升高快,可间歇分段配制。注意,切不可将蒸馏水注入硫酸中,以防溶液溅出而发生事故。

表 14　配制铅蓄电池电解液用蒸馏水与浓硫酸的比例

电解液 比重(15℃)	硫酸含量		水:硫酸 (重量比)	水:硫酸 (体积比)
	%(重量)	%(体积)		
1.100	14.3	8.5	5.5175:1	10.1267:1
1.110	15.7	9.5	4.9363:1	9.0581:1
1.120	17.0	10.3	4.8424:1	8.2251:1
1.130	18.3	11.2	4.0929:1	7.5105:1
1.140	19.6	12.1	3.7551:1	6.8906:1
1.150	20.9	13.0	3.4593:1	6.3479:1
1.160	22.1	13.9	3.2172:1	5.9036:1
1.170	23.4	14.9	2.9829:1	5.4736:1
1.180	24.7	15.8	2.8672:1	5.2613:1
1.190	25.9	16.7	2.5985:1	4.7682:1
1.200	27.2	17.7	2.4265:1	4.4526:1
1.210	28.4	18.7	2.2817:1	4.1870:1
1.220	29.6	19.6	2.1486:1	3.9428:1
1.230	30.8	20.6	2.0260:1	3.7177:1

续表 14

电解液 比重(15℃)	硫酸含量		水：硫酸 (重量比)	水：硫酸 (体积比)
	%（重量）	%（体积）		
1.240	32.0	21.6	1.9125：1	3.5094：1
1.250	33.2	22.6	1.8072：1	3.3163：1
1.260	34.4	23.6	1.7093：1	3.1366：1
1.270	35.6	24.6	1.6180：1	2.9690：1
1.280	36.8	25.6	1.5326：1	2.8123：1
1.290	38.0	26.6	1.4526：1	2.6656：1
1.300	39.1	27.6	1.3836：1	2.5390：1
1.310	40.3	28.7	1.3172：1	2.4087：1
1.320	41.4	29.7	1.2512：1	2.2960：1
1.330	42.5	30.7	1.1929：1	2.1890：1
1.340	43.6	31.8	1.1376：1	2.0875：1
1.400	50.0	38.0	0.8640：1	1.5854：1

(4)检查比重(密度) 配制好的电解液,向蓄电池内加入前,应检查溶液比重(密度)。按表 15 提供的数据进行换算。换算公式如下:

表 15 硫酸溶液比重(密度)与温度换算表

电解液 密度 d_{15}	电解液 密度 d_{25}	温度系数 α	电解液 密度 d_{15}	电解液 密度 d_{25}	温度系数 α
1.000	1.000	—	1.210	1.206	0.00069
1.010	1.009	0.00018	1.220	1.216	0.00070
1.020	1.019	0.00022	1.230	1.225	0.00071
1.030	1.029	0.00026	1.240	1.235	0.00072
1.040	1.039	0.00029	1.250	1.245	0.00072
1.050	1.049	0.00033	1.260	1.255	0.00073
1.060	1.058	0.00036	1.270	1.265	0.00073
1.070	1.068	0.00040	1.280	1.275	0.00074
1.080	1.078	0.00043	1.290	1.285	0.00074
1.090	1.088	0.00046	1.300	1.295	0.00075
1.100	1.097	0.00048	1.310	1.305	0.00075
1.110	1.107	0.00051	1.320	1.315	0.00076
1.120	1.117	0.00053	1.330	1.325	0.00076
1.130	1.127	0.00055	1.340	1.335	0.00076
1.140	1.137	0.00058	1.350	1.345	0.00077
1.150	1.146	0.00060	1.360	1.355	0.00077
1.160	1.156	0.00062	1.370	1.365	0.00078
1.170	1.166	0.00064	1.380	1.375	0.00078
1.180	1.176	0.00065	1.390	1.385	0.00079
1.190	1.186	0.00066	1.400	1.395	0.00079
1.200	1.196	0.00068			

$$d_{25}=d_t+\alpha(t-25)$$

式中　d_{25}——电解液在 25℃时的比重(密度)

　　　d_t——电解液在 t℃时所测到的比重(密度)

　　　t——测量比重时,电解液的实际温度(℃)

　　　α——温度系数,查表 15(一般取 0.000 75)

(5)检查化学指标　检查溶液化学指标也是在向蓄电池注入电解液前的重要内容。硫酸电解液化学指标检查内容和方法如下。

①含铁的检验:将试样稀释成比重为 1.200 的稀硫酸,取 10 毫升于试管中,然后滴加 0.01N 的高锰酸钾溶液 3～4 滴。等颜色消失后,再加入 10 毫升硫氰化钾溶液,以不出现比较深的红色为合格。

②含氯的检验:将试样稀释成比重为 1.200 的稀硫酸,取 25 毫升于试管中,再加入 25 毫升蒸馏水进一步稀释,滴入 0.3N 的硝酸银溶液 0.5～1 毫升,以不变明显的白色乳浊为合格。

③含铜的检验:在试样的稀释硫酸溶液中,注入少量氨水,有铜盐存在时,会形成白色沉淀,并且沉淀物逐渐变成蓝色。

④含硝酸盐的检验:将马钱子碱溶液(0.4％),置于少量的浓硫酸中,滴 1 滴在试板上,加被试硫酸 1 滴。如果有硝酸根存在,则显红色,这红色迅速变成橙色,最后变成黄色。

⑤含锰的检验:取少许电解液于试管中,加入少量的浓硝酸和过氧化铅,加热至沸腾状。如果有淡红色出现,则表明有微量的锰存在。

⑥含铵的检验:取试样 1 毫升于试管中和 5 毫升 4.2N 的氢氧化钠溶液中和,然后加入 1 毫升奈斯勒试剂。观察有无黄色发生,以无黄色为好。

⑦含有机物的检验:取试样 25 毫升于烧杯内,再加 100 毫升蒸馏水稀释之,加热至沸腾状,然后徐徐滴入 0.01N 的高锰酸钾溶液(滴入的高锰酸钾溶液在 6 毫升以内为好)。直到红色暂时存在而不至立即消失为止。

⑧含醋酸的检验:取试样用氨水中和,加入少量的三氯化铁溶液后变红色,再加入盐酸。若红色立即消失,表示有醋酸存在。

⑨含重金属的检验:取试样 25 毫升于试管内,用蒸馏水稀释成 50 毫升,再通入硫化氢气体或加入硫化氢水溶液少许,以不发生明显的颜色变化和明显的沉淀为好。

204. 铅蓄电池用的稀硫酸杂质超标的处理方法

铅蓄电池所用稀硫酸中的杂质含量超过规定标准,会加速自放电,使蓄电池容量迅速降低,寿命缩短,必须进行去杂提纯方可继续使用。电解提纯法对去除电解液中的重金属和有机物效果比较好。

用铅板做阴、阳电极,放入盛有须要提纯的稀硫酸(比重在 1.30 左右为宜)的容器里(图 34),该容器的容积可在 50～100 升之间,在两极间通以电压为 6 伏的直流电进行电解,电解密度以阳极板的表面积计算,以 0.1～0.2 安/厘米^2 为宜,经过几小时后,硫酸呈无色液体,再经过澄清并除去沉淀物后,即可使用。

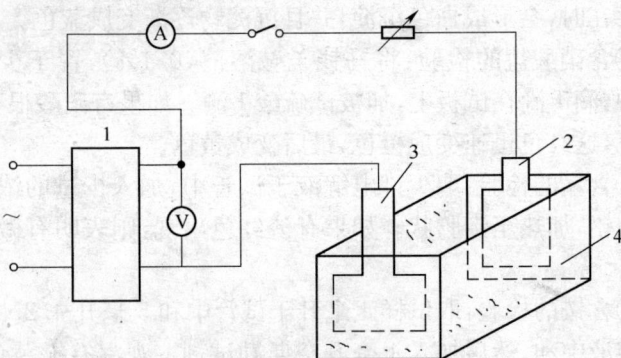

图 34 硫酸电解示意图
1. 整流机 2. 阳极板 3. 阴极板 4. 电解槽

提醒注意:电解所用的电解槽,一般用硬橡胶或玻璃制成。如使用铅衬木槽时,必须防止电极下部与铅衬接触,发生短路。

205. 铅蓄电池充电线路的连接方法

给蓄电池充电线路的连接方法有串联充电、并联充电和串、并联充电 3 种接线法。

(1)串联充电 是在蓄电池型号相同、充电电流值一致的条件下常用的一种充电方法(图 35),电源 G 正极接第一只蓄电池正极,第一只蓄电池的负极,接第二只蓄电池正极,依此类推,最后一只蓄电池的负极与电源负极相接。

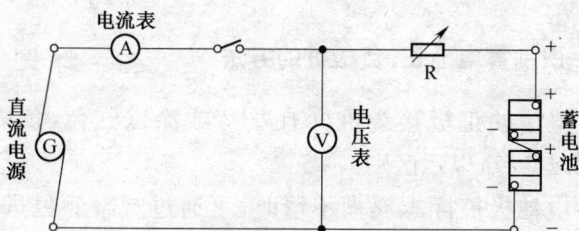

图 35 串联充电线路

(2)并联充电 通常是在充电器输出功率的电压低、电流大的设备条件下所采用的一种充电方法(图 36),它是将全部需要充电的蓄电池的正极并到一起,与充电电源正极相接,蓄电池的负极并到一起与充电电源负极相连。如果新旧蓄电池混在一起,充电电量不一致,不宜采用此法充电。

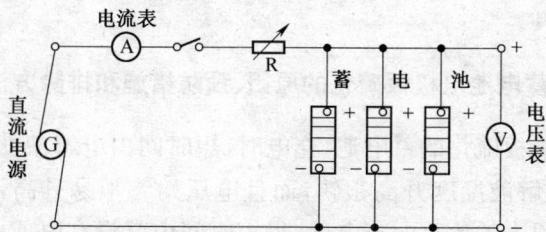

图 36 并联充电电路

(3)串、并联充电 这种充电方法往往是在蓄电池规格不同,充电设备受到限制的条件所采取的一种方法(图 37)。

181

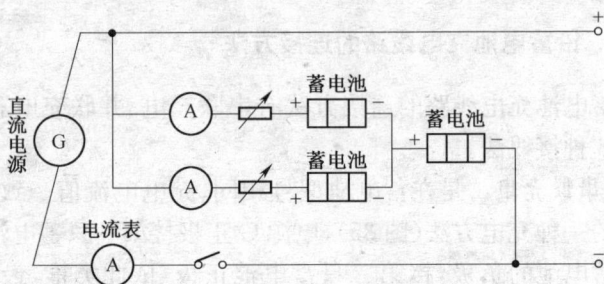

图 37　串并联充电线路

206. 识别蓄电池正、负极桩的方法

新蓄电池的正极接线桩标有"＋"或涂以红色,负极桩标有"一"或涂以蓝色,以示区别。

旧蓄电池极桩标志模糊不清时,可通过观察颜色进行区别,一般正极桩呈棕黑色,负极桩呈金属铅色。也可从两极桩上分别引出两根导线(两导线端部不得相互接触,以免短路),插入稀硫酸溶液中或稀盐水、稀碱水中,产生气泡多的一端为负极。除此外,还可以通过观察极桩粗细进行区分,一般是正极桩较粗,负极桩较细。

最好的方法是用电表测定。正常测量极性或测量单格蓄电池电压用数字电压表为多。便携式磁动电压表、高率放电计也是常用测量工具。

207. 蓄电池电极板硫化的原因、预防措施和排除方法

一般极板硫化的蓄电池,充电时,短时间内电解液就会产生大量气泡;电解液温度升高很快,而且电压始终不易升高,电解液也不能达到原来的比重。充电后,很短时间内就没有电或电流很弱。用电时,单格电压下降快(用高率放电叉试验时电压逐渐下降)。启动电动机运转无力。

(1)造成极板硫化的原因　①充电系统状态不好,缺乏必要的

定期充电,蓄电池长期在电量不足状态下工作。②旧蓄电池长期不用,保管不当。③蓄电池长期高温使用(高于 45℃),蒸馏水大量蒸发,长期电解液比重过大。④蓄电池电解液液面经常过低。⑤充电时,配制电解液的硫酸和蒸馏水不纯净。

(2)**预防措施**　预防蓄电池极板硫化必须从以下几方面入手。①蓄电池生产厂家要严格把好选材、工艺、包装和质检关,从源头确保产品质量关。②使用时,严格按产品使用说明书的规定使用、保养及保管。如正常地进行充、放电;定期检查添加蒸馏水,防止极板露出液面;暂不使用充电贮存的蓄电池,每半月到一个月应充电一次。③用 Vx-6 活性剂(也称添加剂),也可起到预防、消除极板硫化的作用,对减少蓄电池自行放电,改善低温启动性有一定的效果。该剂是一种含镉的非酸性溶液,装在密封的塑料管内,每支重约 28 克,每单格电池可加半支到一支。使用前起封,将其注入电解液中,添加后,经过充电使其混合均匀即可。

(3)**极板硫化的排除方法**　①极板轻度硫化时,用去硫充电法进行修复。即将蓄电池按 20 小时放电率放电,到各单格的电压为 1.8 伏为止。然后倒出电解液,换入比重为 1.04～1.06 的电解液,继续用 C_{20} 的 1/20 电流充电(充电电流还可小一些),时间约 20 小时,如此连续几次,直到电解液比重不再继续升高时为止。再换用正常比重的电解液,按正常充电法将蓄电池充足。最后用 20 小时放电率放电,检查容量,如放电测得的容量达到标准容量的 80%时,为硫化已消除;如容量达不到 80%,说明极板硫化严重,应进行彻底修理或更换新品。②极板中度硫化时,可用水疗法修复。即先将蓄电池充电,接着做一个 10 小时放电率放电,放到单格电压为 1.8 伏为止。然后倒出电解液,加入比重为 1.06 的电解液或蒸馏水,静置 1～2 小时。再用 20 小时率电流充电(电流还可小些),充电到电解液比重升到 1.12 以后,再用 C_{20} 的 1/40 电流充电到终止。③极板硫化非常严重,白斑成块、布满极板、电解液干涸,则只能更换新极板,重新充电后使用。

208. 铅蓄电池非正常自放电的原因、预防措施和排除方法

(1)非正常放电原因 ①蓄电池导线有搭铁或短路现象时,电量在很短时间内跑掉。②蓄电池木隔板烧损,造成内部自动放电。③充电时,配制电解液的硫酸和蒸馏水不纯净,电解液中矿物杂质过多,引起内部自然放电。④极板活性物质脱落,在蓄电池底槽堆满,使正、负极板短路放电。⑤蓄电池上盖不清洁,脏物或溢出的电解液造成单格电池正、负极短路,产生自行放电。

(2)预防措施 ①注意检查,保证蓄电池导线及卡子极桩连接牢固,不得有松动和搭铁短路等现象。②经常保持蓄电池上盖清洁无杂物、脏物。脏污时,应用清水冲洗干净。保养机车时,切勿将金属工具误放在蓄电池上。以防短路放电、爆炸。③经常保持电解液的比重在标准范围内。添加蒸馏水应符合质量要求,无论何时,不得用其他含有矿物质的水代用。保持电解液液面高度符合要求。遇有缺少,应立即添加。④不能长时间连续启动发动机。每次启动不得超过 5 秒钟,连续两次启动时间间隔应在 2 分钟以上。⑤蓄电池盖通气孔应经常保持畅通。⑥闲置不用的蓄电池应按要求妥善保管,夏季应放在通风良好、防潮、防热、防化学物品(如碱类)的地方,防止电解液蒸发或过热爆炸。长期保管的蓄电池,应每月充电一次,并检查添加蒸馏水。

(3)排除方法 当蓄电池发生故障性自放电时,应将蓄电池内电解液倒出,烫开封口胶,取出极板,用蒸馏水清洗极板隔板和壳体内部,清除混入的金属杂质。并将破损外壳、极板和隔板进行修复或更换,然后按要求装复,加入符合质量要求的新电解液,用初充电的方法充电后,交付使用。

209. 蓄电池盖、极桩上黄色或白色的糊状物的成分及其排除方法

蓄电池盖和极桩周围所出现的黄色或白色糊状物,是极板线夹和固定架受渗溅出电解液腐蚀所产生的一种物质,白色的为硫

酸铅,黄色的为硫酸铁。这两种物质电阻很大,若处于导线接触处,将形成很大的接触电阻,造成导电不良。

清除这种物质,可用抹布蘸 10％苏打溶液擦拭清除。若有导电不良的氧化物时,应用小刀刮去,将其清洁干净。最后在极桩线夹紧固后,在其表面上涂一层凡士林或黄油即可。

210. 对"落后"单格蓄电池补充充电的方法

所谓"落后"单格蓄电池,就是蓄电池组中充电慢、放电快的单格蓄电池。这种电池放电时的电压和电解液比重下降较快;充电时,电压和电解液比重上升较慢;充电末期气泡释出较早,影响了整个电池组的使用。

造成单格蓄电池"落后"的原因是硫化、短路或电解液比重过低。发现"落后"单格电池时,应及时单独对其补充充电,调整电解液比重或更换极板组。

一般"落后"的单格蓄电池,可在正常充电终了时,采用一次过充电的方法进行充电,使"落后"单格蓄电池正常地产生气泡,并且端电压达到正常值。对稍微严重的"落后"单格蓄电池,在按上述方法经过 2～3 次延长时间过充电后,仍不能恢复正常时,可用正常充电第二阶段的电流充电。当电解液激烈地冒出气泡时,暂时停止充电半小时,然后再充电 1 小时,再停止充电半小时,如此重复充电几次,直到一接上充电电源后,单格蓄电池便迅速冒出大量气泡,温度和比重都较正常,此时补充充电方可结束。如果这样处理后,"落后"蓄电池仍不能恢复正常,则需要专门进行去硫充电处理。

211. 蓄电池极板活性物质脱落的原因及预防措施

(1)蓄电池极板活性物质短时间脱落的原因 蓄电池极板采用涂浆式极板,其活性物质随使用时间加长而逐渐脱落,一般使用寿命可达 2 年以上,但短时间内发生脱落的原因是:①蓄电池充电即将结束时的充电电流过大或充电过量。②长时间大电流放电,使极板弯曲导致活性物质脱落。③电解液温度和比重经常过高过大。④蓄电池固定不牢或极板在其槽内装得不紧,极板常受激烈振动,使其活性物质脱落。⑤电解液液面过低。⑥电解液冻结。⑦极板硫化。⑧电解液不纯净。

(2)预防措施 ①合理充、放电。②合理使用,杜绝长时间大电流放电。③随季节变化,合理调整电解液比重。保证电解液比重始终在标准范围内,防止冻结。经常保持电解液液面的正常高度(高出极板上端面 10～15 毫米)。④蓄电池安装固定要牢固防震。⑤配制电解液的硫酸和蒸馏水一定要符合质量要求标准。

212. 蓄电池电解液消耗过快的原因及预防措施

(1)电解液消耗过快的原因 ①启动时间过长,蓄电池以强大电流放电;充电电流过大,电解液过热蒸发。②隔板击穿损坏,蓄电池内部放电,使电解液蒸发。③蓄电池壳体或上盖裂纹,电解液流失。④蓄电池长时间充电不放电,造成电解液消耗加快。

(2)预防措施 ①合理使用蓄电池,每次启动发动机时间不宜过长(不超过 5 秒钟),尽量避免和缩短大电流放电的时间,减少电解液蒸发。②保证蓄电池不过度放电和充电,保持蓄电池电解液温度不超过 45℃,减少蒸发。③始终注意保证蓄电池电解液液面高度,一旦缺少,应及时补充。一般只添加蒸馏水不要补加硫酸,以防电解液比重过大。加添时,应注意在充电状态下添加,以便使蒸馏水同电解液很好地混合。

213. 蓄电池分解时的正确操作方法及注意事项

(1)分解蓄电池应按下述方法步骤进行 ①打开加液孔盖,把电解液倒入干净的耐酸容器内。②拆除连接条,可用麻花钻头或空芯钻头进行。③刮除封口胶。④溶化正、负极桩,使极桩与蓄电池分离,取下蓄电池盖,用专用拉力器把极板组拉出。极板组取出后,用蒸馏水冲洗,并从两侧开始抽出隔板。

(2)注意事项 ①严格按上述步骤进行分解。②分解后的正、负极板组应各自分开直立排列贮存,相互间留出适当距离。如果是单片放置,堆叠片数不宜过多,以防压掉极板活性物质,最好放在货架上,库内应干燥和适当保温。③操作人员注意安全防护,避免电解液灼伤眼睛、皮肤。

214. 修理蓄电池时铲除封口胶的方法

铲除封口胶方法 ①用加热的金属铲子铲除封口胶。②用电烙铁(75 瓦以上)铲除封口胶。③将蓄电池倒放入沸水中,加热5～10分钟,使封口胶软化,趁热取出封口胶。④用电阻丝特制一个加热罩,罩在蓄电池盖上,加热软化后铲除封口胶。⑤用蒸汽直接对蓄电池盖加热,趁热用专用钳子夹住连接板,拔出极板组。残余的封口胶再用铲子或刮刀清除干净。

如果有条件,使用乙炔,既快又好。提醒注意的是不要用螺丝刀硬撬,以免撬坏蓄电池盖。也不要用喷灯的火焰直接加热封口胶,这样会把封口胶里所含的油脂烧掉,再次使用这种封口胶时,气温低时会变脆,发生破裂。

215. 蓄电池封口胶的配制方法,及在使用中出现裂缝的处理措施

(1)蓄电池封口胶的配制 蓄电池封口胶又叫耐酸沥青,它是用 67％的沥青、14％的 15 号汽油机油和 19％的石棉粉配制而成的。配制方法如下:①将石棉粉预先干燥好待用。②将 15 号汽油机油放入事先准备好的锅内,加热至 80℃～100℃后,再将石棉粉慢慢加入并搅拌均匀。③将沥青放入事先准备好的另一铁锅内熔化,温度保持在 150℃左右,不得超过 200℃。④将搅拌均匀的石棉粉和润滑油的混合物,倒入已熔化的沥青锅中,并不断搅拌,直到不起泡为止,然后继续加热 1 小时以上即可。

经上述加工后的封口胶,即可使用。若用不完,可留在锅内冷却保存,以后再用时加热熔化即可。

(2)使用中出现裂缝的处理 封口胶质量不好,在低温或受撞击时,可能产生裂缝,电解液易从裂纹处溢出,造成短路,引起自行放电。一旦封口胶出现裂缝应及时修补,较轻的可用加热后的小

铲或电烙铁烫合,严重的应彻底铲除,重新浇注新的封口胶。

216. 蓄电池极板拱曲的预防措施和排除方法

(1)极板拱曲的预防措施 ①制造材料纯度要高,不得有拱背和拱弦缺陷。②使用中避免大电流充放电。③使用启动机时间要短(每次不超过 5 秒钟)。④不要把蓄电池放在高温下工作。

(2)故障排除方法 找到故障点后,根据蓄电池贮电情况,进行放电。放电结束后,拆开封口胶和连接条(封口胶拆除方法见214 例),取出极板组(见 213 例)。如极板少量弯曲,无腐蚀现象,可用木夹板夹紧校正就可使用。如极板弯曲变形严重或腐蚀,应更换极板。如没有新极板,也可用技术状态完好的旧极板代替。

217. 蓄电池极板弯曲、断裂的修复方法

(1)断裂极板的修理 将待修极板洗净、干燥,用锉刀或小刀等将裂口及周围打光,使其露出金属光泽,将极板平放在平台上,用夹具夹住断裂边缘,用气焊枪或电焊器熔化裂口处的金属,同时焊上适量的铅或锑合金。冷却后,再焊另一面。冷却后,用锉刀修平焊缝,使其光滑平整。此法适用于机械损伤的极板,如果是因使用时间较长而断裂的极板则不适用。

(2)弯曲极板的修理 弯曲的极板,可用平口虎钳加压校正。若整组极板不分解校正,可在极板之间插入厚度与极板间距离相同的木板进行加压校正。

提醒注意:校正工作应在蓄电池充电后,而不是在放电后进行。这是因为放电后的极板表面产生硫酸铅层,极板变脆,加压时易造成极板损伤。

218. 蓄电池外壳裂缝的检查及修复方法

(1)蓄电池外壳裂缝的检查 蓄电池外壳体裂缝常出现在中心隔壁与外壳四侧壁交界处。初检时,首先观察蓄电池外壳和中心隔壁处有无裂缝,同时用木棍分别敲打外壳和中心隔壁,倾听有

无破碎声。若发现有可疑处,为确定是否渗漏,可用 220 伏交流电试灯检查(图 38)。将蓄电池壳内、外都灌以稀硫酸,接通 220 伏电源,若试灯不亮,说明无裂缝;若试灯亮,说明有裂缝存在,应进行修补。

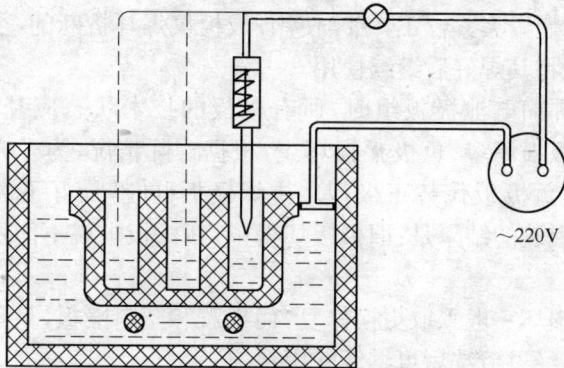

图 38　蓄电池外壳的检查

(2)修补方法

①环氧树脂修补法:先将裂缝加工成"V"形槽,将配好的环氧树脂填入"V"形槽,涂平。搁置半小时后,放入 40℃～60℃烘箱内干燥,或放入室内自然硬化后即可使用。

原料配制:加热环氧树脂,变稀后加入胶木粉、黑炭质搅拌均匀。修补时,再加入乙二胺,搅拌均匀即可使用。配好的环氧树脂胶,大约半小时就会硬化,所以每次配制量不宜太多,够半小时用量即可,以免造成浪费。

②生漆修补法:将生漆和石膏粉调成糊状物,并将其填入"V"形槽内涂平即可,其耐酸性比环氧树脂更好。

③松香、沥青修补法:用松香、沥青和硬胶木粉(取相同体积)配成胶体,慢慢加热,在上述材料依次熔化后,加入适量的石棉纤维,搅拌均匀。然后按上述方法修补即可。

219. 蓄电池极板和隔板的修复方法

极板除活性物质大量脱落、板栅腐烂及严重硫化的必须更换外,一般应尽量修复使用。

活性物质脱落不多于三格者,可继续使用;轻度硫化的极板,可用软的钢丝刷将其表面硫化层刷去继续使用;极板虽有拱曲,但无硫化或活性物质脱落较轻者,可在极板之间垫以适当厚度的木板,用台钳慢慢夹紧校正,继续使用;极板仅焊耳折断的,可用铁片做个焊框,将其焊好后继续使用。

在拼焊旧电池极板组时,所有极板的技术状态应基本一致。如果正极板损坏多、负极板损坏少,根据实际情况,为了充分利用旧的,可用负极板代替正极板。拼焊极板群时,最好不装配新极板。新旧混装的结果是:旧极板坏得早,新极板也就不能发挥作用了。

隔板损坏一般采取更换修复,而橡胶和塑料隔板,只要表面无损坏变质,经过清洗后可继续使用。

220. 铅蓄电池修理装配的方法、步骤

(1) **极板焊接**

①选择极板:根据蓄电池外壳的高度选好极板,并用钢丝刷或锉刀清除极板面上的氧化物。

②调整焊接(梳形板)高度:测量蓄电池容器底部凸棱到蓄电池盖上端子孔下边缘的距离,根据所测距离,调整梳形板的高度。同时根据电柱孔内边缘到蓄电池盖两端距离确定端子的位置。

③焊接:极板通常采用碳棒电焊焊接,用 8~12 伏的降压变压器作电源。焊接时应将温度控制好,既能使铅熔化,又不要使熔化的铅从梳形板上流下造成平层和表面炭渣过多。应使碳棒尖部深入到铅的内部,但不能与梳形板接触,然后慢慢移动碳棒直到焊好为止。焊好后,取下极板组,清除极板组焊接处的炭渣和流下的铅粒。有条件时,最好用乙炔焊,它不仅效率高,焊接质量也较好。

(2) **插入隔板**　将正、负极板组交叉起来,从中间开始插入隔板。隔板若是有槽的,有槽的面向正极。玻璃纤维隔板与其他隔板并用时,玻璃纤维隔板应靠向正极。

（3）**将极板组放入壳体**　正极桩位于面对厂牌标的右方,极板组放入壳内不应有松动,如有松动可用隔板塞紧。在各端子上套好橡皮圈,盖好壳盖,在盖与壳之间塞好石棉绳或纸,防止沥青封料流入壳体。

（4）**熔接端子与连接板**　将连接板套在端子上,用碳棒电焊熔化高出连接板的端子头部,使端子与连接板熔为一体。

（5）**加封沥青封口胶**　加热沥青封口胶,当有气泡和黄色烟冒出时,用铁勺将熔化的沥青封料,浇入盖与壳之间的槽内。冷却后,除掉多余的沥青封料,并用烧红的铁条或铁铲将沥青封料烫平。

221. 修理组装蓄电池应注意的几个问题

①焊接极板组时,要做到穿、透、平,极板排列必须整齐。焊完后,极板组的熔铅残余,必须清除干净。②隔板不得有裂纹和明显的透光。③极板组放入壳体内时,应将正极桩放在有厂牌一面的左边,然后按串联的方法使极板组分别安装在各个单格电池中(即各单格电池的正、负极板组互相交叉放置)。④焊接连接条时,焊铅不得流入蓄电池内,若蓄电池盖与蓄电池槽壁浇封口胶处有缝隙,必须用石棉绳堵严实再进行浇注,以免封口胶漏到蓄电池内。⑤封口胶浇注应均匀,不得漏入蓄电池内。否则,应抽出极板组,将漏入的封口胶清理干净后,重新装配,重新浇注封口胶。

222. 铅蓄电池在充电和修理过程中应注意的问题

①充电车间应严禁烟火。充电时必须拧开蓄电池加液孔盖,不能用高效放电计检查蓄电池。严禁在充电车间用火炉取暖和明火照明等,以防引起爆炸,造成火灾。②充电车间应具有通风和消防设备。③修理人员应戴防护(平光)眼镜、橡胶手套和围裙,以免烧伤眼睛和皮肤。④工作地点应备有苏打溶液,以便及时中和溅落到身上的硫酸溶液或电解液。⑤防止铅中毒。铅和铅的氧化物是有毒的,在焊接和修理极板时,应避免有伤口的手和氧化铅相接

触。工作结束后,必须洗手、洗脸、漱口方可进餐,以防铅中毒。

223. 启动电动机不转的原因及排除方法

(1) 拨动启动开关,启动电动机不转的原因　①蓄电池充电不足;导线接头松动、氧化或导线断路;卡子松脱、氧化;蓄电池开焊或用两个蓄电池时,正、负极接错。②启动开关触点烧损,接触不良或接触不上;操纵杠杆调整不当。③启动电动机整流子有污垢、烧损或磨损失圆。④电刷架弹簧弹力不足、电刷过度磨损与整流子接触不良;电刷在电刷架内卡死以及搭铁不良。⑤磁场线圈短路、断路。⑥电枢线圈短路、断路。⑦电枢轴弯曲或刮碰磁极,或烧损。⑧轴套过紧或缺油。⑨绝缘电刷搭铁。⑩启动电动机接线错误等。

(2) 故障检查、排除方法　先按一下喇叭,以判断蓄电池和供电线路有无故障。若喇叭不响,应检查蓄电池极柱是否太脏,卡子和极柱的连接是否松动。若喇叭响声正常,表明蓄电池及供电线路正常。再用导线或螺丝刀短接启动开关的两个接线柱。

①如果启动电动机转动,说明启动开关有故障;应检查启动开关接触部分,看触头是否清洁、接触是否良好;机械驱动装置的操纵杠杆、滑环、单向齿合器等是否卡住或连接螺钉调整不当。

对于电磁开关启动机,先闭合启动开关,看电磁启动开关是否吸合。如不吸合,需进一步检查启动开关接触情况及各连接导线是否短路。电磁开关吸引两补助线圈断路或短路,可以从启动开关开始,逐点用火花法试验检查。若电磁开关吸合而不启动,则故障在电磁开关接触部分。

②如果启动电动机不转动,可根据短接时的火花情况分析判断:一是无火花或火花弱小,则表明启动机断路或接触不良。应先检查搭铁电刷接地是否良好,然后再检查电刷在电刷架内能否滑动、弹簧压力是否能压紧电刷、电刷磨损情况,以及检查整流子是否有污垢或烧损。二是有强火花而不启动时,应先拨动启动电动机的转子,看其能否自由转动。不能转动或转动不灵活,一般为启

动电动机机械故障：如转子轴弯曲，轴套过紧、缺油或烧坏、转子与磁极发卡等。

转子能灵活转动，启动电动机不启动时，多是短路造成。这时可提起绝缘电刷，继续在连接柱打火：如仍有火花，即可在接线柱和磁场线圈间找出短路点。如无火花，表明磁场线圈正常。放下绝缘电刷，提起接地电刷，在绝缘电刷处送电，看有无火花：有火花为绝缘电刷架对地短路，或电枢线圈对地短路。

启动电动机的修理与发电机基本相同，不同点仅是整流子无须开槽。

224. 启动电动机运转无力的原因及排除方法

(1)**启动发动机运转无力的原因** 扳动启动开关时，启动电机转动缓慢无力，发动机不能启动，其原因如下：①蓄电池充电不足或接头松动、极桩脏污、接触不良。②启动电动机轴套过紧或过松。③电枢轴弯曲变形刮碰磁极。④电刷与整流子脏污、电刷磨损、弹簧弹力减弱。⑤磁极线圈、电枢线圈断路或有局部开路。⑥启动开关触点烧损。

(2)**故障分析、排除方法** 参阅 223 例相关内容。

225. 启动电动机空转的原因及排除方法

(1)**造成启动电动机空转的原因** ①启动开关调整不当。②齿轮磨损严重或损坏。③单向啮合器滚柱磨损失效或损坏。④缓冲弹簧折断。⑤电枢铁芯、整流子与电枢轴间转动等。

(2)**故障排除方法**

①直接操纵式开关调整不当，启动时，拨动开关后，导流片过早接触，启动电动机驱动齿轮还没有与飞轮齿圈啮合之前电枢就快转了，所以启动电动机空转，并出现严重打齿响声。此时，必须重新调整启动开关(图 39)：先将调整螺栓 12 往后调，待扳动启动开关后，再进一步调整。调整要求是：当调整螺栓 12 与开关推杆 4

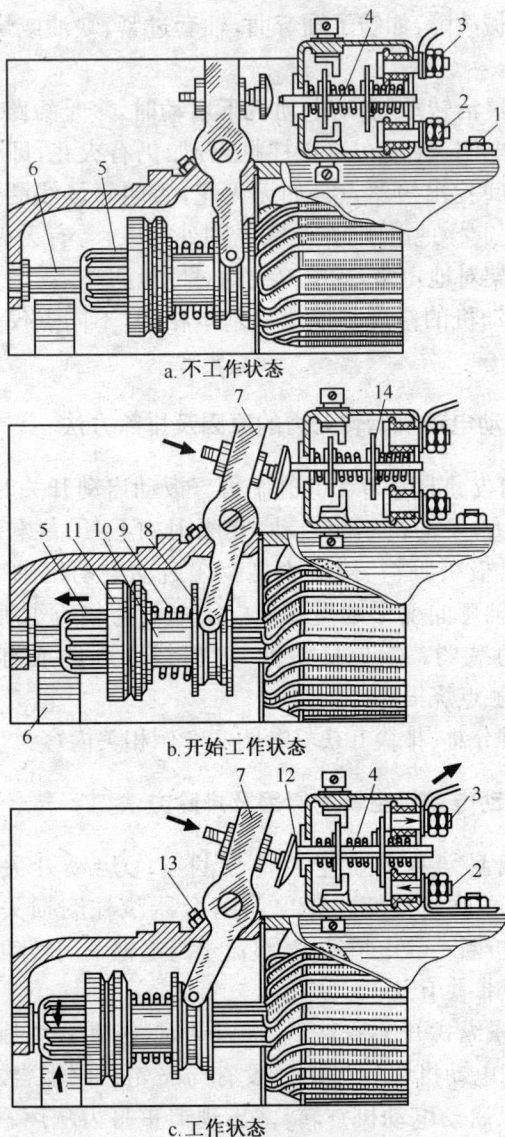

a. 不工作状态

b. 开始工作状态

c. 工作状态

图 39　直接操纵式开关

1. 电动机磁场接线柱　2. 电动机引入线接线柱　3. 蓄电池导线接线柱
4. 开关推杆　5. 驱动齿轮　6. 飞轮齿圈　7. 操纵杠杆　8. 滑环　9. 缓冲弹簧
10. 传动套　11. 单向啮合器　12. 调节螺栓　13. 限制螺栓　14. 导流片

接触时,齿轮应正好位于发动机飞轮齿圈啮合的位置。②齿轮磨损严重或缺齿(掉牙),不能与飞轮齿圈啮合时,应在更换或修理驱动齿轮和飞轮齿圈可调面后,打去齿端毛刺继续使用。启动电动机的正确安装位置应当是:驱动齿轮端面与发动机飞轮齿圈端面之间的距离为 2.5～5 毫米。其方法可在凸缘平面与发动机机座之间加垫来调整,以保证齿轮良好啮合。③直接操纵和电磁操纵驱动机构,都设有单向啮合器(也称单向滑轮离合器)。其作用是在发动机着火后,飞轮齿圈反带启动电动机驱动齿轮转动时,在单向啮合器的作用下,只驱动齿轮反向空转,而电枢不跟着转动,电枢的安全得到保证。单向啮合器中的滚柱或十字头(图 40)磨损后,十字头和滚柱在电枢的带动下旋转,而与单向滑轮和驱动齿轮产生滑转,启动电动机空转。此时,应拆开电动机检查,其方法是:将单向啮合器安装在电枢轴上,一手拿着电枢,一手转动驱动齿轮(图 41),如顺时针转动自如,而反时针转动能卡住转不动,表示单向啮合器性能良好。如果顺时针、反时针都能转动,则表明单向啮合

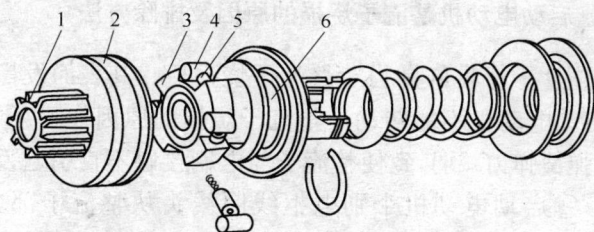

图 40　单向啮合器构造

1. 驱动齿轮　2. 单向滑轮　3. 十字头　4. 滚柱　5. 柱塞　6. 传动套

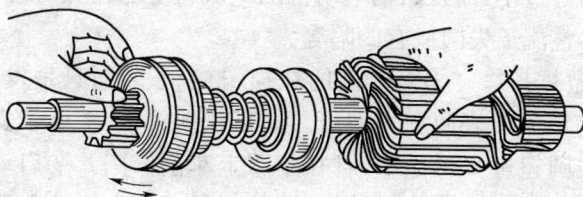

图 41　单向啮合器的检查

195

器损坏,应拆开检查修理。若滚柱磨损时(不严重),可将其表面进行打毛(粗糙麻点)处理,增加摩擦力,继续使用。有条件的,也可重新加工新件更换。同时还要注意检查滚柱弹簧是否卡死或折断(图 42)。

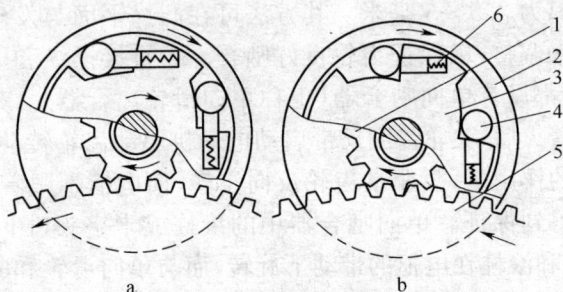

图 42 单向啮合器横剖面

a. 启动发动机时 b. 发动机点火后

1. 驱动齿轮 2. 单向滑轮 3. 十字头 4. 滚柱
5. 飞轮齿圈 6. 滚柱弹簧

226. 启动电动机整流子烧损的原因及排除方法

(1) **整流子烧损的原因** 整流子烧损后。其表面发黑、失圆,严重时启动电动机不能转动。整流子烧损的原因如下:①电刷磨损过短、弹簧弹力减弱,致使整流子与电刷接触不良引起发热和产生火花。②启动电动机个别电枢线圈线头从整流子部分脱焊。③电动机轴承过紧,不能顺利转动,负荷重,电流大使整流子产生高温。④蓄电池电力不足,以致启动机运转无力,转速过低,产生的反电动势过小,输入启动电动机的电流将更趋巨大,发热现象更明显。⑤整流子失圆或有凹陷等。

(2) **故障排除** ①对轻微的烧损,整流子表面只是发黑,可用 0# 砂纸将整流子表面磨光即可。如果烧损较重,整流子表面出现凹陷或失圆超过 0.1 毫米,可在车床上车削修圆。②启动电动机整流子云母隔片维修时,不须用锯条割低。因为启动电动机电刷是由铜和石墨做成的,导电性能好;割低云母片后,电刷粉末嵌入整流子片间,反而会造成短路。

227. 直流发电机不充电的原因及排除方法

(1)**不充电的原因** ①各导线接头有松动或脱落,导线包皮破损搭铁造成短路。②发电机皮带过松或有油污打滑。③发电机整流子磨损、烧毁或有油污,电枢线圈、磁场圈短路或断路,整流片间短路、绝缘碳刷架搭铁。④调节器或节流器触点烧蚀或有污物,平衡电阻断路,节压器过桥线烧毁,节压器弹簧拉力弱、气隙小,节压器限额电压调整过低,断电器的闭合电压过高或并联线圈断路。

(2)**故障检查和排除** 发现不充电时,应先检查各接线头是否松脱,发电机皮带是否过松打滑。如没发现上述原因,再按以下顺序检查。①用螺丝刀将调节器电枢和磁场接线柱连接,如果充电,则故障一般是节压器或节流器触点或平衡电阻烧坏。如果仍不充电,再做下一步检查。②用螺丝刀将发电机电枢和磁场接线柱连接,如果充电,则故障应该是发电机磁场接线柱至调节器磁场接线柱之间的导线断路。如果仍不充电,再做进一步检查。③用螺丝刀使电枢接线柱与外壳接触刮火,如果有火,再用螺丝刀将调节器上断流器和节流器接线柱连接,如果充电,则故障为断流器触电烧蚀、接触不良或导线松脱;如果不充电,则故障为充电线路断路。如果用螺丝刀使电枢接线柱与外壳接触打火,无火花则表明故障在发电机内部,应进一步检查发电机。④检查发电机整流子是否过脏,必要时清洁后再试火。如果不脏,可用手指压紧两碳刷,如果充电,则故障是碳刷弹簧弹力不足或碳刷磨损严重。如仍不充电,再检查是否因电枢接线柱搭铁或导线断路,负极碳刷架是否搭铁。以上如均良好,应再检查磁场线圈或接线柱是否搭铁或断路。

故障判定后,对烧坏的电子元件和磨损严重的零件进行更换。如是导线包皮破损应更换导线,接线松脱应重新接牢,有油污、脏物应清洗干净。

228. 直流发电机充电电流过小的原因及排除方法

(1)**故障原因** ①蓄电池充电已满。②发电机皮带过松或有油污造成打滑。③充电电路连接不良。④整流子脏污、接触不良。⑤碳刷磨损过度或压紧弹簧过软。⑥电枢或磁场线圈短路。⑦节压器或节流器触点脏污。⑧节压器过桥线路断路。⑨限额电压调整过低等。

(2) **故障分析与排除** 首先检查蓄电池是否充电已满。如果充满,可使用数次启动机或打开大灯使蓄电池放电,然后再做检查:若充电电流增大,表示充电系无故障;如充电电流仍很小,可按下述顺序分析和排除故障。①检查发电机皮带有无松滑现象,如正常,再做下一步检查。②用螺丝刀连接发电机电枢和磁场接线柱,如充电量仍过小,则故障可能是充电电路不良、整流子脏污、接触不良,碳刷磨损严重或压紧弹簧过软,电枢或磁场线圈短路。如果充电量增大,则故障在调节器,可能是节压器、节流器触点脏污,节压器过桥线断路、限额电压调整偏低。

经过上述检查分析后,针对故障产生的原因,可采取以下措施排除故障:调整发电机皮带紧度,更换烧坏或磨损的元件,接牢各接线处,调整限额电压至标准值等。

229. 直流发电机充电电流过大的原因及排除方法

(1) **故障原因** ①发电机有故障,如发电机电枢和磁场接线柱或导线有短路之处,节压器对磁场失去控制作用。②调节器有故障,如节压器弹簧拉力过强,气隙过大,节压器限额电压调整偏大,节流器限额电流和气隙调整过大。③发电机规格不合要求,或皮带轮过小,超过发电机的额定转速。

(2) **故障检查和排除** 检查时,发动机不熄火,将调节器通往电枢磁场接线柱的连接线卸下一端,在发动机继续运转的情况下,查看电流表指针。若电流表示值从拆下连线开始即下降到零,表明发电机正常,故障在调节器内。这时,应检查节压器与节流器接线柱或导线是否有短路之处,节压器弹簧拉力是否过强,气隙是否过大,节压器限额电压是否调整过高,节流器限额电流是否调整过大。若拆下发电机磁场线圈的连接线,发电量并不减低,说明发电机电枢和磁场接线柱或导线有短路之处。

经上述分析检查和正确的故障判断后,针对具体原因采取相应措施排除故障。如更换新件、重新调整等。

230. 直流发电机充电电流不稳定的原因及排除方法

(1)**故障原因**　①充电或磁场电路接线松动或接触不良。②整流子和碳刷接触面脏污或沾油;整流子磨损失圆、脱焊或云母片突出;碳刷磨损过甚,碳刷导线螺钉松动或碳刷弹簧弹力过弱;电枢刮碰磁极铁芯,或磁场线圈松动、漏电。③节压器、节流器触点烧蚀或弹簧拉力过弱;附加电阻烧断;电枢和磁场导线接错,蓄电池正、负极接反。

(2)**故障分析判断和排除**　首先检查充电电路接线和磁场电路接线有无松动和接触不良处,如一切良好,此故障一般是由节压器、节流器触点烧蚀,或附加电阻烧断引起。检查时,可用螺丝刀将发电机电枢接线柱和磁场接线柱短路,若电流表指针稳定,说明节压器、节流器触点烧蚀。

用手指分别按压节压器、节流器活动触点臂,使触点张开,提高发动机转速。如电流稳定,则表明弹簧拉力过弱。如电流不稳定,可用螺丝刀将节压器、节流器活动触点臂和固定触点臂分别连接,如稳定,则为附加电阻烧断;如还不稳定,故障出在发电机内部,检查判定发电机具体故障部位,参阅 227、228、229 例。

经上述检查后,属接线松动、接触不良的,应重新接好线路,损坏的零件应更换新品。

231. 直流发电机调节器的调整方法

首先对调节器外部进行彻底清洁,并初步检查衔铁和铁芯间的气隙、触点间隙以及气隙与弹簧拉力相互协调的情况。如果气隙和弹簧拉力不正常,调节器就不能正常工作,就需要对调节器进行气隙、触点间隙的检查及弹簧拉力的调整。

(1)截流器、限流器和调压器的气隙、触点间隙的检查

①截流器：当截流器触点闭合时，FT81D 型、JT81T-13/24FN/1 型和 JT81-18/12ZN/1 型调节器衔铁与铁芯的气隙应为 1.35～1.55 毫米，而 JT81E 型为 0.6～0.8 毫米。如气隙不对，可通过弯曲或伸长固定触点支架，改变其高度的办法进行调整。

截流器触点打开时的间隙一般为 0.7～0.9 毫米，最小不得小于 0.35 毫米。若不对，可通过固定触点支架（即衔铁挡钩）进行调整。

②限流器、调压器：当限流器和调压器触点闭合时，调节器衔铁与铁芯的气隙应为 1.4～1.5 毫米。若不对，可拧松固定触点臂上的两个螺钉，上下移动固定触点支架进行调整。

以上检查、调整完后，再进行静态检查调整。

(2)调节器的静态检查调整

①截流器闭合电压和调压器调节电压的调整：将蓄电池两极分别接于调节器的"电枢"接线柱和底板上，这时截流器触点应在分开状态，调压器触点应在闭合状态。此时，在该电路中用一节新的 1.5 伏干电池与蓄电池串联后，则截流器触点应闭合，调压器触点将分开。如不符合上述情况，应进行调整。

②限流器的调整：将蓄电池与一定瓦数的 12 伏灯泡串联后，两端分别接于调节器的"电池"和"电枢"接线柱上。并使截流器触点闭合。对于 18 安的调节器来说，当用 195 瓦的灯泡时，限流器触点应当闭合；在用 220 瓦的灯泡时，触点应分开。而对 13 安的调节器，则需用 140 瓦和 170 瓦的灯泡，用同样的方法进行检查，并应得到相同的结果。否则，应进行调整。

232. 交流发电机不充电的原因及排除方法

(1)不充电的原因　①硅二极管损坏。②接线柱绝缘破裂、击穿。③滑环绝缘击穿。④定子线圈断路或短路。⑤转子线圈断路或短路。⑥电枢、磁场接线柱接触不良，或导管断路、短路。⑦电压调节器调节的电压过低；或高速触点处导电物堆积过多，使高速触点

和固定触点接通;或活动触点臂及固定触点臂偏斜,使高速触点碰接固定触点,而不励磁。⑧接线错乱。⑨电流表或开关损坏等。

(2)**故障判断和排除**

①检查充电系统的所有连接线路有无断路和短路现象,如一切良好,再检查发电机"电枢"接线柱到蓄电池火线之间的线路有无断路故障。可用本车灯泡做试灯,一端搭铁,另一端触试发电机"电枢接线柱",试灯亮,表明这一段线路良好;若灯不亮,可再分别触试电流表的"+"、"-"接线柱、启动开关的接线柱,找出故障线段加以排除。

②检查发电机是否发电。拆下发电机"F"或调节器"F"接线柱上的导线,使调节器与发电机磁场线圈脱离接触,另用一根导线将发电机的"+"、"F"接线柱相连,启动发动机,转速略高于怠速。如果电流表指示充电或充电指示灯熄灭,表明发电机是好的,故障在调节器。这样,须打开电压调节器壳盖,检查继电器触点间隙是否过大及有无烧损或脏污;触点弹簧铜片是否有毛病,而使触点不能闭合;并检查线圈有无烧损或断路、短路。如果仍不充电,则故障在发电机内部,应分解发电机,检查二极管是否损坏,碳刷能否与滑环接触,定子或转子绕组是否存在断路、短路或搭铁现象,抑制干扰用的电容是否损坏等。

经上述检查,对损坏的元件应更换,接触不良的部位应重新连接牢固,并保证良好的接触,达到故障排除目的。

233. 交流发电机充电电流过小的原因及排除方法

(1)**充电电流过小的原因** ①硅二极管损坏。②碳刷接触不良或滑环有油污。③转子或定子线圈短路或断路。④电压调节器继电器线圈电阻断路或接线松脱。⑤电压调节器的电压调整过低,或触点脏污、烧蚀。⑥电池或磁场的接头、导线搭铁短路。⑦发电机皮带过松。⑧各连接线有断路、短路,或接头松脱等情形。

(2)**故障检查和排除** 首先检查发电机皮带是否过松或打滑,

各导线接头是否接牢,导线有无断路或短路。如一切正常,再用试灯法检查故障所在部位。启动发动机,并逐渐提高转速,如试灯随发动机转度的增加而亮度增加,则表明发电机正常,应进一步检查电压调节器触点是否脏污、烧蚀,继电器线圈电阻是否断路和接线松脱,额定电压是否调整过低。如果试灯的亮度不随发动机转速的变化而变化,或变化不明显,则表明发电机有故障,应分解检查发电机,看碳刷是否磨损严重或接触不良,滑环是否油污,二极管是否烧坏,定子或转子线圈是否断路或短路。

针对具体的故障原因,采取相应的修理措施进行修复。

234. 交流发电机充电电流过大的原因及排除方法

(1)充电电流过大的原因 ①电压调节器低速触点烧蚀黏结或触点不能断开。②电压线圈断路或电阻触点不能断开。③电压调整过高。④蓄电池亏电量太多或内部短路等。

(2)故障检查和排除 检查蓄电池亏电情况和内部是否短路,如果蓄电池技术状态良好,则可能是调节器有故障,进一步检查电压是否调整过高、低速触点烧蚀黏结、高速触点接触不良、调节器磁场线圈或温度补偿电阻烧断、调节器的限额电压调整过高等。

针对检查判断的具体故障,采取相应的修复调整措施。

235. 交流发电机充电电流不稳定的原因及排除方法

(1)充电电流不稳的原因 ①转子线圈或定子线圈近于短路或接触不良。②发电机传动皮带打滑。③碳刷弹簧过软或折断,碳刷与滑环接触不良。④发电机内部接线不牢。

(2)故障检查和排除 首先检查发电机皮带是否过松,线头与接线柱接触是否牢固。如果良好,可用试灯法检查:发动机运转平稳时,若试灯灯泡忽亮忽暗,则说明发电机有故障。应分解发电机,检查其碳刷接触情况及碳刷弹簧是否过软或折断。如碳刷与弹簧状态良好,应进一步检查转子和定子线圈是否存在将要短路或几乎要断路现象。如经试灯检查发电机发电稳定性良好,则应检查电压调节器各触点是否烧蚀或脏污。如触点没有烧蚀脏污，可刮试电阻丝看有无似断非断现象。若一切良好，可进一步检查是否因电压调节器调整不当，而引起输出电流不稳定。

故障诊断后，针对具体故障原因，采取相应的修复措施。

236. 检查交流发电机技术状态的方法

先用万用电表在发电机外部做初步检查，以便确定要检查的部位及应拆卸的范围，可用万用电表法和蓄电池串接试灯法进行整机检查。

用万用电表法检查时，先将万用电表拨到电阻挡 R×1 挡，正表笔接"＋"，负表笔接"－"或"F"，在检查"F"与"－"时，正、负表笔可以任意连接。在正常情况下，"＋"与"－"之间的电阻值为 40～50 欧姆，"＋"与"F"之间的电阻值为 50～60 欧姆，"F"与"－"之间的电阻值为 5～6 欧姆。

再将万用电表拨到 R×1000 欧电阻挡，负表笔接"＋"，正表笔接"－"或"F"，这时"＋"与"－"之间的电阻值应大于 10 000 欧，"＋"与"F"之间的电阻值应大于 10 000 欧，"F"与"－"之间的电阻值为 5～6 欧。

以上数值表示发电机技术状态良好。如果测试结果"＋"与"－"之间正、反电阻值都很小，则表示硅二极管击穿或电枢线圈与铁芯或端盖短路；如果正、反电阻值都很大，则说明电枢线圈有断路或几个硅二极管烧坏；如果测得的电阻值符合上述正常值，而发电机的发电电流仍很小，表示硅整流元件中有个别硅二极管接触不良或断路。

如果"F"与"－"之间测得的电阻值，较正常电阻值超出很多或接近于零，则表明激磁电路有断路或短路现象。

如果"＋"与"F"之间正、反电阻值都很小时，则可能是硅二极管击穿或电枢接线柱与磁场接线柱之间有短路现象。

用蓄电池串试灯法检查时，以蓄电池正极接发电机"－"接线柱，蓄电池负极接发电机"＋"接线柱，这时串接的试灯应发亮，反接时,试灯则不亮,这表明电枢电路正常。如果正、反接试灯都亮,则表示电枢线路有短路;如果正、反接时试灯都不亮,则说明电枢线路断路。

以蓄电池一极接发电机"F"接线柱,另一极接发电机"一"接线柱,串接的试灯亮,表明激磁线路正常(若短路则试灯很亮);试灯不亮,说明激磁线路断路。

整机检查完后,再进行零部件检查。首先进行转子绕组的检查:将万用表拨到 R×1 挡,两表笔分别接两个滑环,正常时,表针应指 5~6 欧姆。若电阻值小,表明绕组匝间有短路,应更换新绕组;若电阻值为∞(无穷大),表明绕组断路(大多发生在引出线与滑环之间)。将万用表再拨到 R×1K 挡,两表笔分别接转子轴和滑环,正常时,表针应指∞,否则表明绝缘不良(或短路)。

检查定子绕组技术状态:拆下定子绕组与二极管的连线,用 R×1 挡,两表笔分别接两个绕组的引出端,每次测得的电阻值基本相同时为正常。

万用电表拨到 R×1K 挡,两表笔分别接绕组的端头和铁芯,如表针指零,表明绕组搭铁。

检查二极管的技术状态时,拆下定子绕组与二极管的连线,用 R×1 挡,两表笔分别接二极管的壳体和引线,测出每个二极管的正、反向电阻。其正向电阻值应等于或小于表 16 中的规定数值,而反向电阻应接近∞。如果正、反向电阻均为零,则该二极管短路;如果正、反向电阻均为∞值,则该二极管断路。对已经短路或断路二极管,应更换新件。

表 16　硅二极管的正向电阻　(单位:欧姆)

万用电表型号	环境温度(℃)		
	0	15	30
MF 10	10~12	9~11	8~10
MF 30	19~22	17~20	15~18
U-10	25~30	24~29	23~28
MF-14	15~55	41~50	38~46
U-101	48~60	44~53	40~48

最后进行接线柱绝缘情况的检查,拆下定子绕组与二极管的连接线,将万用电表拨至 R×1K 挡,用两表笔分别接下列各部位:后端盖上的"＋"与"－"接线柱,后端盖上的"F"与"－"接线柱,元件板上固定二极管引线的接线柱等。如果测量时,表针在∞,表明绝缘良好;表针指零,表明绝缘损坏,应根据具体情况排除。

237. 检查调节器技术状态的方法

检查时应将调节器各接线柱上的外接导线拆下。

首先检查激磁电路。把万用电表拨到 R×1 挡,两表笔分别接定触点和动触点,当触点闭合时,表针指示值应为零。若电阻值大于零,表明触点接触不良,可用白金砂纸塞入触点间来回拉动几次,以清除污物。

若电阻值等于零或接近零,表明触点接触良好。再将表笔分别接在"点火"与磁场接线柱上,当常闭触点闭合时,表针仍应指零或接近零。若电阻值过大,表明个别螺钉或铆钉松动或锈蚀,致使接触电阻增加,应逐点检查并排除。当常闭触点分开时,表针应指9.4 欧姆左右为正常。如果表针指∞,则 R_1 或 R_2 有断路。表针仍指零,则固定触点支架与磁匣短路。

最后进行磁化线圈电路检查,用 R×1 挡,表笔分别接"点火"与底板,表针指示值应为 27.6 欧姆左右为正常。如果电阻值过小或为∞,表明线圈或电阻短路或断路。

238. 内、外搭铁的直流发电机相互代用的条件

内、外搭铁的直流发电机不能直接相互代用。如图 43 所示,内搭铁发电机励磁绕组 4 的一端与搭铁电刷架相连,另一端接磁场接线柱 3,并通过调节器 2 和发电机电枢接线柱 1,形成励磁电路;而外搭铁发电机励磁绕组 4 的一端与绝缘电刷架相连,另一端接磁场接线柱 3,并通过调节器 2 搭铁,形成励磁电路。由于内、外搭铁的发电机所配用的调节器不同,如果将内、外搭铁发电机直接相互代用,则励磁绕组中将不会有励磁电流,发电机不发电。

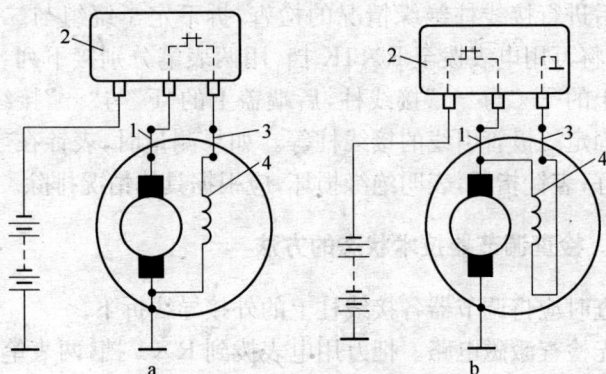

图 43　内、外搭铁直流发电机

a. 内搭铁　b. 外搭铁

1. 电枢接线柱　2. 调节器　3. 磁场接线柱　4. 励磁电阻

须要代用时，可按下述方法对发电机进行改装。

外搭铁发电机改为内搭铁发电机时，可将励磁绕组两端的接头 A、B 拆下（图 44a），然后将接磁场接线柱的接头 B，改接在搭铁电刷架上，接绝缘电刷架的接头 A，改接在磁场接线柱上（图 44b）。改装时，必须使励磁绕组原搭铁端仍为搭铁端，而不可只改接与绝缘电刷架相接的一端（图 44c），以保持励磁电流的方向不变。同理，也可将内搭铁发电机改为外搭铁发电机。

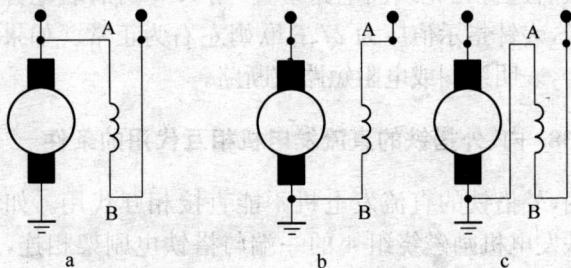

图 44　外搭铁发电机改为内搭铁发电机

a. 外搭铁发电机线路　b. 正确的改装　c. 不正确的改装

239. 电机搭铁极性与电气系统的要求不符时的校正方法

发电机搭铁极性（即发电机发出的电流方向）是由电枢旋转方

向和磁极磁场方向决定的,在电枢旋转方向一定的情况下,改变磁场方向便可改变搭铁极性,而磁场方向又取决于励磁绕组中的电流方向。因此,当发电机极搭铁极性与电气系统的要求不相符时,只要用蓄电池给励磁绕组反向通电,改变磁极的剩磁方向,即可使搭铁极性得到校正。

例如:图45a为负极内搭铁发电机工作时的激磁电流方向和磁场方向,当发电机不能工作时,其剩磁仍保持此方向。如果将蓄电池正极搭铁并向励磁绕组通电(图45b),由于励磁电流方向与原来相反,所以磁场方向改变,而且在去掉蓄电池后,发电机的剩磁仍保持改变后的方向。因此发电机工作时,感应电动势的方向将随之改变,于是由负极搭铁变为正极搭铁。

拖拉机上一般都采用内搭铁发电机,需要改变搭铁极性时,只要使蓄电池搭铁极性与要求相符,再将其火线与发电机磁场接线柱接触 2~3 秒钟即可。

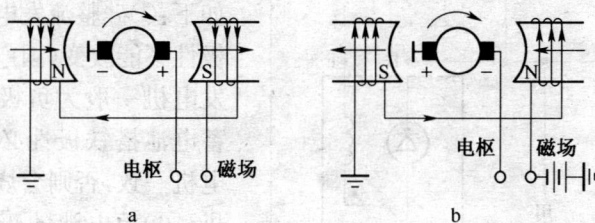

图 45　发电机搭铁极性的校正

240. 硅整流发电机在没有专用调节器时使用直流发电机三联调节器代用时的接线方法

硅整流发电机的整流元件(硅二极管)有单向导电的特性,当发电机电压低于蓄电池电压时,二极管"截止",阻止蓄电池向发电机放电;而当发电机电压高于蓄电池电压时,二极管"导通",发电机便可对蓄电池充电,所以不需要截流器。

由于硅整流发电机定子绕组的感抗随转速的升高而增大,能自动限制输出的最大电流。因此也不需要限流器。

但是,硅整流发电机的端电压,会随发电机转速的升高而升高、转速的降低而降低。发电机转速取决于发动机的转速,而发动机在工作时,转速变化范围较大。所以,为了保持发电机端电压稳定,必须能随转速的变化自动调节电压,因此就需要调压器。

由此可见,硅整流发电机的调节器,只需用调压器即可满足工作需要。

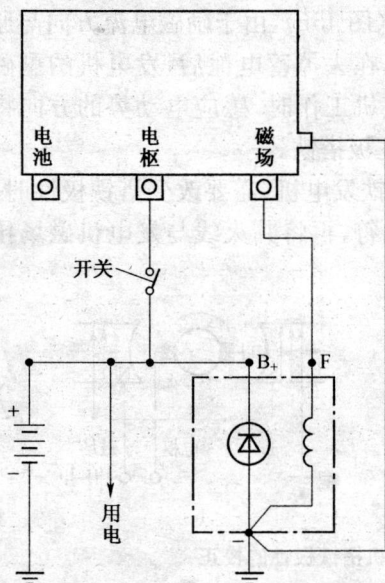

一般情况,硅整流发电机最好与配套的专用调节器配合使用。但在没有专用调节器的情况下,也可用直流发电机的三联调节器代用。代用时的连接方法如图 46 所示。其接线原则如下:①硅整流发电机搭铁极性不能改变(国产硅整流发电机一般为负极搭铁),蓄电池搭铁极性必须与发电机一致,否则会烧坏发电机。②蓄电池的正极接线与发电机电枢接线柱(B₊)连在一起后,通过开关接于调节器"电枢"接线柱上。

图 46　硅整流发电机与三联调节器接线图

③发电机磁场接线柱(F)和调节器"磁场"接线柱相连。④发电机"一"接线柱与调节器"搭铁"螺钉相连。⑤调节器"电池"接线柱空着不用。

因为硅整流发电机是负极搭铁,如果三联调节器是正极搭铁,而触点材料又有极性要求,则不宜长期代用,以免加速调节器触点的电损耗。

241. 不能用"划火法"检查硅整流发电机工作情况的原因

用"划火法"检查硅整流发电机的工作情况会导致二极管或调节器损坏,也可能导致电流表和蓄电池损坏。

从硅整流发电机与调节器的连接线路(图 47)可知,如果发电机的 B_+（正极）接线柱与机体（负极）划火,将会有过大的电流通过二极管,或有过高的感应电压反向作用在二极管上,致使二极管烧坏或击穿;由于蓄电池以很大的短路电流放电,还可能烧毁蓄电池与发电机间的接线、损坏电流表与蓄电池。

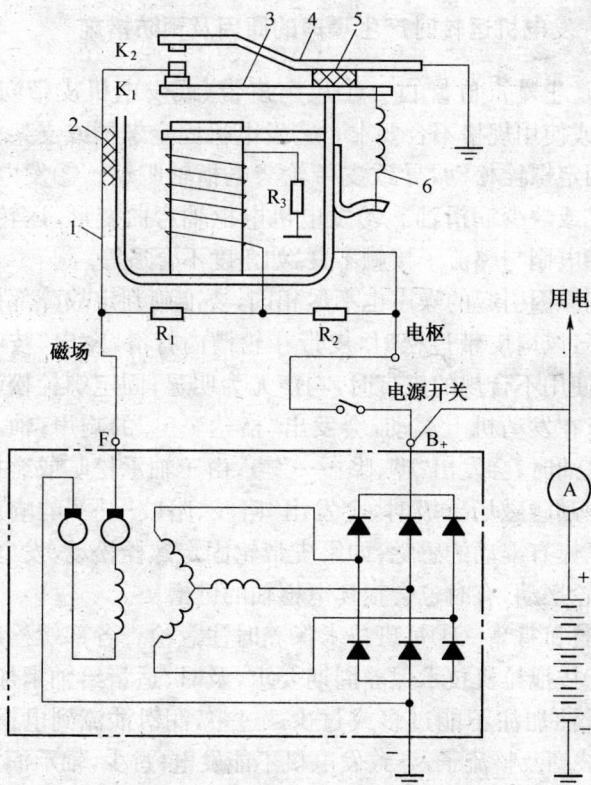

图 47　硅整流发电机与调节器线路
1. 定触点支架　2、5. 绝缘垫　3. 下动触点臂　4. 上动触点臂　6. 弹簧

如果发电机的 B_+ 与 F 短接，则电阻 R_1 及 R_2 被短路，励磁电流增大，发电机电压升高，使触点 K_1 打开，K_2 闭合。在 K_2 闭合的瞬间，其电路是发电机正极接线柱 B_+→短接导线→磁场接线柱 F→K_2→搭铁→发电机负极。即发电机正、负极间被 K_2 短接，会使 K_2 或二极管烧坏。

如果磁场接线柱 F 与机体（负极）短接，蓄电池正、负极间将被触点 K_1 短路，会烧坏触点 K_1 和导线等。

因此，不允许用短路划火法检查硅整流发电机及调节器的工作。

242. 发电机运转时产生噪声的原因及预防措施

（1）**产生噪声的原因**　①风扇皮带（或发电机皮带）过紧、过松、损坏或使用规格不合要求。②发电机固定螺栓或支架松动，或皮带轮固定螺栓松动，导致皮带轮与电枢轴旷动。③发电机轴承磨损松旷或缺少润滑油。④发电机电枢轴弯曲变形，运转中刮碰磁极。⑤电刷与整流子接触不良，如角度不合适等。

不同原因引起的噪声也不尽相同，要准确判定故障部位，必须辨清噪声：风扇皮带过松时，皮带在轮槽内打滑，发出"吱吱……"的响声，使用不合规的皮带时，响声尤为明显；固定螺栓松动后，整个发电机在发动机上震动，会发出"格达……"的响声；轴承磨损、松旷或缺油时，会发出"哗、哗……"声；由于轴承松旷或磨损，电枢在运转中刮碰磁场磁极时，会发出"咯吱、咯吱……"的响声，此时发电机壳体有震动的感觉；如果皮带轮固定螺栓松动，发电机运转时，皮带轮摆动，有时也会损坏电枢轴的键槽。

（2）**预防措施**　①每班技术保养时注意检查各部螺栓应齐全、紧固。②按拖拉机技术保养周期要求，及时、适量给轴承加注润滑油。润滑油加注不能过多或过少。过多，润滑油流到电枢与磁场间，脏污线圈及整流子，导致发电机不能发电；过少，轴承润滑不良，加速磨损、松旷。严重时，会刮坏电枢及磁场线圈。③每班保养都应检查调整风扇皮带松紧度，保证紧度适当，以延长其使用寿命。

243. 交流发电机过热的原因及排除方法

(1)**交流发电机过热的原因**　发电机过热时,壳体和轴承部分高温,用手不能抚摸,长时间过热会造成发电机电压不足或不发电。造成发电机过热的原因如下:①发电机线圈短路或外导线长期短路。②轴承缺润滑脂或无轴向间隙而发热,导致发电机过热。③转子与线圈相互摩擦。④转子与铁芯相碰。

(2)**故障排除方法**　①检查线圈是否短路,并找出短路点给予排除。参阅 236 例。②按时检查发电机轴承润滑脂,必要时更换新润滑脂。三根对穿螺栓拧紧紧度应合适。③安装发电机时,应保证转子与定子铁芯气隙,气隙增大会导致灯光暗淡;气隙过小,会发生碰擦而过热。转子的轴向间游隙应不超过 0.7 毫米。

244. 电流表、机油压力表和水温表在电路中的连接要求

电流表用于指示蓄电池充电、放电及充电、放电电流的大小。电流表指针的摆动方向,取决于电流表中电流的方向,当电流方向不同时,电流表中感生磁场方向不同,指针的摆动方向就不同。因此,电流表在电路中的连接有极性要求。如果极性接反,会造成充电时指示放电,放电时指示充电。其正确的接线方法是:当拖拉机电路为正极搭铁时(图 48),电流表"＋"接线柱经保险丝与蓄电池负极接触,而电流表"－"接线柱经调节器"电池"接线柱与发电机负极相接,并同时与电源开关相接。当电路为负极搭铁时,其极性连接则与此相反。

电热式机油压力表与温度表接线时无极性要求,只要将其任一接线柱与电源开关相接,另一接线柱与感应塞(感温塞)相接即可。因为电热式油压表及温度表,是利用脉冲电流(电流时断时续)使双金属片受热变形,带动指针偏转而指示油压和温度的,指针的偏摆角度取决于脉冲电流的平均值,并不受表中电流方向的影响。

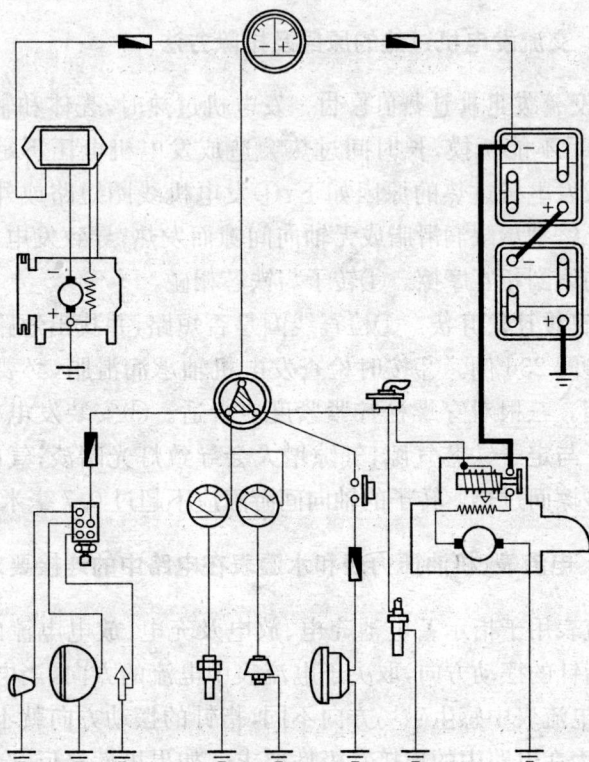

图 48　拖拉机典型电路简图

245. 喇叭不响的原因及排除方法

(1) **喇叭不响的原因**　①蓄电池无电。②蓄电池—保险丝、喇叭按钮—喇叭线路接触不良或短路。③继电器线圈断路或触点烧蚀、不能闭合。④喇叭线圈断路。⑤白金烧毁、调整螺栓松动、绝缘损坏。

(2) **故障检查排除方法**　①检查喇叭火线是否有电:开灯试验,如灯亮说明电源正常。再在喇叭接线柱打火试验,如无电,再检查蓄电池、保险器、喇叭按钮、喇叭各点是否断路、接触不良或短路。如有电,则可检查喇叭继电器,即用螺丝刀将继电器电源端和喇叭线接通。如喇叭响,再在继电器有"按钮"字样的接线柱直接搭铁,如喇叭响,表明故障在按钮及按钮导线段。如喇叭不响,则故障在继电器内部。②拆下继电器盖,按下按钮看继电器是否动作。如继电器有动作,则需修理触点,使之接触良好;如继电器不动作,说明继电器线圈损坏,拆下后更换新线圈。③将喇叭二接线柱分别接电源和接地时,喇叭仍不响,则表明喇叭有故障。④检查喇叭:卸下喇叭罩,用导线将喇叭内的触点直接搭铁,无火花时,为喇叭线圈断路;有火花时,看振动盘是否吸合,吸合时两触点是否脱开以及放开时两触点的情况。重新调整间隙、修理触点,故障即可排除。

246. 喇叭声音不正常的原因及排除方法

(1) **喇叭声音沙哑或刺耳的原因** ①蓄电池电压不足。②喇叭各部位固定螺栓松动。③振动盘与磁铁芯间隙太小或歪斜,发生碰击。④振动音膜破裂或弯曲。⑤喇叭发音孔内有水或其他杂物。⑥扩音盘破裂。⑦断电器触点烧蚀、脏污而接触不良;白金臂钢片退火变形。⑧电容器或电阻器损坏或失效。

(2) **故障检查和排除** ①未启动发动机前,声音很低,发动机启动后,中速运转时,恢复正常声响,则表明故障在蓄电池。排除方法见蓄电池故障排除部分。②用手晃动喇叭,若固定螺钉松动,应紧固之。③喇叭声音不正常,可将喇叭盖打开,检查触点是否烧蚀黏结、振动盘钢片是否折断。如无腐蚀、折断时,再调整触点间隙。调整后声音仍不正常,再检查调整振动盘和磁铁芯间的间隙是否太小,若间隙正常,再检查振动音膜是否破裂、弯曲。最后检查扩音盘是否破裂或电容器、电阻器是否损坏。故障判定后,更换损坏零件即可。

(3) **为保证喇叭有正常音响,必须做到** ①安装时,力求各部位螺栓、螺母紧固锁定。②所有导线连接处应清洁、牢固。③触点结合面应平整清洁。④保持振动盘与铁芯之间的气隙、白金触点间隙正常。

247. 灯不亮的原因及排除方法

(1)灯不亮的原因 ①保险器自动跳开或保险丝熔断。②电源导线断路或错接,开关至各灯接头接触不良,各灯线磨断、烧断。③灯泡搭铁脱落或接触不良。④大灯开关损坏。⑤灯丝烧断。

(2)检查、排除方法 ①打开灯开关,灯不亮时,先用火花法试验蓄电池是否有电,检查保险器是否跳开。如没跳开,应检查蓄电池到保险器(或保险丝)的线路是否有断路、接触不良或保险器损坏。如跳开,且连续跳开,则说明线路中有搭铁短路处。此时应全部关闭各灯,送电后,再逐个打开各灯,如打开某灯时,保险器跳开,说明该灯线有搭铁短路。②电源正常而灯不亮时,只要对蓄电池到灯的线路逐段、逐点检查,故障即可排除。③开关接触不良,可将开关两接线柱直接短路即可判定。④灯丝烧断应更换灯泡。⑤各灯搭铁接地不良者,应重新接牢即可。

248. 灯光暗淡的原因检查及排除方法

(1)造成灯光暗淡的原因 ①蓄电池充电不足。②导线接头松动或接触不良。③搭铁线接地不良。④大灯反射镜积污失效。

(2)故障检查排除方法 应先检查蓄电池电量是否充足。然后沿导线逐点检查接触情况及各灯的搭铁线是否接地良好。其方法是:沿线路拨动各线,观察灯光变化,很快即可找出故障点。

电流表指示电流大而灯光暗淡,即为导线搭铁短路。

249. 磁电机的正确组装方法和要求

磁电机组装时,一定要保证"位角"正确。

由磁电机工作原理可知,在磁电机工作过程中,随永磁转子的旋转,铁芯中的磁通不断变化,初级线圈中便产生感应电动势,此时如果断电器触点闭合,初级电路成为闭合回路,初级线圈中便产生交变的感应电流——称为初级电流。当转子经过中性位置时(垂直位置),铁芯中磁通变化率最大,初级线圈中感应电动势最高。但由于初级线圈中有电流通过时，会产生"电枢反应磁通"，此磁通与转子磁通相互作用的结果，使最大初级电流并不与最大感应电动势同时产生，而是产生在最大感应电动势之后，即产生在转子的中性位置之后，而且其滞后角随转速的升高而增大。为获得足够高的次级电压，断电器触点应在初级电流最大时打开。触点打开时，转子转离中性位置的角度，称为磁电机"位角"。拖拉机磁电机的位角，一般为 $8°\sim10°$，此时，转子磁极边缘离开极掌边缘 $2\sim3$ 毫米（图49）。

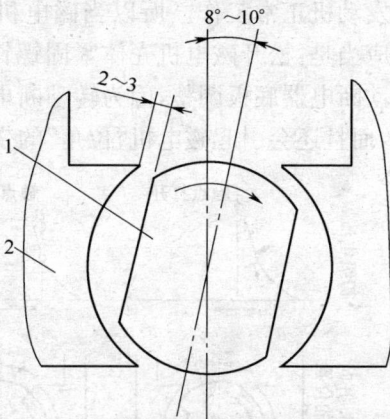

图49　磁电机位角　（单位：毫米）
1. 转子　2. 极掌

　　为了保证"位角"正确，组装磁电机时，应将断电器底板与后盖上的记号对准，或是将断电器上的指针与凸轮上的记号对准。如果没有记号或记号不清，可按工作旋向转动转子，使转子磁极后边缘离开极掌边缘 $2\sim3$ 毫米并固定，然后转动断电器底板，当触点刚刚打开时，将底板用其螺钉紧固即可。

　　对于多缸磁电机（C422型磁电机），除了要将断电器底板与机盖上的记号对准外，还应把凸轮轴齿轮与转子轴齿轮上的记号对准。如记号不清，可将转子固定在图49所示位置，然后转动凸轮轴齿轮和断电器底板（两者的转动互相配合），在触点刚刚断开，并且在配电臂与相应缸高压线的固定电极相对的情况下，装合紧固即可。

250. 磁电机点火时间的正确调整方法

　　磁电机点火时间反映了磁电机点火与发动机及活塞的位置关系，它直接影响燃烧过程能否正常进行；"位角"反映了磁电机点火时（断电器触点打开时），转子磁极与铁芯极掌间的位置关系，它直接影响触点打开时初级电流的大小(图 50),进而影响高压电火花的强弱。只有在点火时间和"位角"都符合规定的情况下,才能保证发动机正常工作。所以当磁电机点火时间不正常时,正确的做法应当是:松开磁电机壳体紧固螺钉,转动壳体进行调整。而不是转动断电器底板调整,因为转动断电器底板时,不仅会改变点火时间,而且还会引起磁电机"位角"的变化。

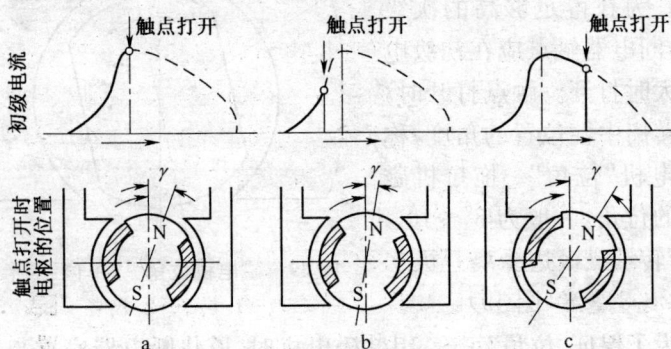

图 50　磁电机位角对断开电流的影响

a. 位角正常　b. 位角过小　c. 位角过大

251. 磁电机无高压火花的原因及排除方法

(1)无高压火花的原因　①断电器白金触点烧损或间隙调整不当。②初级(低压)线圈或次级(高压)线圈断路,以及线圈固定螺丝松动,使搭铁不良。③初级线圈匝间短路。④断电器触点臂弹簧折断、触点不能闭合、触点烧蚀、松动。⑤电容器击穿。⑥熄火按钮与低压线圈不能分离。⑦绝缘部分短路。⑧凸轮键与键槽(C210B 型)损坏(滚键)、加速器半圆键及键槽损坏(C422 型)、齿轮装错等。

(2)故障分析及排除　将高压线从火花塞上卸下,在高压线一端与启动机壳体间留一定间隙(8~10 毫米),用启动绳拉动启动机转动,若此时高压线端与启动机壳体间跳火,火花明亮,呈淡蓝色,并发出"啪啪……"声,说明磁电机技术状态良好,否则,表明磁电机有问题,再按上述原因排除故障。

①断电器白金触点脏污或轻微烧蚀:可先用汽油清洗干净,然后用白金砂条或"0"号砂纸修平。用砂纸磨修白金触点时,应将砂纸折转过来,砂面向外,同时磨平触点两接触面。磨平后,再将砂纸反折过来,用砂纸的背面,擦去触点上遗留的污物。

若触点烧损严重,白金厚度小于 0.3 毫米时,应更换新件。如果大于 0.3 毫米,还有修复价值时,可将触点卸下,在油石上稍蘸点机油用手按住往复平行拉动磨修,不得倾斜,以防磨偏。

修后白金触点装复时,活动触点与固定触点中心线应重合,偏移不得超过 0.2 毫米,不得歪斜。如有偏移、歪斜,可通过改变活动触点臂的垫片和用钳子对正修复。

白金触点间隙的正常值为 0.25～0.35 毫米。过大,火花弱;过小,易烧蚀白金。白金间隙的调整方法是:打开磁电机盖,扳动启动机飞轮(在车上调整),直到白金间隙张开到最大位置。以用 0.25 毫米厚薄规能顺利塞入触点间,而用 0.35 毫米厚薄规塞入时微感到涩手为宜。间隙过大或过小时,可拧松固定触点支架的紧固螺钉,转动偏心螺钉,直至间隙达到正常值后,旋紧支架上的紧固螺钉即可。

②检查初级线圈线路是否断路:可在初级线圈线路中串入一只交流电表来检查:磁电机工作时,若电流表指针指在"0"处,则表明线路不通;若指在 5 安培处,则表明初级线路不断开;电流表指针在 2～3 安培处来回摆动,则表明初级线圈线路正常。

高压线路可用万能电表检查是否断路,用 500 伏摇表检查其绝缘电阻值,正常值应不低于 50 兆欧。

③电容器技术状态检查:将电容器卸下,用 220 伏电源,两根导线触针,中间串联一只 15 瓦灯泡做试灯,将一触针触在电容器壳体上,另一触针触在电容器导线上(图 51)。试灯亮,则说明电容器已击穿;试灯不亮则未击穿。此时,拿下试灯,将电容器导线拆回接近其外壳即有强烈火花跳过,表明电容器技术

状态良好。

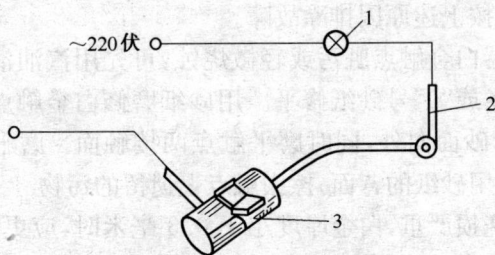

图 51　用试灯检查电容器
1. 试灯　2. 触针　3. 电容器

④清除脏污:熄火按钮由于油污、脏污,使其与低压线圈经常接触时,可拆开后清洗干净。

⑤保证高压线性能良好:高压线潮湿或绝缘橡胶裂纹引起"漏电",使其火花塞无高压火花时,应对潮湿的高压线烘干;绝缘不好的高压线应更换新品。

252. 磁电机高压火花微弱的原因及排除方法

(1)高压火花微弱的原因　①白金触点油污或烧损;白金触点间隙不正确。②高压线引出点接触不良。③高压端引出点裂纹损坏。④转子永久磁铁退磁,磁性变弱。⑤转子与磁极间油垢或污物过多。⑥配电器、分火头(C422 型磁电机)漏电。⑦变压器线圈因潮湿局部短路。⑧高压接触点磨损或弹簧弹力减弱。⑨轴承磨损、转子凸轮松动,使触点间隙改变或转子刮碰磁极(扫膛)。⑩低压电路接触不良等。

(2)故障排除方法　①断电器触点白金脏污和间隙的改变,可按前述(251 例)方法排除。轴承磨损后使其断电器触点间隙改变时,可在轴承和轴承盖间加入垫片调整,使其配合正常后,再重新调整触点间隙。②高压线插不到底,高压引出接触点与高压线离开。此时,可将高压线的橡胶垫圈向后移动,使高压线向里压紧,使其与引出触点接触。③高压引出触点裂纹损坏时,应更换新件。安装时,应注意使高压接触点与安全火花间隙电极相对。④拆卸磁电机应十分注意,永久磁铁转子不可撞击和加热。为了防止退磁,应用一根短的薄铁板使两磁极形成回路。退磁的永久磁铁可连同磁电机一起进行充磁。⑤磁电机壳体毡封损坏窜入机油或安装时转子前后轴承润滑脂过多而甩溅到转子与磁极间时,应拆下转子用汽油清洗转子及磁电机壳体,然后重新装复。C422 型磁电机润滑可通过盖体上方的油孔注入机油 10～20 滴。⑥配电器胶木盖、分火头被击穿漏电时,应更换。⑦变压器线圈受潮绝缘不好时,可在 105℃～110℃ 的干燥箱内烘干,然后,在线圈表面涂刷1145 绝缘清漆,再在同样温度下烘干即可使用。⑧高压接触点磨损或弹簧弹力变弱时,应更换新件。⑨转子轴承磨损间隙超过 0.1毫米时,在轴承和轴承盖间加垫进行调整。

253. 磁电机高压火花间断无规律的原因及排除方法

(1)**磁电机发出高压火花时断时续、无规律的原因**　①断电器触点松脱或接触不良,造成低压电路间断,导致高压火花无规律的间断。②轴承磨损,转子晃动,触点间隙经常改变,使高压火花间断。③活动触点臂弹簧弹力过弱,触点有时不能闭合或闭合迟缓。④高压线路松动,接触不良,使高压火花间断。⑤联轴节被动盘与转子轴固定键销磨损、松动。触点张开不定时,点火位角经常改变,使高压火花时强时弱,甚至间断。

(2)**故障排除方法**　①断电器触点油污和间隙改变时,应按前述(252 例)方法修理,松脱的触点可重新施焊。②活动触点臂弹簧过软,可更换新弹簧片。③按时检查、调整轴承间隙,紧固松动的凸轮螺栓。④联轴节被动盘键槽、转子轴键槽及半月键磨损后松动或固定螺栓松动,联轴节被动盘同轴套松动都应及时进行修理、紧固或施焊。但被动盘和轴套施焊时,应注意保持原来的配合位置。⑤主、被动盘销钉及飞块销钉孔磨损或折断时,可重新铆合销钉,更换新飞块。

254. 磁电机点火系火花塞怠速正常,高速时断火的原因及排除方法

(1)火花塞怠速时正常,高速时断火的原因 ①断电器白金触点间隙过大。②火花塞电极间隙过大。③断电器触点臂弹簧过软。④自动点火提前装置飞块磨损(C210B 型磁电机)。

(2)故障排除方法 ①经常检查调整断电器白金触点间隙,使间隙始终保持在标准范围内。调整方法同前,可参阅第 251 例。②注意清除火花塞电极积炭,调整电极间隙在标准范围内。③更换触点臂弹簧。④更换磨损飞块。

255. 磁电机点火系火花塞高速时跳火正常,低速时易断火的原因及排除方法

(1)故障原因 ①断电器白金触点间隙过小或白金触点烧损。②火花塞电极间隙过小。③启动加速器(C422 型)盘卷弹簧过软。④磁铁失磁。⑤传动齿轮错位(C422 型)。

(2)故障排除 ①火花塞电极间隙及断电器白金触点间隙过小,白金触点烧蚀时,可重新调整白金触点间隙和更换加速器盘卷弹簧。②磁铁退磁时,可在试验台充磁机上进行充磁。③传动齿轮定时装错时,须拆下磁电机重新对正安装。

256. 磁电机点火系火花塞不打火或打火弱的原因及排除方法

(1)在磁电机工作正常的情况下,火花塞不打火或打火弱的原因 ①混合气过浓,或燃油配制不标准,机油比例过大,使火花塞积炭或电极油污。②火花塞潮湿"漏电"。③火花塞温度过低而积炭。④火花塞电极间隙不正确。⑤火花塞绝缘体(瓷芯)破裂,火花塞短路等。

(2)故障排除方法

①过浓的混合气势必导致火花塞电极发火微弱或无火花(火花塞溺死):此时,可拆下火花塞,或打开启动机加油阀总成、曲轴

室放气螺塞,用拉绳快速拉转启动机飞轮,排除过多的燃油(可适当多转动几次直至排净)。

为防止混合气过浓,每次启动熄火时,应首先关小节气门和阻风门,使启动机降速,稍怠速后再熄火。不要在高转速下熄火启动机,以免被吸入的大量混合油不能燃烧溺死火花塞。每次启动前,最好能搅拌一下燃油箱内的燃油,只有在确认混合气过稀的情况下,才在启动前给启动机加燃油,否则会使混合气过浓溺死火花塞。

AK-10 型启动机润滑油是同汽油按一定比例混合的,应十分注意比例的准确(容积比)。

②火花塞潮湿、油污积炭及电极间隙不合适:排除方法见 264 例。

③火花塞绝缘体破裂:绝缘体破裂多是因为用大火烘烧火花塞造成的,应十分注意。发生此种情况,应更换新件。

257. 正确选择火花塞的方法

发动机工作时,火花塞绝缘体下部(裙部)的温度应保持在 $500℃\sim800℃$,低于此范围,火花塞容易积炭,导致火花微弱甚至断火;高于此范围,炽热的绝缘体容易将混合气点燃而产生"早燃"现象。

为了使火花塞具有稳定的正常工作温度,必须使火花塞散发的热量与从燃烧室中吸收的热量相平衡。由于不同发动机工作时的温度状况不同,火花塞的热负荷也就不同,因此要求火花塞具有不同的导热能力,故火花塞有"冷型"和"热型"之分(图 52)。"冷型"裙部短,受

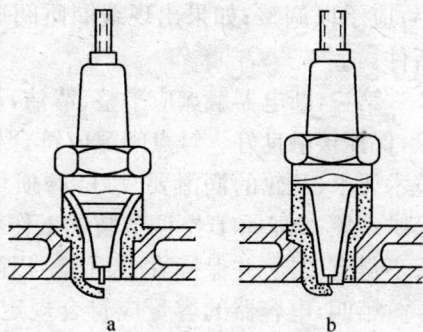

图 52　火花塞

a. 冷型　b. 热型

热面积小,散热快;"热型"裙部长,受热面积大,散热慢。介于两者之间的,通常称为"中型"。

不同的发动机应选用不同类型的火花塞,一般选用原则是:压缩比小,转速和工作温度较低的发动机,为避免火花塞过冷,应选用"热型"火花塞;压缩比大,转速和工作温度较高的发动机,为避免火花塞过热,应选用"冷型"火花塞。拖拉机的启动机多为冷机启动,一般选用"热型"或"中型"火花塞,如 AK-10 型启动机选用 4Z5 型(中型)火花塞,东方红-28 拖拉机选用 8Z2 型(热型)火花塞。

258. 汽油机点火系在使用时应注意的问题

第一,火花塞的型号要符合要求,应保证其热特性和旋入部分的长度适当;绝缘体裙部要清洁、无裂缝、不漏电;电极间隙应在标准范围内;密封圈完好;火花塞安装要松紧适度,以防漏气、损坏垫圈和造成绝缘体的温度过高。

第二,点火线圈的标定电压要与规定的电源电压相符合,附加电阻不得任意拆除,也不得使电阻长期短路。电路的连接要可靠,外部保持清洁,当发现温度过高或跳火电压不足时,应及时检查找出原因。如果是调节器限额电压过高或断电器触点间隙过小,应予以调整;如果出现线圈匝间短路或搭铁等故障,则应更换新件。

第三,断电器触点应平整、清洁,如有烧蚀或脏污时,要打磨清除,保证接触良好。触点间隙应符合标准,触点臂弹簧弹力应符合技术要求;凸轮的润滑要良好,磨损均匀;分电器轴不应有弯曲和松旷现象;离心和真空调节装置工作状态要正常;分电器盖和分火头不得有裂损,并保持清洁、干燥,以防漏电。

第四,电容器的容量应符合规定,安装时,连接要可靠。如果发现断电器触点易烧损,发动机工作无力,应检查电容器是否被击穿,外部连线和内部引出线是否断路或接触不良。

259. 检查、判断点火线圈技术状态是否良好的方法

(1)**检查附加电阻是否断路** 其方法是:将试灯的两端分别接在"开关—电源"和"开关"两个接线柱上,若试灯不亮,即说明附加电阻烧断,应更换。

(2)**检查低压线圈是否断路或短路** 其方法是:将试灯的两端分别接在"开关"与分电器连通的低压接线柱上,若试灯不亮,说明低压线路断路。然后将连接在"开关"接线柱上的一端拆下并触碰点火线圈外壳(另一端在原接线处不动),此时若试灯发亮,说明线圈搭铁。

(3)**检查高压线路是否断路** 在上述检查无异常的情况下,将高压线插入分电器盖内的一端拔出来,使其距离缸体3～5毫米,接通点火开关,一手拿住高压线,另一手拨动断电器触点,使触点不断张开和闭合。若高压线与缸体之间无火花跳过,即说明点火线圈损坏;若有蓝色火花并有清脆的响声,则表明点火线圈良好。

260. 分电器常见故障及排除方法

(1)**断电、配电器的故障及排除方法** ①分电器壳体裂缝。应更换新件。②分电器轴衬套磨损过度,造成与轴配合松旷。应修复或更换衬套。③分电器轴弯曲或轴颈磨损过度,使之在壳体内偏摆摇晃。更换新件。④凸轮磨损不均匀,使断电器触点闭合角度大小不一样。视磨损情况修复或更换凸轮。⑤凸轮棱角分布不均匀或几个棱角不同心。视具体情况而定,能修复的修复,无修复价值的更换新件。⑥断电器触点间隙过大或过小。应按要求将其调整至标准范围内。⑦断电器触点臂弹簧弹力过弱。应更换弹簧。⑧分电器盖裂纹或内部碳棒脱落,应更换分电器盖。重新装牢碳棒。⑨分火头损坏或积垢过多。清除积垢或更换分火头。⑩分电器导线松脱。应重新紧固导线。

(2)**容电器故障及排除方法** ①绝缘体被击穿,导致短路或漏电。应更换新件。②容电器内部连线断路。更换新件。③容电器

外部连接线断路或接触不良。重新连接。

(3)**点火提前角自动调节机构的故障及排除方法** ①离心块销子和销孔磨损过度。修复或更换新件。②拨板销与拨板长方槽磨损过度或弹簧松弛。应更换新件。③真空调节器内膜片破裂。更换新总成。④真空调节器内膜片弹簧过弱。更换弹簧。⑤真空调节器管道漏气。查明漏气位置并排除。

261. 汽油机分电器检修的内容

(1)**检查容电器是否失效的方法** ①取下分电器盖,打开点火开关,用一只手触摸容电器外壳,另一只手拨动断电触点使其开闭。此时,触摸容电器外壳的手有发麻感觉,即说明容电器被击穿漏电。②将中央高压线从分电器盖中拔出,在距离缸体 6 毫米处试火,然后再拆下容电器进行试火,若两次试火的跳火情况相差不大或相同,也证明容电器损坏失效,应更换新件。

(2)**检查分电器盖是否有裂纹、漏电** 将各缸火花塞上的高压火线拔下来,把分电器盖从分电器上取下,并使之悬空。这时,打开点火开关,一只手握住所有的高压分火线,并使每根线的端头都距缸体 6 毫米,另一只手拨动断电器触点,使之开闭,这时,只要有火花出现,即说明分电器盖有裂纹漏电。应更换分电器盖。

(3)**检查分电器盖高压线插孔中有无锈蚀或脏污** 若有锈蚀和脏污应及时清除。检查分电器盖内的碳棒是否发卡或脱落,若有发卡或脱落应及时修复。如修复困难,应更换新件。

(4)**检查分火头是否漏电** 将分火头从分电器轴的顶端拔下,空穴向上放在缸体上。再将分电器上的中心高压线拔出,将高压线端头对准分火头的空穴,相距 6 毫米。这时,打开点火开关,用手拨动断电器触点,使之开闭,若有火花跳过,说明分火头击穿漏电。

(5)**检查断电器触点是否有脏污、烧蚀或不平** 若有脏污应清除,若有烧蚀与不平,可用白金砂条修磨后使用。若烧蚀严重,可拆下在油石上修磨,但要注意切勿磨偏,磨修后的触点厚度不得小于 0.5 毫米,装配触点时,应保证固定触点与活动触点中心相差不得大于 0.2 毫米。

(6)**检查分电器轴和衬套的磨损情况** 分电器轴与衬套的正常配合间隙为 0.02～0.04 毫米,大于 0.07 毫米,应更换衬套。

衬套与座孔为压配合,过盈量为 0.01～0.03 毫米。

(7)**检查分电器轴是否弯曲或磨损过度** 若有弯曲应校直。若磨损过度应更换新件。若凸轮棱角的磨损量相差过大,将影响各缸的点火时间。各棱角的磨损量相差不得大于 0.05 毫米。若棱角磨损均匀,其磨损量超过 0.4 毫米时,也应更换新件。

(8)**检查分电器传动轴和传动齿轮的磨损情况** 传动齿轮磨损过度或损坏,应换新件。

检查传动齿轮的锁定横销是否松动、折断。若松动、折断,应换新销铆复。但在取出横销前,应注意检查分电器传动齿轮与衬套之间的间隙。若间隙不符合要求,可通过增减垫片调整。分电器传动轴是靠插头传动的,插头面的磨损应不大于 0.10 毫米。

(9)**检查离心调节器的磨损和弹簧是否过弱失效** 拨板销和拨板长方槽磨损,应及时修理。若配重弹簧拉力过弱,应换新件。检查配重弹簧的方法是:将分电器轴牢固的夹在台虎钳上,用手抓住凸轮,沿着其工作时的转动方向转动,待配重块转到极限位置时松手,若配重块能自动回位,说明弹簧可用,否则应换弹簧。

(10)**检查真空调节器的膜片是否破裂和管路是否漏气** 若是膜片破裂,应更换真空调节器总成。若是管路漏气,应查明漏气位置后予以排除。

262. 汽油机点火正时的检查及调整方法

(1)**点火正时检查** 拆下第一缸火花塞的高压线,并使其离开气缸体 2～3 毫米,然后接通点火开关并摇转曲轴,当第一缸高压线跳火时,停止曲轴转动,此时检查点火正时记号是否对准。飞轮上的正时记号"1～6"应与飞轮壳上的刻线对准(六缸发动机)。如有明显偏差应调整点火正时。

(2)调整

①调整分电器断电触点间隙：触点间隙的大小不但影响火花的强弱，而且影响触点开闭的迟早。若在调整点火正时后再调整触点间隙，即使是微小的变动，都会破坏已经调好的点火时刻，故必须在点火正时调整前，调好触点间隙，该间隙标准值在 0.35～0.40 毫米。

②找出第一缸压缩行程上止点的位置：拧松第一缸火花塞，慢慢摇转曲轴，当听到泄气声时，表示第一缸在压缩行程。打开飞轮壳上的检视窗口，再慢慢摇转曲轴，将正时记号对准。

③辛烷选择器的调整：有辛烷选择器的应将其调整在"0"的刻度位置上。

④确定断电器触点刚张开的位置：拧松分电器外壳的固定螺钉，将外壳先沿着分电器轴旋转的方向转动，使两触点处于闭合位置。然后接通点火开关，一面将分电器的外壳沿着分电器轴旋转的方向转动，一面使点火线圈的高压线对着搭铁处（2～3 毫米），直到发现火花时为止。最后将分电器外壳的固定螺钉拧紧。

⑤按点火顺序接好高压线：装回分火头，将第一缸高压线插在分电器盖和分火头导电片对准的插线孔内，以顺时针方向按 1、5、3、6、2、4 的顺序（六缸发动机），插好各缸高压线。

⑥发动检查：启动发动机，使之运转至正常工作温度后，突然加速，此时，若发动机发出短促而轻微的爆震声并立即消失，则表明点火时间适宜。如无爆震声，表明点火时间滞后，应松开分电器外壳的固定螺钉，将分电器壳向分电器轴旋转的相反方向转动少许，直至正时适宜为止。如爆震声严重，表明点火时间偏早，应将分电器外壳向分电器轴旋转的方向转动，直至点火正时适宜为止。

263. 火花塞间隙的正确调整方法

火花塞间隙一般为 0.6～0.7 毫米。如过大或过小，通过下压或撬起侧电极进行调整。

在实际工作中经常遇到，间隙在规定范围内，汽油机往往不能启动工作,间隙超出了这个范围,反而能启动工作。究其原因有以下3点:①跳火电压与气体有关。冬季冷车启动时,气体分子不容易电离,此时适当调小间隙就容易跳火启动。②有的机子因磁钢退磁,线圈绝缘性能下降等原因,磁电机产生的电压比较低,此时火花塞的间隙只能调得小些,才能击穿产生火花。③有的机子因活塞、活塞环、缸套等磨损,气缸压缩力下降,而启动困难,工作无力,而磁电机的性能却很好。此时可将火花塞的间隙适当调大一些,产生的火花就会比原来强一些,由于间隙大了,电弧也长些,因此比较容易点燃气缸中的混合气,以改善发动机的启动性能和工作性能。

264. 火花塞常见故障及排除方法

(1) 火花塞常见故障 ①火花塞电极积炭过多。②火花塞受潮。③火花塞电极间隙调整不当。④火花塞垫圈密封不严。⑤火花塞绝缘体裂损等。

(2) 故障排除方法 ①检查火花塞绝缘体是否有裂纹、破碎现象;检查火花塞壳体与绝缘体的连接是否牢固可靠。若发现火花塞绝缘体有裂纹或壳体与绝缘体连接不牢,应予更换新件。②检查中心电极是否烧损和侧电极是否开焊或脱落,一旦发现上述损坏,应更换新件。③检查火花塞的工作情况。检查方法一般常采用短路法。即:当发动机低速运转时,将被测火花塞的高压分火线与缸体间短路或断路,此时,如发动机有明显地抖动、运转不稳,表明火花塞技术状态良好。否则,即为火花塞损坏。应更换新件。④对积炭严重的火花塞,应彻底清除积炭。注意切勿损坏电极。⑤受潮的火花塞烘干后可继续使用。

(四) 液压系统

265. 拖拉机液压悬挂系统的正确使用及维护

①按时检查液压油箱油量,不足时添加。液压油应符合规格

要求，要清洁，加油时要过滤。按技术保养周期要求清洗液压系统滤清装置。装配时注意切勿漏装密封圈，以免"短路"。液压油工作温度应保持在 30℃～70℃为宜。

②新的或经高号保养以及修复的液压系统，装配到拖拉机上后，应按规定进行试运转。

③拖拉机启动前，应将液压泵分离手柄扳到"接合"位置，将分配器操纵手柄置于"中立"位置。

④长时间不用液压系统或液压系统发生故障须停止工作时，应将液压泵分离手柄扳到"分离"位置（必须在发动机熄火后进行）。

⑤挂接农具时，应将分配器操纵手柄置于"浮动"位置。

⑥操纵分配器手柄时，应准确、迅速，手柄到位后，应立即放开，以免妨碍自动回位，造成安全阀开启，导致液压系统发热，加速磨损。农具降落时，操纵手柄应迅速移到"浮动"位置，不要在"压降"位置停留；提升农具时，对于无自动回位机构的分配器，农具提升至需要高度后，手柄应迅速移至"中立"位置，不要在"提升"位置长时间停留。

⑦耕作中地头转弯时，要先提升农具，后转弯，以免损坏悬挂装置和农具。

⑧分配器在"浮动"位置时，悬挂农具靠自重下降，活塞杆下移，当定位挡板压下定位阀时，液压油缸下腔油路被关闭，农具不再下降。调整定位挡板在活塞杆上的高度，可以限制不带限深轮的悬挂犁的入土深度。配带有限深轮的农具作业时，定位挡板应移至最高位置（取下更好）。悬挂农具长距离运输时，应按下定位阀锁紧液压缸，以防农具下降。此时，定位挡板与定位阀杆间隙应为 10～12 毫米。

⑨操纵手柄的"压降"位置，一般不常用。只在悬挂犁靠自重入土困难时才采用。一旦犁入土后应立即将手柄移至"浮动"位置。

⑩液压泵、分配器和液压油缸是精密件，出厂时已调好，使用中一般不要调整，必须调整时，应进修理厂由专业人员在试验台上

进行。一般不轻易拆卸,必须拆卸时,切勿敲打、撞击、摔碰和注意清洁,杜绝因拆卸进入脏污。

266. 使用中预防和减少液压系统故障的方法

(1)**正确选用液压油** 应根据车型使用说明书的要求选用规定牌号的液压油。液压油选用的一般原则以工作系统压力为依据,工作系统压力高时,选用黏度较高的油,以免系统泄漏过多,效率低。工作压力在 100 千帕时宜选用黏度较低的油。黏度低的油,压力损失少。

矿物油的黏度受环境温度影响较大,环境温度高时,选用黏度较高的油,环境温度低时,则选用黏度较低的油。为保证在工作温度下较适宜的黏度,选用油时,必须考虑使用环境温度。

液压系统的工作部件运动速度高时,油液的流动速度也高,液压损失也随之增大,而泄漏率相对减少。因此,可选用黏度较低的油。相反,当工作部件运动速度低时,宜选用黏度较高的油。

(2)**防止杂质进入工作系统** 保养维修时,拆卸前应将外部灰尘、脏污清理干净,以防分解时,外部灰尘、脏污进入液压系统内。装配前零件应用柴油或煤油清洗干净,清洗时用毛刷,禁止使用纤维织物(棉纱)擦拭,以防进入系统内部造成堵塞。加油时液压油应经过充分沉淀、过滤,油箱应进行合理密封,通气孔应按规定时间进行清理,保证随时畅通。按技术保养要求,定期更换液压油,清洗滤清器(尼龙和铜网可刷洗后继续使用,纸滤芯应定期更换)。机车长期停放,油箱应加满油液,以防无油处锈蚀。

(3)**防止空气进入工作系统** 使用中油箱应加足油液,回油管应插入油箱油面以下,以防回油时空气混入液压油内,同时可防止液压系统停止工作时,空气进入回油管道。吸油口管接头应密封良好,以防漏入空气。按时清洗滤清器,以防脏污堵塞。每班保养应注意从放气阀放气,以免空气在系统中循环。

(4)**正确使用油泵** 平时不用液压系统时,应把油泵离合器分开。当须要使用液压系统时,应在发动机启动前接合油泵离合器。

在发动机运转时,不允许接合和分离油泵离合器,以免打坏离合器接合爪。避免油泵长期超负荷工作。安全压力不能随便调整。各种齿轮泵都有它的安全压力,应定期检查,根据需要给予适当调整。

(5)**合理使用各种控制阀** 操纵各种控制阀时,用力不要过猛,速度不能过快,否则产生的液压冲击,会损坏液压元件。当工作系统升或降至死点位置时,应立即放开操纵手柄。操纵手柄有定位的,扳到位置时应放开手,不应用手强行控制,否则系统工作负荷过大,会损坏液压系统一些薄弱元件,如胶管、密封圈等,造成泄漏,使液压系统油温升高等。

(6)**停车时应卸载** 机车停止作业时,应将液压油缸卸载,以防缸内的密封件和油管受压。这样,可以减轻液压元件的疲劳。

(7)**液压系统油温应在 30℃ 以上再进行作业** 如温度低于30℃,可让液压系统油液处于无负荷状态下循环,使油温自然升高至 30℃ 以上,然后再进行作业。

(8)**合理、文明拆装液压元件** 液压系统出现故障时,首先应针对故障表现分析故障的原因和部位。在分析故障时,应分段、分部位、先易后难、先外后内,查油、查温度和查各部紧固情况,有针对性的拆卸,避免盲目乱拆。

(9)**正确保养液压系统** 按使用说明书的要求,按时、按项进行号保养。

保养时,首先应清理干净液压系统外表的油泥和灰尘,其次检查各部元件是否齐全,各部紧固情况,运动部件是否有与机体机架相碰的部位,检查各部胶管是否与机架相摩擦,检查操纵手柄的工作位置是否正确(停车时,操纵手柄都应在中立位置)。工作前应检查油箱油位,要达到标准。检查各油管接头是否漏油等。

按规定时间更换液压油,清洗过滤器(或更换)。

作号保养更换液压油时,应彻底清洗液压系统的油路和管道。其方法是:①将溢流阀的进油及油缸的排油口堵死(油缸一般不通油清洗)。②在油泵吸油口安装滤油器,避免杂物进入泵内。在油箱回油口安装有 80～100 目网眼的附设滤清器。③清洗油可用温度在 38℃时黏度为 $2.0×10^{-5}$ 平方米/秒的透平油,清洗中不进行换向,清洗时间一般为 20～120 分钟。清洗后,必须把清洗油彻底排净。④清洗结束后,再将油缸和溢流阀连接在系统中,加足新油,从空载开始逐步运转,并从放气螺栓放掉液压系统中的残存空气。

267. 液压油泵的常见故障及排除方法

(1)油泵吸不上油或吸油不足

①故障表现:工作装置提升缓慢,提升时发抖或不能提升;油箱或油管内有气泡;提升时液压系统发出"唧、唧"的噪声。

②故障原因:液压油箱油面过低;没按季节使用液压油;进油管被异物严重堵塞;油泵主动齿轮轴骨架油封老化或损坏,空气进入液压系统;油泵进、出油口接头或弯接头"O"形密封圈损坏,弯接头的紧固螺栓或进、出油管螺母未上紧,空气从以上各处进入液压系统。

③故障排除方法:取出油管内的异物,加注符合牌号要求的液压油至规定油面高度。更换老化或损坏的骨架油封和"O"形密封圈,上紧接头处的螺栓或螺母。

(2)油泵供油不足或无油压

①故障表现:工作装置提升缓慢或不能提升;刚启动时工作装置能提升,工作一段时间后,液压系统油温升高后,则提升缓慢或不能提升;轻负荷能提升,重负荷时不能提升。

②故障原因:当液压油泵吸油正常,压油量少而压力低时,一般是油泵内漏所致,其原因:一是密封圈老化,产生永久性变形或损坏;密封圈直径较细,预压量小。二是齿轮油泵端面或主、从动齿轮轴套端面磨损或刮伤,两轴套端面不平度超差。三是油泵内部零件装配错误,造成内漏。四是"左机"装"右旋"油泵,冲坏骨架油封。五是用油牌号不符合季节要求。

③故障排除方法:一是,更换老化、变形或损坏的密封圈。二是,更换磨损的齿轮油泵或轴套。磨损轻微者,可在平板上将端面

研磨平整即可。两上轴套端面不平或低于泵体上平面超差时,应在下轴套下加垫铜皮来补偿。三是卸荷片和密封环必须装在吸油腔,两轴套才能保持平衡,以免歪斜、偏磨。卸荷片密封环应具有 0.5 毫米的预压量。四是导向钢丝的弹力应能同时将上、下轴套朝从动齿轮的旋转方向拧转一微小角度,使主、从动轴套紧密贴合。五是轴套上的卸荷槽必须装在吸油腔,以消除齿轮啮合时产生有害的闭死容积。"右旋"泵不能装在"左机"上,否则会冲坏骨架油封。遇此情况,应改装或更换匹配的油泵,更换损坏的骨架油封。六是根据季节的变化,及时换用符合要求的液压油。

268. 液压系统油路机件的检验和保养方法

①每班保养时,应检查油箱油位和液压系统密封的可靠性。油管或软管接头处渗漏时,应拧紧螺母,如仍不能消除渗漏,应更换软管。如橡胶密封圈处渗漏,则应检查密封圈,如有裂纹、皱褶、脱皮等现象,应更换新品。

②液压软管的连接必须防止急剧拐弯和扭转,通常规定软管接头处的曲率半径不小于软管外径的 8 倍。

③如须要拆卸部分零部件,应在清洁的室内进行,并将液压系统所有部件中的油放出,用螺塞塞住各管连接处的孔,在部件上塞上专用塞子,严禁用棉纱或破布堵住。

④液压系统油箱的滤清器,每工作 200～300 小时后,必须清洗。其方法如下:取下油管及滤清器盖→取出滤清器壳体,同时取出滤片→从壳体内取出滤清管,但禁止沿管子的螺纹转动球形阀的壳体,否则会引起阀门调节的破坏→用柴油清洗滤片、磁铁和滤清器其他零件,清洗后用压缩空气吹净→拆开油箱的通气盖,清洗气孔。

⑤液压系统中的油应按下述方法更换。一是将发动机熄火,立即把油箱和液压系统机件里的油放出,分配器和油泵的油经油缸和软管放出,油缸的油经管接头放出。二是重新连接软管,把清洗液压系统的柴油加入液压系统油箱,启动发动机,用悬挂装置提

升4～5次(使液压系统往复工作)。三是将发动机熄火,分别从油箱、分配器、油缸放出清洗的柴油,当油缸软管与油管分离时,必须将端面用清洁的布或纸包扎好,以防灰尘、脏污进入软管和油管。四是取出液压油箱中的滤清器,用柴油清洗干净。五是各部件安装完后,加满液压油,接合油泵,启动发动机,将分配器手柄置于"中立"位置,以低速运转2～3分钟,然后再增加转速继续运转3～5分钟,同时悬挂装置进行2～3次升降。

液压系统进行试运转后,应将油箱加油至正常油面高度。

269. 液压油泵拆装时的注意事项

①拆卸前应彻底清除壳体、接头及油管上的灰尘、油污。拆卸后,用专用堵塞,堵住油泵和油管的进出油口,以防脏物进入(严禁用棉纱等不清洁的纤维物质堵塞油管和油泵口)。将卸下的液压元件用柴油或煤油清洗干净,仔细检查零件的状态,确定其是否能继续使用。将能用的零件小心地放在工作台上待装,切勿互相碰撞,各种阀套与杆有标记的,应检查好标记的位置,偶件的配合不能互换,损坏时应成对更换。否则,易产生内漏和运动不灵活,影响液压系统的正常工作。

②橡胶密封件不能用汽油清洗。

③拆装时不准用硬件敲击或扳撬泵壳、泵盖、轴套等,以免划痕和碰伤,破坏泵的密封性。过紧的配合件可用铜锤或用专用工具装配。

④要严格控制轴套、齿轮组的总宽度,数值不够时,可适当增加垫片。

⑤润滑轴套的润滑油供油槽在进油口(低压腔)一侧,拆卸时要做记号,以免装复时错位。

⑥装轴套时,要按一定方向插入导向钢丝,导向钢丝的弹力能同时装两个轴套,并按被动轴旋转方向转动一个角度,从而使两个轴套的加工平面贴合紧密。

⑦装自紧油封和"O"形密封圈时,应在其表面涂一层薄薄的润

滑油,并注意将阻油边缘朝向前盖,切勿装反。

⑧卸压片及密封圈应装在低压腔一侧。

⑨在装好泵盖未拧紧螺栓之前,应检查泵盖和泵之间的间隙是否在 0.3～0.6 毫米,间隙过小,应更换大的密封圈和卸压密封圈。

⑩新装的油泵,应向油泵的进油孔注入适量的润滑油(10 克左右),用手扳动油泵输入轴转动数圈,应转动自如、无卡滞现象后即可使用。

270. CB 系列液压油泵工作能力下降的原因及修复方法

CB 系列泵工作能力下降,主要是由于油液漏泄和油泵吸入空气所致。具体原因及修复方法如下。

①主动齿轮轴前端的自紧油封老化损坏。弹簧脱落或弹力减弱,进油管接头松动、密封圈损坏或油管破裂,致使工作时吸入空气,油液乳化,产生大量泡沫,工作压力降低,农具提升缓慢并伴有抖动现象。修复方法是,更换老化损坏的油封、密封圈和破裂的油管;紧固松动的进油管接头。

②主动齿轮轴自紧油封及前轴套密封圈都损坏,大量的液压油漏入发动机曲轴箱。其修复方法是更换自紧油封和前轴套密封圈,并补加液压油至规定油面高度。

③卸压片密封圈老化、损坏或预压量不足,使压油腔与吸油腔沟通,内漏严重,不能建立正常的工作压力,农具提升缓慢或不能提升。其修复方法是更换卸压片密封圈,并保证在装配新的密封圈时有足够的预压量。

④出油管接头密封不严或油管破裂,油液外漏。其修复方法是重新密封紧固油管接头,更换破裂油管。

⑤卸压片错装在压油腔一侧,导致"液压补偿"失常,在高压油作用下,卸压片密封圈很快失去作用,农具不能提升。其修复方法是重新装配卸压片,牢记卸压片应装在吸油腔一侧。

⑥轴套偏转方向装错,或两轴套切平面磨损,造成接合面密封

不严而产生内漏。其修复方法是装轴套时,要按一定方向插入导向钢丝,即按被动轴旋转方向转动一个角度,使两个轴套的加工平面贴合紧密。

⑦轴套与齿轮端面磨损过度或磨出沟槽,油液大量内漏。其修复方法是应成对更换轴套与齿轮。

⑧长期工作中,油泵壳体、轴套和齿轮等逐渐磨损,使轴套与壳体径向间隙、齿轮啮合间隙与齿顶间隙增大,内漏增加。其修复方法是更换油泵总成。

⑨安装轴承时,误将轴套端面的供油槽朝向压油腔一侧,使漏油量增加,鼓坏自紧油封。拆卸油泵时,应事先做好标记。万一标记毁掉,应牢记装配时,轴套润滑的供油槽应在吸油腔一侧。

271. 为避免分置式液压系统高压软管爆裂,使用中应注意的几个问题

高压软管的爆裂一般都是由于使用不当所致,为避免高压软管爆裂,使用中应注意以下 5 个问题。

①耕作时,应将操纵手柄置于"浮动"位置,而不是"中立"位置。因为置于"中立"位置时,油缸上、下腔油道均被封闭,当农具起伏迫使油缸活塞上、下移动时,高压软管会因其内部油压急剧升高而爆裂。

②操纵分配器手柄时,要平稳、敏捷、准确,不应在过渡位置停留,扳到所需位置后,应立即放手。如自动回位机构失灵,提升终了时,应及时将手柄扳回"中立"位置,以防因滑阀把调节油路封死,造成安全阀开启,使高压软管经常承受较大负荷,降低承压能力。

③严禁随意调整安全阀开启压力,以免管路内油压过高而造成软管爆裂。

④悬挂农具运输时,将农具提升到运输位置后,应压下定位阀将油缸下腔封闭,同时应避免高速行驶,以防因农具颠簸造成油缸内油压剧增,使高压软管在过大油压冲击下爆裂。

⑤高压软管应具有适当长度,安装后,不应处于拉紧状态,不应有过大的弯曲和扭转,以免降低承压能力。

272. FP 型分配器的滑阀弹簧上、下座的装配要求

由于滑阀弹簧下座比上座高度大,装配换位后,会使滑阀位置下移,当操纵手柄处于"中立"位置时,回油阀不能开启,造成分配器工作失常。当扳动操纵手柄使滑阀上移时,滑阀弹簧还可能出现并圈现象,使操纵手柄扳不到"浮动"位置。所以安装时应注意滑阀弹簧上、下座的区别,以防位置装错。

273. CB 系列液压油泵轴套的正确安装要求

CB 系列液压油泵轴套安装时,其轴套应朝被动轴旋转方向偏转一角度。

CB 系列液压油泵采用分开式轴承,安装时如将两轴套的切平面平行放置,其间将出现 0.04～0.18 毫米的间隙(图 53a 中间隙 Δ)。为消除此间隙以防止泄露,就必须将两轴承向同一方向稍加偏转。此外,油泵工作时,主、从动齿轮都同时作用着两个大小相等的力,一个是作用在各齿面上的液压合力,另一个是作用在齿轮啮合处的啮合力(从动齿轮上的力,为主动齿轮的驱动力,主动齿轮上的力为从动齿轮的反作用力),这两个力对主、从动齿轮轴套所产生的影响,如图 54 所示:液压合力 T 和 T' 分别作用于主、从动齿轮轴轴心上,啮合力 N 和 N' 由啮合点 M 平移后,也分别作用于主、从动齿轮轴轴心上。但由于力 T 和 N 间的夹角大于力 T' 和力 N' 间的夹角,故合力 $R_\text{从}$ 大于合力 $R_\text{主}$(大约 20%),因此,从动齿轮轴套 2 比主动齿轮轴套 1 所承受的摩擦力矩大。在摩擦力矩的作用下,从动齿轮轴套将相对于主动齿轮轴套向从动轴的旋转方向转动。装配时,如使两轴套朝从动轴旋转方向偏转一角度,工作中两轴套切平面将会进一步贴紧。如果向相反方向偏转,切平面间则会出现间隙。所以,安装轴套时,必须使主、从动齿轮轴套同时向从动齿轮轴旋转的方向偏转一角度(图 53b、c),并应装好导向钢

丝4,导向钢丝弹力的作用方向应能保持这一角度。

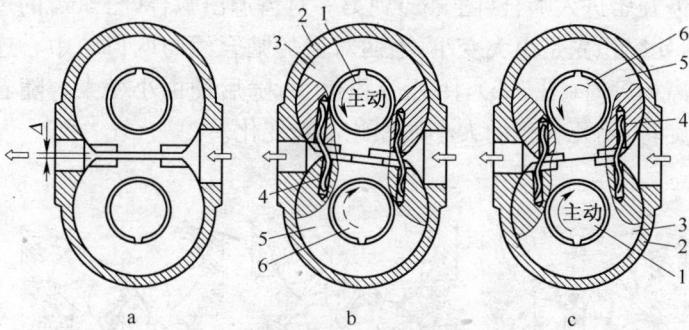

图 53　导向钢丝及轴套安装位置

a. 轴套切平面平行安装　b. 左旋泵轴套安装方向　c. 右旋泵轴套安装方向

1. 主动齿轮轴　2. 油泵壳体　3. 主动齿轮轴套　4. 导向钢丝

5. 从动齿轮轴套　6. 从动齿轮轴

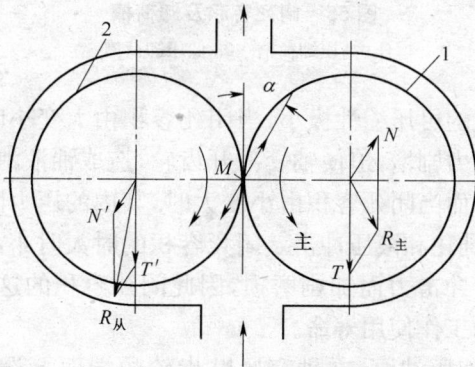

图 54　轴套受力示意图

1. 主动齿轮轴套　2. 从动齿轮轴套

274. CB 系列液压油泵轴套端面的卸荷槽的作用

卸荷槽的作用是为了消除闭死容积的有害影响。

如图 55 所示,齿轮油泵工作时,由于第一对齿尚未退出啮合,第二对齿便已开始进入啮合,在一定阶段内会出现两对齿同时啮

237

合的现象。因此,啮合线之间的空间便形成一个闭死容积。从第二对齿开始进入啮合(图 55a)到第一对齿退出啮合(图 55c)的过程中,闭死容积先是由大变小,当两对齿的啮合线与两齿轮中心连线的距离相等时(图 55b),闭死容积最小,随后便由小变大。随着齿轮的旋转,闭死容积的大小便如此不断变化。

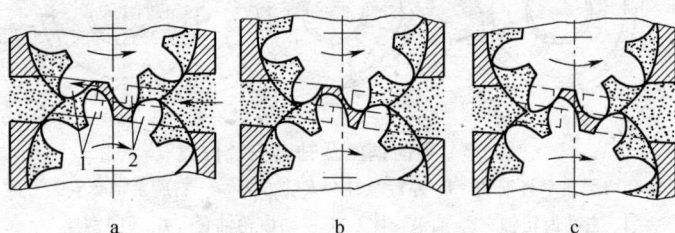

图 55　闭死容积及卸荷槽
1. 高压卸荷槽　2. 低压卸荷槽

　　由于油液的可压缩性极小,当闭死容积由大变小时,其内的油液受压缩而压力剧增,迫使轴套离开齿轮,造成油液泄漏、发热,油泵流量减小。而当闭死容积由小变大时,其内的压力降低,产生气蚀,引起油液乳化和液压冲击。闭死容积的时大时小,还会在齿轮与轴套上产生冲击力而加剧磨损,因此闭死容积的这种变化将大大减少油泵的工作使用寿命。

　　CB 系列液压油泵,在轴套紧贴齿轮的端面上设有两个卸荷槽,压油腔一侧的为高压卸荷槽,吸油腔一侧的为低压卸荷槽,装配后可形成两个通道,分别与压油腔和吸油腔相通,其间有轴套的凸起隔开。在齿轮转动过程中,当闭死容积减小时(图 55a),其内的油液经高压卸荷槽 1 被压入压油腔,既避免了压力剧增,又增加了供油量。当闭死容积增大时(图 55c),吸油腔的油液经低压卸荷槽 2 冲入其内,防止产生真空。而当闭死容积最小时(图 55b),轴套凸起的宽度能保证吸油腔与压油腔不相互沟通。这样便消除了闭死容积的危害,保证油泵能正常工作。

275. CB 系列液压油泵轴套的润滑原理

　　CB 系列液压油泵轴套的润滑是靠引入低压油进行的。轴套大端面靠近吸油腔一侧,设有径向供油槽,轴套内孔设有集油环槽和螺旋润滑油槽。油泵工作时,来自吸油腔的低压油,由供油槽进入集油环槽,在齿轮轴旋转带动下,沿螺旋润滑油槽进入轴套内,使轴和轴套得到润滑。如图 56 所示,润滑主动齿轮前轴套后的油,通过油泵盖上的两个斜油孔 B,流入从动齿轮轴前端的油泵盖空腔,并与润滑从动齿轮前轴承后的油,一起经从动齿轮轴中心孔 H,流向油泵体后端油腔 G,与润滑两个后轴套的油汇合后,通过由油泵体和两个后轴套所形成的三角形油道,流回吸油腔。

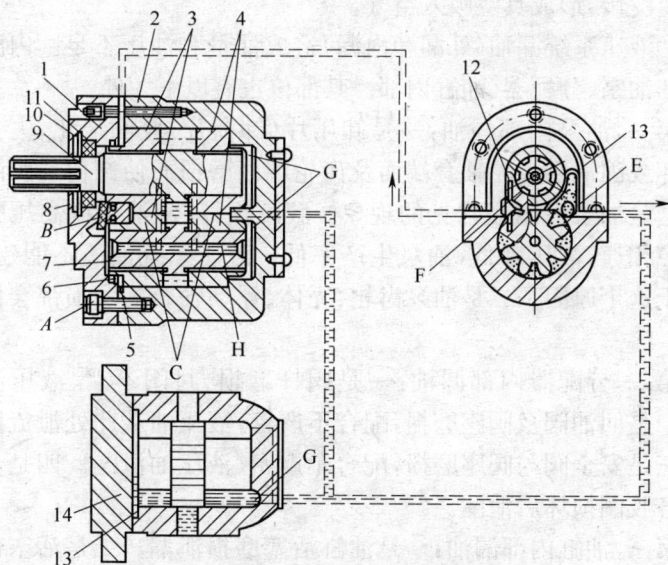

图 56　CB 系列液压油泵

1. 油泵盖　2. 油泵壳体　3、4. 轴套　5、6、13. 密封圈　7. 从动齿轮　8. 挡圈　9. 主动齿轮　10. 支承环　11. 自紧油封　12. 导向钢丝　13. 卸压片密封圈　14. 卸压片　A. 轴套与盖之间的间隙　B. 油泵盖斜油孔　C. 两轴套对接平面　E. 卸压片中间孔　F. 压油腔　G. 低压油通孔　H. 低压油轴心通孔

　　为保证润滑可靠,装配轴套时,应注意其位置是否正确。轴套

端面的供油槽应在吸油腔一侧,螺旋润滑油槽的旋向应能保证润滑轴套的油,由轴套内端流向外端,即从内向外看时,其旋向应与齿轮轴转动方向一致。例如,左旋泵主动齿轮前轴套和从动齿轮后轴套应为右旋,其余两轴套应为左旋。右旋泵则相反。

276. 农具提升缓慢的原因及排除方法

(1)悬挂农具提升缓慢的原因　进入油缸的油量减少,油压建立缓慢,供油断续,油压不稳定。

①空气进入液压系统中,使供油间断。其进气部位主要有以下 3 处:一是油箱、吸油管及油泵与油管接头处。二是油泵自紧油封损坏,吸入空气,较常见。三是油温低、油黏度大,吸油管路油液流动速度慢,形成真空吸入空气。

②液压系统漏油(外漏和内漏)造成油量和油压不足。内漏常发生在油泵、分配器、油缸内部。其部位也有以下 3 处:

第一,油泵内部漏油:一是卸压片(卸荷片)胶圈老化,失去弹性损坏或因油泵齿轮轴套端面及齿轮端面磨损而使卸荷片胶圈损坏。这是油泵内漏最常见的现象。胶圈损坏,使油泵内高压腔和低压腔相通,油压降低,油泵生产率低。液压系统油压不能建立,多属于这个原因。二是油泵齿轮、壳体、浮动轴套的磨损都会使其内漏。

第二,分配器内部漏油:一是阀杆磨损、封闭不严、液压油泄漏。二是回油阀及阀座磨损,配合不严密,液压油从此处泄流回油箱。三是安全阀与阀座磨损,配合不严密,液压油泄漏。四是分配器内各胶圈损坏后泄漏。

第三,油缸内部漏油:一是油缸活塞磨损泄漏。二是活塞密封圈损坏泄漏。三是活塞固定螺母松脱,油液从活塞与活塞杆间泄漏。

上述的两个原因是由油液从油缸下腔窜入上腔,油缸内压力下降,使农具提升缓慢。

③缓冲阀堵塞或装反(将缓冲阀装入通往油缸上腔的油管接

头内),农具提升时,通往油缸下腔的油和油缸上腔油流出的阻力加大,导致农具提升缓慢。油箱中液压油过滤器堵塞时,也同样增加阻力。

④油温过高。油温高油黏度降低变稀,加上各零件的磨损,油液泄漏增加,油压降低,使农具提升缓慢。其造成油温过高的原因有以下 3 点:一是油箱中液压油不足。二是油箱滤清器脏物堵塞。三是分配器手柄长时间处于"提升"或"压降"位置,液压系统长期超负荷。

⑤油温过低,液压油黏度大,流动缓慢,供油量不足,致使流入油缸的液压油缓慢。

⑥液压油不清洁,杂质将安全阀或回油阀垫起,关闭不严而泄漏,使提升缓慢。

⑦油管弯曲、挤扁,流通截面减小,节流损失增大,导致提升缓慢。

⑧有双向逆止阀的液压系统,双向逆止阀两滚花螺母拧得不够紧,两钢球在弹簧弹力的作用下靠近座面,使通道截面变小,有碍油的畅通,产生较大的节流损失,导致提升缓慢。

⑨左旋油泵安装成右旋油泵或右旋泵装成左旋油泵,使其容积率降低,导致提升缓慢。

(2)故障排除方法

①排除液压系统中的空气。方法如下:操纵分配器手柄,使悬挂机构连续升降,然后将油缸上、下腔放气螺塞拧松,待空气排净后,再拧紧螺塞。检查各油管接头、清洗过滤器、查看油管有无裂缝等,如均无漏气现象,最后检查油泵自紧油封的技术状态,如有损坏漏气,应更换新品。

②油泵浮动轴套端面磨损后,卸压片密封破坏时,可拆下浮动轴套成对研磨,两轴套的高度差不得超过 0.01 毫米。

齿轮及轴套安装后,轴套在壳体端面下沉量不得大于 0.10 毫米。过大时,可在后轴套的小端面处加垫片调整,以轴套和齿轮装配后的总厚度与壳体平面平齐为宜。如下沉量过多时,应更换轴套。

油泵壳体、齿轮等件磨损时,应进行修理或更换新件。修后的泵,应进行试验和试运转。

③缓冲阀堵塞时,可拆下清洗,装错位置的缓冲阀应换位重装。

④为保持液压油清洁及正常的工作温度,应注意每班检查液压油箱油面高度,不足时加添。按时清洗过滤器(每工作 300 小时清洗一次),清洗时不能损坏过滤片、铜垫。带安全阀的过滤器,注意保持安全阀正常工作压力(3~3.5 千克/厘米^2),不要使安全阀的调节螺母与中心管有相对的转动,否则将影响安全阀的开启压力。

冬季(气温低)使用液压悬挂时,作业前可利用液压系统自身回油循环的方式进行预热,待有足够的温度(30℃以上)后方可工作。

⑤回油阀被杂物垫起泄油时,可用小锤在分配器安装回油阀的地方轻轻敲击,使回油阀受振下落。也可将操纵手柄置于"提升"位置停留一会,使油液从回油阀泄油时,冲洗回油阀及座。严重时应拆卸后清洗。

回油阀与阀座接触不严密时,可将细研磨剂涂在回油阀的锥面上,与座进行研磨。研磨后清洗干净,再用煤油检查密封性,5 分钟内无渗漏现象即可。

安全阀被杂物垫起时,可将操纵手柄放在"提升"(或"压降")位置停留一会,当听到安全阀开启的"嗡、嗡"响声后,扳回"中立"位置,让油液通过安全阀进行冲洗。安全阀与阀座不严时,应检查后清洗或更换新件,重新调整开启压力。一般应在实验台上进行调整。其额定压力为 130 千克/厘米^2。

⑥油管有弯曲、挤扁、裂纹漏油时,应进行修理或更换新件。

⑦拧紧双向止回阀螺母。

277. 农具不能提升的原因及排除方法

(1)农具不能提升的原因 分配器操纵手柄扳到"提升"位置时,农具不能提升,分配器有响声,或操纵手柄扳到"提升"位置后,立即跳回"中立"位置。出现上述现象的原因应当是：油泵磨损、分配器滑阀及阀座磨损，油缸活塞磨损等，此外还有：①油泵动力没有接通或油泵离合器接合不良，工作中自行脱开或插销折断。②油箱缺油。缺油较少时，农具提升缓慢，缺油较多时，农具根本不能提升。③回油阀升起后卡死。④回油阀圆锥与阀座间有机械杂质、橡胶块等杂物垫起，液压油从回油阀流回油箱，不能进入油缸。⑤安全阀钢球被杂物垫起或阀座磨损密封不严。⑥安全阀弹簧压力调整过低。⑦油缸定位阀与定位卡箍间隙调整过小或没有间隙，致使定位阀无法克服主油缸活塞杆的承载能力而上升，使油路堵死。⑧悬挂装置负荷过重或悬挂杆件卡死。⑨有双向逆止阀的液压系统，双向逆止阀滚花螺母没有拧紧，两个钢球在弹簧弹力的作用下靠在座面上，将油路通道堵死。

(2)故障预防措施 ①经常保持液压油箱有充足的油液。②使用清洁的液压油，以防杂质混入，垫起回油阀、安全阀和加速磨损。③安全阀弹簧压力不得随意调低。需要调整应在实验台上进行，调至标准值。④油泵离合器应经常处于良好的技术状态，爪式离合器应接合牢固、彻底，以防跳齿脱落打坏结合爪。接合和分离离合器时，都应在停车时进行。

(3)故障排除方法 ①首先检查油泵动力是否接通，不易检查的拖拉机，可通过观察油箱液压油是否流动，整个系统是否有响动进行判断：若油不流动、无响动，发动机负荷无任何改变，即可确定油泵动力没接通。应将发动机熄火，重新接合动力后，再启动发动机。②油缸定位阀与定位卡箍间隙过小或无间隙时，应将其调整至标准值。③回油阀被杂物垫起时或卡死时，可用小木锤敲击分配器回油阀处数下，以将其振动落回原位，如排除不了，可拆下回油阀用柴油清洗。

278. 从液压油箱加油口处冒泡沫的原因及排除方法

(1)液压油管加油口处冒泡沫的原因 从液压油箱加油口处冒泡沫，严重时，液压油从加油口处窜出，其主要原因是液压系统中有空气。造成空气进入液压系统的原因及部位是：①齿轮油泵主动轴自紧油封不严或损坏，空气从此吸入。②油泵吸油口胶圈损坏、螺栓松动、胶管卡箍不紧或油管接头螺母没拧紧。在吸油口处真空度作用下，空气不断被吸入液压系统中。③油箱出油口处滤网或过滤器堵塞，在油泵的作用下，油箱吸油过滤器及管路中形成真空。大量空气从过滤器及管路接头处吸入。④液压系统工作时油温过低，油泵运转速度太高，液压油流动性差，形成真空，吸入空气。

(2) 故障排除方法　①更换损坏的自紧油封。②更换吸油口胶圈，拧紧松动的螺栓、胶管卡箍及油管接头螺母。③清洗滤网和过滤器。④液压系统投入作业前，先进行预温，当油温在 30℃ 以上时，再投入作业。

279. 农具提升后自动下沉，不能保持运输状态的原因及排除方法

悬挂农具提升至运输状态后，不能稳定保持其运输高度，尤其在道路不平颠簸后很快下降。

(1) 造成这一现象的原因

①分配器的故障：分配器滑阀与壳体滑阀孔磨损，间隙增大，运输时（即"中立"位置）油缸下腔液压油在农具压力作用下，冲刷阀杆与阀体，使其磨损。液压油从磨损的滑阀与壳体滑阀孔处渗漏，流回油箱，油缸活塞下沉，使农具渐渐下降，不能保持在运输状态。

②油缸的故障：一是油缸活塞密封胶圈磨损或损坏。二是油缸活塞固定螺栓松动，活塞与活塞杆密封胶圈磨损或损坏。三是活塞与缸体磨损。

上述故障造成油缸内部漏油，油缸下腔的油向油缸上腔漏窜，活塞及活塞杆下沉，农具不能保持稳定的运输状态。

③油缸、油管漏油：油缸下盖与缸体的胶圈、油管接头胶圈损坏漏油，使油缸下腔油压降低，造成农具下沉，降低运输高度。

④油缸定位阀损坏：油缸定位阀是为了保持农具一定提升高

度而设。由于定位阀密封胶圈损坏,定位阀压入阀座后,油腔下腔的液压油在农具重量的作用下,沿油管、定位阀、油缸下腔进油口流出,导致悬挂农具运输高度降低。

(2)故障排除 ①分配器滑阀与阀体孔的标准配合间隙为0.004～0.008毫米。当配合间隙超过时,可用特制铰刀将分配器滑阀孔铰圆至消除磨损痕迹,再用铸铁制的研磨棒涂氧化铬研磨膏研磨,磨损的滑阀可表面镀铬加大尺寸后,在外圆磨床上加工外圆,然后同分配器阀体在研磨机上研磨。②活塞密封圈磨损后应更换新品,缸体和活塞磨损时,应研磨油缸,重新选配活塞。活塞固定螺栓松脱时,应抽出活塞杆重新紧固,消除松脱和渗漏现象。③更换损坏胶圈。④更换定位阀胶圈或定位阀总成。

280. 分配器手柄在农具上升和下降到终点后,不能自动跳回"中立"位置的原因及排除方法

(1)故障原因

①回位机构失灵,造成失灵的原因为:一是自动回位机构分离滑套、支承滑套磨损;二是升压阀钢球卡死;三是升压阀座圆柱销磨损或折断。

②滑阀弹簧弹力减弱或折断。

③滑阀卡住。

④回油阀节流小孔堵塞时,回油阀上腔无压力,油泵来的高压油迫使回油阀打开,液压油流回油箱。所以,油道内不能建立正常油压,提升农具缓慢,也不能克服回位机构油压控制弹簧弹力,打开升压阀而使滑套回到"中立"位置。

⑤安全阀压力低于自动回位升压阀弹簧压力。工作时,安全阀提早打开,使回位机构油路得不到应有的压力,升压阀钢球不能克服控制弹簧弹力而开启。因而,也不能带动分离套筒脱离定位弹簧的控制而自动回位。

⑥油温过高或过低,自动回位机构不能工作。当油温高于60℃时,机油变稀,油路中渗漏增加,压力降低,回位机构不能工作。当油温低于30℃时,机油黏度大,过滤缓慢,回位机构油路压

力降低,回位机构不能工作,不能自动回位。

(2)故障排除方法

①自动回位机构的升压弹簧弹力失调时,应检查调整。在弹簧秤上检查其压力在 12.1~12.7 千克时,压缩长度不应小于 49 毫米。

自动回位机构的调整方法是:拆下分配器下盖,用螺丝刀拧入(或拧出)调节螺钉(拧入压力增高,拧出压力降低),直至压力调到 100~110 千克/厘米^2。

②回油阀节流孔堵塞时,应拆下回油阀清洗,用打气筒吹净后装回原位。

③安全阀压力过低时应予以调整。安全阀的调整一般应在有压力指示仪表的情况下进行,以保证其更准确。在没有设备时,应由有专业经验的修理工和驾驶员进行,不能乱拆卸调整。调整时,一般应先拆下安全阀罩,拧松回转螺母,用螺丝刀拧紧调整螺钉,每次可转 1/2 圈,直至压力合格为止。

④滑阀卡住时,用手扳动分配器手柄,在各位置滑动几次即可排除。

⑤液压系统的正常工作温度为 30℃~60℃,温度过高和过低都会造成回位机构失灵。温度过低时,分配器往往会发出尖叫声,这时可将分配器手柄在"上升"和"压降"位置上扳动数次,待温度至 30℃以上时(尖叫消失)即可恢复正常工作。

液压油应随季节气温的变化合理选用。一般夏季使用 30 号 CA 级柴油机油,冬季使用 20 号 CA 级柴油机油。应十分注意所用机油的清洁,并按时清洗过滤器,以免杂质过多卡住滑阀或升压阀。

281. 分配器手柄不能定位的原因及排除方法

分配器滑阀不能在指定的位置(提升、下降、中立、浮动)固定住,即为定不住位。现将造成上述现象的原因及排除方法说明如下。

(1)无自动回位机构的分配器(如 ZF75 型)不能定位的原因及

排除方法　①滑阀定位弹簧折断、失效，导致定位钢球无力卡在滑阀定位孔内。其修复方法是更换新弹簧。②滑阀定位槽磨损，定位钢球卡不住。其修复方法是修复或更换新件。

(2)有自动回位装置的分配器不能定位的原因及排除方法
①弹簧定位机构的定位弹簧倒角磨损和自动回位机构压力调整过低：一是如果在"上升"位置不能定位，是下定位弹簧折断或支承套筒上端磨损。其修复方法是更换弹簧，修复或更换支承套筒，并重新调整回位机构压力至标准。二是如果在"工作"位置不能定位，是下定位弹簧折断或支承套筒下端磨损。故障排除方法同上。三是如果在"压降"位置不能定位，是上定位弹簧折断或分离套筒倒角端磨损。故障排除方法同上。

②钢球定位机构（FP 型分配器）：一是钢球、支承套筒、定位孔、定位弹簧座磨损。二是定位弹簧折断或弹力降低，定位失调。三是自动回位机构压力调整过低。

钢球定位机构故障排除方法：一是对磨损损坏的零件，能修复的修复，无修复价值的更换新件。二是折断的弹簧应更换新品。三是压力调整不当的应重新调整至标准值。

三、谷物收割机械

（一）麦类作物联合收割机

282. 谷物联合收割机在作业过程中正确使用及调整的内容

联合收割机在作业过程中的合理使用和正确调整，是实现高效、低耗、优质、安全生产的重要保证。其主要内容如下：

(1) **合理使用作业速度** 作业速度的快慢决定喂入量大小和工作质量的好坏。作物产量高、密度大，谷草比大，茎秆潮湿和杂草多时，作业速度可适当慢。但作业速度的快、慢只能通过挡位的变换来实现，不允许用改变油门位置来控制速度的快慢。

(2) **发动机只能以额定转速工作** 作业过程中，不论喂入量如何变化，发动机只能以额定转速工作，决不允许因喂入量的变化而改变油门位置，改变发动机转速。

(3) **割台高度的调整** 根据作物长势、产量、倒伏情况灵活掌握，以不漏穗为原则。割茬高度一般以 100～180 毫米为宜。

(4) **拨禾轮调整** 拨禾轮的调整是否合理，直接影响切割质量和割台损失量。作业中应视作物生长情况，随时进行高低、前后、转速、压板位置和弹齿角度等的调整。

①拨禾轮高度调整：正常情况下，以压板打在株高的 2/3 处为宜。割倒伏或矮秆小麦时，拨禾轮应向低调，直到能扶起倒伏的作物为宜。最低位置时，弹齿最低点与切割器之间的间隙应不小于 20 毫米，以免打毁刀片。

②拨禾轮前后位置调整：正常情况下，拨禾轮轴线应位于割刀刀尖前 6～7 厘米。收割倒伏作物，倒伏方向与机器前进方向一致

时(即顺倒伏方向),拨禾轮应前移,反之则后移。后移时,拨禾轮压板与割台推运器伸缩拨齿之间的最小间隙,不得小于 15 毫米,以免与拨齿相碰。

③拨禾轮弹齿角度调整:正常情况下,弹齿应处于垂直或向前 15°角,收割倒伏作物时,弹齿应向后呈 15°～30°角,以利于挑起倒伏秸秆。

④压板位置调整:收割直立而又低矮作物时,应向下调,收割重头作物时,压板应固定在中间位置或上部。收割倒伏作物时,应卸下压板。

⑤拨禾轮转速调整:拨禾轮转速应随作业时机器前进速度的变化而变化。合理的调整关系应当是:拨禾轮外缘线速度应为机器作业时前进速度的 1.5～1.7 倍。肉眼观察,被切割器切割时,作物应处于直立或稍向后倾斜状态为宜。

(5)**滚筒与凹板间隙的调整** 这是联合收割机作业过程中最重要的调整。间隙大小直接影响脱粒质量。间隙大小的调整完全取决于作业条件的变化。正常情况下,一天之中,早、晚间隙调小,中午间隙调大。作物潮湿、杂草多时,间隙适当调小些,反之,间隙适当调大些。总的原则是:在保证脱粒干净的前提下,尽可能调大滚筒凹板间隙,以利于提高生产效率。绝对不允许因负荷大小调整滚筒间隙。

(6)**清选装置调整** 工作中,上筛筛片开度应尽可能大些,以筛面不跑粮为原则。一般情况下,下筛开度为上筛开度的 1/3～2/3。正确调整筛片的开度,其粮食清洁率高,杂余推运器没有或只有极少量的籽粒。如果杂余推运器中混入大量籽粒,而调整筛片开度和风量效果仍不理想时,应调整筛子的倾斜角度。即将下筛后部调高;若粮食清洁度差,调整筛孔风量不理想时,应将下筛后部放低。

尾筛的正确调整能减少籽粒和断穗的损失。尾筛筛孔开度及倾角太大,使杂余量增加,严重时,造成杂余搅龙堵塞;尾筛筛孔开度和倾角太小,会出现籽粒、断穗,使损失增大。作业中应注意观察、检查并进行合理调整。

(7)**风扇风量风向调整** 根据作业的实际情况,配合清粮筛进行综合调整。其原则是:在筛面不跑粮的前提下,尽可能调大风量,以利提高粮食的清洁率。

(8)**收割倒伏作物时的调整** 收割倒伏作物应采取综合调整措施,尽量减少损失。具体实施应从 4 个方面入手:一是采取正确的运行路线。机组运行方向应与倒伏逆方向垂直或成 45°角为最好;二是在切割器上装配扶倒器,将倒伏作物挑起来,以利于切割、喂入;三是合理调整拨禾轮位置、弹齿角度;四是适当放慢机器前进速度。

283. 谷物联合收割机作业质量的评定标准

评定谷物联合收割机作业质量好坏主要有 3 项指标:即收割总损失率、破碎率和清洁率。

(1)**总损失率** 总损失包括割台损失率和脱粒损失率。

①割台损失率:作业过程中,割台造成的落粒、掉穗和漏割的籽粒总重量为割台损失,其损失率计算方法如下。

$$S_{割} = \frac{W_{割}(B \times L)}{W_{籽总}} \times 100\%$$

式中 $S_{割}$——割台损失率(%)

$W_{割}$——割台每平方米实际损失量(克/米²)

$W_{籽总}$——测区内籽粒总重量(克)

B——平均实际割幅(米)

L——测区长度(米)

②脱粒损失率:脱粒损失主要包括脱不净损失茎秆夹带和清选损失。

从茎秆和清选分离排出物中,拣出未脱和未脱净的穗头,由穗头上脱下的籽粒为脱不净损失;在排出的茎秆中夹带的籽粒为茎秆夹带损失;由清选装置排出物中裹带的籽粒为清选损失。将上述清理出的籽粒分别称重,按下式计算各自的损失率:

脱不净损失率：$S_{不净} = \dfrac{W_{不净}}{W_{籽总}} \times 100\%$

茎秆夹带损失率：$S_{夹} = \dfrac{W_{夹}}{W_{籽总}} \times 100\%$

清选损失率：$S_{清} = \dfrac{W_{清}}{W_{籽总}} \times 100\%$

脱粒损失率：

$$S_{脱} = S_{不净} + S_{夹} + S_{清}$$

$$W_{籽总} = W_{粮} \times C_{清} + W_{不净} + W_{夹} + W_{清} + W_{割}(B \times L)（克）$$

式中　　$W_{籽总}$——测区内籽粒总重量（克）

　　　　　$W_{不净}$——脱不净损失量（克）

　　　　　　$W_{夹}$——茎秆夹带损失量（克）

　　　　　　$W_{清}$——清选损失量（克）

　　　　　　$W_{割}$——割台每平方米实际损失量（克）

　　　　　　$W_{粮}$——出粮口接取的籽粒量（克）

　　　　　　$C_{清}$——清洁率（%）

联合收割机总损失率为割台损失率和脱粒损失率之和。用公式可表示为 $S = S_{割} + S_{脱}$。

国家要求联合收割机收割总损失率小于 2%。

(2)**破碎率**　籽粒具有破碎、裂纹、破壳(皮)者均为破碎粒,其重量 $W_{破}$ 与样品中所有籽粒重量之比,称之为破碎率 $C_{破}$。计算方法为：

$$C_{破} = \dfrac{W_{破}}{\sum W_{籽}} \times 100\%$$

式中　　$W_{破}$——破碎籽粒重（克）

　　　　$\sum W_{籽}$——样品中所有籽粒重（克）

测定时取样的方法、要求,见第 284 例。

国家对联合收割机工作质量要求,破碎率小麦的不大于 1.5%,水稻的不小于 1%。

(3)**清洁率**　评定谷物联合收割机清洁率的方法参见 284 例。

284. 联合收割机脱粒质量评定的主要内容

评定脱粒质量的内容为:清洁率、包壳率、破碎率、断穗率 4 项指标。测定时,由颗粒升运器出粮口直接接取样品,不能取已流入粮箱或粮袋中的籽粒为样品。样品分 2 次间隔接取,每次取 1 000克,然后用十字划线对角取样法,取出样品 100 克,从中分别选出破碎籽粒、包壳籽粒(取下粒壳)、断穗籽粒(小麦取下颖壳和穗梗,水稻取下支梗)、完整籽粒(水稻包括带柄籽粒)及杂质,分别称重。计算方法如下:

(1)**清洁率** 样品中所有籽粒重量 $\sum W_籽$(完整籽粒、破碎籽粒、包壳籽粒和断穗籽粒)与样品总重量 $W_样$(所有籽粒重 $\sum W_籽$ 和取下的颖壳、穗梗和杂质等重量之和)之比为清洁率 $C_清$。

$$C_清 = \frac{\sum W_籽}{W_样} \times 100\%$$

联合收割机收割的清洁率国家标准,收小麦应大于 98%,收水稻应大于 93%。

(2)**破 碎 率** 破碎籽粒重量 $W_破$ 与样品中所有籽粒重量之比,为破碎率 $C_破$。

$$C_破 = \frac{W_破}{\sum W_籽} \times 100\%$$

联合收割机收割的破碎率国家标准,小麦的小于 1.5%,水稻小于 1%。

(3)**包 壳 率** 籽粒被颖壳全部紧密包裹者称为包壳(指小麦),其籽粒重 $W_包$ 与样品中所有籽粒重量之比为包壳率 $C_包$。

$$C_包 = \frac{W_包}{\sum W_籽} \times 100\%$$

(4)**断 穗 率** 一粒或一粒以上籽粒带有穗梗(穗梗或一个空壳)以及两粒以上连在一起者,均称为断穗。其籽粒重量 $W_断$ 与样品所有籽粒重量之比,为断穗率 $C_断$。

$$C_断 = \frac{W_断}{\sum W_籽} \times 100\%$$

285. 联合收割机作业时割刀堵塞的原因、排除方法及预防措施

(1)**割刀堵塞的原因及排除方法** ①作业地块中有石块、木棍、铁丝等杂物。遇此情况,应责成专人彻底清除障碍物。②动、定刀片间隙过大。应按要求调整刀片间隙;活动刀片与固定刀片前端间隙应小于 0.3 毫米,后端间隙为 0.5~1.0 毫米。③刀片与护刃器损坏。应更换新件。对变形的护刃器,视情况能校正的可以校正后再用。④动、定刀片不对中心。技术要求,当割刀片处在两极端位置时,所有动刀片中心线与定刀片(或护刃器)中心线应重合,其偏差最大 3~5 毫米。调整方法是:驱动机构为曲柄连杆机构的,通过改变连杆长度进行调整;采用摆环机构的,通过改变摆杆前支座球面轴承的位置进行调整;采用行星齿轮机构的,采用微调螺钉作微量调整。⑤作物茎秆低矮、杂草过多造成堵塞。这应当采取综合调整措施进行调整:尽量降低割台高度;调整拨禾轮的高度(以弹齿不碰割刀为原则),将拨禾轮适当后移;适当提高拨禾轮的转速;将拨禾轮压板调到最下位置等。

(2)**预防措错** ①作业前搞好地块调查,彻底清理地块中的杂物。以防作业中出现堵刀现象。②提高联合收割机检修、安装、调整的质量。作业开始前将所有需要调整部位,调至标准状态。检修时,凡有缺陷的零部件,只有修复至标准状态时,才能装配使用。③作业中,驾驶人员应精力集中,注意观察作物长势,随时进行调整。

286. 切割器刀片、护刃器及刀杆(刀头)损坏的原因及排除方法

(1)**切割器护刃器损坏原因及排除方法** ①硬物(石块、木棒等)进入切割器,打碎刀片及护刃器。其排除方法是:清除硬物,更换损坏的刀片及护刃器。②护刃器变形。其排除方法是:应校正或更换新件。③定刀片高低不一致。其排除方法是:按技术要求

重新调整,保证所有定刀片在同一平面上,其偏差不应超过 0.5 毫米。④定刀片铆钉松动。其排除方法是:重新铆接定刀片。

(2)刀杆(刀头)折断的原因及排除方法 ①割刀阻力大(如护刃器不平、刀片断裂、压刃器无间隙及塞草等)。其调整方法是:应调整护刃器,使所有护刃器及定刀片在同一平面上,其偏差在 0.5 毫米以内。压刃器与动刀片间隙最大不应超过 0.5 毫米。断裂刀片应更换。②割刀驱动机构安装调整不正确或松动,应重新调整驱动机构,使割刀在极限位置时,动、定刀片中心线重合。对松动部位重新紧固。

287. 拨禾轮常见故障及排除方法

作业中拨禾轮较常见故障为:拨禾轮打落籽粒太多、拨禾轮缠草、拨禾轮翻草等。

(1)拨禾轮打落籽粒太多的原因及排除方法 ①拨禾轮转速太高。其调整方法是:降低拨禾轮转速。拨禾轮转速应随收割机作业的前进速度的变化而变化,正常情况下,拨禾轮运动特性系数 $\lambda = \dfrac{V_{拨}}{V_{机}}$,该值在 1.5～1.7 较为理想。②拨禾轮位置偏前。其调整方法是:适当后移拨禾轮。③拨禾轮太高打击穗头。其调整方法是:降低拨禾轮高度。正常情况下,拨禾轮拨禾时,压板(或弹齿)应扶持在株高的 2/3 处为宜。

(2)拨禾轮缠草的原因及排除方法 ①作物长势蓬乱。②茎秆过高、过湿、杂草较多。遇此情况应灵活掌握拨禾轮的高度,尽可能用弹齿挑起扶持切割,一旦出现缠草应立即清除,以免越缠越多,增加割台损失和机件损坏。③拨禾轮偏低。应适当调高。

(3)拨禾轮翻草的原因及排除方法 ①拨禾轮位置太低,拨禾弹齿不是拨在株高的 2/3 处,而是向下拨在株高 2/3 以下的部位。被割下的禾秆容易挂在拨禾弹齿轴上被甩出割台或缠在弹齿轴上。此时应调高拨禾轮,使弹齿拨打在禾秆 2/3 高处即可排除翻草现象。②拨禾轮弹齿后倾角偏大。调整时,应根据作物的自然状况,合理调整弹齿倾角。正常情况下,弹齿应垂直向下。只有出现倒伏时才适当调整弹齿倾角。③拨禾轮位置偏后。正常情况拨禾轮轴应位于割刀前端的铅垂面上。只有在收割倒伏或特矮秆作物时,才可以适当后移。

288. 割刀木连杆折断的原因及排除方法

(1)**木连杆折断的原因**　①割刀阻力太大(如塞草、护刃器不平、刀片断裂、变形、压刃器无间隙等)。②割刀驱动机构轴承间隙太大。③木连杆固定螺钉松动。④木材质地不好。

(2)**故障排除方法**　①为减小割刀的切割阻力,检修过程中,对切割器装配时,应按技术要求认真安装调整,保证所有护刃器尖在同一水平面内,偏差不大于 3 毫米,且不得弯曲、变形;活动刀片和固定刀片的铆合应牢固,并保持完整锋利;活动刀片与定刀片间隙前端小于0.3毫米,后端应为0.5~1.0毫米;压力器间隙不大于0.5毫米,也不能没有间隙;发现割刀堵塞应立即排除,排除时应先查明造成堵塞的原因。②按要求合理调整割刀驱动机构轴承间隙。③注意检查木连杆固定螺钉。④木连杆材质应选用硬杂木和橡木(也叫柞木)、水曲柳等,这些木料既有硬度又有韧性,要求其纹理为顺纹,无节疤。

289. 收割台作业时常见故障及排除方法

①收割台作业时常见的故障有:被割作物堆积于台前,被割作物向前倾倒,被割作物在割台搅龙上架空喂入不畅等。

(1)**收割台前堆积作物的原因及排除方法**　①茎秆太短,拨禾轮位置太高且太偏前。此时应尽可能降低拨禾轮高度(以不碰切割器为原则)和尽可能后移(以弹齿不碰搅龙为原则)。②拨禾轮转速太慢,机器前进速度太快。应合理调整拨禾轮的转速和收割机前进速度,使拨禾轮运动特性系数(λ)在 1.5~1.7 范围内。③被收割作物矮而稀。此时应适当提高机器收割时的速度,与此同时,尽可能降低割台高度、拨禾轮高度和拨禾轮后移等综合调整。

（2）**被割作物向前倾倒的原因及排除方法** ①机器前进速度偏高、拨禾轮转速偏低。此时应适当降低机器前进速度和适当提高拨禾轮转速，一定要保证两者的速度关系在 λ＝1.5～1.7 范围内为宜。②切割器壅土堵塞。应首先清理壅土，然后查找壅土原因加以排除。另外在操作上，驾驶员应精力集中，注意观察前方地表情况和提高割台的高度，以免割台太低造成切割器壅土，降低切割效果。③动刀片切割往复速度太低。调整前应查明切割往复速度太慢的原因。首先调整驱动皮带的松紧度，如仍无效果，应检查皮带轮直径是否正确。

（3）**作物在割台搅龙上架空喂入不畅的原因及排除方法** ①收割机前进速度偏高。其调整方法是根据作物长势适当掌握收割速度。②搅龙拨齿伸缩位置调整不正确。正确状态应当是拨齿在搅龙筒体的前下方伸出最长，有利于将收割下的茎秆喂入搅龙，而在搅龙筒体靠近倾斜输送器入口处缩进，既有利于喂入输送器又可避免茎秆反带。③拨禾轮位置偏前（离搅龙太远）。其调整方法是适当后移拨禾轮，要注意拨禾轮压板（或弹齿）与搅龙拨齿间的距离最小不得小于 15 毫米。

290. 倾斜输送器链耙拉断的原因及排除方法

倾斜输送器链耙拉断后极易造成较大事故，一旦拉断，链耙耙齿进入滚筒，会导致脱粒装置全部报废。所以使用中应特别注意对倾斜输送室技术状态的检查和调整。造成链耙拉断的原因和排除方法为：

①链耙过度磨损、失修（或检修质量差），导致拉断。一旦出现以上问题，应更换新链耙。应当引起注意的是，为避免拉断造成大事故，要在预防上做文章：要提高检修质量；提高装配质量；作业时进行合理的调整。

②链耙调整过紧。紧度调整合适的链耙，应能将链耙的中部用手提起 20～30 毫米，调整时应保证两边链耙紧度一致，以免被动轴出现偏斜。

③链耙张紧调整螺杆的螺母装配位置不正确。如东风-5 型收割机倾斜输送器链耙张紧螺杆上端的调整螺母应当靠在支架上，而不是上端的角钢上，否则会使链耙失去 10～12 毫米的回缩余量，导致链耙损坏。

291. 脱粒滚筒堵塞的原因及排除方法

作业中滚筒堵塞是较为常见的现象。一旦发生堵塞，应立即停车熄火，切断脱谷离合器清除堵塞。造成滚筒堵塞的原因及排除方法为：

①喂入量偏大（大于设计喂入量）发动机超负荷，严重时导致发动机熄火。作业中一旦感觉发动机超负荷时，应立即用无级变速降低前进速度，减少喂入量，也可踩下离合器踏板，停止收割（油门位置不变），避免堵塞。杜绝堵塞的最根本办法就是严格控制喂入量（要略小于设计喂入量）。

②作物潮湿。此时应适当调大脱粒间隙（以脱净为原则），减小喂入量，避免露水大的早晚和夜间收割。

③滚筒凹板间隙偏小。应根据收割条件合理调整脱粒间隙。在脱粒干净的情况下，尽量调大滚筒凹板间隙。

④发动机工作转速偏低。联合收割机投入作业前，一定要保证发动机技术状态良好，发动机额定功率和转速符合设计标准。

292. 滚筒脱粒不净的原因及排除方法

(1) **脱粒不净的原因** ①滚筒转速过低。②滚筒钉齿或纹杆与凹板间隙过大。③脱粒钉齿和纹杆、凹板磨损严重或变形。④凹板钉齿配置不当或数量太少。⑤钉齿式滚筒钉齿装配位置不正确。⑥喂入量过大或多少不均。⑦早晚或夜间收割，作物湿度大（露水）或杂草过多。⑧作物未正常成熟或病态籽粒瘪瘦等。

(2) **排除方法** ①收割作业前，必须对联合收割机进行彻底检修，尤其是脱粒装置，确保收割机以良好的技术状态投入作业。具体要求为：一是滚筒总成应做好静平衡，装配后应转动灵活、无阻卡碰击现象,轴向串动量不得大于 0.5 毫米。有条件的地方最好也做动平衡试验。二是脱粒钉齿的齿钉工作面圆角磨损半径不得超过 4 毫米,齿钉不得有弯曲和扭曲;齿钉凹板不得有变形、裂纹;固定钉齿的方孔无秃大现象。三是纹杆应正直,其弯曲度不得超过 1 毫米,纹杆纹齿高度不小于(14.5±0.5)毫米;纹杆座板的弯曲度不得超过 1 毫米。四是凹板横条的上下弯曲不得超过 1 毫米,沿滚筒旋转方向的弯曲不得超过 2 毫米;凹板轴的弯曲度不大于 1 毫米。五是滚筒、凹板间隙调整机构应完好,灵活、准确、可靠。六是纹杆式滚筒纹杆的装配应当小头(斜面)向前,相邻两根纹杆上的纹路的方向应相反。②根据被收割作物的品种,正确调整滚筒转速。如收小麦转速为 1000～1200 转/分;大豆为 500～850 转/分;玉米为 400～450 转/分。③根据脱粒质量情况,随时调整滚筒凹板间隙。④根据作物长势、密度、成熟度、干湿度,以及杂草的多少,合理掌握作业速度,控制喂入量不大于设计喂入量,避免发动机超负荷作业(哪怕是短暂的)。⑤早晚或夜间露水过大,作物湿度大,不易脱粒,更不易分离清选(实践证明分离清选损失可达 20%～30%)。麦类作物收割作业不得在夜间进行,以免损失太大。

293. 破碎粒太多的原因及排除方法

(1)产生原因 ①滚筒转速过高。②滚筒、凹板间隙太小。③钉齿脱粒装配,凹板钉齿配置数量太多。④清粮室尾挡板位置过高,杂余推运器籽粒太多,重复进入滚筒复脱造成破碎。⑤滚筒纹杆或凹板条弯曲变形超限。⑥各推运器叶片与壳体间隙太小(小于籽粒的平均厚度)。⑦升运器各部及运转滑道技术状态不良,碰、压、挤碎籽粒等。⑧复脱器装配调整不当。

(2)排除方法 ①按照各种机型使用说明书要求调整滚筒转速,保证滚筒(纹杆或钉齿)线速度不超过 30 米/秒(脱小麦)。作业中不得随意改变。②滚筒、凹板间隙最小不得小于被脱作物种子的平均厚度。检修时,就应当将最小间隙调定。③钉齿滚筒脱粒装置按各种机型使用说明书要求,合理调整杆齿配置。④合理调整清选室风量、风向、筛片开度及尾筛挡板高度。⑤对弯曲变形的纹杆、凹板进行校正修复,严重弯曲变形应更换新件。⑥各推运器叶片与壳体最小间隙不得小于籽粒的平均厚度。不符合要求者,应给予调整、修复。⑦各升运器滑道应平直,壳体不得凹陷变形,必要时进行修复。⑧合理调整复脱器搓板数量。

294. 既脱粒不净又破碎过多的原因及排除方法

一些常年失修的联合收割机作业时,容易产生既脱粒不干净又破碎过多的现象,严重时,在破碎粒成粉末状的同时,还有完整的穗头未经脱粒而排出,造成严重损失。产生这种现象的原因及排除方法介绍如下:

①纹杆、凹板横条弯曲或扭曲变形严重。其弯曲扭曲量远远大于允许范围,调整滚筒、凹板间隙时,就会出现整个脱粒面积范围内间隙大小不一,有的部位间隙太大,有的部位间隙太小(甚至几乎没有间隙)。间隙大的部位脱不净,甚至有整穗漏脱,间隙小的部位,产生破碎(甚至成粉末状),这时只靠调整间隙,根本解决不了问题。应进行彻底修理,更换所有磨损、变形严重的零部件。整块凹板工作面的曲率半径一定要符合设计要求。

②板齿滚筒转速偏高,而板齿凹板齿面未参与工作;或板齿滚筒转速偏低,而板齿凹板齿面参与工作;或活动凹板间隙偏大,而滚筒转速偏高等也会出现既脱粒不净又有破碎存在的现象。有些驾驶员对脱粒装置的脱粒原理不够理解。实际上,脱粒是一个比较复杂的物理过程,是一个包括打击、揉搓、挤压、梳刷等的复杂过程。只有打击过程,没有揉搓、挤压、梳刷,不是一个完整的过程,而只有挤压、揉搓、梳刷,而没有打击也不是一个完整的过程。其结果,必然就会出现上述现象。所以,作业时,滚筒一定要保持稳定的设计转速(既不能高,也不能低),凹板齿面根据收割作物的需要调整工作面。

295. 滚筒转速不稳或有异常声响的原因及排除方法

滚筒转速不稳或有异常声响,有使用问题,也有技术保养、调整和修理问题,归纳起来主要表现为:

①作业时,喂入量不均匀(尤其是固定脱粒作业),存在瞬时超负荷现象。驾驶员应根据作物长势灵活控制作业速度,保证喂入量均匀、稳定、不超负荷。固定脱粒时,严禁整捆或集堆喂入,应均匀喂入。

②滚筒不平衡。滚筒不平衡是十分危险的,一旦出现,应立即停车重新平衡滚筒。有条件的地区,最好进行动平衡试验,无条件的,一定要进行静平衡试验。

③滚筒产生轴向窜动与侧壁产生摩擦。检修时应认真进行装配调整并紧固牢靠。作业中一旦出现轴向窜动,应停车立即进行检查调整,不允许带病作业。

④轴承损坏。应停车更换轴承。

⑤滚筒室进入异物,应立即停车、熄火清除谷物,查找异物和异物是否对滚筒、凹板零部件造成损伤。如有,应进行修复,更换损坏零部件。滚筒室进入异物,一般都是在保养维修或排除故障时,将工具丢失或遗忘在割台、喂入室或滚筒室内所致。所以,驾乘人员在保养维修或排除故障后,一定要清点工具,在确认无工具丢失而又清理完割台后,再启动机器投入作业。

296. 分离、清选装置作业中常见故障产生的原因及排除方法

分离、清选装置作业中常见故障有:茎秆夹带籽粒较多,杂余中籽粒较多、颖壳太多,粮食中杂余偏高清洁低,粮食中穗头较多等。

(1)排出茎秆中夹带籽粒较多的原因及排除方法 ①逐稿器(键式)曲轴转速偏低或偏高。当曲轴曲柄半径为 50 毫米时,曲轴转速应在 180~220 转/分范围内。实践证明,过高过低都会增加茎秆夹带损失。②键面筛孔堵塞。排除方法是,应经常检查、清理

筛面,尤其是杂草较多时,更应注意检查清理。每班作业结束时,应彻底清理干净。③挡草帘损坏、缺损。排除方法是,对损坏的挡草帘进行修复,缺损的重新安装新件。④横向抖草器损坏(JL1000系列)。出现这种情况后,应查明损坏原因进行修复。⑤作物潮湿、杂草多。通过适期收割可以排除。⑥超负荷作业。排除方法是,严格控制作业速度,保证喂入量均匀,杜绝超负荷作业。

(2)**杂余中籽粒较多的原因及排除方法** ①筛片开度偏小。排除方法是,适当调大筛片开度。②风量偏大籽粒随同杂余一起被吹出机外。应根据实际情况合理调整风量大小,在不吹出籽粒的前提下,尽可能提高风量(风速最大不应高于10米/秒)。③喂入量偏大。应根据作业条件,合理调整喂入量。④滚筒转速高、脱粒间隙小茎秆太碎。增大分离清选负荷,得不到充分分离清选,造成杂余中籽粒较多。滚筒一定要在额定转速下工作,不论在什么情况下都不能随意调整滚筒速度。要合理调整脱粒间隙,以脱粒干净为前提,尽量调大脱粒间隙。⑤风量风向调整不当。应根据实际情况,合理调整风量风向。一般情况,风应吹向筛子的中部。

(3)**杂余中颖壳较多的原因及排除方法** ①风量偏小。应适当加大风量。②下筛开度偏大。应适当减小下筛片开度。③尾筛后部抬得过高。应适当降低高度。

(4)**粮食中含杂偏高的原因及排除方法** ①上筛前端开度大。这种情况可通过减小开度解决。②风量偏小,风向调整不当。调整方法是,在不吹出籽粒的前提下,尽量调大风量并同时合理调整风向。

(5)**粮食中穗头太多的原因及排除方法** ①上筛前端开度太大。应根据实际情况,适当减小前端筛片开度。②风量太小。应适当加大风量。③脱粒滚筒纹杆弯曲变形、凹面横条弯曲或扭变形严重等使正常脱粒间隙不能保证。调整方法是,更换所有不合格零部件。④钉齿滚筒与凹板装配不符合要求(偏向一侧),齿侧间隙一边大一边小造成漏脱。装配时,一定要保证滚筒钉齿与凹板钉齿两侧脱粒间隙大小相等。⑤复脱器搓板少或磨损严重。应增加搓板数,磨损严重的搓板应更换新品。

297. 复脱器、升运器堵塞的原因及排除方法

(1)复脱器堵塞的原因及排除方法 ①安全离合器弹簧预紧力小。应按技术标准调整弹簧预紧力。②皮带打滑。通过调整皮带紧度排除。③作物潮湿。应适期收割,或选择中午时间收割。④滚筒脱出物太碎,杂余太多。应合理调整滚筒与凹板的脱粒间隙。在脱粒干净的前提下,尽可能调大脱粒间隙。

(2)升运器堵塞原因及排除方法 ①刮板链条过松。调整方法是,按技术要求调整链条紧度。一般紧度为用手扳动刮板,其前后倾斜角度为30°时即可。②传动皮带打滑。按技术要求调整皮带紧度。③作物潮湿。解决方法同前。

298. 自走式联合收割机行走离合器打滑和分离不清的原因及排除方法

(1)行走离合器打滑的原因及排除方法 ①分离杠杆不在同一平面内。排除方法是通过分离杠杆螺母进行调整至标准,其偏差不大于0.3毫米。②分离杠杆与分离轴承间隙太小。排除方法是定期检查调整该间隙。正常情况下,新疆-2号分离杠杆与分离轴承间隙为1.5~3毫米;离合器踏板自由行程为20~30毫米;JL3060和东风-5型分离杠杆与分离轴承间隙为1.5毫米,踏板自由行程为20~30毫米。③摩擦片磨损超限,弹簧压力降低,或摩擦片铆钉松动。排除方法是更换摩擦片重新铆合松动的铆钉。④分离轴承注油太多,摩擦片进油。保养时应注意分离轴承注油不宜过多,摩擦片一旦进油,应进行彻底清洗。⑤压盘变形。排除方法是更换新盘。

(2)行走离合器分离不清的原因及排除方法 ①分离杠杆与分离轴承间隙偏大,主、被动盘分离不彻底。排除方法是调整该间隙至标准。②分离杠杆指端工作面不在同一平面上。导致分离间隙不等,使主、被盘不能彻底分离,排除方法是调整分离杠杆,使其

指端工作面在同一平面上,其偏差不应大于 0.3 毫米。③分离轴承损坏。排除方法是更换新轴承。

299. 自走式联合收割机挂挡困难或掉挡的原因及排除方法

①离合器分离不彻底,导致挂挡困难。此时应查明原因,进行排除,详见 298 例。

②小制动器制动间隙偏大。排除方法是及时调整小制动器的制动间隙。新疆-2 号,在离合器接合时,制动轮与制动蹄之间的间隙为 1~2 毫米。如不符,可通过调整制动器横推杆螺母改变横推杆长,达到正常间隙;JL3060 收割机小制动器失灵时,应通过调整制动器连杆上的螺母,增加弹簧压力排除;东风-5 型小制动器不灵时,应通过调整小制动器拉杆上的螺母,改变弹簧张力,增加制动拉力。

③工作齿轮啮合不到位。排除方法是,调整软轴长度直至合适。

④换挡轴锁定机构不能定位。排除方法是,通过调整锁定机构弹簧预紧力排除不能定位故障。

⑤推拉软轴拉长。排除方法是,通过推拉软轴调整螺母进行调整,直至符合要求。

300. 自走式联合收割机变速箱有响声和变速范围达不到要求的原因及排除方法

(1)变速箱有响声的原因及排除方法　①齿轮严重磨损。排除方法是,更换新齿轮。②轴承损坏。应更换新轴承。③润滑油油面不足或油牌号不符合要求。应核对油牌号,不对时应更换符合要求的润滑油。油面不足时,按要求加至要求油面高度。

(2)变速范围达不到要求的原因及排除方法　①变速油缸工作行程达不到要求,一般因液压系统内泄造成油量减少,使变速油缸工作行程达不到要求。此时应送修理厂由专业人士修理。②变速油缸工作时不能定位。应送修理厂由专业人员负责修理。③无级变速器动盘滑动副缺油卡死。应及时润滑即可。④行走皮带拉长打滑。此时应调整皮带的紧度,其方法是:扳动操纵手柄,将中间变速皮带轮和中间皮带盘均置于中间位置。然后通过中间皮带轮张紧支架调整皮带紧度直至合适位置。正常的皮带紧度是:用 4 千克力(40 牛顿)压每条皮带中部,其挠度应在 8~10 毫米。

301. 行走无级变速器在使用和调整过程中应注意的事项

①联合收割机启动前,要检查无级变速器的松紧度,必要时应及时调整。一般情况下,早晨和夜间温度低,无级变速皮带可适当调紧些。

②操纵无级变速器液压手柄时,动作要缓慢,每次变速范围不宜过大,以免造成皮带跳槽、打滑或损坏变速箱轴及轴承等零件。

③当道路不平或收割机急转弯时,最好不操纵无级变速器液压手柄。收割机行走负荷很大时(泥泞、陷车),也不宜频繁使用无级变速器。

④联合收割机停车时,无级变速应停置在中速位置上。

⑤调整无级变速时,应在中速位置上进行调整。每次调整量不宜过大,应边调整,边转动变速皮带轮(发动机减压,变速箱空挡),以防夹伤皮带。

⑥拆装无级变速器时,一定要注意定轮和动轮轮毂的原装位置记号"O"(无记号时,应重做记号),严禁错位,否则将破坏皮带轮的平衡。动盘和定盘应成组更换,不能成组更换时,装后一定要做动平衡试验,其平衡精度值为 234 克·厘米,在定盘上去重。

⑦通过改变转臂与收割机机体侧壁的左右连接位置,调整变速皮带的传动面,使其在同一平面上。

⑧无级变速器有三个润滑点,叉架轴套的后部设有黄油嘴,应定期注入润滑脂,注油时一定要注满,直到轴承防尘盖出油和中间盘轮毂中挤出油为止。

302. 行走无级变速器皮带过早磨损和拉断的原因及预防措施

(1)行走无级变速皮带过早磨损的原因　①产品质量差,抗拉强度达不到要求。②叉架与机器侧壁不平行,叉架轴与叉架轴套装配间隙过大,造成皮带偏磨。③无级变速皮带轮中间皮带盘盘毂与边盘盘毂之间的间隙过大,工作中,中间盘摆动,皮带受挤压而且振动大。④无级变速限位挡块调整不当,超过正常的无级变速范围,使皮带经常落入中间皮带盘与边盘斜面内部,使皮带局部受夹、打滑。⑤行走无级变速皮带紧度调整太松,皮带在工作中剧烈抖动并打滑,导致皮带胶和线脱层,以致短期内拉断。⑥无级变速器至行走离合器的传动皮带,工作条件很差,一旦轮胎(或履带)粘泥、挤泥,则使皮带打滑并快速磨损。⑦行走颠簸、急转弯、泥泞陷车、重负荷时频繁使用无级变速,使皮带过早损坏等。

(2)**预防措施** 为延长行走无级变速皮带的使用寿命,驾驶员必须做到:①认真检查和检修行走无级变速器,恢复过度磨损的机件配合间隙。②正确调整叉架与机体侧壁的纵向平行度。③正确调整皮带的紧度和无级变速限位块极限位置。④操作过程中应根据联合收割机的具体情况,预先调整无级变速,负荷过重时,应停车变速,尽量避免重负荷时使用无级变速。⑤涝天作业,在履带内侧和行走离合器之间设置挡泥板,以免无级变速皮带粘泥水打滑造成的早期损坏。

303. 联合收割机液压系统所有油缸接通分配器时不能工作的原因及排除方法

①油箱油位过低,排除方法是添加液压油至标准油面位置。

②油泵未泵油。排除方法是拆下送修理厂由专业人员对油泵检验修理。

③安全阀调整不当和密封不好。排除方法是按技术要求和技术标准调整安全阀的工作压力,一般应由专业人员在液压试验台上进行。

④分配阀位置不对。排除方法是检查调整分配阀的位置,其方法见304例。

⑤滤清器被脏物堵塞。排除方法是彻底清洗滤清器。

304. 分配阀安装时的正确调整方法

作业中,一旦发现分配阀失灵或油缸升降速度缓慢时,应检查分配阀阀杆与阀体的安装位置是否正确。具体方法如下:

①检查阀杆在阀体内的上、下位置是否正确(图 57):在保证阀杆下法兰盘 7 的下端面到驾驶台底板的距离为 50 毫米时,分配阀操纵手柄应能在导板横槽内灵活移动。否则应卸下螺栓 3 用增减垫圈 4 的方法调整。

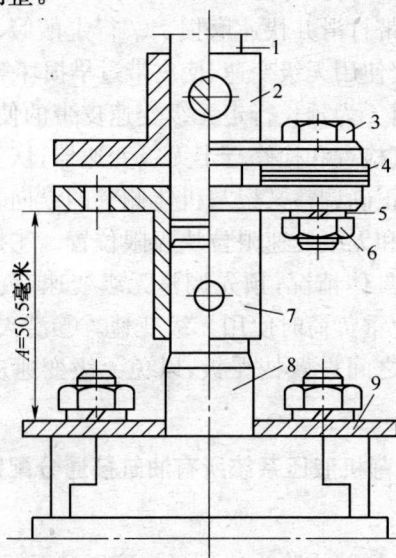

图 57 分配阀杆上、下位置的调整
1. 操纵杆轴 2. 上法兰盘 3. 螺栓 4. 调整垫圈
5. 弹簧垫 6. 螺母 7. 下法兰盘 8. 阀杆 9. 驾驶台底板

②阀杆径向位置的调整见图 58:拆掉与割台升降油缸组连接的油管,将分配阀手柄放在导板横槽和中间竖槽交叉点的位置上,这时应能把直径为 7.5 毫米的检查棒 2,由割台升降油缸油管接头 1 处直接插入阀杆 4 的槽中。否则,应拆下图 57 中的螺栓 3,转动法兰盘 7,直到检查棒能自由插入阀杆 4 槽内为止。然后装回螺栓 3 拧紧固定即可。注意,做此调整时,只是转动法兰盘,而调整垫圈 4 的数量厚度

不能改变。以免破坏已调好的阀杆上、下移动位置。

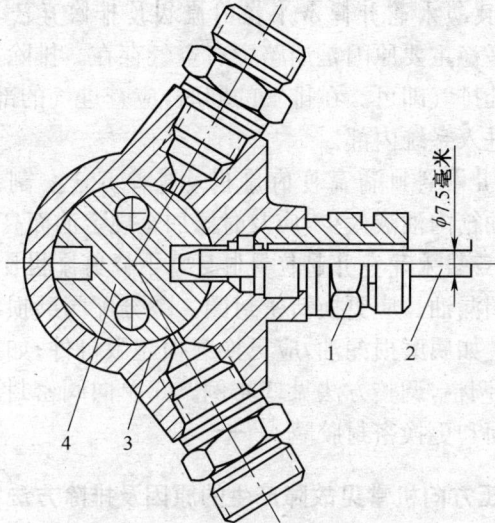

图58 分配阀杆转动操纵位置的调整
1. 收割台升降油缸油管接头 2. 检查棒 3. 阀体 4. 阀杆

305. 收割台液压装置常见故障及排除方法

联合收割机割台液压装置常见故障为:割台和拨禾轮升降迟缓或根本不能升降,割台或拨禾轮升降不平稳,割台升不到所需高度及割台或拨禾轮在升起位置时自动下降等。

(1)割台和拨禾轮升降迟缓或根本不能升降的原因及排除方法 ①油路中有空气。排除方法是排气。②滤清器被脏物堵塞。排除方法是彻底清洗滤清器。③齿轮油泵传动皮带太松。排除方法是按要求调整传动皮带松紧度。④油管或油路漏油或输油不畅。排除方法是更换损坏漏油的油管和疏通油路。⑤油缸节流孔堵塞。排除方法是卸下油缸接头,清除脏物。⑥齿轮油泵内泄。排除方法是拆下油泵,检查其卸压片密封圈和泵盖密封圈,必要时换新件。⑦安全阀工作压力偏低或密封圈损坏。应由专业人员在试验台上调整安全阀工作压力,或更换"O"形密封胶圈。⑧分配阀调整不当。排除方法是重新调整,详见 304 例。

(2)**割台或拨禾轮升降不平稳的原因及排除方法** 割台或拨禾轮升降不平稳主要原因是油路中有空气存在。排除方法是从油缸油管接头处排气即可。在排气的同时,应查进气的部位,从根本上杜绝空气进入系统内部。

(3)**割台升不到所需高度的原因及排除方法** 割台升不到所需高度是因油箱内油液太少,应及时添加至规定油面高度。

(4)**割台或拨禾轮在升起位置时自动下降的原因及排除方法** ①油缸密封圈漏油。应更换新密封圈。②分配阀磨损漏油或安装位置不正确。如属磨损漏油,应更换磨损超限机件;如属安装位置不当,应进行调整,调整方法见 304 例。③单向阀密封不严。应研磨单向阀锥面和更换密封胶圈。

306. 液压方向机常见故障产生的原因及排除方法

表 17　液压方向机常见故障原因及排除方法

常见故障	故障原因	排除方法
液压转向跑偏	1. 转向器拨销变形或损坏 2. 转向弹簧片失效 3. 联动轴开口变形	送专业修理厂修理
液压转向慢转轻,快转重	油箱油液量太少,油泵供油量不足	添加液压油至规定油面,检查油泵工作情况
方向盘转动时,油缸时动时转	转向系统油路中有空气	排气并检查吸油管路是否漏气
转向沉重	1. 油箱油液量较少 2. 油液牌号不符,黏度太大 3. 分流阀的安全阀工作压力过低或被卡住 4. 阀体、阀套、阀芯之间有脏物卡住 5. 阀体内钢球单向阀失效等	1. 按要求加足油液 2. 使用规定牌号的油液 3. 调整、清洗分流阀的安全阀 4. 清洗转向机 5. 如钢球丢失,应补装钢球;如脏物卡住,应清洗、清除脏物

续表 17

常见故障	故障原因	排除方法
转向失灵,方向盘不能自动回中	弹簧片折断	更换损坏机件
方向盘压力振摆明显增加,甚至不能转动	拨销或联动器开口折断或变形	更换损坏机件
方向盘回转或左右摆动	转子与联动器相互位置装错	将联动器上带冲点的齿与转子花键孔带冲点的齿相啮合
熄火转向时,方向盘转动而油缸不动	转子和定子的径向间隙或轴向间隙过大	应更换转子

307. 行走无级变速器常见故障产生的原因及排除方法

表 18　行走无级变速器常见故障原因及排除方法

常见故障	故障原因	排除方法
无级变速器油缸进退迟缓	1. 溢流阀工作压力偏低 2. 油路中有空气 3. 滤清器堵塞 4. 齿轮泵内漏 5. 齿轮泵传动皮带过松 6. 油缸节流阀孔堵塞等	1. 按要求调溢流阀工作压力至标准 2. 排除油路中空气 3. 清洗滤清器 4. 检查更换密封圈 5. 张紧传动皮带 6. 卸掉油缸接头、清除、清洗节流孔脏物
无级变速器换向阀居中,油缸自动退缩	1. 油缸密封圈失效 2. 阀体与滑阀因磨损或拉伤间隙增大 3. 油温高,油黏度低 4. 滑阀位置不对中 5. 单向阀(锥阀)密封带磨损粘污脏物等	1. 更换失效密封圈 2. 送专业修理厂修理或更换滑阀 3. 选用规定油液,并加注足够油液 4. 重新调整,使滑阀位置保持对中 5. 更换单向阀并清除污物
无级变速器油缸进退速度不平稳	1. 油路中有空气 2. 溢流阀工作不稳定 3. 油缸节流孔堵塞等	1. 排除油路中空气 2. 更换新弹簧 3. 卸下接头,清除污物

308. 液压方向机的使用、维护和装配的要点

为了保证液压转向机构的正常工作,液压方向机的工作压强应为 80^{+5} 千克/厘米^2,可通过调整安全阀的压力来实现。安全阀安装在液压方向机的进油和回油管路之间。

转向时,方向盘已转到极限位置不允许继续转动;熄火转向时,不许用力过猛;联合收割机停放时,不许随便转动方向盘,以免拨销、弹簧片和联动器折断。

液压方向机用油要清洁,用油牌号应符合要求。

一般情况下,不要轻易拆下液压方向机,过多的拆卸和装配会缩短其使用寿命。必须拆卸修理时,修后装配时一定要做到:①安装时要将所有机件清洗干净,并涂上干净的润滑油,安装阀套和阀杆时要平稳对正,防止碰撞、划伤。②安装联动器和转子时,特别注意一定要使联动器上端拨销槽中心线对准转子齿槽中心线。如果联动器和转子位置装错,将会破坏配油的正确性,使方向盘失灵。致使液压方向机成为液压马达,转向轮不停摆动,或液压方向机不能控制转向,转向轮不动。

(二)玉米收割机

309. 漏摘果穗的原因及排除方法

(1)玉米收割机漏摘果穗的原因　①玉米播种行距与玉米收割机结构行距不相适应。②分禾板和扶倒器变形或安装位置不当。③夹持链条技术状态不良或张紧度不适宜。④摘穗辊轴螺旋筋纹和摘钩磨损。⑤摘穗辊安装或间隙调整不当。⑥摘穗辊转速与机组作业速不相适应。⑦收割机割台高度调节不当。⑧机组作业路线未沿玉米播向垄行正直运行。⑨玉米果穗结实位置过低或下垂等。

(2)排除方法　①播种时的行距应与玉米收割机的行距一致。

②认真检修机具,使分禾器、扶倒器、夹持链条和摘穗装置的作用确切可靠。一般情况下,摘穗辊不得随意拆卸,必须拆卸时,拆前须在摘穗辊上打记号,安装时不得串换位置,以免破坏摘穗辊表面上条棱和螺旋筋原装配关系(应相互错开,不得相碰)。③正确调整分禾板位置,避免行走轮压倒玉米植株。④正确调整拨禾链条的张紧度,其链条张紧度和链条位移尺寸是:短内和长内拨禾链为15～25毫米;外拨禾链为20～30毫米。⑤合理调整扶倒器离地高度。在玉米倒伏严重时,允许扶倒器尖触及地面,但不得插入土中。以免造成损坏。在玉米倒伏不严重的情况下,一般将扶倒器尖端调制距离垄沟底面10厘米左右为宜。⑥合理调整摘穗辊的工作间隙。两辊轮的正常间隙调整范围为6～13毫米。为便于检查调整,可直接测量上下辊圆柱体之间的间隙,其调整范围为13～20毫米(见第319例,图60)。调整方法是转动调节手柄,顺时针转动间隙增大,反之间隙减小。为防止摘穗辊在工作中发生堵塞,摘穗辊的间隙还可以自行调大到10～15毫米。⑦合理掌握作业速度。速度过慢或过快都不利于摘穗作业。在土地湿度大、植株倒伏较多,产量较高时,应以3～4挡作业为宜(东方红-75/54拖拉机)。如条件理想,摘穗顺利,也可用5挡作业。⑧合理调整摘穗机整体工作高度,摘穗辊尽可能放低一些,一般情况下,以摘穗辊尖端距离垄台高度5～10厘米为宜。地头转弯,必须升高,以免碰坏扶倒器。

310. 玉米收割机作业时果穗掉地的原因及排除方法

玉米收割机或割台收割过的地面上常有掉穗、断秸秆带穗等现象。

(1)果穗掉地的原因 ①分禾器调整太高,倒伏和受虫害植株未扶起就被拉断。②收割机行走速度太快,未来得及摘穗就被拉断;或机器行走速度太慢,夹挡链的速度快,将茎秆向喂入的方向拉断。③行距不对或牵引(行走)不对行。④玉米割台的挡穗板调节不当或损坏。⑤植株倒伏严重,当扶倒器拉扯扶起时,茎秆被拉断,果穗掉地。⑥收割迟后,玉米秸秆枯干,稍有碰动即可掉穗。⑦输送器高度调整不当,不适应接穗车厢高度要求等。

(2)**排除方法**　①合理调整分禾器、扶倒器,使之满足作业要求。②根据作业中掉穗情况,合理掌握机组作业速度。如被分禾器和扶倒器弄掉穗时,应适当放慢前进速度;当果穗在摘取或刚摘下即掉穗时,则应适当增加前进速度,确保果穗不掉地。③正确调整牵引梁的位置。牵引方梁与牵引框有 3 个固定位置,作业状态时,应将牵引梁调离扶倒器一边(图 59)。使牵引机车离开未摘穗的垄行;如地块较湿,行走装置下陷较深,出现打横现象时,可将牵引梁调至中间位置;如在运输状态时,可将牵引梁调至靠近扶倒器一边,使机组运输的总宽度不大于收割机结构宽度。④根据作业时实际情况,合理调整挡穗板的高度。⑤作业中,应根据接穗车厢的高度,合理调整输送器的高度,保证果穗送至车厢内。⑥尽量做到适期收割。

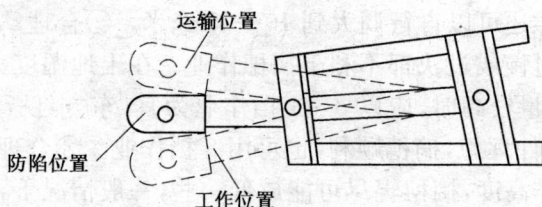

图 59　牵引板的调整位置

311. 拔秸秆的原因及排除方法

4YW-2 型玉米收割机和玉米割台常有将茎秆拔出而丢失果穗的现象。

(1)**现象的原因**　①拔禾链的速度太快并触及玉米植株的根部,当土地松软时,易拔掉茎秆。②摘穗板间隙小或摘穗辊、拉茎辊间隙太小或摘穗辊、拉茎辊转速太慢,而收割机组的前进速度太快,因此就拔出了茎秆。③作物倒伏,而分禾器又调得高。

(2)**排除方法**　应针对上述情况,分别采取以下措施:①适当提高割台高度,避免拨禾链触及植株根部。合理掌握拨禾链的速度,将拨禾链的速度和机组前进速度应有机地结合起来,以免拔秸。②根据作业的实际情况,合理调整摘穗板间隙和摘穗辊、拉茎辊间隙;合理调整摘穗辊、拉茎辊转速和机组前进速度。③收割倒伏玉米时,应根据土地和倒伏程度,合理调整分禾器和扶倒器的高度。收割倒伏严重的玉米,允许扶倒器尖触及地面,但不得插入土中,为增强扶倒效果并防止损坏扶倒器,应尽量放低摘穗装置和调高扶倒器位置,减小与地面的夹角,保持扶倒器有自然的浮动状态。倒伏不严重时,一般将扶倒器尖端调至距离垄沟底面 10 厘米左右为宜。

312. 摘穗辊(板)脱粒咬穗的原因及排除方法

在摘穗辊上脱粒或咬穗会造成不可回收的损失,应随时认真观察检查,一旦发现应针对问题查明原因及时排除。

①摘穗辊和摘穗板的间隙太大,使果穗大端进入摘穗辊受啃而脱粒,或果穗大端挤于摘穗板之间,又被拨禾链拨齿拨撞而脱粒。对此应当缩小摘穗辊、板间隙。具体调整方法见 319 例。

②玉米果穗倒挂(下垂)较多,摘穗辊、板间隙大,就更易咬穗和脱粒,造成果穗破碎加大损失。作业中如遇此情况,更应特别注意调整摘穗辊、板间隙。

③玉米果穗湿度太大(含水率在 27% 以上),摘穗时不仅易伤果穗,还容易造成籽粒破碎。对此,应适当掌握收获期。

④玉米果穗大小不一或成熟不同。这种情况一般由种子不纯或施肥不均造成。对此应注意选择良种和合理施肥。

⑤拉茎辊和摘穗辊的速度高,而果穗又干燥,则易造成果穗大端和摘穗板、摘穗辊相撞脱粒。这时应降低拉茎辊和摘穗辊的工作速度。

313. 剥皮不净的原因及排除方法

在使用设有剥皮装置的玉米摘穗机作业时,摘掉的果穗经过剥皮装置后,仍有较多果皮未被剥掉,不仅浪费了机械作业工时,也给晒场脱粒和贮放造成困难。

(1)产生这种现象的原因 ①剥皮装置技术状态不良。②剥皮辊的安装和调整不当。③剥皮装置的转动部件转速过低。④压制器调整不当。⑤玉米果穗包皮过紧等。

(2)排除方法 ①作业前,认真检查玉米摘穗机,确保剥皮装置技术性能良好,转动自如,转速正常,工作可靠。在东方红-75 型拖拉机动力输出轴额定转速为 577 转/分时,其剥皮装置的压制送器轴转速必须保持在 90 转/分。②剥皮辊必须拆卸检修时,拆卸前,应按其位置成对的打上记号。安装时,要使每对剥皮辊的螺旋筋要相互对应,不得错开,钉齿不得相碰。钉齿高度在剥皮辊前段为 1.5 毫米,中段为 1.0 毫米,后段为 0.5 毫米。上下辊之间在全长范围内不允许有间隙,弹簧调整不宜过紧,其高度不应小于 41 毫米。③作业中,应根据剥皮装置的工作情况,及时地对压制器进行调整。调整压制器的高度,可以增大或减小四叶轮对果穗的压力,以利改善剥皮效果。压制器叶片与剥皮辊之间的间隙是以果穗直径的大小而定的,一般情况下以 20 毫米为宜。

314. 茎秆切碎不良的原因及排除方法

作业中,玉米茎秆未经过切碎装置,或经过但未切成小于 15 厘米长的碎段,达不到均匀铺散于地面上的要求。这不仅不利于茎秆腐烂,发挥茎秆还田的作用,而且在犁耕作业时容易引发堵犁的故障。

(1)造成茎秆切碎不良的原因 ①茎秆切碎装置的机件技术状态不良。②茎秆切碎刀片旋转速度过低或工作位置不当。③机组未出作业区就将玉米摘穗机升高,使之处于非工作状态等。

(2)排除方法 ①作业前,认真检修茎秆切碎机构,确保各机件有良好的技术状态,切碎刀片必须完整无损,刃口要锋锐,装配调整要正确,切割可靠。②为避免漏摘果穗和漏切碎茎秆,收割地块收割前应先打出 2.1 米宽的割道和 10 米宽的地头机组转弯地带,以便使机组在出入作业区时,及时调整玉米摘穗机的高度。③作业中,要经常检查切碎装置传动皮带的张紧度。其方法是:用15~20千克的力压在三角皮带松边的中部,其挠度应为10~15厘米。通过张紧轮调整,确保茎秆切碎装置的额定转速,防止转速过低使茎秆切碎不良。④按照茎秆切碎装置的形式和安装部位的不同,相应地调整工作位置,以便将茎秆切成15厘米长的小段,达到茎秆还田目的。

315. 果穗混杂物过多的原因及排除方法

装入车厢中的果穗混杂着很多碎小茎秆、叶片和果皮,降低了果穗的清洁率,影响了果穗贮存时的通风晾晒,容易发生霉烂,造成损失。

(1)产生这种现象的原因 ①剥皮机上的风扇技术状态不良、转速不够。②排茎轮技术状态不良或传动皮带打滑。③摘穗辊调整不当,间隙太小。④茎秆发青或干枯以及虫害等,容易折断茎秆等。

(2)排除方法 ①作业前,应认真检查风机和排茎轮,使之处于良好的技术状态。②作业中,经常检查风机和排茎轮的工作转速。发现转速过低时,应及时调整,使之始终保持在额定转速状态。③合理调整摘穗辊的工作间隙(参阅319例),避免茎秆在摘穗过程中折断过多。

316. 夹持链堵塞的原因及排除方法

一旦发生堵塞,应停车切断动力后排除堵塞物,以免发生人身伤害事故。

(1)造成夹持链堵塞的原因 ①夹持链太松或太紧。②割刀堵塞。③茎秆青嫩、杂草过多等。

(2)排除方法 ①夹持链太松,夹持不牢脱落而造成堵塞;夹持链太紧使茎秆夹断过多而堵塞。这需要正确调整夹持链的弹簧压力和夹持链的张紧度。②正确调整割刀的装配间隙,动刀片与定刀片间隙不得大于 0.5 毫米；压刃器与动刀片的间隙不得大于 0.3 毫米，通过增减垫片来实现。当摩擦片磨损后，可将其前移，确保刀杆的正常间隙。③做到适期收割。玉米的适割期为玉米黄熟期及完熟期。

317. 摘穗辊、拉茎辊、排茎辊堵塞的原因及排除方法

(1)摘穗辊堵塞的原因及排除方法　摘穗辊间隙过大（卡玉米穗）、过小（被茎秆及碎片杂草堵塞）均是产生堵塞的原因，为此要适当调节摘穗辊间隙。详见 319 例(2)。

摘穗辊线速度小、机组前进速度快，喂入量大也容易造成堵塞，故应换低一速的挡位大油门工作。

茎秆水分大、被夹断的茎秆多、杂草多也是造成堵塞的原因。所以应适期收割和加强前期的田间管理、消灭杂草。

(2)拉茎辊堵塞的原因及排除方法　摘穗板与拉茎辊的工作通道中心不正，茎秆容易在拉茎辊或摘穗板处拉断，断碎茎秆容易在摘穗板处堵塞；摘穗板间隙过大或过小也易产生卡穗和塞茎秆的堵塞现象；杂草和断茎叶缠绕茎辊塞紧对辊而停转。这些都可通过认真的调整予以解决。此外，倒伏多、病虫害多也是使茎秆折断，造成摘穗通道不畅的原因之一。

(3)排茎辊的堵塞原因及排除方法　排茎辊堵塞不转主要是卡果穗或短茎秆较多地被撷取而造成的。应通过适当地缩小排茎辊间隙来解决，但不能使间隙太小，否则也易卡塞茎秆而堵塞。

机组发生堵塞故障后，应立即停车切断动力传动，然后才能排除堵塞和进行相应的调整及修理，决不允许在未切断动力的情况下排除堵塞和调整机器，以免发生人身伤害和机器事故。

318. 升运器堵塞的原因及排除方法

升运器堵塞主要原因有三：一是传动皮带太松打滑，二是升运链过松，三是升运器链条跳齿把升运器刮板卡住；再者则是在升运器下部有果穗把升运器刮板卡住等。以上各现象的出现，都属调

整不当所造成,应通过正确调整升运链条及传动皮带的松紧度来解决。

319. 4YW-2 型玉米收割机主要工作部件的调整

4YW-2 型玉米收割机是与东方红-54/75 拖拉机配套的两行牵引式玉米收割机。它能一次完成摘穗、剥皮和茎秆切碎 3 项工作。作业时主要工作部件调整内容是:

(1) **拨禾链张紧度的调整** 拨禾链两组(两行)共 6 条。拨禾链为带拨禾齿的套筒滚子链,节距 38 毫米,安装水平倾角 35°。链条张紧度调整是通过移动张紧轮来进行的,用手压松边中间至拉直时的距离为 15～25 毫米时,即为调整适当。

(2) **摘穗辊间隙的调整**
摘穗辊间隙的测量部位以摘辊体中部为准,由于摘穗辊的安装为外辊高、内辊低,所以由不同方位测量间隙不同(图60)。一般以从两辊轴中心连线位置测得间隙为准,其间隙为 13～20 毫米(由螺旋凸纹顶到另一辊根圆距离)。一般说,茎秆粗、含水分大、杂草多而高时,间隙应调大;反之调小。此外,由于早晚潮湿或有霜冻(我国东北地区),间隙应比中午放大些。调整时,扳动摘辊间隙调整手柄即可。

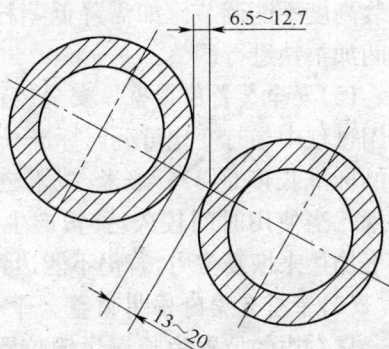

图 60 摘穗辊间隙 (单位:毫米)

(3) **剥皮辊及压送器的调整** 剥皮辊工作的优劣,与辊间压力的调整关系甚大。其方法是:调整剥皮辊弹簧的压缩长度,调好后的压力弹簧标准长度应当是 60_{-2} 毫米。

压送器高度的调整要求是:压送器叶片与剥皮辊的间隙适当,一般为 20～40 毫米(图61)。此间隙可根据果穗直径大小,玉米产量高低,苞叶松紧程度和橡胶板老化程度来确定。一般在果穗大、

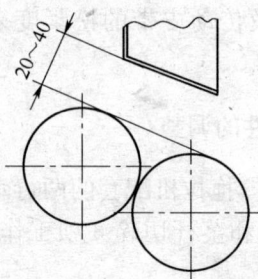

图61 压送器与剥皮辊间隙调整

苞叶松、产量高、橡胶板老化程度轻等情况下,间隙取大值;反之取小值。调整时,松开叶轮轴承在两侧板上的固定螺栓,待整个压送器的高度调好后,再紧固。

(4)茎秆切碎器的安装与调整 4YW-2 型茎秆切碎器为旋转锤刀式。24 片锤刀在管轴上按螺旋线排列均布,并与管轴耳板自由铰链。锤刀的根刃与管轴线相交约 80°,尖端刃部与该轴线相交约 30°,这样便于劈碎和切断茎秆,加速其在田间的腐烂。

茎秆切碎器通过滚珠轴承座直接安装于机架上,一般情况下,安装高度不能调节。如需降低茎秆残留根茬,可在轴承座与机架之间加垫铁进行调整。

(5)安全装置的调整 安全装置弹簧出厂时已调至标准长度,使用过程中如有变化可调回标准长度。摘辊安全离合器弹簧压缩后的标准长度是 85^{+2} 毫米;拨禾链安全离合器弹簧长度为 68 ± 2 毫米。当使用时间较久,弹簧产生疲劳变形,弹力减弱后,应在弹簧下加垫来恢复弹力,若仍不能达到要求应更换新弹簧。

(6)牵引方梁的使用调整 牵引方梁与牵引框有 3 个装配位置。靠右边的位置为长途运输位置,可以减小偏牵引阻力和运输宽度;中间位置为防陷作业时的牵引位置;左边侧边则为正常作业位置。见图 59。

(三)割晒、拾禾作业

320. 割茬高度不符合技术要求的原因及预防措施

(1)产生原因 ①机组作业人员对割茬高度与作业质量好坏的重要性认识不足,精力不集中,随意操作。②机组运行速度过快,来不及调整。③机组运行方向不当。⑤地面不平或坡度较大,割晒机震动太大。

(2)预防措施 ①认真检查、保养、调整割晒机,使之保持良好的技术状态。保证切割完善利落,升降灵活、准确、可靠。②割晒作业速度不应过快,应当保持稳定的恒速作业,作业过程中不变换挡位。③提高机组人员对严格掌握割茬高度的认识,割茬高度严格掌握在18~20厘米,过低过高不宜晾晒。④割晒机组运行的方向应与播种方向一致。

321. 割晒放铺穗头混乱的原因及处理方法

放铺穗头混乱将影响作物茎秆晾晒和籽粒后熟,遇有雨天容易霉穗发芽。拾禾作业时也会出现掉穗、掉粒、捡拾不净等损失。

(1)造成放铺穗头混乱的原因 ①割晒机选型调整不当。②拨禾轮转速过快或位置调整不当,拨禾压板将已割下的作物打乱。③输送带的线速度与机组前进速度调整不当。④牵引车操作不当,用油门控制作业速度,动力输出轴转速不能保持稳定的额定转速。⑤割刀堵塞。⑥放铺装置调整不当。⑦作物倒伏或杂草过高过多。⑧割晒作业时刮大风等。

(2)处理方法 ①作业前,应根据割晒作物和拾禾的方法,以及地块等方面的情况,正确地选择和运用割晒机,前进4.6型割晒机在正确调整放铺机构和增设拨禾转向杆的基础上,可以获得较好的扇形铺。作物穗头自输送带抛出后,能平顺而均匀、宽而薄地铺放在割茬上,确保割茬直立支撑禾铺,遇雨后不容易塌铺。②为使前进4.6型割晒机放铺更为理想,应使大输送带线速度低于小输送带速度。调整方法是:将大输送带传动齿轮由16齿改为21齿,线速度由原来的2.6米/秒降为1.8米/秒。除此之外,还应将大输送带的主动轴向右移,与小输送带轴重叠。③在割晒作业过程中,应随时检查放铺质量,及时调整割晒机放铺机构。如调整前进4.6割晒机的反射挡板开度大小,拨禾转向杆的位置及割晒机缓冲滑板的倾角大小等,确保割后禾铺穗头整齐、铺形合适的要求。④前进4.6割晒机的割幅,一般在3.0~3.5米较为合适。割幅的宽窄应根据作物长势、产量和放铺宽度、厚度的要求,合理调整割幅宽窄。如作物长势好、密度大、产量高,要保证放铺宽度 100 厘米左右、厚度 10～20 厘米,其割幅应适当窄些。反之亦然。⑤割晒机拨禾轮速比 $\lambda=1.5\sim1.7$。拨禾轮高度应保证拨禾压板或弹齿拨打在茎秆高度的 2/3 部位;拨禾轮前后位置,正常情况下,拨禾轮轴应在割刀的垂直面内。⑥割晒作业中机组速度应相对稳定,割晒行程中,原则上不变换挡位。前进速度靠挡位控制而不是用油门控制,无论用几挡,均应将油门固定在额定转速位置。⑦注意切割器的工作状态,防止堵塞、拖堆,影响割晒质量。⑧五级以上大风天气不宜割晒作业。

322. 割晒作业铺形不标准的原因及解决方法

割晒作业铺形不符合技术要求,禾铺太宽,拾禾脱粒时,容易产生漏拾,使损失增大;禾铺过窄,增加铺厚,不易晾晒,推迟拾禾脱粒,一旦遇到大雨,容易出现塌铺;禾铺太薄,使作物不能得到充分的后熟,千粒重下降,导致产量降低,所以割晒作业一定要保证具有良好的铺形。良好的铺形,在不增加任何物资投入的情况下,能起到增加产量、提高粮食品质、提高工效、减少损失的积极作用。

(1)**造成铺形不当原因** ①未根据作物长势、密度、产量等实际情况,合理调整割幅宽度,导致割幅过大或过小。②割晒机放铺装置调整不当,使放铺角度、宽度、厚度三者关系不协调。③机组割幅不直,导致割幅忽宽忽窄。

(2)**解决方法** ①割前做好田间调查,根据作物生长的高度、密度、产量和杂草的多少,及日后拾禾脱粒的机型,喂入量大小确定割晒作业的幅宽。严格控制禾铺的角度、宽度和厚度。②作业开始,在最短的割段内完成放铺装置的调整(如反射挡板、缓冲滑板、拨禾转向杆等),确保所需要的放铺角度、宽度和厚度。正常情况下,理想的铺形,晾晒 3～4 天即可拾禾脱粒。

323. 割晒作业铺形放不直的原因及解决方法

割晒作业在往复行程中,一旦出现不直现象,不但直接影响割晒作业质量(割幅忽大忽小、漏割等),还会影响日后的拾禾脱粒作业质量,出现漏拾、掉穗现象,增加损失。

(1)产生铺放不直的原因 ①割晒区划分不正确、割道未割直。②驾驶员精力不集中、技术水平不高,机组运行不直。③田间障碍物多,过多的绕行。④机组进出割区时,拐弯过早等。

(2)解决方法 ①作业前,应正确区划割区,一般采用绕行割法,选优秀驾驶员打割道,割道要笔直无弯,边道宽 9～12 米,绕行道宽 5～6 米。②拖拉机驾驶员把拖拉机开得笔直平稳,是基本功,平时应加强训练。割晒作业时,驾驶员应精力集中,把车开得笔直、平稳、割幅一致,为日后的拾禾脱粒创造好条件。③割晒机组进、出割区时,必须等机组驶出割区后再行转弯。

324. 割晒作业断铺、堆积的原因及解决方法

割晒作业中,由于种种原因常出现禾铺不连续、稀稀拉拉和未衔接成整条禾铺的现象。不但影响割晒作业质量,对日后的拾禾脱粒也带来不利影响,导致损失浪费增大。

(1)造成这种现象的原因 ①割晒机的切割、输送和放铺装置技术状态欠佳或调整不当所致。②拨禾轮转速和安装位置不当。③输送带打滑(时转时停)或不转动。④放铺装置或机构失灵,作物出口输出不畅或发生堵塞。⑤拖拉机动力输出离合器作用失常,时合时离。⑥割晒行程中间停车次数过多。⑦作物播种时出现断续漏播等。

(2)解决方法 ①作业前,认真检修割晒机,使之以良好的技术状态投入割晒作业。避免因作业中出现故障影响作业质量。②正确调整拨禾轮转速及垂直、水平位置。③作业中应经常检查调整输送带的紧度,及时清除输送带传动轴上的缠草,避免输送带打滑。④随时调整拨禾杆的位置和放铺挡板的开度和滑板的倾

角,尤其是割晒茎秆高大和产量高的作物,应更加注意以上部位的调整。⑤进入割区前应选好挡位,实现恒速作业,割晒行程中尽可能不变换挡位和随意停车,将油门固定在额定转速。⑥认真检修和维护拖拉机的动力输出离合器,确保其状态良好,工作可靠。⑦割晒机组运行至地头出堑时,应及时切断动力传递,确保地头放铺整齐,切忌将作物铺放于地头拐弯地带。

325. 割晒作业行走装置压铺的原因及预防措施

割晒机组将被割作物放成铺后,被拖拉机和割晒机的行走装置碾压而倒塌触地,造成掉粒损失。遇雨后触地穗易发芽、霉烂,并给日后拾禾脱粒带来困难。

(1)产生这种现象的原因 ①割晒机组行走轮轮距大于割幅宽度。②机组在进出割区时,拐弯过早。③机组或拖拉机随意在已割区内横越禾铺。④割道上的禾铺未经清理就正式作业。

(2)预防措施 ①在确定割晒幅宽时,必须考虑割晒和拾禾脱粒机组的轮距,做到不使行走装置碾压禾铺。②驾驶员作业时应精力集中,提高操作技术水平,做到机组行走笔直、作业速度稳定,割晒机出堑后,再拐弯,以避免碾压禾铺。③进入割晒区前,应拾净割道上所有作物,不经清理,不应进行作业。

326. 造成割晒作业时塌铺的原因及预防措施

塌铺的危害有三:一是严重影响晾晒效果,二是穗头触地潮湿容易发芽、霉烂,三是给拾禾脱粒作业带来困难,损失浪费严重。

(1)造成塌铺的原因 ①割茬太高,支撑力下降。②机组行走装置调整不当,禾铺放在轮辙上或堑沟中。③割晒机放铺装置离地面过高,放铺时冲击力过大。④产量高、割幅宽、禾铺过厚、过窄,禾茬不堪重负,造成塌铺。⑤铺形及角度调整不当,穗头集中一侧,导致禾铺倾斜、穗头触地。⑥禾铺堆积重量增大,导致塌铺。⑦作物生长过稀、过矮、行距过大,茎秆衔接不紧密,由茬中漏下触地。

(2)预防措施 ①依据作物生长实际情况,合理调整割茬高度:产量高、密度大、植株高时,割茬应适当低些,以提高其支撑力,不易塌铺。反之亦然。②根据作物长势合理掌握割幅宽度,割晒宽度应满足:铺宽最大不超过1.5米、铺厚20厘米左右(最厚不超过25厘米)的要求,既利于晾晒,也利于拾禾脱粒作业。③合理调整行走装置的轮距,避免禾铺放在轮辙或堑沟上。④合理调整放铺装置的离地高度。⑤合理调整放铺机构,力争放成扇形铺和鱼鳞铺。实践证明,鱼鳞铺是最理想的铺形,所有的穗头像鱼鳞一样排列在铺子的最上面,既利于晾晒,也利于拾禾脱粒,即使出现塌铺,也可避免穗头触地,是一种值得推广的铺形。⑥作业时,不应停车换挡,以免断铺后积堆,造成局部重量增加而塌铺。⑦麦类作物收割密度小于300株/米^2、株高小于70厘米、行距在30厘米的情况下,一般不宜进行割晒。

327. 造成割晒作业后霉穗、发芽的原因及预防措施

由于放铺质量不理想而又割后遇雨,长期不能拾禾脱粒时,导致霉穗发芽,严重影响粮食质量,造成损失。

(1)产生这种现象的具体原因 ①禾铺塌陷触地和铺中穗头混乱。②割茬不标准,过高或过低。③禾铺被压或放在轮辙或堑沟处。④铺形不理想。⑤地势较洼,雨后积水。⑥麦类作物品种不适,容易发芽。

(2)预防措施 ①根据拾禾脱粒能力,合理规划割晒面积和割晒时期,保证割晒的作物在晒干后(割晒后4~5天),籽粒水分降至13%以下,能如期地进行拾禾脱粒,以免禾铺因遇雨而霉穗发芽造成损失。②农业生产是个系统工程。播种时就应当考虑到今后的收割,要有目的地安排地势较高和不易发芽的品种,作为割晒作业(分段收割)的对象。③积极推广鱼鳞铺和合理割茬高度和放铺厚度,以提高抗御自然灾害的能力。

328. 割晒作业时漏割的原因及预防措施

(1)产生漏割的原因 ①割区区划不当或地形不规整,作业时

易出现剩边、丢角、留胡子现象。②割晒机切割装置技术状态不良或堵塞拖堆。③机组进、出割区时,操作不当,拐弯过早。④机组运行直线性不好,割幅出现贪生现象,紧靠已割侧产生漏割。⑤作物倒伏。

(2)预防措施 ①根据地形正确区划作业区,其宽度应是割晒机作业幅宽的整数倍。割区两端宽度应相等,对不适于割晒机组作业的边、角,应用人工或其他小型收割机收割。②搞好割晒机的检修,尤其是切割装置的安装调整,确保技术状态良好,避免割刀堵塞。③规范操作机组进、出割区,地头转弯宁晚不早。④作业中,驾驶员要精力集中,确保机组运行的直线性,割幅的控制宁贪熟不贪生(实际割幅应小于割台的设计割幅),杜绝漏割。⑤加强田间管理,合理施肥,以避免作物出现倒伏。严禁作物生长期间人、畜等进入田间踏压庄稼造成人为倒伏。

329. 因割晒作业而造成粒重降低的原因及预防措施

常规而言,分段收割(即割晒、拾禾脱粒)籽粒千粒重和发芽率(生命力)都应好于一般的直接收割。

(1)割晒后的千粒重比正常直割降低,造成减产的原因 ①割晒时期偏早。②禾铺太薄,天气晴朗干燥,茎秆晒干时间短,籽粒未得到充分的后熟作用,导致千粒重下降。③禾铺晾晒不充分,过早勉强进行拾禾脱粒,籽粒未全部完成后熟作用,造成千粒重下降。④禾铺遇雨后,穗头发芽生霉等。

(2)预防措施 ①必须严格掌握小麦的割晒适割期。最佳的割晒期应是蜡熟中期至蜡熟末期。此时割晒,籽粒千粒重高、生命力强。②真正掌握麦类作物各不同品种的后熟作用周期,掌握拾禾脱粒作业的最佳时机。一般情况下,乳熟末期割晒的小麦晾晒时间为 5~6 天,蜡熟期割晒的小麦晾晒时间为 2~4 天。按照这一农业日历,就可以根据本单位的拾禾脱粒的机械能力,科学安排割晒面积。把割晒和拾禾脱粒有机结合起来,真正起到既抢了农时,减少自然灾害的侵袭,又能提高粮食产量、保证粮食品质的分段收割的积极作用。

330. 拾禾脱粒作业造成弹齿弹击落粒的原因及预防措施

在拾禾器捡拾的过程中,弹齿将穗上籽粒击出落地,造成损失。

(1)**造成落粒的原因** ①拾禾器转速太高,弹齿拨击禾铺次数过多,弹击力过大,导致落粒损失。②机组捡拾前进速度低,弹齿拨击禾铺次数过多,导致落粒。③作业中换挡频繁或因故停车,而拾禾器仍在原处转动。④拾禾器堵塞拖堆。⑤割晒放铺角度偏大,穗头垂地,甚至出现"卷捆"拖堆现象。⑥割晒、拾禾时期偏晚或作物品种"口松"易落粒。

(2)**预防措施** ①作业前,应做好拾禾器的维修,确保技术状态良好,运转灵活、圆滑。②机组作业速度应与拾禾器弹齿轴转速相适应,其关系见表19。③作业中,尽量不换挡或少换挡,少停车,如必须停车时,停车时应立即停止拾禾器轴的转动和适当后退一定距离,既避免弹齿拨击禾铺造成落粒损失,又可避免重新起步时出现漏拾。④注意拾禾器的工作状态,一旦发现拾禾不畅或不易上铺时,应立即采取措施、查明原因,以免造成堵塞、拖堆。⑤积极推广割晒放鱼鳞铺的操作要领。放不成鱼鳞铺时,放铺角度以35°左右为好。

表19 机组作业速度与弹齿轴转速

机组作业速度(千米/小时)	拾禾器弹齿轴转速(转/分)
3.59	62.0
4.65	68.0
5.43	73.5
6.28	84.0

331. 拾禾脱粒作业出现漏拾现象的原因及预防措施

拾禾脱粒作业中出现漏拾现象还是比较常见的。

(1)**造成漏拾的主要原因** ①拾禾器传动装置工作性能不可靠,皮带打滑,转速过低。②拾禾器弹齿损坏,长度不够,数量不足。③机组运行速度太快,拾禾台高低调整不及时,拾捡不彻底。④拾禾台配重不当,拾禾器工作中晃动不稳。⑤弹齿护板夹草或拾禾器前部堵塞拖堆。⑥机组拾禾方向不正确。⑦割晒作物高度、密度、行距和土地不符合割晒作业要求,放铺质量不好。详见 328 例。

(2)**预防措施** ①作业前认真做好拾禾机具的检修工作,确保机具技术状态良好,所有拾禾器弹齿符合技术要求,各弹齿端部偏差不得超过 15 毫米,每排弹齿应在同一平面内。②作业中,拾禾器下部托地板一般应安装在中间或最下的调节孔内。③拾禾台重量平衡调整,应使前部稍重,以利于托地板随地势起伏滑动,避免跳动,但也不可太重,以免托地板壅土拖堆。④根据禾铺的厚薄,正确控制机组作业速度。原则上,以拾禾器弹齿线速度大于机组前进速度半倍为好,以免弹齿速度低于机组前进速度造成拖堆、漏拾。弹齿线速也不能过高,若高于机组前进速度的 1 倍以上时,禾铺易被弹齿打乱,破坏禾铺的连续性。这不仅增加落粒损失,而且还会产生禾铺卷起、打滚和拖堆现象。⑤合理调配割台配重,使拾禾器随地势高低滑行而不跳动为宜。⑥机组正确的运行路线应当是逆禾铺的穗头方向进行,保证脱粒时,穗头先进入脱粒装置脱粒,拾禾器应对正禾铺,不得偏离。铺形不理想、杂草多时,应适当放慢拾禾速度。发现拾禾器工作不畅,有堵塞迹象时,应立即把前进速度降下来,或作短暂停顿,待运转正常后,再继续作业。⑦注意随时清除弹齿护板间的杂草和拾禾器前部的壅堵物。⑧进、出拾禾垄铺是漏捡掉枝最多的地方,驾驶员应注意合理操作拾禾台,做到进入垄铺前降低拾禾台,结合动力,使拾禾器转动正常,且进入垄铺要慢。一切正常时,恢复正常捡拾速度;出垄铺时,待拾禾器完全拾净禾铺后,升起拾禾台,再进行地头转弯。

(四)半喂入式水稻联合收割机

332. 半喂入式水稻联合收割机收割作业操作程序

①进入田间后,操纵主调速手柄,停止行走。然后操纵油门手

柄,使发动机处于最低转速状态(空转状态)。

②操作液压转向杆,降落收割装置至分禾板尖端几乎接触地面为止(离地面约 2 厘米左右)。

③将脱粒室导板调节杆置于"标准"位置。

④将发动机转速调至 2000 转/分左右。

⑤将脱粒离合器手柄从"离"位置开始,缓慢放置到"合"的位置。

⑥脱粒离合器手柄在"合"的位置上,操纵油门手柄,调整发动机转速,使指针对准转速计录线(即作业转速)。

⑦根据被收作物长势,通过副调速手柄选择"低速"或"标准"位置。收割作业时,不准使用"行走"位置,否则有可能造成事故。

⑧将收割机离合器手柄置于"合"的位置。

⑨根据被割作物的长度,用手动脱粒深浅开关调节脱粒深浅度,然后再将自动脱粒深浅开关置于"入"的位置。

⑩初步设定脱粒装置的风扇风力和清选筛开度(通常置于"标准"位置)。

⑪根据作物长势,用主变速杆合理调整作业速度,进行收割作业。

⑫作业开始后,合理调整作物脱粒的喂入状态,保证作物的穗端对准"标志"。从"标志"向穗端侧是深脱粒状态,向基端侧是浅脱粒状态。浅脱粒状态,会引起脱粒不净损失增加,而深脱粒状态,容易引起稻草卷入滚筒,造成滚筒堵塞。合理调整脱粒深浅位置,是提高脱粒质量、提高作业效率和减少收割损失的有力措施,尤其是收割倒伏作物时,更应注意脱粒深浅位置的调整。

⑬作业过程中,应注意检查脱粒、清选和整台收割机的技术状态和作业质量,如有异常应立即停机检查,排除故障。排除故障时,应将所有的工作离合器置于分离状态,发动机熄火。

⑭收割作业结束后,首先将收割离合器操纵手柄置于"离"的位置,待被割作物完全脱粒干净、谷粒全部进入粮箱后,再分离脱

粒离合器。

333. 半喂入式水稻联合收割机作业过程中的主要调整内容（以久保田 PRO488 为例）

(1)收割装置主要调整内容

①分禾板上、下位置调整：根据作业的实际情况及时进行调整。田块湿度大，收割机出现前仰或过多的拔起倒伏作物时，应将分禾板尖端向下调，直至合适为止（最低应距地面 2 厘米）。调整时，左、中、右三块分禾板的高低应一致。通过分禾板下面的固定螺栓进行调整，见图 62。

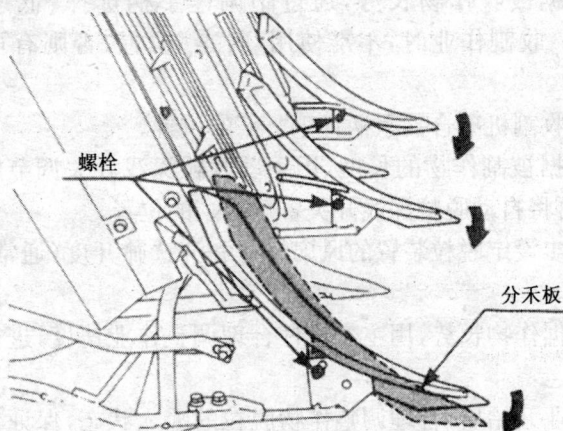

图 62　分禾板的上下调整

②扶禾爪收起位置高度调整：根据被收作物的实际情况，调节扶禾爪的收起位置。其调节方法是：先解除导轨锁定杆，然后上、下移动扶禾器内侧的滑动导轨位置，如图 63 所示。具体要求是：通常情况下，导轨调至②的位置；易脱粒的品种和碎草较多时，导轨调至③的位置；长秆且倒伏的作物，导轨应调至①位置。调整时，四条扶禾链条的扶禾爪的收起高度，都应处于相同的位置。

③右穗端链条的右传送爪导轨的调整：右爪导轨的位置应根据被脱作物的状态而定。作物茎秆比较零乱时，导轨置于标准位置，如图 64 所示，而被脱作物易脱粒而又在右穗端链条处出现损

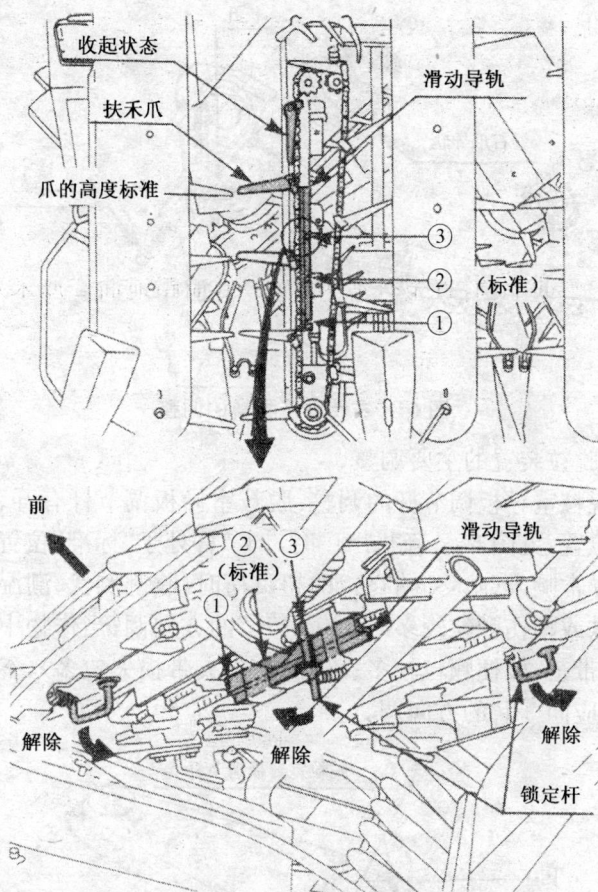

图 63　扶禾爪收起位置高度

失时,应将导轨调向②位置。其调整方法是:松开固定右爪导轨螺母Ⓐ、Ⓑ,通过Ⓑ处的长槽孔将右爪导轨向②的方向移动至合适位置止,然后拧紧螺母Ⓐ、Ⓑ固定即可。

　　④扶禾调速手柄的调节:扶禾调速手柄通常在"标准"位置进行作业,只有在收割倒伏 45°以上的作物时或茎秆纠缠在一起时,先将收割机副变速杆置于"低速",再将扶禾调速手柄置于"高速"或"标准"位置。收割小麦时,不用"高速"位置。

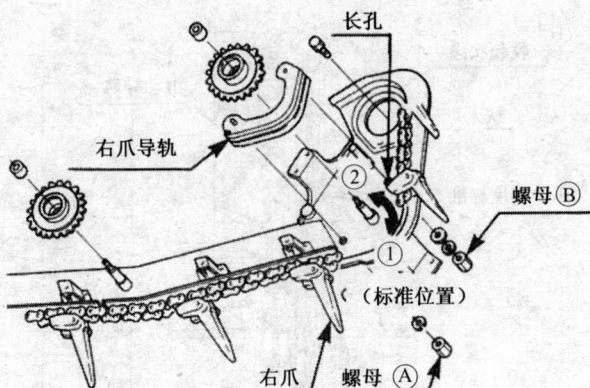

图 64　右传动爪导轨的调整

（2）脱粒装置的主要调整

①脱粒室导板调节杆的调整：脱粒室导板调节杆有开、闭和标准三个位置，见图 65。新机出厂时，调节杆处于"标准"位置。作业中出现异常响声（咕咚、咕咚），即超负荷时，收割倒伏、潮湿作物时以及稻麸或损伤颗粒较多时，应向"开"的方向调；当作物中出现筛选不良（带芒、枝梗颗粒较多、碎粒较多、夹带损失较多）、谷粒飞散较多时，应向"闭"的方向调。

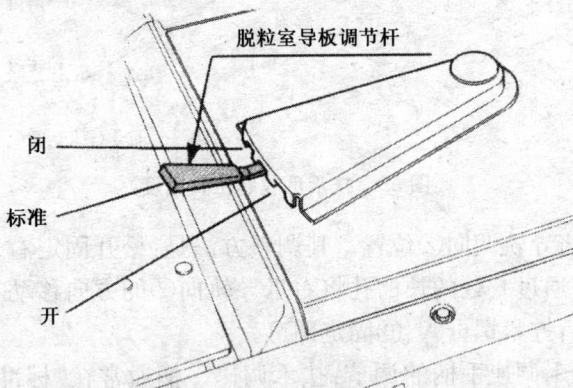

图 65　脱粒室导板调节

②清粮风扇风量的调整：合理调整风扇风量能提高粮食的清洁率和减少粮食损失率。风量大小的调整是通过改变风扇皮带轮

直径大小进行的。其调整方法是：风扇皮带轮由两个半片和两个垫片组成，见图 66。两个垫片都装在皮带轮外侧时，皮半轮转动外径最大，此时风量最小；两个垫片都装在皮带轮的两个半片中间时，风扇皮带轮转动外径最小，这时风量最大；两个垫片在皮带轮外侧装一个，在皮带轮两半片中间装另一个时，则为新机出厂时的装配状态，即标准状态（通常作业状态）。作业过程中，如出现谷粒中草屑、杂物、碎粒过多时，风量应调强位；如出现筛面跑粮较多，风量应调至弱位。

鼓风机风力	弱	标准（出厂时）	强
调整片	外侧2枚	外侧1枚，内侧1枚	内侧2枚
调整片和皮带的位置			

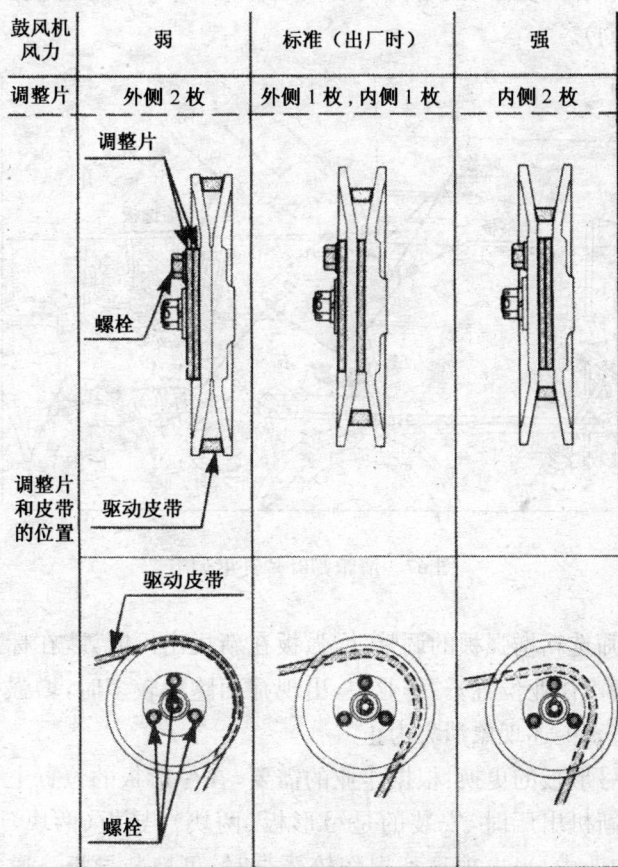

图 66　风扇风量调节

③清粮筛(摇动筛)的调节:清粮筛为百叶窗式,合理调整筛子叶片开度,可以取得理想的清粮效果。

作业中,喂入量大(高速作业)、作物潮湿、筛面跑粮多、稻麸或损伤谷粒多时,筛子叶片开度应向大的方向调,直至符合要求为止。当出现筛选不良(带芒、枝梗个粒较多、断穗较多、碎草较多)时,筛子叶片开度应向小的方向调,直至满意为止。筛子叶片开度的调整方法见图 67、68,拧松调整板螺栓(两颗)、调整板向左移,筛片开度(间隙)变小(闭合方向);向右移动,筛子叶片开度变大(即打开方向)。

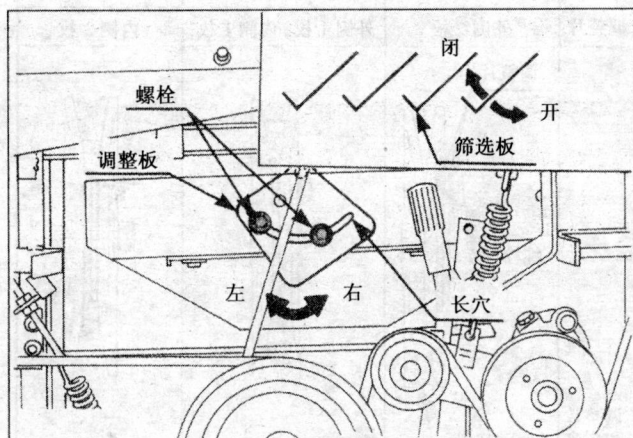

图 67   清粮筛叶片开度调节

④筛选箱增强板的调整:增强板在新机出厂时,装在标准位置(通常收割作业位置)。作业中,出现筛面跑粮较多时,增强板向前方调,直至上述现象消失为止。

⑤弓形板的更换:根据作业的需要,在弓形板的位置上可换装导板。新机出厂时,安装的是弓形板(两块)、导板(两块)为随车附件。作业中,当出现稻秆损伤较严重时,可换装导板。通常作业

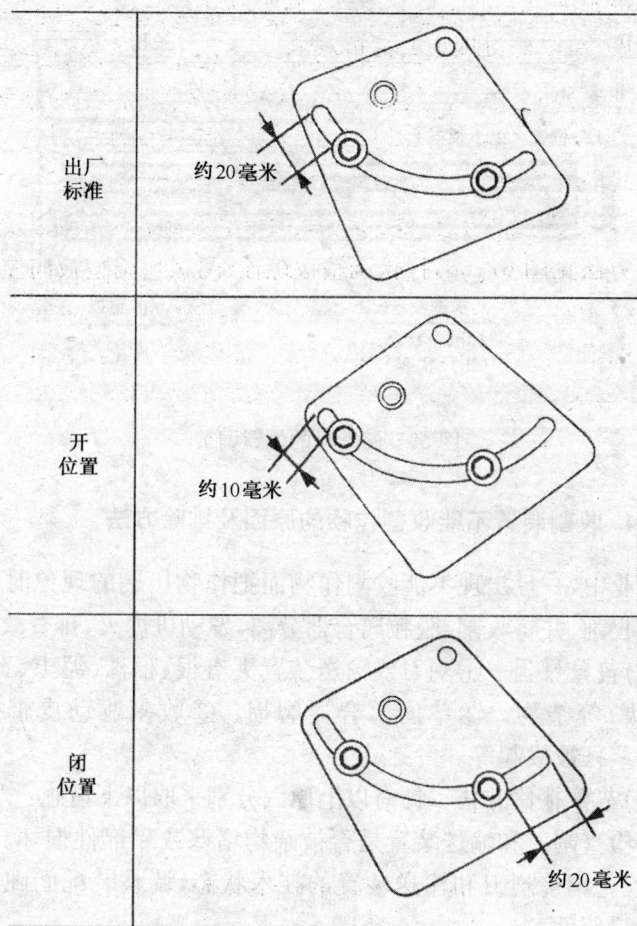

出厂标准

约20毫米

开位置

约10毫米

闭位置

约20毫米

图 68　清粮筛叶片开度调节

装弓形板。

⑥筛选板的调整　筛选板新机出厂时,装配在标准位置(中间位置),见图 69。作业中,排尘损失较多时,应向上调,收割潮湿作物和杂草多的田块,适当向下调,直至满意为止。

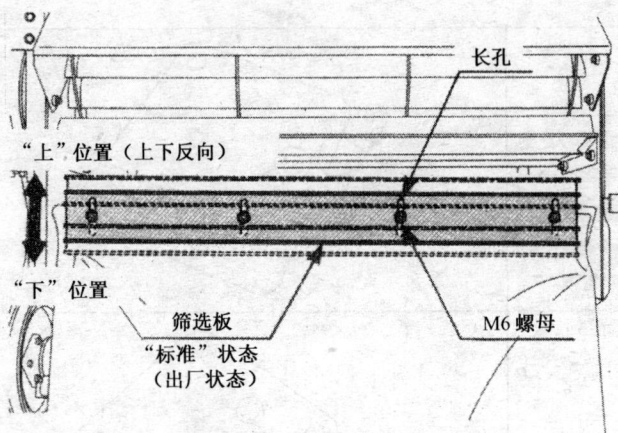

图 69   筛选板的位置调节

334. 收割装置不能收割作物的原因及排除方法

作业中,一旦出现不能收割作物而把作物压倒的现象时,应立即中止收割,并将收割、脱粒离合器分离,发动机熄火,排查故障。

(1) 故障原因   ①割刀或输送装置夹有根、稻株、泥土、石块或木片(块)等杂物。②单向离合器磨损。③收割驱动皮带打滑。④作物茎秆被拔起等。

(2) 故障排除方法   针对以上原因分别采取以下措施:

①检查割刀和输送装置是否被杂物堵塞或零部件损坏。清除杂物,检查调整割刀和输送装置的技术状态,调整装配间隙,更换损坏的零部件。

②检查找出单向离合器磨损情况,必要时更换新件。

③检查调整收割驱动皮带张紧度和收割离合器的技术状态,必要时进行调整。

④出现茎秆拔起时,应检查分禾板的装配关系,分禾板前端部应调至相同的高度。如因作业速度高造成茎秆拔起,应适当降低作业速度,将副变速杆换入"低速"或"标准"位置。在收割倒伏作物时,应以分禾板不插入稻株,能够操作的适当速度进行收割。

335. 收割装置不能输送作物或输送状态混乱的原因及排除方法

作业中一旦出现输送装置不能输送作物或输送作物状态混乱时,应立即停止收割作业,分离收割、脱粒离合器,发动机熄火后再排查故障原因。

(1) 故障原因 ①链条或爪形皮带松弛。②脱粒深浅位置不当。③扶禾装置的输送状态混乱。④低速作业时输送状态混乱等。

(2) 故障排除方法 针对上述原因,其排除方法如下:

①检查输送链条和爪形皮带的张紧装置,必要时进行调整。

②检查调整脱粒深浅控制装置(自动或手动)使穗端对准脱粒喂入口的"脱粒深浅指示标识"的标准位置(调整在作业中进行)。

③检查调节扶禾器变速手柄及副变速手柄位置,必要时调至需要位置。

④检查副变速手柄,通常应在"标准"的位置进行作业。田边用低速(0.1～0.3米/秒)作业时,如有茎秆堆集于链条脱粒,应将副变速杆置于"低速"位置进行作业。

336. 作业中出现割茬不齐的原因及排除方法

作业中出现割茬不齐时,应停止收割作业,分离收割、脱粒离合器,发动机熄火,排查故障。

故障产生的原因及排除方法有以下几点。

①割刀内有泥土或稻草。应清除泥土、稻草并检查割刀间隙和压刀器间隙,必要时调整。如有刀片损坏应更换。

②割刀浮空(间隙偏大)时,应调整割刀间隙和压刀器间隙。

③割刀弯翘时,应校正修直重新装配。

④割刀有缺口或折断时,应更换新刀片。

337. 收割作业时跑粮损失太多的原因及排除方法

(1) 造成跑粮损失太多的原因

①发动机转速太高。

②脱粒室排尘调节开得过大。

③脱粒装置的风量和清粮筛叶片开度调节不当。

④清粮筛增强板调节不当。

⑤筛选板在"下"的位置。

⑥作物产量高,叶子青等。

(2)故障排除方法 针对上述原因,排除方法如下:

①通过油门手柄,将发动机调至正常转速。

②把脱粒室导板从"开"位置,调至"标准"位置。如作业中脱粒装置产生异常响声时,应对收割速度、脱粒室导板位置和脱粒深浅位置进行检查、调整。直至将损失降低到允许范围为止。

③将风扇风量调至"弱"位或"标准"位,与此同时,向"右"(开)的方向调整清粮筛的叶片开度调节板。

④向机体的前方调整清粮筛增强板。

⑤将筛选板调至"标准"或"上"的位置。

⑥当作物产量高时,应降低收割速度和适当减小割幅。

338. 水稻收割作业中,稻粒清选不良的原因及排除方法

收割作业筛选不良主要表现为以下 3 种现象:第一种现象是:收水稻时,小枝梗多、碎粒多;收小麦时,不能去掉麦芒和颖壳。第二种现象是:粮食中有断草和杂物混入。第三种表现是谷粒的破损较多。造成上述各种现象的原因和排除方法介绍如下:

(1)造成小枝梗多、碎谷粒多(收水稻)和不能除掉麦芒、颖壳(收小麦)的原因及排除方法

①发动机转速过低。发动机的正常工作转速应保持在 2000 转/分。过低应通过调节油门手柄的位置,将发动机转速提升到正常作业转速。

②脱粒弓齿磨损严重,见图 70。应更换弓齿。

③脱粒室排尘过大。应把脱粒室的导板从"开"位置,调到标准位置。

④清选筛(摇动筛)叶片开量过大。应向"闭"的方向调整开量

调节板。

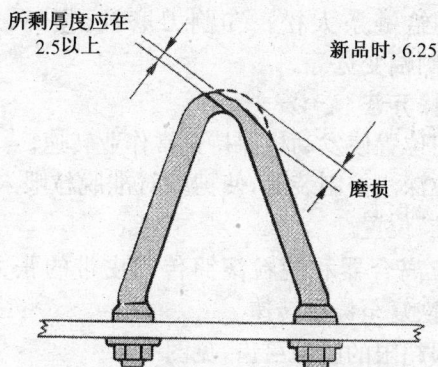

所剩厚度应在 2.5 以上

新品时, 6.25

磨损

图 70 脱粒弓齿 （单位:毫米）

(2)谷粒中有断草和杂物混入的原因及排除方法

①发动机转速过低。应将转速调至正常作业转速。

②风扇风量过小。通过风扇皮带轮的调节垫片,将风量调大,见图 66。

③清选筛(摇动筛)叶片开量过大。应向"左"(闭)的方向调整叶片开量调节板,直至符合要求。

④清选筛(摇动筛)增强板的调节过分打开。应向机体后方调整增强板,直至符合要求为止。

(3)造成谷粒破损过多的原因及排除方法

①发动机转速过高。用油门调整发动机转速至正常工作转速。

②脱粒室排尘过小。应将脱粒室导板调节手柄向开的方向调整,直至满意为止。

③风扇风量过大。应采用变换皮带轮调节片的位置,将风扇风量调小,见图 66。

④清选筛(摇动筛)筛子叶片开量过小。应向"右"(开)的方向调整筛片开量调节板,直至符合要求为止。

339. 水稻收割作业时出现脱粒不净的原因及排除方法

(1)造成脱粒不净的原因 ①发动机转速过低。②脱粒深浅调节过浅。③脱粒滚筒转速过低。④脱粒弓齿磨损严重。⑤左、右茎端链条,供给链条太松。⑥割刀磨钝、损坏、间隙不正确。⑦分禾板变形,割幅变宽等。

(2)故障排除方法

①调节油门位置使发动机保持正常作业转速。

②调整脱粒深浅控制装置,使穗端对准脱粒喂入口的"深浅指示标志"的"标准"位置。

③调整脱粒离合器和脱粒滚筒传动皮带的张力弹簧的张紧力,使滚筒转速恢复至标定转速。

④更换磨损超限的脱粒弓齿,见图 70。

⑤调整张紧弹簧的长度。确保左、右茎端链条和供给链条松紧适度。

⑥更换磨损、损坏的刀片,通过增减垫片调整动、定刀片的配合间隙(0~0.5 毫米)。

⑦各分禾板如有变形,应进行修理、校正至标准状态,确保作业时割幅的准确性。

340. 收割作业中切草器堵塞或切碎茎秆太长的原因及排除方法

(1)故障原因 ①切草器传送皮带太松。②切草器刀片磨损,出现缺口损坏。③脱粒深浅调节过深或过浅。④切草器切刀间隙过宽、重叠量太小。⑤排草通道不畅等。

(2)故障排除方法 排除故障时,一定要停止收割作业,发动机熄火,以免发生人身伤害事故。

①按要求调整切草器传动皮带松紧度。

②如刀片磨钝,应磨刃继续使用。如果是缺口、断裂损坏,应更换新刀片。

③调整脱粒深浅控制装置,使穗端对准脱粒滚筒喂入口处的"脱粒深浅指示标志"的"标准"位置。

④调整输送刀和切草刀的间隙见图 71,重叠量见图 72。

⑤清除排草通道的积存杂物,时刻保持排草通道畅通无阻。

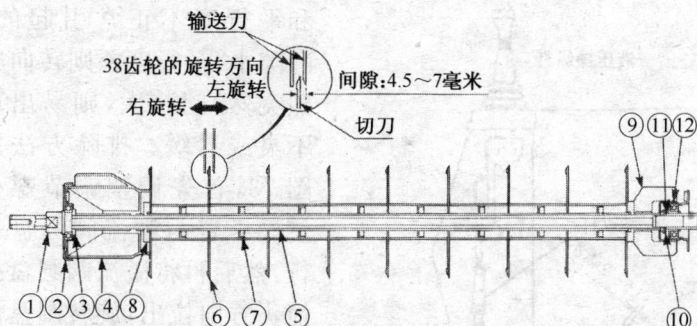

图 71　输送刀和切草刀装配

序号	零件号	零件名称	数量	序号	零件号	零件名称	数量
①	5F000—5241—△	切刀轴	1	⑦	5F000—5210—△	衬套	8
②	5F000—5242—△	轴承座	1	⑧	5F000—5219—△	挡圈	2
③	5F000—5243—△	垫圈	1	⑨	5F000—5253—△	排草叶轮	1
④	5F000—5244—△	排草滚筒	1	⑩	5F000—5254—△	锥形盘簧垫圈20	2
⑤	5F000—5212—△	切刀轴套	1	⑪	5F000—5245—△	(左螺纹)六角螺母	1
⑥	5F000—5248—△	切刀	9	⑫	5F000—5256—△	轴承座2	1

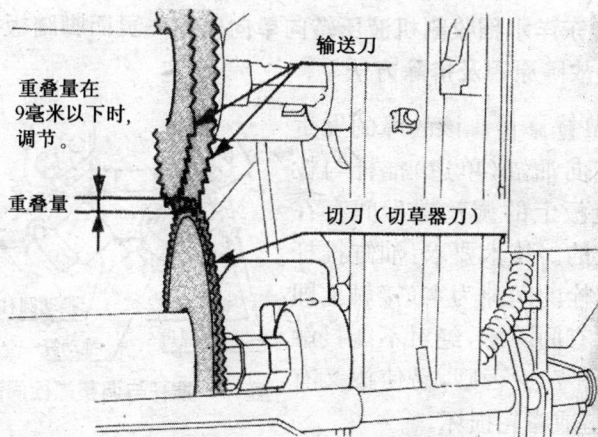

图 72　输送刀和切草刀重叠量

341. 东洋水稻收割机液压转向(双向)迟缓或不能转向,而用脚踏板机械转向却正常的原因及排除方法

出现这种不正常现象的原因,通常是由溢流阀与操纵臂间隙

299

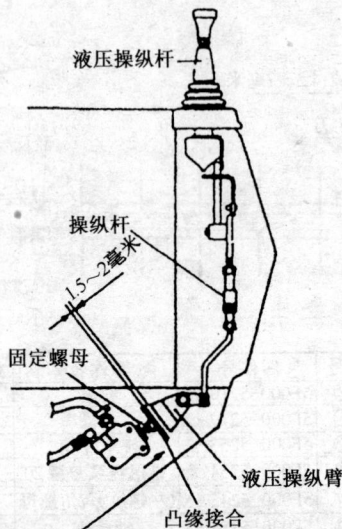

图 73　溢流阀和操纵臂间隙调整

和平行度不正常引起的。间隙小、平行度差则转向剧烈突然；间隙大，则易出现不灵或迟缓。排除方法见图 73，首先调整调节螺杆使操纵臂与溢流阀圆盘平行，然后再将溢流阀圆盘按箭头方向拉出，旋转圆盘调至间隙为 1.5～2 毫米后，用固定螺母固定即可。作业中应经常检查固定螺母的紧固状态，螺母松动会引起间隙变化，造成转向困难。

342. 东洋水稻收割机液压转向单向转向失灵而脚踏板机械转向正常的故障原因及排除方法

(1) **故障原因**　该故障的发生通常是转向油缸（单边）推杆与拨叉轴固定板上的调整螺母间存在间隙造成的。技术要求：油缸推杆与调整螺栓的间隙为零（接触上即可），或稍有间隙感，绝对不能接触过紧，见图 74。否则，易使拨叉有偏转角，造成齿轮损坏。

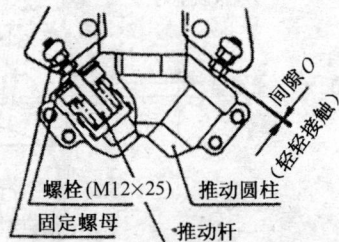

图 74　推杆与调整螺栓间隙调整

(2) **故障排除的方法**　第一步，先观察油缸推杆与调节螺栓间隙的大小，然后启动发动机，操纵转向手柄消除油缸活塞头与螺栓间的间隙；第二步，提升割台并支撑牢固，发动机熄火，然后调整油缸推杆与螺栓间的间隙为零（接触而无压力又活动自如）。千万不要过紧，以免拨叉产生偏转角，造成齿轮损坏。

343. 东洋水稻收割机刹车装置的正确调整方法

收割机使用后,可能出现刹车踏板挂钩位置不合适的现象,如刹住车后,刹车踏板上的固定销在挂杆齿角的第一与第二齿之间,出现挂第一齿刹车不可靠(刹不住),第二齿挂不上,或左、右两踏板踏死后,深浅不一致的现象。此时应通过调整刹车连杆装置排除故障。

具体方法如下,见图 75。

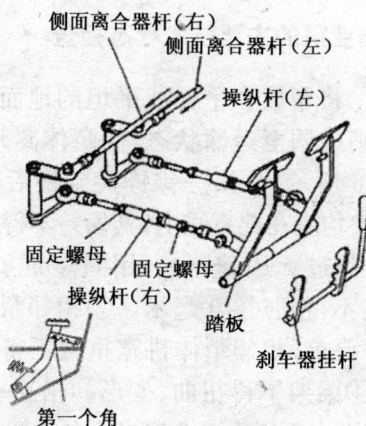

侧面离合器杆(右)
侧面离合器杆(左)
操纵杆(左)
固定螺母
固定螺母
操纵杆(右)
踏板
刹车器挂杆
第一个角

图 75 刹车装置调整

①先将盖板取下。

②根据踏板实际存在的问题,确定调整内容(一侧或二侧,向深调或向浅调)。通常因连杆松动而往浅方向调。

③调整时,先松开固定螺母(每杆 2 个),调整连杆长度,调整适当后,试着将两个踏板踏死,然后用刹车挂钩钩住,如正好第一个齿同时钩住 2 个踏板的固定销,则为调整正确,然后将连杆两端固定螺母拧紧锁定即可。

④调整结束后,盖好盖板。

四、田间作业机具

（一）耕地作业机具

344. 铧式犁作业前的主要技术状态检查

(1)整机检查 将犁放在平台或平坦的地面上。悬挂犁需用支架垫起,牵引犁则应调至运输状态,使犁体离开地面,犁架呈水平状态。①如图 76 所示,从第一铧铧尖到最后一铧铧尖拉一直线,其余各铧的铧尖均应在此直线上,其偏差不得超过±5 毫米(旧犁的偏差最大不得超过±10 毫米)。用同样的方法检查铧翼。②各犁体安装高度差不得超过 10 毫米。③相邻犁体的铧尖纵向距离应符合规定尺寸要求;相邻犁体耕宽重叠不得小于 10 毫米(螺旋形犁体除外)。④梁架不得扭曲、变形。相互平行的主梁,其间距偏差在 3 米长范围内不得大于 7 毫米。各主梁应在同一平面上,各主梁至地面的垂直距离偏差不应大于 5 毫米。⑤犁的各部连接螺栓、螺母应拧紧,螺栓头应露出螺母 2～6 扣。⑥牵引犁的安全装置应正确可靠。⑦悬挂犁的悬挂轴调节机构和限深轮调节机构应灵活有效。牵引犁的起落机构、调节机构和地轮、沟轮等各转动部分应灵活、有效、可靠。⑧地轮轴、沟轮轴和尾轮轴不得变形。各轴套轴向和径向间隙均不得大于 2 毫米。

(2)犁体检查 ①犁铧刃口应锋利,刃口厚度不得大于 1 毫米,铧刃角度应在 25°～40°,犁胫线刃角应在 47°～53°,犁铧磨刃面宽度应在 10～13 毫米,最小不得小于 5 毫米。铲宽不得小于 100 毫米。②犁体工作面应光滑。犁壁和犁铧的接合处应紧密,缝隙不得大于 1 毫米。接缝处,犁壁不得高于犁铧,允许犁铧高出犁

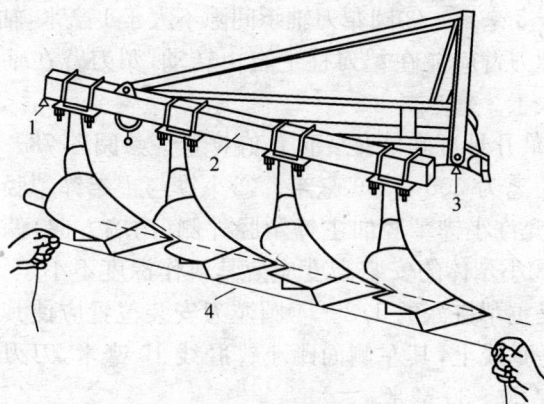

图76 拉绳检查

1. 支点 2. 犁梁 3. 支点 4. 绳子

壁,其最大值不得超过1毫米。③犁铧、犁壁、犁侧板和延长板上的埋头螺钉不应高出工作面。允许个别螺钉凹下,但凹深不应大于1毫米。④犁胫线应在同一铅垂面板上,如有偏差,只允许犁铧凸出犁壁,但应小于5毫米。⑤犁壁、犁铧、犁侧板与犁托应贴合紧密,犁壁和犁托的局部间隙允许上部为6毫米,中下部为3毫米。但连接螺栓的部位不应有间隙存在。否则应加垫消除间隙。⑥犁体应保持标准的垂直间隙和水平间隙。梯形犁铧的垂直间隙为10～15毫米,水平间隙为8～10毫米(图77);凿形犁铧的垂直间隙为16～19毫米,水平间隙为8～15毫米。

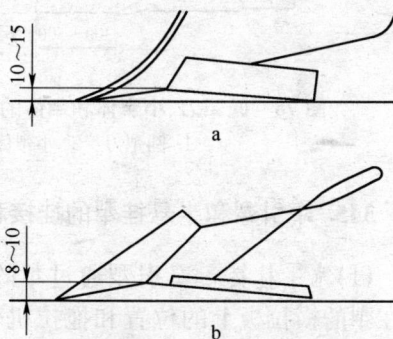

图77 犁体的间隙 (单位:毫米)

a. 垂直间隙 b. 水平间隙

⑦犁侧板不应弯曲,如有弯曲或末端磨损严重应更换新件。

(3)圆犁刀检查 ①圆犁刀刃口应锋利,刃厚不大于0.5毫米,刃角为20°±2°。②圆犁刀的旋转平面应与水平面垂直,如有偏差不应大于 3 毫米。③圆犁刀轴承间隙不大于 1 毫米,轴承应注满黄油。④犁刀臂应能在犁刀柱上自由转动,犁刀臂在垂直方向游动量不得大于 3 毫米。

(4)**圆犁刀和小前犁安装位置的检查**　参阅图 78。①小铧尖距主铧尖距离为 300～350 毫米。②小铧与主犁铧犁胫应在同一铅垂面上,允许小铧犁胫向主铧犁胫外侧(沟墙方向)偏出不大于 10 毫米。③小犁体的安装高度应使其耕作深度不小于 100 毫米,一般要求是主犁耕深的 1/2。④圆犁刀安装位置应使其中心和小铧尖在同一垂线上,其左侧面距小铧胫线 10 毫米,刀刃最低点应低于小铧尖 20～30 毫米。

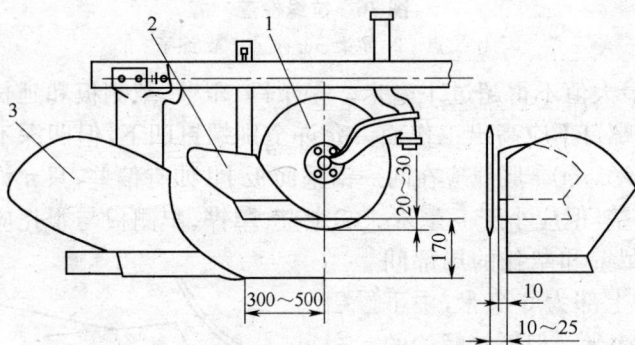

图 78　圆犁刀、小犁体和犁体的相对位置　(单位:毫米)
1. 圆犁刀　2. 小犁体　3. 主犁体

345. 牵引犁和半悬挂犁的挂接和调整方法

(1)**水平挂接**　牵引犁通过犁的纵拉杆同拖拉机挂接。纵拉杆在犁的横拉板上的位置和拖拉机牵引板上位置均可调整,以达到正确的水平挂接。半悬挂犁则是通过前梁在牵引梁上的位置和犁架横梁上的位置调整,达到正确的水平挂接。

正确的水平挂接应当是:拖拉机的动力中心、犁的牵引点和阻力中心成一直线,且该直线平行于前进方向并同拖拉机纵轴线重合。一般称之为正牵引。检查正牵引的标准是:拖拉机作业时直线行驶性好。行驶中不偏转;耕作中,犁的纵梁同前进方向一致,不侧斜,耕地阻力小。

动力中心是拖拉机驱动力的合力交汇点,当拖拉机直线行驶时,动力中心位于拖拉机的纵轴线上,见图79a。

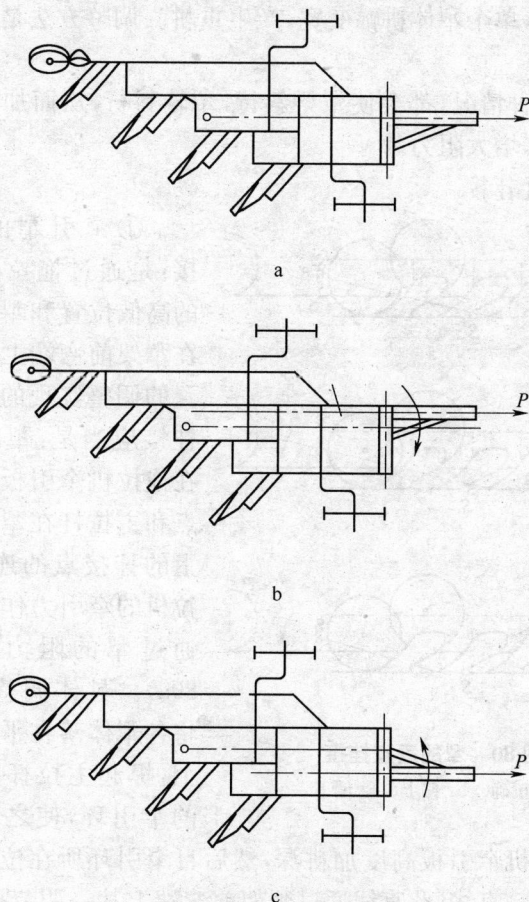

图 79　犁的水平挂接

a. 正确　b. 偏左　c. 偏右

阻力中心是犁的重心、土壤阻力以及犁轮和犁侧板反力等力的合力交汇点。

若牵引线偏向阻力中心的左侧(图 79b),则犁架顺时针扭转,总耕幅变宽,单个犁体耕幅变窄、产生漏耕。尾轮及犁侧板的侧压力增大,磨损加剧。调整方法是将主拉杆右移。

若牵引线偏右(图 79c),则与上述情况相反,犁架反时针扭转,总耕幅变窄,单个犁体耕幅变宽,产生重耕。调整方法是将主拉杆左移。

上述两种情况,都会使犁梁斜行,犁轮斜行,从而加剧轴套和轮轴的磨损,增大阻力。

(2)垂直挂接

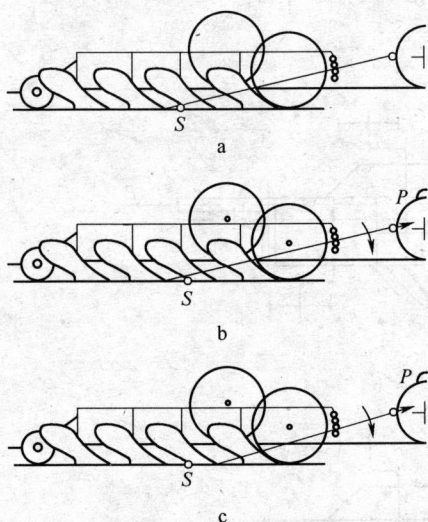

图 80　犁的垂直挂接
a. 正确　b. 偏上　c. 偏下

①牵引犁的垂直挂接:是通过拖拉机牵引板的高低位置和犁的横拉板在犁架前弯端上的高低位置的调整实现的。正确的挂接应当是:犁的主拉杆在拖拉机牵引板上的挂接点和主拉杆在犁的横拉板上的挂接点的连线(即拖拉机的牵引力作用线),应通过犁的阻力中心(图 80a)。具体调整方法是:将各犁体落在平坦的地面上,提起主拉杆(总拉杆)的牵引环,使之离地面高度等于拖拉机牵引板高度加耕深,然后自牵引环所在位置与犁的阻力中心拉一直线,此直线通过犁架前弯端上某一调节孔,即为犁横拉板的挂接位置(图 80a)。若直线在某两孔中间,地块干硬时选上孔,湿软时选下孔。

若挂接点偏上(图 80b),则前铧深、后铧浅,地轮、沟轮受力过大,轮轴和轴套加剧磨损,应将横拉板调低。

若挂接点偏下（图80c），犁架前部上翘，前铧浅，后铧深，尾轮磨损加剧。

②半悬挂犁垂直挂接：是通过拖拉机悬挂机构上拉杆在悬挂架上的挂接位置和拉杆长度的调整进行的（图81）。当上拉杆挂接在悬挂架上端连接孔时，入土行程增加，前犁耕深趋浅，后铧趋深，限深轮载荷较小；当上拉杆挂接在悬挂架下端连接孔时，犁入土性能改善，限深轮的载荷增加。

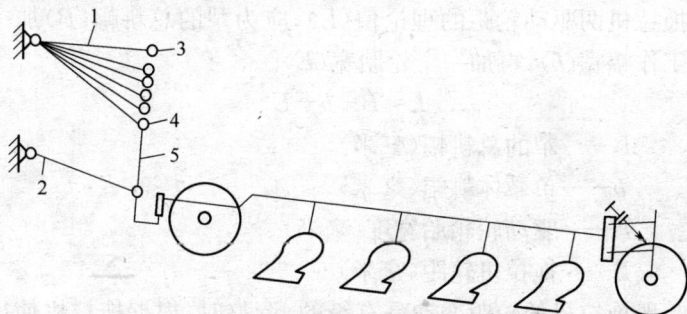

图81 半悬挂犁在纵垂面上的挂接

1. 上拉杆 2. 下拉杆 3. 上端连接孔 4. 下端连接孔 5. 悬挂架

(3)耕深和水平调整 ①牵引犁通过耕深调节轮和水平调节轮进行耕深和水平调整。液压升降的牵引犁，用调节液压油缸活塞行程的方法调节犁的耕深。水平调节还是通过转动水平调节轮进行。②半悬挂犁耕深调节通过限深轮进行，而横向水平调整是通过拖拉机悬挂机构的左右提升吊杆的长度调整来实现，纵向水平通过尾轮调节螺钉进行。

(4)牵引犁尾轮调整 为减小犁侧板和沟墙间的摩擦力，尾轮边缘应较后犁体犁侧板偏向沟墙10～20毫米。为减少后犁体犁侧板与沟底的摩擦阻力和改善犁的入土性能，尾轮的下缘应低于犁后踵8～10毫米。

通过尾轮的垂直调整还可以调整犁的纵向水平，尾轮垂直调整钉向外拧，最后一铧耕深增加，向里拧，耕深减小。

(5)牵引犁缓冲弹簧的调整 缓冲弹簧的作用是落犁时起缓

冲作用,起犁时起助力作用。各缓冲弹簧紧度应调整一致。正常状态应当是起犁时呈松弛状态(自由状态),落犁时则拉紧(受力状态)。

346. 悬挂犁挂接的正确调整方法

(1)**拖拉机轮距调整** 为使拖拉机轮距和犁的总耕幅相适应,实现正牵引,在农具挂接前应对拖拉机轮距进行必要调整。

拖拉机两驱动轮距的理论值(L),应为犁的总耕幅(B)加一个犁体工作幅宽(b),再加一个轮胎宽(E)。

$$L = B + b + E$$

式中　　B——犁的总耕幅(毫米)

　　　　b——单犁体耕幅(毫米)

　　　　E——驱动轮轮胎宽度(毫米)

　　　　L——拖拉机轮距(毫米)

一般拖拉机的轮距变动是有级的,调整时,根据拖拉机使用说明书提供的数据,找出与理论值接近的可调轮距。

(2)**挂接** 悬挂犁通常以三点悬挂方式与拖拉机连接。悬挂犁装有悬挂架(上悬挂点)和两个下悬挂点(或曲拐轴)分别与拖拉机的上、下拉杆挂接在一起。犁的上、下悬挂点均有多个孔位供挂接时选择。

对于耕深采用高度调节的液压悬挂装置,根据犁的技术状态和土壤情况选择挂接点:铧刃锋利,土壤松软时,选择上悬挂点挂上孔,下悬挂点挂下孔的靠两端挂接法(图 82 中虚拟牵引点Ⅰ的位置)。此时,对拖拉机增重大,可以使拖拉机发挥更大的牵引功率;而当铧刃较钝、土壤较硬时,应选择上悬挂点挂下孔,下悬挂点挂上孔的靠中间挂接法(图 82 中虚拟牵引点Ⅳ的位置)。此时,可增大犁的入土力矩,使犁的入土性能好。一般情况下,在满足犁的入土深度要求的前提下,应尽量选用靠两端孔位的挂接法(图 82)。

对于耕深采用力、位调节的液压悬挂装置,在挂接时,应尽量选择靠中间的悬挂孔位,使犁有较大的入土力矩。

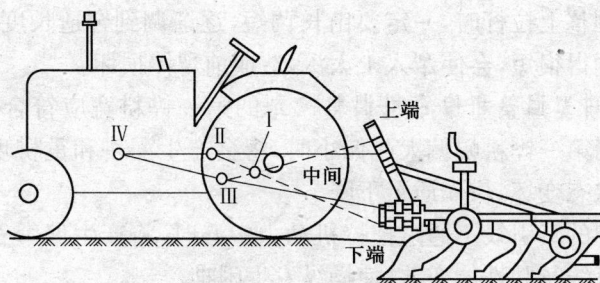

图 82　悬挂犁的挂接

水田犁用于旱耕时,因犁较轻,当表土较硬时,常采用加大犁的入土角的办法,改善犁的入土能力,这时应选择上悬挂点挂上孔,下悬挂点也挂上孔的方法。

(3)**耕深调整**　采用高度调节的机组,通过犁的限深轮调整耕深。

采用力、位调节的机组,通过液压操纵手柄进行调整。位调节手柄向下降方向移动的角度愈大,犁的耕深也就愈大。当土壤比阻不变时,力调节手柄向"深"的方向移动角度愈大,犁的耕深也就愈大。

因耕深调节直接影响犁架水平,所以每调一次耕深,必须同时进行犁架的水平调整。

(4)**水平调整**　调上拉杆的长度,可调整犁架前后(纵向)水平;调左、右吊杆长度,可调犁架左右(横向)水平。具体调整方法见表 20。

表 20　悬挂犁的水平调整

现　象	调 整 方 法
犁架前后不平,前犁深,后犁浅,犁后踵离开沟底	伸长上拉杆,直至犁架前后水平
犁架前后不平,前高后低,犁后踵在沟底,压出沟痕	缩短上拉杆,直至犁架前后水平
犁架左右不平,前犁深,后犁浅,接垡不平,沟底不平	缩短右吊杆长度,直至犁架左右水平
犁架左右不平,前犁浅,后犁深,接垡不平,沟底不平	伸长右吊杆,直至犁架左右水平

在调整上拉杆时,一定要由长调短,逐渐调到合适长度。如果开始就调得很短,会使犁入土太深,造成前犁体损坏。

(5)**耕宽调整和偏牵引调整**　犁的第一铧耕宽应符合规定的尺寸。当第一铧耕幅偏大或偏小时,将会产生漏耕和重耕现象,犁的作业状态变坏,耕作质量下降。

当犁的牵引线不通过拖拉机动力中心时,将产生偏牵引现象,拖拉机直线行驶性能变差,使操纵发生困难。

耕宽调整和偏牵引调整关系密切,互相影响很大,在试耕时,这两种调整需要反复交替进行,才能得到满意的结果。具体调整方法见表21。

表 21　悬挂犁的耕宽调整

现　　象	调 整 方 法	
	旱地铧式犁系列	水 田 犁 系 列
第一铧耕幅偏大,产生漏耕	转动耕宽调节手柄,使调节套向里缩,即左悬挂点移向犁架横梁	转动曲拐轴,使左端轴销向后转,即顺时针转动
第一犁耕幅偏小,产生重耕	转动耕宽调节手柄,使调节套向外伸,即左悬挂距犁架横梁尺寸加大	转动曲拐轴,使左端轴销向前转,即逆时针转动
拖拉机向右偏驶	耕宽调节器向右移(在横梁上的位置)	悬挂轴向右移动(相对犁架)
拖拉机向左偏驶	耕宽调节器向左移	悬挂轴向左移

注:1. 进行耕宽调整时,如果伸缩耕宽调节器调节套或转动曲拐轴不能解决问题时,可以用移动耕宽调节器和曲拐轴的方法进行调整:向右移、耕宽减小;反之,耕宽加大

　　2. 移动耕宽调节器或曲拐轴时,要松开固定用的 U 形卡,移动结束后,再将 U 形卡紧固

(6)**正 位 调 整**　犁在作业时,其犁架纵梁应平行于前进方向。如因土壤松软,犁侧板配置不当或发生变形,以及由于拖拉机和犁不配套,使牵引线过于偏斜等原因,造成犁偏斜(即犁架纵梁与前进方向偏斜一角度),则需要进行正位调整。

如因拖拉机和犁不配套,造成犁作业时偏斜时,首先应通过对

拖拉机轮距的调整,使之与犁的耕幅相适应,实现正牵引;如果轮距已无法调整,则只能在不明显造成偏牵引的前提下适当调整牵引线的方向,改善犁的工作状况。

如因土壤松软,犁侧板压入沟墙过深而造成犁的偏斜时,则可通过在犁侧板和犁托之间加垫片进行调整。

(7)限位链调整 机组作业时,限位链应处于放松状态,下拉杆可左右自由摆动。在升起位置时,以犁不与拖拉机轮胎或护板相碰撞为宜。

347. 手扶拖拉机配套犁的正确使用及调整方法

手扶拖拉机型号较多,其配套犁也有多种型号,但各种犁的调整内容大体一致。现以12马力手扶拖拉机的配套犁为例,对其使用调整介绍如下:

(1)机组行驶直线性的调整 犁的牵引卡通过牵引销和连接头的间隙为1~1.5毫米(图83)。间隙过小,容易顶死,当拖拉机或犁受力稍有变化时,就会影响机组工作稳定性;间隙过大,犁左右晃动大,不易控制。正常工作时,应该调节两个调整螺钉,使机组略有向未耕地一边偏走的趋势,这样拖拉机右轮在犁沟内紧贴

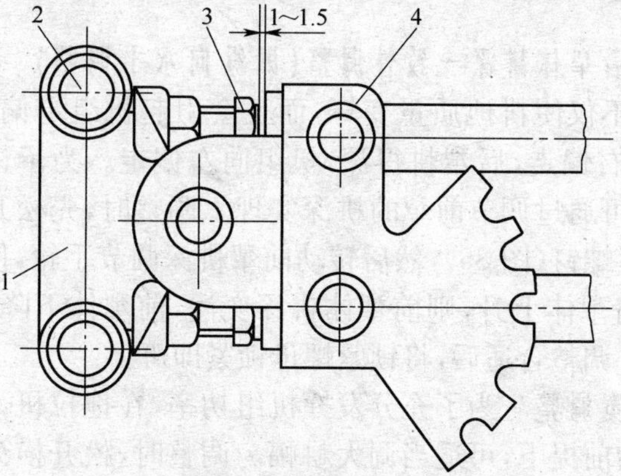

图 83 直线行驶性能调整 (单位:毫米)

1. 牵引卡 2. 牵引销 3. 调整螺钉 4. 中间连接架

沟墙前进,保持直线行驶。当发现机组向右偏走时,应调长右边的调整螺钉(间隙调小)和相应缩短左边的调整螺钉(间隙调大);当发现机组向左偏走时,调整方向与上述相反。调整时,应先松开锁紧螺母再转动调整螺钉,调整合适后,再拧紧锁紧螺母,以防松动。

(2)**耕深调整** 耕深调整是通过改变入土角度来实现的。调整时转动耕深手轮(图84),使后犁柱尾部向上摆动,则入土角度增大,耕深增加;若使后犁柱尾部向下摆动,则入土角度减小,耕深减小。

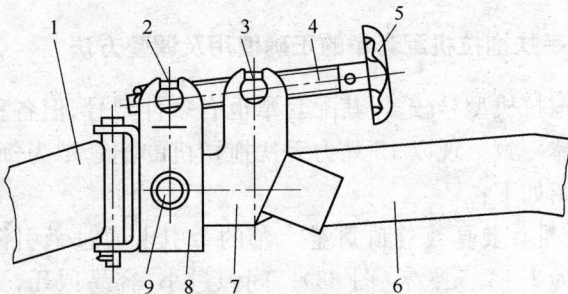

图84 耕深调整机构
1. 转臂 2. 长孔轴 3. 螺母轴 4. 耕深调整丝杆 5. 手轮
6. 后犁体 7. 后连接卡 8. 瓶形连接卡 9. 调整插销

(3)**前后犁体耕深一致性调整(即纵向水平调整)** 前、后犁耕深不一致,不仅使耕地质量变坏,而且会引起机组走偏,前犁耕得深,机组向右偏走,后犁耕得深,机组向左偏走。为了达到前后犁耕深一致,可通过调节前犁的耕深实现。调整时,先松开前犁柱托架上的锁紧螺钉(图85),然后转动前犁耕深调节手轮,使犁体上升或下降。前犁体上升,则前犁体耕深变浅,前犁体下降,则前犁体耕深变深。调整合适后,将锁紧螺母锁紧即可。

(4)**耕宽调整** 为了充分发挥机组功率,在拖拉机不超负荷和犁不漏耕的前提下,可适当调大耕幅。调整时,松开横梁上的锁紧螺钉,将"U"形卡向内移动,使前犁向后犁靠近,耕幅变小;"U"形卡向外移动,前犁远离后犁,耕幅变大。调合适后,将锁紧螺母拧紧即可。

(5)**犁壁曲面调整** 栅条犁壁曲面可根据作业要求进行调整。只要改变犁壁连接盘上部的犁壁调整支架插销在犁壁调整固定支架上的位置,以及犁壁调整固定支架上部长孔在犁柱上的位置(图86),就可以得到3种不同的犁壁曲面。

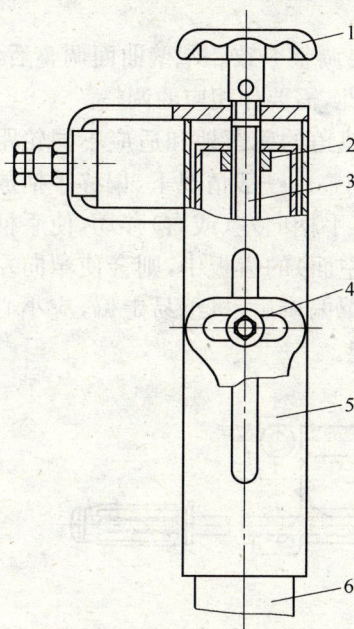

图85 犁体水平调整机构

1. 前犁耕深调整手轮 2. 螺母
3. 调整丝杆 4. 锁紧螺母
5. 前犁柱托架 6. 前犁柱

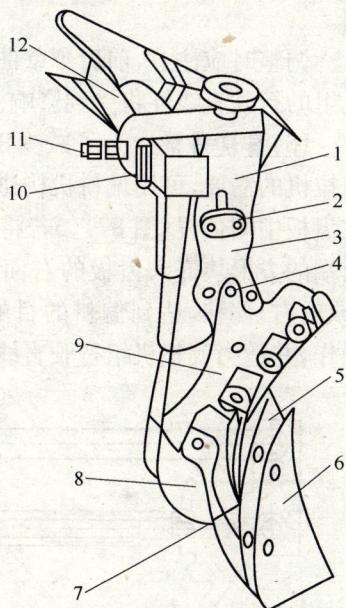

图86 前犁体

1. 前犁体托架 2. 锁紧螺钉
3. 犁壁调整固定支架 4. 插销
5. 犁胸 6. 犁铧 7. 栅条犁壁
8. 前犁柱 9. 犁壁连接盘
10. 门形卡 11. 紧固螺丝 12. 横梁

当犁柱上固定螺钉处在犁壁调整固定支架长孔左端(按机组前进方向),而犁调整支架插销在犁壁调整固定支架下部最右边的孔中,这时犁壁曲面扭曲最小,其窜垡性能好,断条架空性好,有利于晒垡。

当固定螺钉处于长孔右端时,插销位于犁壁调整固定支架最左边的孔中,这时犁壁曲面扭曲最大,其翻土性能好,有利于覆盖绿肥、杂草和秸秆还田。

当固定螺钉处于长孔中间位置,插销也在中间孔中时,其窜垡、翻土性能介于上面两种情况中间,这种曲面在一般耕作时常用。

调整时应注意,前后犁壁曲面要调整一致。犁壁曲面调整后,机组的行驶直线性将受到影响。因此,需要作相应的调整。

(6)偏耕调整 为了减少田边地角的残留地和适应不同轮距拖拉机的需要,可用偏耕机构进行调整。一般情况下,偏移手柄放在齿板中间位置(图 87)。若将偏移手柄向左(或右)移动,使手柄前端的方形块嵌入齿板的右面(或左面)的齿板中,则会使犁向左(或向右)偏移,达到偏耕的目的。犁偏耕后,机组易走偏,应小心操作,并适当调整机组行驶直线性能。

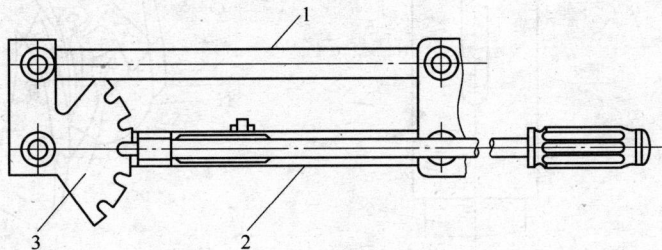

图 87　偏耕调整机构
1. 转臂　2. 偏移手柄　3. 齿板

348. 耕地作业的田间操作规程

(1)田间清理 耕作前应清除有碍作业的所有障碍,不能清除的障碍物,应做出明显的标记。

(2)确定耕向 坡地应沿等高线耕翻,以防水土流失;土地平坦,区宽在 500 米以上的地块和方田或近似方田的地块,应纵横交替,隔年变换耕向;翻压绿肥应顺垄进行。

(3)**小区和地头宽度的规划** 地头是供机组转弯用的,地头宽度与机组长度和机组类型有关。一般而言,地头宽度在满足机组长度要求的前提下,地头宽度应修整为机组工作幅宽的整数倍。

耕地头线。地头线是机组出、进耕区的起落犁的标志线。它与机组的耕作方向垂直。地头线一般是用犁耕一个行程。其耕法视具体情况而定,土壤干硬时,宜外翻,以减少落犁时的冲击和犁易入土。在土壤松软时,内翻,一般应采取隔年交替进行外翻或内翻。地头线耕深一般为正常耕深的 $1/3 \sim 1/2$。

(4)**开墒** 在未耕地上耕的第一犁叫做开墒。墒开得好坏直接影响作业质量和生产效率。要求开墒要正、要直、垄沟垄台要小。为保证开墒正、直,应在第一犁的行程线上插上标杆(所有标杆应在同一直线上)。机组应对准标杆行驶。常用的开墒方法有以下几种。

①直接开墒法:将第一铧(约为规定耕深的一半),最后一铧保证规定耕深,往返各一行程。开墒后,各铧均应调至规定耕深,进行正常作业。为防止漏耕,当采用内翻耕作业法时,对履带拖拉机在开墒的返回行程中,应使右侧履带走在第一犁耕出的第一阀片上;对轮式拖拉机则应使右侧轮胎走在第一犁耕出的第二个阀片上。直接开墒法效率高,操作简单,但由于开墒行程的耕深浅,所以垄背较大。

②重两犁法:采用内翻耕作路线时,先从地块中心用外翻法耕一个往返行程,接着用内翻法在第一、第二犁阀片上重耕一犁,以填平中间的墒沟,以后一直用内翻法耕完。这种耕法地面平整,不留明显的垄台,没有漏耕,开墒行程也能达到规定耕深。

③重半犁法:采用内翻耕作法时,在开墒第一行程,犁架调成倾斜,前铧耕深小于规定耕深,后铧为规定耕深。在返回行程时,轮式拖拉机右轮走在第一犁的犁沟里,履带拖拉机右侧履带走在邻沟的堑上(第一犁的最后垫片上),使前铧重耕,后铧耕未耕地。这种方法所留垄台小,覆盖质量较两犁法好。

(5)**进、出堑** 为确保地头整齐、深浅一致,合拢时不出现"楔子",机组必须正确进、出垄。原则要求,机组进、出垄必须与地头线垂直。地头线是起、落犁的标志线。对牵引机组,一般是"沟轮落犁,地轮起犁",即犁的沟轮到达地头线时(沟墙线)落犁(即进垄),出垄时,犁的地轮到达地头线时起犁。对悬挂机组,则是"前轮落犁,后轮起犁",即进垄时,拖拉机前轮到达地头线时落犁,出垄时,拖拉机后轮到达地头线时起犁。

(6)机组行走方法 行走方法要根据地块的大小、形状、地块规划,小区的划分和机组形式合理选择。要尽量减少垄沟、空行程,防止重耕、漏耕,避免丢边扔角。机组作业时的行走方法选择是否合理,直接影响劳动生产率、油耗和作业质量。

①内翻法(闭垄法):机组沿耕作区中心线左侧耕第一犁,到地头起犁后,按顺时针方向进行有环节转弯,紧靠第一犁的右侧返回耕第二犁。依次围绕中线向内翻垡,耕后在耕区中间留一条垄。机组除开始几个行程做有环节转弯外,其余均做无环节转弯,适用于窄长地块作业,容易掌握(图 88)。

②外翻法(开垄法):机组由耕作区右侧地边开墒,耕到地头起犁,按逆时针方向(左转弯)行走,到耕区左侧地边回犁。依次由地边向中间绕行,向外翻垡,最后在耕区中间收墒出区,耕后地块中间留有墒沟。机组除最后几个行程做有环节转弯外,其余均做无环节转弯(图 89)。

内翻法和外翻法是机组耕地作业的基本方法。其余方法都是这两种方法的组合和发展。如内、外翻交替法(图 90),无环节套耕法[四区内翻套耕法(图 91),外、内翻套耕法(图 92)、二区套耕法图(图 93)]。

(7)地头耕法

①单独耕地头:宽地块的地头可作为小区,用内翻法或外翻法单独耕翻。窄地块的地头,若用悬挂犁耕地,可采用倒车移行耕法,向一侧翻耕,减少沟、垄。

②圈耕法:在耕区两边留出与地头宽度一致的地边不耕,机组在四角提犁转弯,这种方法适用于大地块。

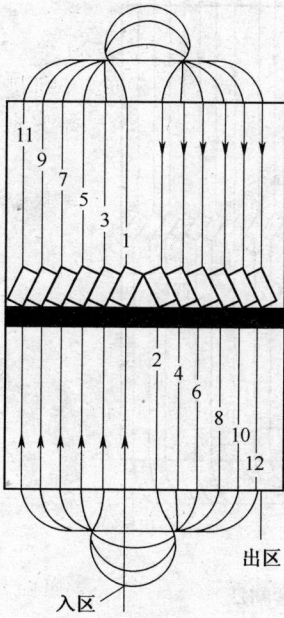

图88 内翻法

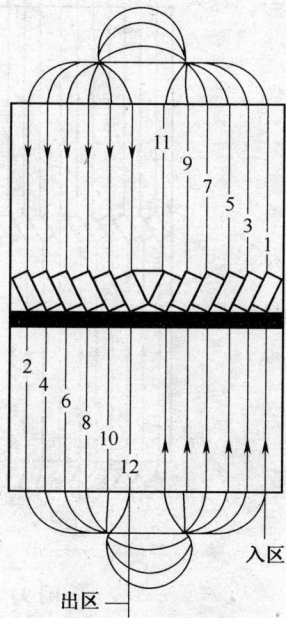

图89 外翻法

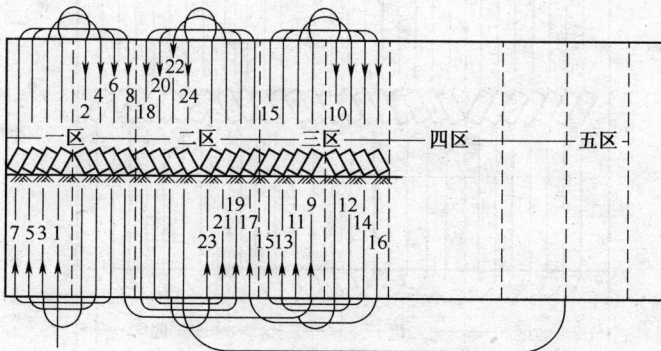

图90 内、外翻交替法

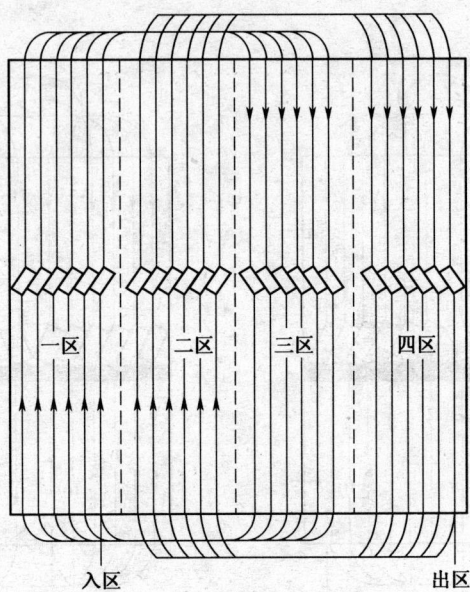

图 91　四区内翻套耕法

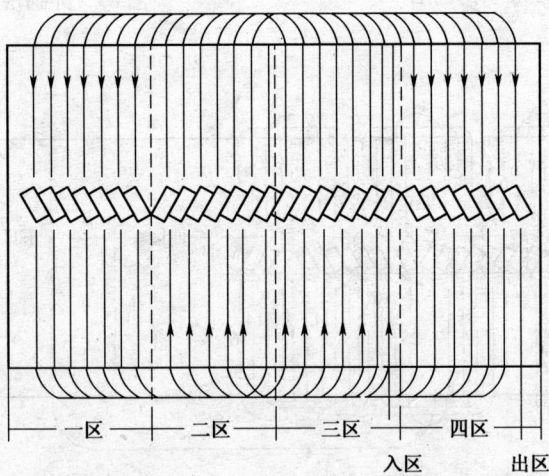

图 92　外、内翻套耕法

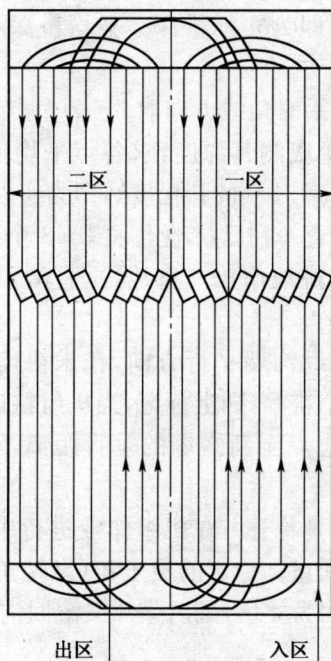

图 93　二区套耕法

(8)**收墒(也称合墒)**　采用内翻耕法时,最后一个行程,可适当将最后一铧调浅,使地边留的墒沟小一些。采用外翻法耕地时,为减少中间留下的墒沟,可采用重一犁合墒法,即在墒沟的左侧已耕地上,再用内翻法重耕一犁,使一个大沟分成两个小沟。也可用重半犁法合墒。就是使最后一个行程的未耕地宽度比犁耕宽小一半,这样在最后一个行程中,前铧耕未耕地,后铧耕已耕地,留下的墒沟小。

349. 耕地作业质量检查的主要内容

耕地作业质量检查,每作业班次中不少于 2 次。具体内容如下:

(1)**耕深检查**　作业中进行耕深检查时,应沿不同耕幅犁沟墙,在地块两头和中间的不同地段随机测取 5～7 个点,测沟墙高度然后求其平均值,即为实际耕深。平均耕深与要求耕深偏差不超过 1 厘米为合格。

作业后检查时,沿对角线方向取 5～7 个点,整平测量点(不能施压),用直尺插入犁底测其深度,求各点平均值再减去 20％的土壤膨松度(雨后测量减 10％的膨松度),即为实际耕深。

(2)**各铧耕深检查** 在已耕地上采 1～3 个点,剖开耕幅断面,漏出犁底层,再沿已耕地面拉一直线,垂直测量各铧深度,其差值不应超过 1 厘米。

(3)**耕幅检查** 顺沟墙平行方向,在未耕地上取 3 个点,距沟墙垂直距离大于 2 个耕幅,插上标记,当机组耕过 2 个行程(即 2 个耕幅)后,再测各标志点至新沟墙的垂直距离,求各点平均值除以 2,即为平均耕幅。

(4)**翻土覆盖质量检查** 在机组作业进行中,观察是否有回垡和立垡来评定翻地质量。稳定的覆土角(翻转角度)应小于 52°,覆土角等于 90°±10°的为立垡,翻后垡片又滚回沟底和覆土角明显大于 100°的为回垡。

(5)**开闭垄检查** 对各开垄和闭垄随机取 3～5 个点,测出各点宽度、深度和高度,分别求其平均值。

(6)**地表平整度检查** 用目测法观察翻垡、覆盖情况和地头地边是否整齐,有无漏耕。地表平整度检查,以地面为基准,用米线或皮尺检查,在 10 米宽的范围内进行测量,求其实际高低差。

350. 耕地作业犁不入土或耕深达不到标准的原因及排除方法

(1)**产生原因** ①驾驶人员对犁的耕深未及时而又正确地检查调整。②犁的技术状态不良,犁铲刃口磨钝,犁铧、犁架、犁轴、犁轮和深浅调节装置发生严重变形或磨损,以及安装、调整不当。③牵引犁的尾轮拉杆调整不当(过紧)或尾轮位置过低。犁落不下去或不能完全落下。④悬挂犁上拉杆过长。⑤拖拉机功率不足,拉不动,耕深达不到要求。⑥土壤阻力过大,未适当降低机组的作业速度。⑦牵引犁缓冲弹簧调整过紧,使整个犁架降不到要求的耕深程度。⑧犁铧被地面残株杂草或地下树根等物堵塞,未能及时起犁清除,整台犁被抬起。

(2)排除方法

①作业开始前:检查、修理、调整耕作用犁,使之保持良好的技术状态。使主要影响耕作质量的主要部位技术状态标准在要求的范围内。牵引五铧犁犁梁不得扭曲,主梁要相互平行;左右犁梁离地面高度差不得超过8毫米;各顺梁之间的不平行度不大于4毫米;犁轮轴不得有弯曲和扭曲,轮轴及轴套的轴向间隙不大于2毫米,径向间隙不大于1毫米;犁轮旋转面的不垂直度不大于6毫米;犁轮椭圆度不大于7毫米;犁铲刃口斜面宽度不小于5毫米,刃口厚度不大于0.75毫米;地轮下缘距犁铧基面270毫米,钩轮下缘距犁铧基面不小于180毫米;耕深调节丝杠应旋转灵活;尾轮轮缘要调到低于犁铧支持面50毫米的位置。犁在工作位置时,尾轮轮缘左面下侧要调到后犁体内侧板偏向沟墙10毫米处。犁完全升起时,必须保犁架前后水平,尾轮拉杆应处于拉紧状态,当犁落下成工作状态时,尾轮拉杆应处于完全松弛状态。

根据土壤特点和阻力大小,及拖拉机牵引功率,正确地进行编组,确定犁的装配的铧数。其计算公式如下:

$$装配铧数 = \frac{拖拉机牵引力(千克) \times 利用系数}{耕深(厘米) \times 耕幅(厘米) \times 土壤比阻(千克/厘米^2)}$$

②在耕作过程中:操纵人员对不易入土和发生跑垡或浅耕地段应心中有数,必须在机组距该地段5米前做到预先将耕深适当向深调整;悬挂犁适当缩短上拉杆长度,使悬挂犁有合适的入土角;作业中认真做好田间清理工作,一旦发现犁铧有被杂物堵塞的可能时,应立即停车,彻底清理。

351. 耕地作业耕深不均匀的原因及排除方法

耕地作业耕深不均有两种表现形式,一种是行程与行程之间耕深不一致,有的行程深,有的行程浅;另一种为各铧耕翻深度不一致,有的铧深,有的铧浅。耕地作业耕深不一致的后果,造成作物根系发育不一致,茎秆强弱不同,穗的大小不一致,导致减产。

(1)产生耕深不均的原因　①犁架和犁柱变形或安装不正确。②各犁铧的技术状态不同,刃口钝,犁铲不易入土,耕得浅;垂直间隙大的犁铧入土深。③尾轮调整拉杆或尾轮转臂垂直调整螺钉调整不当。④犁的牵引拉杆(主拉杆)调整不当,使犁在作业中出现偏斜、前高后低或前低后高现象导致各铧耕深不一致。⑤犁作业时,深浅调节和水平调节配合调整不当,使犁不能保持水平、造成各铧耕深不一致。⑥耕地作业时,对各往复行程耕深掌握不规范,有深有浅。造成各行程耕深不均。

(2)排除方法(以牵引五铧犁为例)　①作业前,认真做好犁的修理和调整,使各犁铧铲尖均位于同一水平线上,其偏差不得超过 5 毫米,各犁铲尖应低于本身在犁铧的水平面 10 毫米±5 毫米。在工作状态时,其沟轮、犁铲刃部和犁踵均应在同一平面内。耕深和水平调整舵轮应转动灵活,无卡滞现象。②作业状态时,左右犁梁与地面应保持平行,前后犁铧耕深一致。否则,应调整水平调节舵轮使沟轮转臂向前移动,右前方犁架升高,耕深变浅;反之,犁架下降,耕深变深。③正确调整牵引拉杆垂直挂接位置,使拖拉的牵引点通过犁的水平拉杆到犁的阻力中心,三点一线。作业中出现前铧深后铧浅时,犁的水平拉杆(横拉杆)向下移,反之则上移。④正确调整尾轮拉杆的长度和尾轮转臂上的垂直调整螺钉,确保前后犁铧耕深一致。调整时,首先将犁落地,拧动尾轮垂直调整螺钉,使尾轮比后铧犁踵低 1~2 厘米。作业时,如发现前后铧耕深仍不一致时,通过尾轮垂直调整螺钉进行调整:螺钉往里拧,尾轮趋向直立、后铧耕深变浅,反之则变深。调整时,要注意尾轮拉杆长度调整,正确的长度应当是:起犁时,拉杆拉紧,前后犁铧离地面高度应相等,落犁工作状态时,拉杆呈松弛状态。⑤提高拖拉机手的操作技能,保证每个耕作行程行驶的直线性和耕深的一致性。要集中精力注意各犁铧的工作状态和地表残株,杂物的翻转覆盖情况,一旦发现有堵塞迹象,应立即停车清除。

352. 耕地作业杂草覆盖不严的原因及排除方法

耕地作业相邻垡片衔接不严,地表杂草和植物残株未被完全覆盖,不仅增加耙地困难和杂草的灭除,还会影响下茬作物的生长。

(1)造成杂草覆盖不严的原因(以牵引五铧犁为例) ①未安装小铧或小铧安装不正确。②犁牵引线调整不正确,作业时犁产生偏斜,耕幅过大,产生漏耕。③犁耕深度不标准(过深或过浅)。④犁铧技术状态不良,或犁铧粘土挂草和拖堆。⑤犁耕作业速度太慢。⑥田间杂草多而又高。

(2)排除方法

第一,保证犁铧良好的技术状态和正确的装配关系,具体要求是:犁铲与犁壁衔接应严密,其缝隙不得大于1毫米,且接合处应平滑,只允许犁铲高与犁壁最大不超过1毫米,而不允许犁壁高于犁铲;犁铲、犁壁左侧的犁胫应位于同一垂面上,犁胫线也只允许犁铲凸出犁壁,而犁胫上部最高点只能偏向已耕地(不大于10~15毫米);犁体上所有沉头螺钉,应与工作面平齐,不得凸出,如有下陷,最大不超过1毫米。

第二,正确安装小铧犁和圆犁刀(图78)。

一是小铧尖距主铧尖距离为300~350毫米。

二是小铧与主铧犁胫理论上应在同一铅垂面上,但允许小铧犁胫偏向主铧犁胫外侧(沟墙方向)最大不超过10毫米。

三是小犁体的安装高度应使其耕深为80~100毫米,一般要求为主犁耕深的1/2。但开生荒地或二荒地时,小铧耕深应为70~80毫米,以利小铧将翻起的垡片翻至沟底,并把地表杂草覆盖。

四是圆犁刀安装位置应使其中心和小铧尖在同一铅垂线上,如杂草较多,可适当向前移40~50毫米,其左侧面距小铧胫线10毫米,刀刃最低点应低于小铧尖20~30毫米。

第三,正确调整牵引犁的水平挂接和垂直挂接确保拖拉机牵引板上的挂接点和纵拉杆在犁的横拉板上挂接点的连线(即拖拉机的牵引力作用线)通过犁的阻力中心。保证犁耕作业的平稳进行。详见 345 例。

第四,使用新犁时,应先将犁铧上的油漆清除干净,以免作业时粘土、挂草。

第五,最大耕深不应超过犁的设计耕深。

第六,在发动机功率允许的范围内,适当提高作业速度,以利翻垡、扣垡。

第七,作业前,认真进行田间清理工作。

第八,在耕翻作物茎秆、翻压绿肥和杂草较高时,可在犁的前部安装压草链或拖草棒将杂草和茎秆压倒,以利将其翻入犁沟中。

353. 耕地作业造成立垡、回垡的原因及排除方法

耕地作业过程中出现的立垡、回垡现象,在用熟地型犁开生荒地时比较常见。

(1) 造成立垡、回垡的原因 ①耕翻深度超过设计最大耕深限度,使翻扣垡呈不稳定状态。②严重的偏牵引,耕幅过宽、草根层过厚,犁铲切不透土垡。③犁壁产生严重变形。④犁铲刃磨钝,切不透土垡。⑤地面障碍物过多(蚂蚁穴、搭头等)。

(2) 排除方法

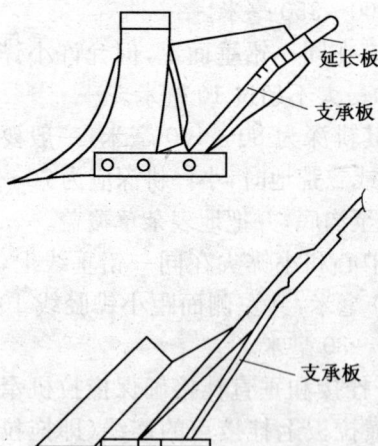

图 94　犁壁增置支承杆

第一,开生荒地时,最好换用开荒犁壁(螺旋形犁壁),如用熟地型犁壁,应进行适当改装,如在犁壁后增加支撑杆(图 94),以防犁壁变形;安装加大的延长板,增强扣垡能力;展延犁铲,确保铲刃锋利,并接长尾端(一般为 100 毫米左右),以利切透垡片;更换加宽加长的犁侧板(犁床),增强抵抗侧压力能力。

第二,在开垦生荒地和耕翻土壤的比阻特大的时候,必须解决好

偏牵引问题。东方红-75 型拖拉机牵三铧的挂接方法是：

垂直挂接：将犁的横拉板安装在牵引顺梁由下向上的第二孔上。

水平挂接：将牵引拉杆安装在横拉板由左向右数第三孔位上，而副拉杆装在由左向右的第七个孔上。

第三，开垦低湿生荒地和耕翻土壤的比阻特大的时候，应严格控制耕深，不得超过犁的最大设计耕深。否则，所翻起土垡的厚度（耕深）和宽度（耕幅）比值（单铧耕幅/耕深）将会变小，使各土垡不能彼此紧贴，而形成立垡。如果土垡未被犁铲完全切开，极易产生回垡。因此，减小土垡的覆土角，增大土垡的宽、深比，能起到防止回垡的作用。

第四，为保证作业质量，开垦荒地前，应进行耙地处理。一般用重耙或重型缺口耙，耙深一般不小于小铧的耕深。耙的运行方法可以先横后顺十字交叉为宜。

354. 耕地作业造成跑垡的原因及排除方法

在犁耕作业时，犁铧自动升起，犁铧在地表面浅浅地铲起一层土层或只是划破表土，未形成垡片的翻转，基本上等于未耕。此时，必须重耕。

(1)造成跑垡的原因　①未进行田间清理，障碍物太多。②发生堵犁拖堆未及时排除。③土地坚硬或草根层过厚，犁铧不易入土。④犁铲刃口磨钝或铲尖垂直间隙过小。⑤犁轴严重变形或升降装置技术状态不良，出现自动起犁。⑥深浅调节手轮调整不当，耕深太浅等。

(2)排除方法　①作业前，彻底清理田间有碍耕翻作业的所有障碍物、杂物。作业中一旦出现堵犁拖堆，应立即排除。②犁耕作业前，犁必须具备良好的技术状态，铲刃要锋利；犁铧装配正确，铲尖、铲翼、犁床末端三支点稳定，犁体三间隙正确（图 95），即铲刃间隙为 8～10 毫米，垂直间隙为 10～15 毫米，水平间隙为 8～10 毫米。③耕作地块两端应耕枕地线（地头线），以防地头拐弯入堑时，犁铲不易入土而跑垡。④正确进行尾轮水平调整和垂直调整（图

96)。尾轮的下缘应低于犁后踵 8～10 毫米。⑤在耕作过程中,易出现跑垡的地段(土质坚硬)要做出标记,在每个作业行程至该地段前 2～3 米处,预先向深转动调节轮 2～3 圈,使整个犁体下降,增大耕深,以防再次跑垡。

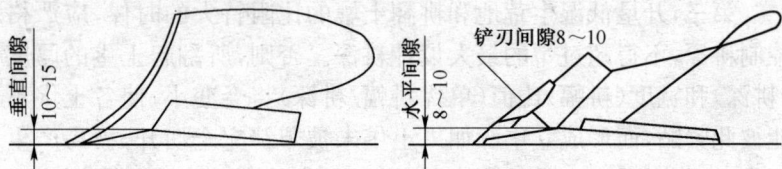

图 95　犁体三间隙　(单位:毫米)

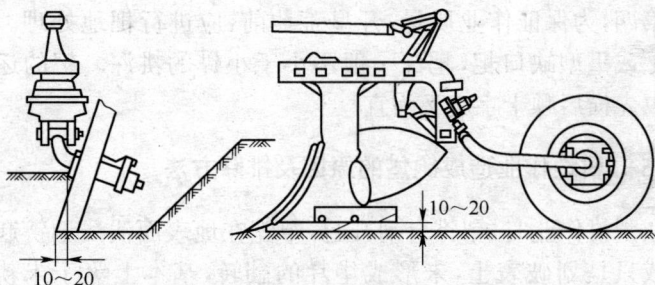

图 96　尾轮的水平和垂直调整　(单位:毫米)

355. 耕地作业出现明垡的原因及排除方法

耕翻过来的垡片呈现连续明亮条状时,称为明垡,也叫明条。风干后,十分坚硬,不仅给耙地造成困难,还破坏土壤团粒结构,降低防旱抗涝能力,不利于农作物的生长。

产生明垡的主要原因是土壤水分过大(超过 40%)。避免出现明垡的惟一办法,就是适期耕翻,也就是说,只有在土壤适耕时(土壤含水量在 30%左右),集中所有力量突出抢耕。不宜耕作,宁可不耕,也不进行明垡作业。

356. 耕地作业造成墒沟垄背太大的原因及排除方法

墒沟垄背太大,影响耕后地面平坦,给今后整地平地作业带来

麻烦。避免出现墒沟、垄背太大的根本方法是:

第一,开好墒。要求开墒要正、要直,垄台要小。为此,应在第一犁的行程线上插上标杆,各标杆应在一直线上。拖拉机对标准杆开墒打堑。

第二,采用重两犁法和重半犁法开墒[详见第 348 例的(4)开墒]。

第三,采用内翻耕法时,收墒的最后一个行程适当将最后一铧调浅,使地边留下的墒沟小。采用外翻耕法作业时,收墒时采用重一犁合墒法,即在墒沟的左侧已耕地上,再用内翻法重耕一犁。把一个大沟分成两各小沟。也可采用重半犁法合墒,就是使最后一个行程的未耕地宽度比犁耕宽小一半,这样在最后一个行程中,前铧耕未耕地,后铧耕已耕地,留下的墒沟小。

第四,尽量在机引犁上配置合墒器,不仅可以填平墒沟,而且还具有碎土和平整土地作用。合墒器一般都是用外圆磨损超限的轻耙片改制而成。合墒器在犁上的配置方法见图 97。

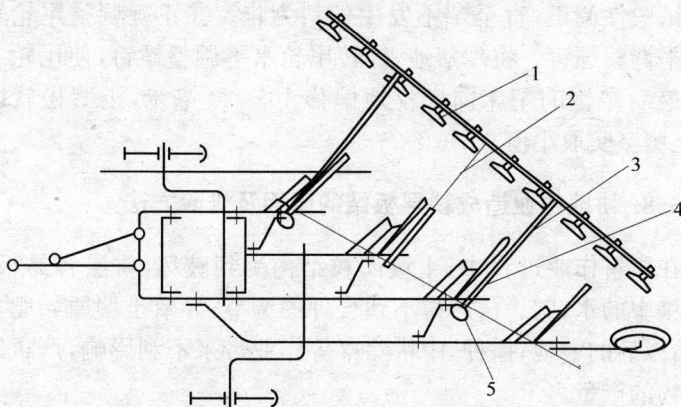

图 97　合墒器
1. 圆盘组　2. 撑杆　3. 悬臂　4. 丝杆　5. 手轮

357. 耕地作业造成耕幅不标准的原因及排除方法

在犁耕作业中,犁铧的实际耕幅大于或小于犁铧设计的标准耕幅。给作业质量带来严重不良影响,不但给整地作业增加困难,也会影响种植作物的生长,最终导致减产。

(1)造成耕幅不标准的原因 ①犁的牵引水平调整不当,作业时犁出现偏斜。②犁架和犁柱变形,或犁柱一端凸铁磨损,使犁体安装位置不正。各铧尖不在一直线上,导致耕幅发生变化。③犁床(犁侧板)磨损严重或犁铧水平间隙过小,抗侧压能力减弱,作业时犁体产生倾斜。④尾轮转臂水平调整螺钉调整不当,尾轮轮缘未触及后铧沟墙壁拐角处。引起尾轮左右摇摆。⑤操作方法不正确,耕垡不直,扶垡不正,机车时而走台,时而走沟,犁耕时重、时漏。

(2)排除方法 ①作业前,认真检查、修理和安装犁架、犁柱和犁铧,修理或更换磨损严重的犁床和正确调整犁铧的水平间隙(8~10毫米),确保犁的技术状态良好。②正确的水平挂接应当是:拖拉机动力中心、犁的牵引点和犁的阻力中心在一条直线上,且该直线平行于机组前进方向。实际工作中根据犁的偏斜情况,进行试验性调正,直至犁不发生偏斜为止。③正确调整尾轮转臂上水平调整螺钉。将犁落地,拧转尾轮水平调整螺钉,使尾轮左边缘比最后犁铧的犁床向未耕地偏移10~20毫米,土壤松软取大值,土壤坚实取小值。

358. 耕地作业造成耕层板结的原因及排除方法

在犁耕作业过程中,土壤团粒结构受到破坏,耕层容易板结,使土壤中的水、肥、气、热得不到合理的调节,导致土壤原始肥力下降,给以后的整地、播种、中耕除草等作业带来不利影响,严重影响农作物的产量。

(1)造成耕层板结的原因 ①雨涝情况下从事田间作业,严重破坏土壤的团粒结构。②雨后土壤湿度过大(含水量超过40%以上),进行耕翻作业。③农业生产从种到收设计不合理,田间作业频次数多,农业机具对土地的碾压次数太多。④连年浅翻、浅耙和土地平整农具选择不当,次数偏多等,破坏土壤团粒结构。

(2)**排除方法** ①雨涝天气不从事田间作业。雨涝天气抢收小麦，自走式收割机应装防陷性能好的履带行走装置，减少对土壤的破坏，尽量不采用牵引式联合收割机雨天收麦，减少对土壤的破坏。②耕翻的最佳土壤水分在30％左右，应集中一切力量抢耕。③认真做好农业生产种、管、收的合理设计，尽可能的采取复式作业，免耕播种，尽可能减少田间作业的次数。④有计划地合理地推行耕作方向交替和“地头搬家”的耕地机组运行方法，采取逐年深松的耕作措施。提高土壤抗旱抗涝的能力。

359. 耕地作业造成地表不平的原因及排除方法

(1)**产生原因** ①犁架和犁体严重变形，导致各铧耕深不一致、耕幅不一致、扣垡不严、碎土不好。②犁的牵引垂直挂接调整不当，深浅调整和水平调整不当，导致前、后铧耕深不一致。③耕作小区设计不当，开闭垄过多。④作业中堵犁、拖堆现象严重等。

(2)**排除方法** ①通过检修、调整，确保犁以良好的技术状态投入耕地作业(参阅344例)。②作业开始前试耕时，正确调整犁的垂直挂接，水平挂接和深浅调整、水平调整(详见345、346和347例)。③合理设计耕作小区、采取内外综合套耕法，尽量减少开闭垄。④打堑时，采取重两犁或重半犁开墒法(详见348例中的(4)②、③)。⑤收好墒(详见348例中的(8))。⑥采取复式作业，在犁上改装配置合墒器(见图97)。

360. 耕地作业造成耕层变浅的原因及排除方法

耕层浅，直接影响农作物根系的发育，根系营养范围小，导致作物减产。

(1)**造成耕层变浅的原因** 造成耕层变浅的主要原因是逐年浅耕或只旋耕不深耕所致。

(2)**解决耕层变浅的根本做法** ①提高人们对浅耕与作物产量增减关系的认识。农技人员通过对比种植试验现场，宣讲浅耕的危害。②合理配置耕作机具，有计划地逐年加深耕层。为农业生产持续高产提供保证。

361. 耕地作业开闭垄过多的原因及预防措施

开闭垄过多,使整个地块出现较多的垄台和垄沟,直接影响耕后地面的平整和土地的利用。出现开闭垄过多的原因是耕地作业区划不合理,作业区过窄和采用的耕法和机组运行路线不当所致。

预防措施有以下 4 点。①在尽可能减小机组空行率的前提下,最大限度地增大作业区的区划宽度,将开闭垄数量降到最少。②注意提高驾驶员的技术水平,熟练掌握多区套耕的作业方法,减少开闭垄数量。③在犁耕至闭垄时,应将前犁调浅些,在耕至开垄时,将后犁铧调浅些。这样可以减少垄台的高度和垄沟的深度。④消灭开闭垄的办法是:一是先用外翻法耕一趟,然后再用内翻法耕一趟,将第一犁的犁沟填平,消灭垄台。二是使前铧调深些,后铧调浅些,随后沿开起的犁沟处再耕一趟,即可消灭垄沟。

362. 耕地作业出现漏耕的原因及预防措施

(1) 产生漏耕的原因 ①犁耕作业区区划不当,地头拐弯宽度过小,未耕地头起落线(地头线)。②犁起落装置技术状态不良。③驾驶员(或农具手)作业时精力不集中,地头起落犁不及时(早起晚落)。④耕作时第一犁垄未耕直,作业过程中,由于种种原因机组抱垄不直或机组未出地头线就拐弯等。

(2) 预防措施 ①根据机组的长度、耕幅和耕作方法,合理区划耕作区和地头拐弯地带的宽度(在保证安全转弯半径的前提下,地头宽度修正为耕幅的整数倍)。②耕区第一行程(打垄)和地头线应垂直。操作方法:一是交线法(图 98),两半弧交点即为标杆点,延此线伸长至地块另一端,每隔 50～100 米插标杆一根。另在拖拉机驾驶座椅的前方风挡玻璃上做一标记,打垄时,驾驶员通过风挡玻璃标记和所插标杆成一直线时进入耕区耕地行程(打垄)。二是直角法(图 99),AB 为地头线,AC 为垄线,C 为插标杆点,将AC 线延长伸至地块另一端,也按上述方法插上若干标杆打垄即

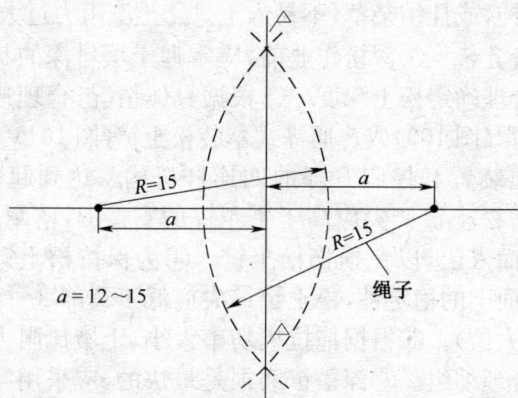

图98 交线法（单位：米）

可。③按技术标准检查、修理犁
的起落机构，确保犁的起落灵敏、
准确、可靠。起落缓冲弹簧松紧
适宜，尾轮拉杆调整正确、起犁时
呈拉紧状态，落犁时处于完全松
弛状态。④驾驶操作正确、认真，
堑要打直，作业每一行程，机组运
行应笔直，进堑出堑机组应与地
头线垂直，机组出堑后再转弯。
⑤发现有漏耕的地方，面积小，用
铁锹补翻，面积大，应进行补耕。

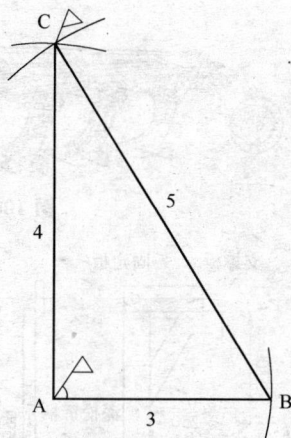

图99 直角法

（二）深层松土作业

363. 深松土作业深松不够的原因及解决方法

深松作业，其松土深度未达到要求的深度或未打破犁底层。

（1）产生深松不够的原因 ①松土部件和升降装置技术状态
不良。②松土装置安装不正确或调整不当。③土层过于坚硬，松土铲刃口秃钝,或挂结杂草,不易入土。④土壤阻力过大,拉不动。

(2)**解决方法** ①深松作业前,应掌握土壤耕深的状态和犁底层的深度,合理确定松土深度。②根据具体情况,合理选择松土工具。用无壁犁(图 100)或普通铧式犁装松土铲(图 101)。③认真检修、安装松土装置和控制升降的四连杆机构。达到起落准确、可靠。起犁时,松土铲铲尖应高于主犁铧的支持面,落犁时,主犁铧应先接触地面入土,以免损伤松土铲。④为保持松土铲入土能力及其在垂直面上的稳定性,松土铲铲尖应低于翼部 8～10 毫米(铲尖磨损时取大值)。⑤根据拖拉机功率大小、土壤比阻大小和深松要求,进行合理编组。⑥深松铲磨损是最快的,应采用高强度耐磨材料制作深松铲。作业中,经常检查刃口的锋利程度。

图 100　无壁深松犁

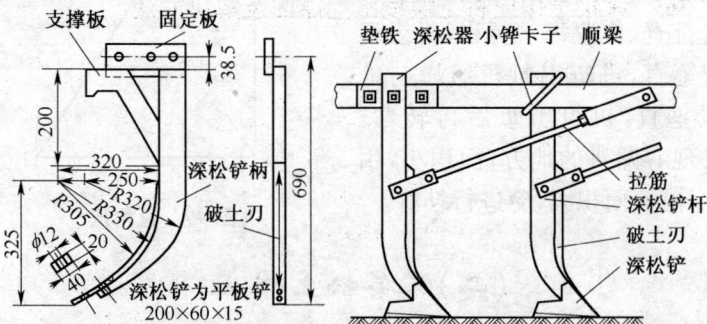

图 101　五铧犁改成深松犁的两种方式示意图　(单位:毫米)

364. 深松土作业深松不均的原因及解决方法

机组作业中,地中、地头、地边、地角的松土深度不一致,有深有浅,影响深层松土质量。

(1)**产生深松不均的原因** ①机组作业人员对地头、地边、地角的深松不够认真,不够重视,敷衍了事。②深松作业区划不当,机组运行路线不合理,容易出现丢边扔角。③个别松土部件变形或安装不标准,松土铲尖倾斜,入土角度过大。④犁架和松土装置升降机构变形或牵引架垂直挂接不正确。⑤犁的深浅和水平调整不当等。

(2)**解决方法** ①作业前,和一般犁耕一样,应正确进行作业区划和机组运行方法设计,从基础上做好杜绝丢边扔角的工作,保证地头、地边、地角和整块地一样松深一致。②必须认真检查维修犁架,犁铧和深松部件及升降机构,确保犁有良好的技术状态。在安装松土装置时,应考虑到各杆件连点的游动间隙。松土铲翼末端在铲尖以上的高度不得超过 15 毫米,铲底应平整。③正确调整犁的垂直挂接,确保犁的牵引线通过犁的阻力中心,使整台犁纵横平行,耕深松深一致。④根据土质、地形及时对犁进行深浅和水平调整。做到各松土铲深浅一致。

365. 深松土作业将土层搅乱的原因及解决方法

在犁耕作业的同时进行深层松土时,农业技术要求耕层和犁底层的土壤不能搅混在一起,以免团粒结构变差,未经熟化的底层土壤搅混入耕层后,影响作物的生长,造成当年减产。

(1)**造成土层搅乱的原因** ①松土铲入土倾角过大或犁铧安装太近。②犁铧翻土性能差或松土铲柄上挂草。③土壤干涸,使耕翻土层和深松土层土块过大。④犁铧和松土铲堵塞后未及时清理等。

(2)**解决方法** 除保证整台犁及松土铲具有良好技术状态外,还应做到:①正确安装松土铲,使铲尖与犁铧尖之间的距离不得小于 500 毫米。否则,松土铲掘松的底层土会触及前面的犁铧而搅乱上下土壤,容易产生堵塞,增大阻力。安装松土铲时,勿使铲尖入土倾角过大。②在土壤干涸的地块深松作业,不应采用无壁犁作业。③深松作业中,一旦发现犁铧、松土铲及铲柄挂草,应立即停车清除。

366. 深松土作业出现土隙过大的原因及解决方法

用无壁犁进行深松作业、其深松层内的土块较多,互不衔接,空隙较大。在播种作业前如不采取压实措施,可导致土壤漏风而影响种子发芽和作物生长。

(1)产生土隙过大的原因 ①无壁犁体扭曲变形。②无壁犁挂接不正,机组斜行。③无壁犁体挂草或粘土,造成向前向上和向两侧壅土。④土壤板结或土壤中水分过少或犁底层过厚。⑤机组作业速度过快,使掘松开的土块移动过大等。

(2)解决方法 ①选择土壤水分适当时进行深松作业。切忌用无壁犁深松干涸和过湿的土地,以免耕层内结成较大和较多的土块,给整地作业造成困难,破坏土壤的团粒结构。②确保无壁犁技术状态良好。正确调整无壁犁的水平牵引中心线,勿使犁作业时斜行。③机组作业时,应保持直线运行,速度不宜过快。④作业中一旦发现无壁犁体挂草和粘泥时,应立即停车清除。

367. 深松土作业出现漏松的原因及预防措施

(1)产生漏松的原因 ①机组人员对地头、地边、地角的深松重视程度不够,存在敷衍了事走过场的行为。②犁的水平牵引中心线调整不当,机组作业斜行。③深松部件安装不正确。④驾驶员技术水平偏低或操纵机组作业精力不集中,机组不能直线运行,而是蛇形运行。

(2)预防措施 ①提高机务人员技术水平的同时,增强全心全意为农业生产服务的自觉性和责任心,自觉遵守田间作业操作规程,保证地头、地边、地角的作业质量和整个地块一样。②正确调整犁的水平牵引中心线。③正确安装深松部件。④为保证耕作层内全面深松,减少牵引阻力,松土铲的宽度一般为主犁铧幅宽的4/5,松土铲的中心线应位于大犁铧中心线的右侧 30～40 毫米,既可避免升起时,与犁床相碰,又可使尾轮行走在未松过的沟底上。

（三）旋耕作业

368. 旋耕机齿轮箱的正确调整方法

旋耕机在使用过程中，由于轴承、齿轮等的磨损，轴承间隙和齿轮啮合情况都会发生变化，因此，需要及时加以调整。旋耕机的动力传动路线不同，调整方法也不同，现以 IGN-175 型旋耕机（东风-50 型拖拉机配套）为例进行介绍：

(1) **锥齿轮轴轴向间隙的调整**（图 102） 锥齿轮轴轴向间隙的正常值为 0.1～0.2 毫米，当间隙超过 0.5 毫米时，应进行调整。其

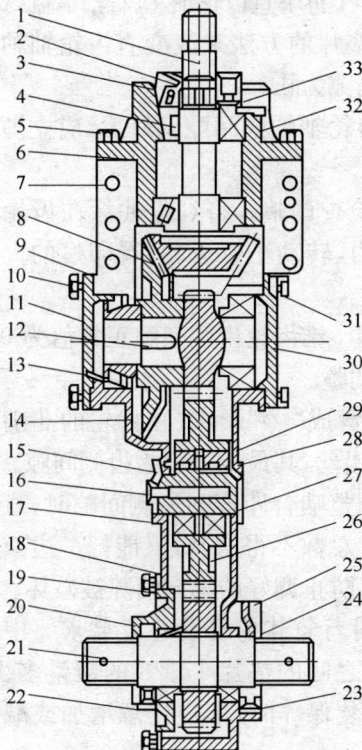

图 102　齿轮箱剖视图

1. 锥齿轮轴　2. 锥齿轮轴承盖　3、5、7、10、19. 螺钉　4、13. 轴承(7610)　6、9、18、25. 调整垫片　8. 大锥齿轮　11. 直齿轮轴右轴承盖　12. 直齿轮轴　14. 箱体　15. 中间轴轴端挡圈　16. 中间轴紧固螺栓　17、28. 垫片　20. 轴承(7510)　21. 刀轴花键轴　22. 刀轴右轴承盖　23、24、26. 中间齿轮　27. 中间齿轮轴　29. 轴承(42309)　30. 直齿轮轴左轴承盖　31. 轴承套环　32. 止退垫圈　33. 圈螺母

调整步骤如下：

第一步，放出齿轮箱内的润滑油，拆下锥齿轮轴承盖 2。

第二步，摊开止退垫圈（锁片）32，将圆螺母拧到底（消除轴向间隙），然后退回 1/4 圈，这时用手转动锥齿轮轴，应能达到既灵活转动，又无明显轴向间隙为止，最后将止退垫圈锁好。

第三步，装上轴承盖 2。

(2)直齿轮轴轴向间隙及锥齿轮啮合状态的调整

①直齿轮轴轴向间隙的调整：直齿轮轴轴向间隙的正常值为 0.1～0.2 毫米，当其超过 0.5 毫米时，应按下列步骤进行调整。

第一步，拆下箱盖螺钉 7，打开箱盖，拧下螺钉 5，从箱体上拿下小锥齿轮组件。

第二步，松开螺钉 10，从箱体上拆下直齿轮轴左、右轴承盖 30、11。

第三步，用增减两边调整垫片的方法来改变直齿轮轴轴向间隙，使之达到既灵活又无明显间隙为止。

②锥齿轮啮合的调整：直齿轮轴轴向间隙调好后，应立即进行锥齿轮啮合的调整。

第一，锥齿轮啮合印痕的检查调整。将红丹油涂在齿轮工作面上，给刀轴花键轴以适当阻力，转动小锥齿轮，看印痕的大小及分布情况。

第二，锥齿轮齿侧间隙调整。锥齿轮齿侧间隙正常值为 0.2～0.3 毫米，超过 0.8 毫米，即应调整。

齿侧间隙测取可用保险丝弯成"∽"形，放在齿轮的非啮合面之间，转动齿轮，取出被挤压的铅丝，其最薄处即为齿侧间隙。

第三，调整时注意事项。调整啮合印痕和齿侧间隙时，直齿轮轴左、右轴承盖与箱体之间垫片总数不得增减，只能把一边减少的垫片相应的增加到另一边去，以防止调好的轴向间隙被破坏。

(3)中间齿轮轴和轴端挡圈与箱体的安装检查要求　中间齿轮（过桥）轴和轴端挡圈与箱体之间的垫片 17、28 的数量多少，在出厂时已调整好，使用中，在拆装保养时，不应任意增加或减少垫片数量和厚度。

（4）**刀轴花键轴轴向间隙的安装检查** 刀轴花键轴轴向间隙的调整方法、要求,可参照直齿轮轴轴向间隙的调整方法进行。轴向间隙调好后,要检查刀轴齿轮边线与中间齿轮边线是否平齐,如有偏差,还应进行调整。其方法可通过增减两边垫片 18、25（图102）的数量来实现,即某一边减少多少垫片厚度,另一边就应增加同样厚度的垫片（两边垫片不通用,应用量具测定）,使两边垫片总厚度保持不变,以免破坏调好的轴承间隙。

369. 旋耕机刀片的安装方法

不同的刀片安装方法,可以获得不同的耕作效果,以适应不同的农业技术要求。

（1）**内装法** 刀轴左边全装右刀片,刀轴右边全装左刀片,刀片全向中间弯（图103c）。旋耕后,每行程地面中间有垄,适于做畦前耕作,有利于做畦,也可使机组跨沟作业,可起填沟作用。

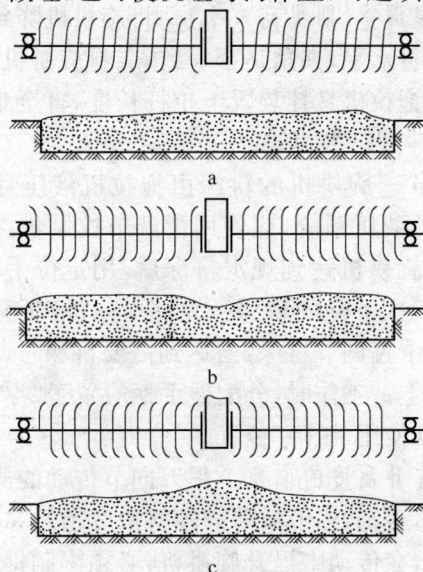

图 103　刀片安装方法

a. 交错装法　b. 外装法　c. 内装法

(2)**外装法** 左刀轴最外端和靠齿轮箱一端各装一把右弯刀片,其余全部装左刀片;而右刀轴最外端和靠齿轮箱一端各装一把左弯刀片,其余全部装右弯刀片(图 103b)。这种装法耕后每行程中间形成一条沟,适用于旋耕—开沟联合作业和拆畦作业。

(3)**交错装法** 左、右刀轴最外端一把刀和靠齿轮箱端的一组刀(二片)向里弯装配,其左、右弯刀在刀轴上交错对称安装(图 103a)。这种装法耕后地面平整、适于平作,是常用的安装方法(旋耕机出厂时,刀片就是这样安装的)。

370. 旋耕机作业前应进行的主要调整

(1)**左、右水平调整(即横向水平调整)** 将旋耕机降下,使刀尖接近地表,检查左、右尖离地高度是否一致,若不一致,则需调整拖拉机悬挂装置右斜拉杆的长度,直至左右水平为止,以保证耕深一致。

(2)**前后水平调整(即纵向水平)** 将旋耕机降到要求耕深,视其万向节前后是否水平,夹角是否一致,或看旋耕机齿轮箱是否水平,若不平,可调拖拉机悬挂装置上拉杆长度,直至水平为止,以保证万向节处于有利的工作状态。

(3)**耕深调节** 旋耕机的耕深由拖拉机液压悬挂系统控制。具有力、位调节的液压系统,应使用位调节控制耕深,严禁用力调节控制耕深。在旋耕机达到规定耕深后,用定位手轮将调节手柄挡住,使旋耕机每次下降的耕深一致;分置式液压悬挂系统,应使用油缸上的定位卡箍调节耕深,当达到需要耕深时,将定位卡箍固定在相应的位置上。工作时,分配器手柄应置于"浮动"位置上,下降旋耕机时,不准使用"压降"位置。

(4)**旋耕机提升高度的调整** 用万向节传动的旋耕机,在传动中不能提升过高,否则,当万向节的倾斜角度超过 30°时,会导致万向节损坏。因此,在传动中提升旋耕机,必须限制提升高度。一般田间作业时,只要使刀尖离地 150～200 毫米即可。如遇过沟、田埂或道路运输需要提升较高时,必须切断传动。为防意外,又便于操作,在作业开始前,应在液压操纵手柄上用螺钉限位,限制提升的安全高度。

371. 旋耕机组的起步和作业速度的选择

(1)**旋耕机组起步** 旋耕机组进入作业区后,应将旋耕机下降至接近地面。然后结合动力输出轴,待运转正常后,再挂挡起步。与此同时,操纵拖拉机液压操纵手柄,使旋耕机刀片逐步入土,随之加大油门,直到正常耕深为止。禁止起步前,先将旋耕机刀片入土或猛放入土,以免损坏机具。

(2)**机组作业速度的选择** 机组作业速度选择的原则:一是碎土满足农业技术要求,沟底平整;二是既保证作业质量,又充分发挥拖拉机功率,尽可能提高劳动生产率。一般情况下,东风-50 型拖拉机用二挡旋耕,三挡耙地,动力输出轴选用低挡。

372. 旋耕机常见故障及排除方法

旋耕机常见故障产生原因及排除方法见表 22。

表 22　旋耕机常见故障原因及排除方法

故障现象	产生原因	排除方法
负荷过大	1. 耕深过大 2. 土壤黏重、干硬	1. 减小耕深 2. 降低工作速度和刀轴转速
耕后地面不平	机组前进速度与刀轴转速不协调	调整二者速度的配合关系
向后间断地抛出大土块	1. 刀片弯曲、变形或断落 2. 犁刀丢失	1. 矫正或更换刀片 2. 重新安装刀片
作业时犁刀变速箱有杂音	1. 安装时有异物掉入变速箱 2. 轴承损坏 3. 齿轮牙齿损坏	1. 取出异物 2. 更换轴承 3. 修理或更换损坏的齿轮
刀轴不转动	1. 齿轮或轴承损坏后咬死 2. 侧挡板变形后卡住 3. 犁刀轴变形 4. 犁刀轴被泥、草等杂物堵塞 5. 传动链条拉断	1. 修理或更换齿轮或轴承 2. 修正挡板 3. 矫正修理或更换犁刀轴 4. 清除堵塞物 5. 修理或更换链条

续表 22

故障现象	产生原因	排除方法
万向节损坏	1. 工作时升高度过高,倾斜角度超过 30° 2. 地头转弯时,未切断动力	1. 降低旋耕机提升高度,保证万向节倾斜度不超过 30° 2. 地头转弯时,一定要切断动力
漏油	1. 油封损坏 2. 箱体有裂纹	1. 更换新油封 2. 修补或更换箱体

373. 与手扶拖拉机配套的旋耕机的安装调整

(1)**旋耕机的安装** 为防止拖拉机变速箱齿轮油溢出,拖拉机前支架要收起,使其头部前倾着地,然后卸下牵引框,将旋耕机抬起,用螺栓固定在拖拉机变速箱的后端。在安装时,如旋耕机内齿轮和变速箱齿轮相顶,可转动犁刀轴或离合器皮带盘,使齿轮啮合。

(2)**耕深调整** 通过旋耕机尾轮来调整耕深。耕深调整量不大时,可顺时针转动尾轮手柄,尾轮上升,耕深增加;反之,耕深减小。调整时,尾轮内管伸出长度不要超过 120 毫米。否则,易使尾轮内管、尾轮叉等零件变形。当耕深调量较大时,须松开紧固手柄,使尾轮外套管上、下移动,使耕深增大或减小,调整合适后,旋紧紧固手柄。

(3)**碎土性能调整** 通过改变拖拉机前进速度和刀轴转速来调整碎土性能。一般耕地作业耕第一遍时,拖拉机用Ⅰ、Ⅱ挡,耕第二遍时,用Ⅲ挡。刀轴转速常用慢挡,耕二遍或耕后土壤要求特别碎时,可用快挡(232 转/分)。

(4)**链条调整** 东风-12 型旋耕机链条调整,须打开传动箱盖,将一个弹簧支杆转一个角度,使张紧弹簧更靠近链条,如链条仍很松,可将两个弹簧支架都转一个角度。工农-12 型旋耕机,须将传动箱下部调整螺钉上的锁紧螺母松开,拧入调整螺钉,使张紧装置更压紧链条,链条紧度调整合适后,再将锁紧螺母拧紧即可。链条

张紧度可通过转动刀轴检查,一般能够较容易地使犁刀轴转过 20°
左右,再转就要花大力气时,就可以了。

(四)耙地作业

374. 圆盘耙田间作业时的主要调整内容及调整方法

主要调整内容及调整方法如下:

(1)**耙深调整** 机引耙常见的耙深调整方法是:①改变耙组偏
角调节耙深,耙组偏角越大,耙得越深,入土、翻土和碎土能力越
强。偏角小,则耙得浅,入土、翻土和碎土能力下降。当改变耙组
偏角仍不能满足耙深要求时,可用附加配重法增加耙深,但配重总
重量不能超过 400 千克,且应分布均匀。配重要求用麻袋装土实
施,不允许用石块、铁块等作配重,以免掉落损坏耙片。②悬挂耙
通过改变悬挂孔位调节耙深。一般是提高下悬挂点的孔位和降低
上悬挂点孔位的办法增加耙深。③当拖拉机液压悬挂装置采用力
调节时,耙深可通过操纵液压升降操纵杆的提升和降下来调节耙
深。在土质相同的情况下,降下手柄可增加耙深,提起手柄可减少
耙深。

(2)**耙的水平调整**

①耙的横向水平调整:为保证耙组两边耙深一致,耙架应保持
横向水平,悬挂耙和半悬挂耙通过拖拉机悬挂机构右吊杆长度调
整进行。

②耙的纵向水平调整:牵引耙是通过改变耙架上挂接位置的
高低来调整。当前列耙深,后列耙浅时,应降低牵引装置在耙架上
的挂接位置。反之,则应提高耙架上的挂接位置。

悬挂耙的纵向水平调整,是通过改变悬挂装置的上拉杆长度
进行的,当前列耙深,后列耙浅时,应调长上拉杆;反之,调短上拉
杆。

(3)**偏牵引调整** 由于偏置耙的耙组配置不对称,作业中会出

现耙架向两边偏斜,拖拉机向两边偏驶的偏牵引现象。若耙架右偏,拖拉机则向左偏驶,可采用下列方法调整:一是以适当放长拖拉机悬挂机构的上拉杆(悬挂耙),或降低牵引点高度(牵引耙)使后列耙组的耙深适当增加;二是适当减小前列耙组偏角,增大后列耙组偏角;三是悬挂耙可将其前后耙组同时向右横移相等距离,牵引耙则可将牵引杆在牵引横梁上的挂接点向左移动适当距离。反之,若耙架左偏,拖拉机则向右行驶,则应采取与其相反的方法调整。

(4)偏置量的调整 为了满足不同作业要求,偏置圆盘耙有时需要调节偏置量(耙中心偏离拖拉机中心的横向距离)。若需减小左偏置量时,可将前、后列耙组同时向右移动相等距离,并增加前耙组的偏角,减少后耙组偏角;反之,则与上述相反。

375. 耙地作业耙深不够的原因及排除方法

耙深不够,碎土不良,耕作层存在上蓬下空现象,播种后,幼苗根系悬空(俗称"吊死鬼"),从而影响作物生长,造成减产。

(1)造成耙深不够的原因 ①耙地机具选择不当,达不到要求的耙深。②耙组技术状态不良,如耙片直径磨损严重或耙片刃口磨钝,不易入土。③耙在拖拉机或联结器上的挂接点过高,或耙的牵引挂钩在垂直调节板上的位置太低。④未按土质情况及时调整耙深和倾角。⑤耙架未加重或加重不足。⑥耙片之间堵塞泥土或杂物,未及时清除。⑦机组作业速度太快。

(2)排除方法 ①根据土质、土壤水分、耕地质量和耙深要求,选择耙的型号。如收获后灭茬,选 PMY-4.5 型单列圆盘耙;伏、秋犁耕后的耙地碎土、播前松土、休闲地除草等,应选用 PY-3.4 型轻型双列圆盘耙;耕后黏重土或生荒地的碎土、切草耙地,选用 PZY-2.5 型重耙,沼泽地、生荒地或其他黏重土壤犁耕后耙地碎土,耙茬播种等,可选用 PZQ-2.2 重型缺口耙。②在耙地作业前,必须认真检修圆盘耙,使之达到良好的技术状态。③正确调整拖拉机、联结器和圆盘耙牵引挂钩垂直调节板上的位置。耙片不易入土、耙地太浅时,应向低调整拖拉机或联结器上的挂接点,或向上调整耙的牵引钩垂直调节板位置。④按农业技术要求,准确控制耙深。耙深调整方法见第 374 例(1)。⑤经常检查并调整刮土板与圆盘耙片凹面的间隙,其正常间隙为 3～8 毫米(图 104)。⑥适当选择耙地机组的作业速度,一般不超过 6 千米/小时。⑦作业中,一旦出现堵塞,应及时清除。

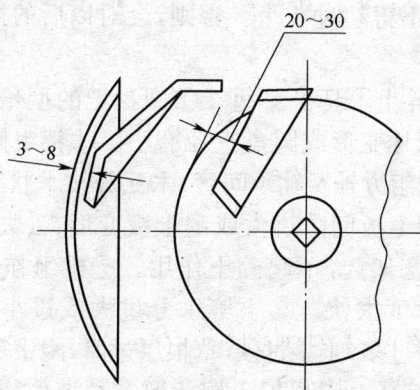

图 104　刮土板安装位置 （单位:毫米）

376. 耙地作业耙深不均匀的原因及排除方法

作业时,各耙组和耙片之间的入土有深有浅,相差超过 20 毫米以上。耙深不均,影响碎土效果和苗床深浅的均匀性,作物长势不均,造成减产。

(1)造成耙深不均的主要原因　①圆盘耙架拉杆、支架和耙组方轴变形或个别耙片磨损严重。②耙的牵引架连接不正确,前后耙组高低不平。③各耙组工作倾角调整不一致。④耙架加重负荷多少不一。

(2)排除方法　①作业前,按第 374 例的内容认真检修、调整,使其具备良好的技术状态,确保作业质量。②认真进行耙的水平调整,详见第 374 例(2)。③各耙组加重箱(或盘)上的附加重量必须大致相同,分布均匀,总附加重量不应超过 400 千克。附加物以麻袋装土为好,不得用石块或铁器等物,以免掉落造成耙片损坏。④作业中,发现个别耙片损坏严重或耙片间发现堵塞物,而影响入土深度时,应停车更换耙片和清理堵塞物。

377. 耙地作业碎土不良的原因及排除方法

农业技术要求,耙后的土壤破碎良好,直径 50 毫米以上的土块,每平方米不得超过 5 个。否则,会对以后的播种,田间管理带来不良影响。

(1)造成碎土不良的原因 ①圆盘耙的型号选择不当和运用不合理。②耙片变形或圆盘直径磨小。③耙组倾角过小,耙片入土过浅。④耙组方轴及轴承间管、木瓦等技术状态不良,圆盘转动不灵活。⑤刮土板间隙过大或刮土板变形、丢失。⑥各耙片间被泥土、杂物堵塞架起,不起碎土作用。⑦机组作业方向和耙法不当。⑧作业速度太快。⑨土壤水分过大或过小。⑩犁耕质量不好,立垡、回垡过多,土垡过硬,草根层过厚,跑垡等。

(2)排除方法 ①根据土壤状况和种植作物对耙地质量的要求,正确选用不同型号的耙组。②作业开始前,所用耙组必须具备良好的技术状态。③耙组倾角调整机构的作用要准确、可靠,作业中,应以碎土效果调节耙深,正常情况下,倾角越大,耙深越深,翻土和碎土性能越好。④经常检查刮土板的工作状态,发现问题立即解决。刮土板的技术状态良好,就可避免或减少耙片间堵塞泥土或杂物的可能性。⑤根据犁耕作业质量和种植作物的要求,确定耙地方法。一般情况下,多用斜耙法,即耙地方向与犁耕方向成一倾斜角度。斜耙碎土和平土效果较好,机组运行震动小,是生产中常用的耙法。对角线耙法(也称交叉耙法),是斜耙的变种(相当于两次交叉斜耙),这种耙法碎土和平地效果最好(图 105),但要求驾驶员有较高的技术水平和比较正规标准的作业区划,每个作业区应成正方形或近似正方形。作业的第一行程应插标杆。长方形地块,可分成若干个方形小区,采用联合对角线耙法。顺耙法一般在垄上耙茬时用,即耙地作业方向与垄向一致,碎土平地效果差。

⑥土壤含水率为 25%～30%时,是耙地的最佳时期,应集中力量抢耙。⑦耙地作业速度应控制在 6 千米/小时以内。

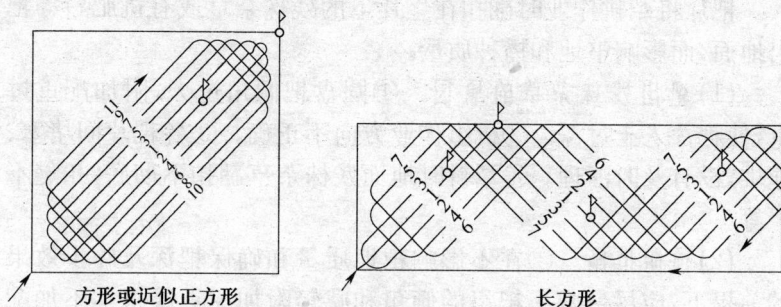

方形或近似正方形　　　　　　　长方形

图 105　对角线耙法

378. 耙地作业地表不平整的原因及排除方法

农业技术要求,耙后地表应平坦,在 10 米×10 米范围内,地表高低差不应超过 100 毫米,在不平的地面上播种。会使种子播深不一致,出苗不整齐。

(1)耙后地面不平的原因　①耙架变形或安装不正确,各耙组耙片入土深度和倾角不一致。②作业方法和运行方向选择不当。③犁耕作业时开闭垄多且过大。

(2)排除方法　①圆盘耙组必须达到良好的技术状态才能进行作业。PY-3.4 双列圆盘耙组安装时,前列两组耙片的凸面应向里,方轴的大头在耙列的中间,螺扣端朝外,而后列两组耙片的凸面应向外,螺扣一端朝里。左后列耙组为 11 个耙片,与角度调节器连接的两个后中心拉杆的钩子,要挂在后列耙组轴承的耳环上,其中长的一根拉杆要与右列耙组相连接。②作业中要注意调节加重箱(或盘)上的负重和耙组倾角,确保所有耙片入土深浅一致。③提倡复式作业,根据不同作业要求,可在耙的后面配戴不同形式的平土耢子。④根据土地的实际情况,选择相应的耙法和机组运行路线。

379. 耙地作业耙出残株的原因及预防措施

耙片将犁耕作业时翻扣在垡片下的残株杂草或有机肥料等耙出地面,而影响整地和播种质量。

(1)耙出残株杂草的原因 ①圆盘耙倾角过大,附加配重过重,使耙片入土过深。②机组作业方向不正确。③各耙片间堵塞、拖堆,没有及时清理。④犁耕时地面残株杂草翻扣不彻底,扣垡不严等。

(2)预防措施 ①在不影响耙地质量和确保耙深及碎土效果的前提下,应尽量减小耙组的倾角和减轻附加配重或根本不加配重。②尽可能用斜耙法进行耙地作业。③作业中,一旦发现耙片间堵塞时,应立即排除。④把农业生产中的耕、耙、种、管、收作为系统工程进行管理。第一道耕地作业就应认真进行,确保良好的耕翻质量,把地表面的植物残株、秸秆还田、杂草、有机肥料彻底翻扣入犁底,扣垡严密,不重不漏。开闭垄少而小,从而给耙地作业减轻负荷,给日后的播种、田间管理打好基础。

380. 耙地作业出现漏耙的原因及预防措施

耙地作业,凡出现宽度大于两个圆盘耙片间距的未耙地,均属漏耙。

(1)造成漏耙的原因 ①多台耙编组时,台与台的挂接位置不正确,偏大,出现台间漏耙。②机组往复行程结合不严。③区划不正确,机组运行路线不当。④机组转弯回转半径过大,容易出现月牙形漏耙。⑤地头、地边、地角处理不当,漏耙。⑥夜间作业照明强度不够,影响驾驶员操作的准确性。

(2)预防措施 ①多台耙编组,向联结器挂接时,台与台之间应稍重勿漏。②提高驾驶员的操作水平,保持机组运行的直线性。多台编组,宽幅作业时,往复行程结合,允许有 200 毫米左右的重复量。③正确区划作业区,运行路线合理,地头转弯精力要集中,回转半径的大小,以不留月牙形空地为准。④驾驶员应增强职业责任心,要耙到头、边和角。夜间作业要搞好照明。

381. 水田耙在使用中应注意的问题

水田耙在使用中应注意的主要问题是:

(1)**耙片选择** 在泥脚深、烂泥多的地区,应安装只带有四个扇形小孔的耙片,可以避免带泥,减少阻力和提高碎土能力。在泥脚浅,土黏重的地区,应选用通过能力强的六角形齿耙片,虽然牵引阻力大些,但碎土性能好。

(2)**耙深调整** 下地后,将耙调至工作位置,把升降杆上的固定杆插入齿板槽内固定。试耙后,检查耙深是否符合要求。如须要增加耙深,可将耙架与牵引架连接处向下移 1~2 孔,同时将升降机构连杆上的销轴向上移 1 个孔;如需减小耙深,调整方法与上述相反。

(3)**机组的行驶速度** 耙第一遍时,可根据负荷来选择合适的行走速度,耙第二遍时,可提高一个挡位,但要将升降杆向前移动一个齿。

(4)**耙的日常维护保养** 作业开始前,要检查耙的各部件,拧紧紧固螺栓,清理田间石块;作业后,要及时清洗耙上的泥土,发现损坏的零件应及时更换,橡胶轴承套工作 166~233 公顷以后须要更换新件。

(五)播种作业

382. 播种机具技术状态的检查内容和标准

播种机修后和播种作业前,必须达到如下技术状态:

第一,机架不得有弯曲,机架两对边的角铁应相互平行,其偏差不应大于 5 毫米;机架对角线长度偏差不应大于 10 毫米;主梁和开沟器固定梁的不直度不大于 4~10 毫米。

第二,牵引架不扭曲,牵引梁弯曲度不得超过 10 毫米。牵引板不得有缺陷和扭曲,垂直调节孔单侧磨损量不应超过 3 毫米。

第三,行走轮转动时,轮缘不应有径向跳动和轴向摆动,其摆动量不得超过 10 毫米。

第四,行走轮辐条不应有裂缝、不应转动和松动,辐条弯曲度不应大于 4 毫米。

第五,排种、排肥器与箱底间隙不应超过 1 毫米,且箱内壁应光滑。

第六,排种轮应完整无损,同一排种轴上各排种轮工作长度应相等,误差不应超过 1 毫米。

第七,排种轮与堵塞轮间隙不超过 0.5 毫米。

第八,各排种口种子单口流量误差不应超过 ±2%,排肥口单口排肥量误差不应超过 ±3%。

第九,播量调节杆应移动灵活、可靠,其空行程不得大于 1 毫米。

第十,开沟器圆盘表面应光滑,径向磨损量不应大于 25 毫米,同一圆盘刃口损坏不得超过 3 处,每处深不应超过 1.5 毫米,长度不超过 15 毫米,刃口斜面宽度应为 6~7 毫米,刃口厚度不得大于 0.5 毫米,圆盘平面度偏差应小于 1.5 毫米。

第十一,开沟器圆盘应转动灵活,不摆动,摆差应小于 3 毫米。两圆盘相交处间隙应小于 3 毫米,接触点处,刃口重叠量不应超过 3 毫米。

第十二,刮泥板与两侧圆盘间隙不大于 2 毫米。

第十三,开沟器三角拉杆不应有扭曲和变形,各铰链点应转动灵活而无明显间隙感,且连接可靠。

第十四,开沟器升降臂不应有扭曲、变形,升降臂端部摆动量不应大于 5 毫米。同列升降臂之间距离应相等,端部距离差不应超过 5 毫米。

第十五,开沟器安装距离应相等,其偏差不应超过 2.5 毫米,同列开沟器最低点应在同一水平面内,其偏差不应超过 ±2.5 毫米。

第十六,伸缩杆不应歪斜和变形,弹簧弹力应相等。

第十七,排种轴和起落方轴不应有弯曲和扭曲,排种轴应转动灵活。起落方轴轴向游动量不应超过 4 毫米。

第十八,起落操纵杆滚轮轴向磨损量不大于 6 毫米,且应转动灵活。

第十九,啮合齿轮(链轮)应在同一平面上,摆动偏差应小于 3 毫米。

第二十,输种管不应有变形和松漏现象。用 40 牛顿的力拉输种管,其螺旋不应有永久变形。输种管挂接耳环要可靠,起落开沟器时,输种管下端不应卡在开沟器体内或与开沟器体脱开。

383. 播种量的计算方法和试验操作步骤

(1)**播种量的计算方法(以 2BF-24A(48A)为例)** 先根据每 667 平方米播种量的要求,算出行走轮在规定回转圈数,每半台播种机所播的种子量 q 及每个排种口的排种量 i。

$$q = \frac{Q \cdot B \cdot \pi D \cdot n \cdot \varepsilon}{2 \times 666.7}$$

$$i = \frac{q}{h}$$

式中　　Q——每 667 平方米要求播种量(千克)

　　　　B——播种机工作幅宽(米)

　　　　D——播种机行走轮直径(米)(2BF-24A(48A))行走轮直径 $D=1.22$ 米)

　　　　π—— 3.14

　　　　n——行走轮回转圈数(为便于计算,试验时选 $n=10.5$ 圈,此时播种量相当于每半台播种机 $1/10 \times Q$ 的播种量)

　　　　ε——行走轮滑移系数,一般取 $0.8\% \sim 1.2\%$

　　　　h——半台播种机的排种口数

东方红-54/75 拖拉机牵引 2BF-24A 播种机时,拖拉机行驶速度与播种机行走轮转动圈数换算对照表 23。

表 23　拖拉机行驶速度与播种机行走轮转动圈数对照

车型	项　目	I	II	III	IV	V
东方红-75	拖拉机行驶速度(千米/小时)	4.49	5.66	6.54	7.82	10.31
	播种机行走轮转动圈数(转/分)	19.5	24.6	28.4	34.0	44.8
东方红-54	拖拉机行驶速度(千米/小时)	3.96	4.65	5.43	6.28	7.90
	播种机行走轮转动圈数(转/分)	17.2	20.2	23.6	27.3	34.3

注:播种机为 2BF-24A 型,行走轮直径 $D=1.22$ 米

(2)播种量试验操作步骤　①将播种机排种舌调至统一的位置(播小麦在中间位置,播小粒种子在最上位置,播大粒种子在最下位置);检查排种轮的工作长度,其方法是:将播量调节杆移到指示盘的"0"位上,并拧紧固定螺母。再检查各排种轮的工作长度是否相等,检查各排种轮右端是否与排种轮花形挡圈内壁平齐。如右端凸出挡圈,应在堵塞轮(或称阻堵套)的右端加一个或若干个调整垫片直至平齐为止;反之,应取掉一些垫片。②将播种机垫起,使行走轮离开地面。③将种子均匀加入种箱内,高度不低于种箱的 1/4,缓慢转动行走轮 2～3 圈,使种子充满排种盒为止。④在输种管下面放接收种子的容器。⑤按作业时播种机(或拖拉机)行走速度,均匀转动行走轮 10.5 圈(相当于每半台播种机 $Q/10$ 量),然后分别称重各排种口的排量,不均度不得超过 4%,其均匀度误差计算公式如下:

$$Z = \frac{I_1 - I_2}{I_1} \times 100\%$$

式中　　Z——单口排量均匀度误差(%)

　　　　I_1——单口平均排量

　　　　I_2——单口实际排量

再收集各排种口排出种子并称重,按下式计算播量误差。

$$Q_r = \frac{q_1 - q_2}{q_1} \times 100\%$$

式中　　Q_r——播量误差(%)

　　　　q_1——计划半台播量

q_2——实际测取半台播量

实际播量和计划播量超过允许误差时(大粒种子为 $\pm 2\%\sim\pm 3\%$,小粒种子为 $\pm 2\%\sim\pm 4\%$)应对播种机进行调整(一般只调节槽轮工作长度),直到符合要求为止。但静止试验和实际工作情况有差别,实际工作时机器振动,播量略有增加,故计算值可适当小于要求值,一般可小 6% 左右。

以上方法也适用于施肥量的试验、校正。

384. 播种量的田间校正方法

播种机经过播量试验、校正后,还需要进行田间试播、校正。方法如下:

先在种子箱中加入不少于种箱容积 1/4 的种子并将表面刮平,在种子与种箱四壁接触处做标记。再按下式计算出播种机在田间作业一个单行程的播量(或一个往复行程播量)。

$$Q'=\frac{QBL}{10^4}$$

式中　　Q'——一个单行程播量(或一个往复行程播量)(千克)

Q——每 667 米² 播量(千克/667 米²)

B——工作幅宽(米)

L——一个单行程的距离(米)(往复行程则为 $L\times 2$)

然后按计算出的播量称好种子加入种箱并刮平,播完一个单行程(或往复行程)后,观察种箱内种子表平面是否与箱内所做标记相符。低于或高于标记时,应重新按播量调整方法进行调整试验,直至符合要求为止。

检查米间落粒,校验播种量也是一种行之有效的方法。具体做法是:顺垄 1 米长拨开表土(或提起输种管,将种子落在地表面上)检查米间落粒数,其数量应与计算值相等。

$$Z=\frac{15Qm}{\delta}$$

式中　　Z——1 米间落粒数(粒/米)

Q——每 667 米² 播量（千克）

m——行距（厘米）

δ——种子千粒重（克）

计算时先统一计量单位，然后代入公式计算即可。

播量校正后，固定播量调节杆，量出一个排种轮工作长度，作为标准，在作业中定期检查排种轮工作长度，核对已播面积和消耗种子数量，核对播量是否正确。

385. 划印器长度的计算方法

多台播种机编组作业时，应安装划印器，以保证往复接合垄行距准确一致，防止漏播、重播。划印器的长度与播幅、播种机运行方法（梭式、向心式、离心式等）以及驾驶员在拖拉机上的参照点的坐标位置等有关。用轮式拖拉机拉单台播种机，采用梭式行走方法播种，用右前轮中心对准划印时（图 106），划印器长度计算方法如下：

$$L_右 = B - \frac{l}{2}（米）$$

$$L_左 = B + \frac{l}{2}（米）$$

式中　　B——播种机幅宽（米）

　　　　l——拖拉机前轮中心距（米）。

在采用多台播种机编组作业时，以梭形式运行方法播种时，划印器长度计算方法如下：

$$L_右 = \frac{(n+1)B - l}{2}（米）$$

$$L_左 = \frac{(n+1)B + l}{2}（米）$$

式中　　n——播种机台数

划印器长度 L 从最外侧播种机中心算起。

提醒注意：要在拖拉机与播种机之间设有可靠的联系信号，以便于驾驶员与播种机手之间的联络。

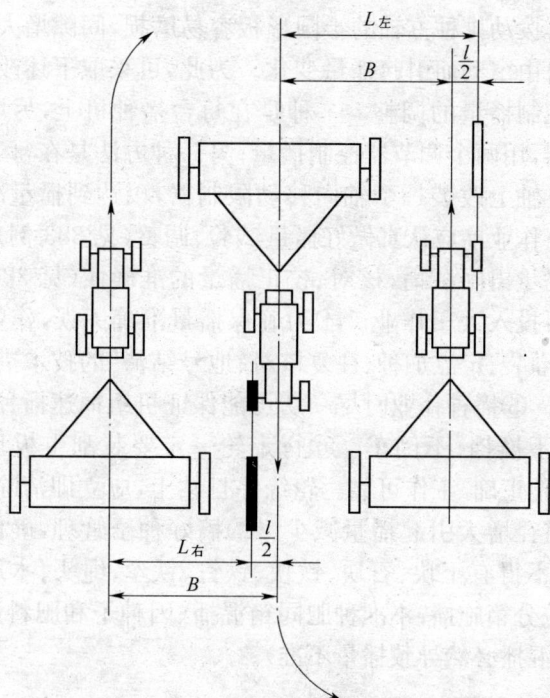

图 106 划印器臂长计算

386. 播种作业播量不准确的原因及排除方法

(1) 产生原因　①播种机排种装置技术状态不良和播量调节机构失灵。②播量试验不认真，调整不准确。③作业中种子箱内盛种子量过少(小于种箱容积的 20％)。④种子夹杂物多而大，影响排种器正常工作。⑤机组运行速度过快或过慢与试验调整时速度不一致，相差较大。⑥土壤水分大，播种机行走轮滑移系数过大或轮缘粘土过厚。⑦采用种肥同箱混播时，混拌不均或未及时清除积聚在排种器内的肥料粉末等。

(2) 排除方法　①作业前，必须对播种机进行认真检查、维修、调整，其技术状态必须满足播种作业要求。具体内容、标准见第382 例，此不赘述。②播量不准的一个主要原因是播量调节机构设计不合理。拨动排种方轴的半圆形板容易磨损,间隙增大,使排种方轴产生自由窜动而引起播量变化。为此,可采取下述改装方法,更准确地控制播量的调整。一种是在每台播种机上,另增设一个播量调节器,用两个调节器控制播量;另一种方法是在每半台播种机的排种方轴上改装一个轴向移动限制器,以达到播量准确。③播种机机组作业前应认真做好播量试验、调整(见 383 例),作业开始时做好播量田间试播,核对、校正播量的准确性(见 384 例),一切正常后再投入大田作业。④为确保播量准确无误,作业时可采用取"定量灌袋、定点加种、往复核对、地号结清"的技术措施(详见第 384 例)。⑤播种作业时尽一切可能保证机组恒速播种,行程中间不停车、不换挡、不倒车。⑥行走轮一定要装刮土板且状态良好,间隙调整正确,工作可靠。轮缘一旦粘土,应立即清除、以防因粘土轮缘直径增大引起播量减少。⑦搞好种子管理,确保种子清洁无杂,更不得有土块、石块、铁块、铁钉、铁丝、绳头、木屑等夹杂物。种肥应分箱施播,不准种肥同箱混播(因种子和肥料流动性能相差较大,混播必然导致播量不准)。

387. 播种作业播量不均匀的原因及排除方法

农业技术要求,播量不均匀度最大不超过 4%。播量不均,会导致作物疏密不匀,影响均衡吸收养分和光照。最终导致减产。

(1)造成播量不均的原因 ①各排种器的技术状态不同,排种轮有效工作长度和排种舌开度不一,排种轮直径大小不一、锥椭度不一和个别排种轮牙齿损坏等。②播种机单口流量调整不正确。③各排种轮端面和排种舌下部弹簧弹力不一致,有强有弱。④播种机两侧行走轮轮缘粘土厚薄不同。⑤种子清洁度低,杂物过多或种肥混播等。

(2)排除方法 ①作业前,认真检修播种机的排种装置,保证各机件符合技术标准。不合要求的零件,不准装配使用。对排种轮直径进行尺寸分组,公差在 0.3 毫米以内的为一组,装在同一台或半台播种机上,各排种轮长度和间隙应一致。②认真做好各排种器的流量试验和调整。③作业中,注意检查每个排种轮的有效排种长度,并使其一致。种子箱加种后应摊平,作业中经常打开箱盖,观察各排种器位置的种子层表面的凹凸情况,以协助判断各排种器流量大小,发现问题,及时解决。④行走轮刮土板的安装、调整要正确,工作要可靠,防止行走轮轮缘粘土。⑤加强选种工作,确保种子的清洁度,防止任何杂物混入。不提倡种、肥混播,应采取分箱施肥。

388. 播种作业播行不直的原因及预防措施

农业技术要求,播种作业的播行要直,在 1 千米长度内,弯曲量不能超过 200 毫米。播行不直对中耕作物危害很大,不仅在除草时容易伤苗,也有碍作物通风,影响作物生长。

(1)造成播行不直的原因 ①播种作业区区划不当,机组第一行程运行不笔直(第一行程没插标杆或标杆插得不标准,不在一条直线上,没有起到标杆的作用)。②驾驶员技术水平低或作业时精力不集中。③划印器印迹不清。④地块内有障碍物,机组绕行后不易走直等。

(2)预防措施 ①凡播种地块都应进行正确区划,作业前,为机组第一行程插好标杆。所插标杆应直、牢、不偏斜,所有标杆都在同一条直线上。标杆间距应根据实际情况而定,应能满足驾驶员视力要求。②播种作业应由技术水平较高,视力好的驾驶员进行,尤其第一行程(打埂)更为重要,必须笔直。作业中驾驶员要精力集中,坐姿、座位相对稳定。不宜随意变动。操作方向器应平稳、缓慢。③正确计算和安装划印器是保证播行一致、不重不漏的重要技术措施。划印器长度的计算方法见 385 例。安装划印器时,牵引拉筋长度必须松紧合适,以免影响划印的准确性。④机组到达地头开沟器起落进出埂之前,必须提前将机组调直、调正(应与起落线垂直),方可进埂作业。而当机组到地头时,应待最后一台播种机开沟器升起后,由农机手通过信号通知驾驶员转弯。⑤作业前应彻底清除田间障碍物,固定不能移动的自然障碍,应通过合理区划避开。

389. 播种作业行距不标准的原因及预防措施

农业技术要求:同一台播种机,实际播种行距与要求标准允许偏差不大于±10 毫米;多台播种机编组,台与台衔接行距与要求标准允许偏差不大于±15 毫米;机组往复行程之间的衔接行允许偏差不大于 25 毫米。偏差大于允许值,漏播面积增多,土地利用率下降,中耕作物不利于除草,行距偏差小于允许值,应视为重播,作物密度增大,通风不良,也给中耕管理带来困难。伤苗严重,导致减产。

(1)造成行距不标准的原因 ①播种机开沟器装配位置不正确,三角拉杆弯曲或固定铆钉松动。②多台编组联结位置不正确或台与台之间未采取固定措施或措施不当。③联结器的固定卡板螺栓松动,使播种机移位。④播种机行走轮轴及轴套磨损,左右晃动。⑤划(指)印器左右长度不准确,过长或过短。⑥驾驶员操作水平低或精力不集中,机组行走不直,左右偏斜。⑦播种地块整地质量较差,机组作业时,播种机阻力不平衡,机组行驶稳定性差。

(2)预防措施 ①作业前、必须检修好播种机的开沟器、三角拉杆。三角拉杆应正直,铆钉紧度适中(能自由摆动而无间隙感),不允许有晃动或卡死。三角拉杆与开沟器梁的安装应牢固,位置应正确,各开沟器之间距离相等,左、右摆动量不超过 5 毫米;开沟器升降臂不允许有扭曲、变形或裂纹,与起落方轴安装应牢固,升降臂端部的摆动量不应大于 5 毫米;连接伸缩杆和开沟器的开口销应可靠。②多台播种机编组时,必须以联结器的中心点为坐标点,按实际播种作业幅宽确定每台播种机的挂接位置。每台播种机开沟器位置的确定以每台播种机的中心为基准,按行距要求,向两边排列,确定开沟器装配位置。播种机挂接在联结器上以后,机架必须处于水平状态。不论编组台数多少,联结器均应挂接在拖拉机牵引板的中间孔内。③考虑机组作业中的平稳性,尽可能采用奇数台播种机编组。④联结器必须具备良好的技术状态,各部螺纹紧固。行走轮应完好无损,不得左右晃动;各条拉筋要拉紧,拉紧度应一致,确保联结器主梁成一直线。连接播种机的卡板应垫胶皮垫,以防串动。⑤多台编组时,每台播种机之间应采取硬连接,以防摆动。⑥作业中,要注意检查开沟器三角拉杆支架是否弯曲变形,和各开沟器衔接行距的准确性,发现问题,及时解决。

390. 播种作业出现漏播的原因及预防措施

漏播会导致土地有效利用率降低,和单位面积保苗株数不足,有碍产量的提高。

(1) **造成漏播的原因** ①播种地块区划不当,播区宽度不准,两端宽度不等。②机组播第一行程时,标杆插得不标准,机组运行不笔直。③划印器左右臂长度计算和安装不准确。④地头过窄不规范,机组地头转弯操作不当。⑤开沟器早升晚降。⑥土壤水分过大、杂草过多,排种器、分种叉和输种管堵塞。⑦种子清洁度低、杂物多,堵塞排种器、分种叉和输种管。⑧排种传动机构(分离叉、链条、链轮、齿轮等)失灵或损坏。⑨升降起落机构工作不可靠,作业中自动将开沟器升起。⑩机组在作业过程中因故停车或换挡频繁。⑪大风天作业,种子被风刮跑。

(2) **预防措施** ①认真做好选种工作,努力提高种子的清洁率,杜绝杂物混入。加强田间清理和提高整地质量,土壤过湿时,不宜进行播种。②播种机的技术状态应达到播种作业要求,开沟器、起落机构、排种装置和传动系统应工作可靠、灵敏、准确。③根据播种机编组,正确区划作业的宽度。作业区宽度应为机组工作幅宽的整数倍,且两侧宽度相等。机组第一行程线上应插标杆。标杆插立标准,明显可见,完全满足驾驶员视力要求。坡地作业,播种方向应按等高线运行。④采用梭形法播种,既可减少空行,又可避免重播和漏播(图 107)。⑤地头区划,必须有足够宽度,一般为机组工作幅宽的 4 倍。开沟器起落线应以地头线为基准线,分别划出开沟器升起线和降落线。2BF-24A 播种机的开沟器降落线距地头为 1 米,升起线距地头线为 0.5 米;2BF-48A 播种机降落线距地头线为 2.4 米,升起线为 1.2 米(以播种机前横梁与起落线重叠为准)。⑥作业中,应经常检查排种轮的工作,开沟器圆盘的转动和输种管的工作状态。划印器的印痕要清晰、准确,发现问题要立即解决。⑦机组应恒速作业。地头转弯时,必须等最后列播种机开沟器升起后再转弯。⑧除非抢种,一般大风天气不宜进行播种作业。农时紧迫抢种时,如遇大风天气,可用麻袋或塑料布遮挡输种管和排种器,以免种子被风刮跑。⑨认真做好地头的播种工作,必要时可用单台播种机补播地边、地角。

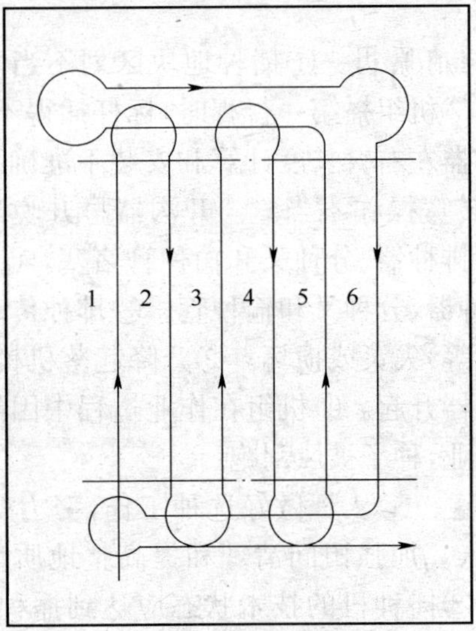

图 107　梭形播法

391. 播种作业出现重播的原因及预防措施

重播会造成单位面积苗株过密,使土壤养分供应不足,光照、通风不良,作物生长瘦弱、产量减少。

(1)造成重播的原因　①作业区宽度划分不当,不是机组幅宽的整数倍。②划印器左右臂长度计算错误(偏小),或安装调整不当(偏短),或因固定、连接不牢作业中自动缩短。③划印器所划印迹不清。④机组第一行程(播埂)和地头起落线不垂直。⑤驾驶员技术水平低或精力不集中,机组不能直线行驶。⑥起落开沟器不及时,升起过晚,降落过早。⑦作业过程中因故停车或换挡频繁等。

(2)预防措施　除对重播过多采取针对性措施外,可参照"漏播"等有关的问题,加以解决(详见 390 例)。

漏播和重播好似一对双胞胎,一般情况下只要有漏播出现,必然会有重播伴随产生。

392. 播种作业播深不均匀的原因及预防措施

播种机组内的开沟器播入土壤中的种子深度有深有浅,各不相同,其互相偏差超过 20 毫米。小苗出土后,高矮不一,"老少三辈",造成减产。

(1)产生播深不均的原因　①播种机架、行走轮、行走轮大轴和起落方轴变形,个别开沟器、伸缩杆和支臂技术状态不良。②播种机在联结器上的挂结点过高或过低,使机架倾斜,前、后列开沟器入土深浅不一致。③各伸缩杆压缩弹簧弹力不一致。④播种机两侧深浅调整不一致、两侧负重不一致。⑤机组作业方法不正确等。

(2)预防措施　①作业前,播种机应当进行认真地、全面地检查、修理。必须达到良好的技术状态,具体内容、要求,见 382 例。②编组后的机组,播种机的机架应处于水平状态。2BF-48 型播种机编组挂接时,挂接点应稍高一些。其原因是由于前列开沟器伸缩杆较长且前伸,开沟器分土角较大,产生垄形,而后列开沟器伸缩杆较短,迫使部分土壤被推到前列开沟器的播行外,出现前深后浅的现象。③对位于拖拉机轮辙(链轨道)上的开沟器,应适当增强伸缩杆弹簧的弹力。④作业中,应注意开沟器的入土深度,做到及时调整,确保各行播深一致。⑤作业时,播种机负重应均匀,以免影响播深的一致性。

393. 播种作业出现覆土不严的原因及预防措施

播下的种子,由于覆盖不严裸露在地面不能发芽,影响保苗株数,既浪费了种子也导致减产。

(1)出现覆土不严的原因 ①覆土装置作用差或安装不当。②开沟器开沟过浅。③圆盘开沟器堵塞或转动不灵活。④输种管损坏漏种或从开沟器中拨出种子未进入沟内。⑤机组运行速度过快,种子被抛出。⑥大风天作业,未采取防风措施。⑦整地质量差,土面不平,土块过大,未形成疏松苗床。

(2)预防措施 ①作业开始前,除按播种机技术标准检查验收外,注意覆土装置的正确安装位置。②按地块形状、面积大小、机组形式和地势确定播种方向。最好与整地作业方向垂直。③作业中,时刻注意调整播种深度,必要时,可适当增加播种深度。④开沟器圆盘转动不灵活,一般由于间隙调整不当引起。切记:圆盘间隙的调整是通过增减外锥体垫片进行的,而不是通过螺纹紧度进行调整。⑤大风天,一般不进行播种作业,必须抢播时,应做好防风吹跑种子的措施,采取必要的遮挡。⑥机组作业速度一般控制在 6.5 千米/小时。⑦努力提高整地质量,达到上松下实的理想状态,为作物的生长创造良好条件。

394. 精量穴播作业出现穴距不准的原因及预防措施

精量穴播作业时,穴距过大、过小,都会影响作物的单位面积保苗株数,最终导致减产。

(1)造成穴距不准的原因 ①排种盘的规格、种类与所播种子不相适应。②精量穴播机排种盘、排种方轴以及排种活门控制机构等磨损或变形。③排种活门开放不灵或关闭不严。④排种活门开度不标准,过大或过小。⑤排种活门开放时间不正确。⑥各排种活门开闭不同步。⑦作业机组运行速度过快。

(2)预防措施 ①作业前,应根据种子的几何尺寸、株距和每穴粒数,正确选择与之相适应的排种盘规格、种类。②精量穴播机排种盘应完好无损,排种方轴应转动灵活、可靠。连接左右两侧方轴的管子与套环的间隙不得过大(如超过 2 毫米,应修复)。所有排种活门应转动灵活,不得有卡阻现象,活动竖拉杆提起后应开放,放下竖拉杆时,活门在弹簧的作用下应迅速关闭。如排种活门轴上有油漆、锈蚀、弯曲及弹簧弹力不足时,应采取相应的措施修复。

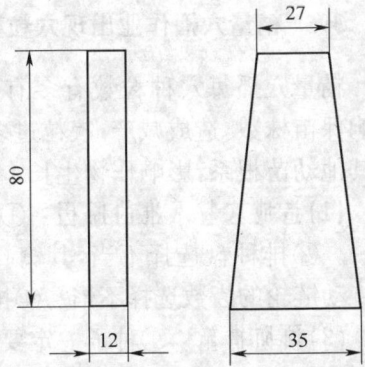

图 108 活门检查样板 (单位:毫米)

③在检修排种活门开启程度、开启时间和过结器撞击叉的拉力时,必须使所有的开沟器接触地面,整台机器处于水平状态,不得偏斜。④利用活门检查样板(图 108)、检查每个活门的开度;最右侧排种活门开启度为 35 毫米;最左侧排种活门开启度为 27 毫米;其余 12 个排种活门开启度由右至左,依次递减 1.5 毫米。如不符合要求,可通过改变排种活门竖拉杆长度的方法进行调整。⑤利用钢球检查每个排种活门的开启时间。首先将排种活门关闭,在开沟器下面放一块铁板,然后向开沟器的管道中放入一颗 $\phi6\sim8$ 毫米的钢球,再慢慢向后扳动过结器前叉,直至钢球落下为止。钢球落下后(眼看或耳听),按撞击叉的位置,在扇形板上画一道标记(用铅笔),在扇形板上标记的水平距离不应大于 15～20 毫米。过大时,则应重新调整排种活门的开启程度,直至符合要求为止。然后依顺序用上述方法检查其余活门的开启时间,只要钢球落下时撞击叉的位置处于扇形两个标记之间,即为合格。⑥利用弹簧秤测量撞击叉的力量,一般不得超过 8～10 千克。如果拉力不够,撞击叉不能立即回到前止挡处,影响下种时,必须改变方轴弹簧的紧度;若拉力过大,超过标准时,应调整排除。⑦精密穴播作业,机组作业速度一般不得超过 6 千米/小时,并保持恒速作业。

395. 精量穴播作业出现穴粒数不准的原因及预防措施

精量穴播每穴种粒数有多有少达不到要求标准。穴粒过少，影响保苗株数，造成减产；穴粒过多，既增加间苗劳动消耗，又易损伤其他幼苗根系，影响作物生长。

(1)造成穴粒不准的原因 ①种子精选质量差，几何尺寸大小不一。②排种盘选择不当，其窝孔、盘厚与种子几何尺寸不匹配。③传动链轮的齿数选择不当。④排种机件状态差、失灵等。

(2)预防措施 ①种子一定要进行精选、分级。同一级别种子应基本一致。②精量穴播机出厂时，配有成套的排种盘，基本上能满足播种不同级别种子的需要，作业时，只须根据所播种子的几何尺寸级别，选用与尺寸相应的排种盘即可。③根据设计株距和穴播粒数，正确选配传动链轮。④正确安装、调整排种装置的刮种和排种机件，并确保技术状态良好，作用正常。

396. 精量穴播作业出现穴内无种子的原因及预防措施

穴内无种(也称空穴)，将会造成缺苗减产。

(1)出现空穴的原因 ①排种装置技术状态不良，未按时排出种子。②种子未经过精选，种粒直径大。③排种盘规格与种子不匹配。④排种装置和活门开闭作用失灵。⑤种子不干净、有杂物，影响排种。⑥种子筒内种量太少或没有种子。⑦开沟器堵塞。

(2)预防措施 ①作业前，种子必须进行精选分级，种子必须干净无杂物。②排种装置和排种活门的开启装置必须达到排种准确，及时、不损伤种子的技术要求。③根据精选分级后种子的几何尺寸，正确选用排种盘规格。④作业中应经常检查种子筒内的种子容量不得少于 10%～15%，否则，应及时添加至种筒的上边缘 20～30 毫米处为止。如发现种子筒内种子容量相差较大时，应查明原因，及时解决。⑤作业中，每个行程地头转弯时，注意检查开沟器是否被堵塞，并及时清理开沟器。为防止堵塞，在地头进出起落线时，应在进行中起、落开沟器，严禁停车猛落开沟器，然后再起步作业的操作方法。机组每经过低洼泥泞地段后,应注意及时检查、清除开沟器和行走轮上的泥土。

397. 精量穴播作业出现损伤种子的原因及预防措施

种子被排种装置压扁、挤碎、伤胚而丢失发芽能力。

(1)造成种子损伤的原因 ①排种盘规格与所播种子不匹配、孔径过小,种盘太薄而种子尺寸过大。②刮种舌和排种盘技术状态不良或安装不正确。③刮种舌弹力过大。④排种盘与底座装配间隙过大。⑤种子精选、分级质量不高,种粒大小不均。

(2)预防措施 ①精播机的排种装置必须具有良好的技术状态;排种时应圆滑无阻,不得出现卡、挤、碰种现象;排种盘与底盘的间隙最大不超过 0.5 毫米;排种器在底座上的安装应牢固,排种器体与排种盘之间的间隙为 0.5 毫米;排种舌在排种器体内上下运动要灵活无卡滞现象;刮种舌与排种器体侧壁间隙为 0.1 毫米;刮种舌弹簧弹力大小要适当,应能使刮种舌突出排种器平面 3 毫米;种子筒座导向环要圆滑,磨损后应更换,筒座与心轴铆合要牢固;种子筒转动轴连接要可靠,并与筒的中心线相一致;大小锥形齿轮中心线应相互垂直,啮合间隙应符合要求,传动应平稳。②种子必须精选并按几何尺寸大小分级,保证同一级别种子大小均匀一致。③根据种子的尺寸等级,正确选用与之相匹配的排种盘。④进行播量试验时,应仔细检查有无损伤种子现象,如有损伤,应查明原因,予以排除。

398. 精量穴播作业出现穴深不标准的原因及预防措施

作业中出现穴播深度过深、过浅,不符合标准要求,也是较为常见现象。

(1)穴深不标准的原因 ①播种机架横梁和开沟器固定梁或支架发生弯曲变形。②整台精播机连接不当,机架前后不平。③滑板式限深器和镇压轮调节位置不正确。④整地不平或土壤过湿、残株杂草过多,使开沟器堵塞、拖堆等。

（2）**预防措施**　①作业前，精播机必须经过认真检修，技术状态必须达到播种作业要求、各部连接牢固可靠。②根据播深要求，正确调整开沟器的滑板和限深器的位置。在不影响覆土的前提下，适当调节镇压轮拉杆在扇形齿板上的位置，使每一个开沟器的入土深度都调节在 40～120 毫米的范围内（在固定杆上每变动一个孔，可改变播深 10 毫米），并将所有镇压轮上的拉杆固定在同一位置上。在沿扇形齿板变动升降杆的位置时，也可改变开沟器入土深度 20 毫米左右。③提高耕整地作业质量，力求土地平整和消灭杂草，清除田间障碍。

399. 精量穴播作业出现露种的原因及预防措施

播种作业出现露种，会影响种子发芽生长，最终导致缺苗减产。

（1）**造成露种的原因**　①覆土板变形，磨小或安装不正确。②开沟器开沟太浅。③地面不平，土壤过硬。④土壤过湿或残株杂草过多，覆土板粘土，挂草，不起覆土作用等。

（2）**预防措施**　①认真检修覆土板并确保安装正确。②作业中，保证开沟器开沟深度调整正确。发现覆土板有粘土、挂草现象时，应及时清除，确保良好的覆土作用。③提高耕地、整地质量，达到地面平坦，土质疏松，苗床内无残株杂草。④适期播种，土壤水分过大时，不宜进行精量穴播作业。

400. 精量穴播作业出现压穴不实的原因及预防措施

压穴不实会使种子和苗床土壤不能完全密接，土壤空隙较大，种子不易吸收土壤中水分，发芽困难。

（1）**造成压穴不实的原因**　①镇压轮技术状态不良，安装调整不当，作业中不转动或转动不灵活、不圆滑。②镇压轮轮缘粘土、缠草、拖堆。

（2）**预防措施**　①作业前，认真检修镇压轮及调整机构，使之转动灵活、圆滑无卡阻。②作业中，根据土壤的实际情况，正确调整镇压轮对土壤压力。③作业中,必须经常检查、清除镇压轮轮缘的泥土和挂结的残株、杂草,以免拖堆或转动不灵,影响镇压质量。

(六)水稻插秧作业

401. 水稻插秧机应用技术中的主要问题

机械化插秧要求较高,影响插秧质量的主要问题是:机器的设计制造质量,机插用的秧苗状态、规格,大田的平整度、泥脚深度、田块大小、形状及灌水量,插秧时的气候条件和机手的操作技术水平等。现以 P600 型机动插秧机为例(其他机型可借鉴参考),重点介绍插秧机应用技术中的三大技术环节。

(1)机插秧苗的培育 培育出合格的机插秧苗,是实现水稻机械化栽培的基础。具体要求如下。

①秧盘规格:P600 高速插秧机配套的秧盘为长 600 毫米,高 30 毫米的塑料硬盘。

②育苗要求:首先选好种子,用 402 药剂浸种,经 48 小时催芽,再用精量水稻盘育秧播种机进行播种,每盘播干谷 150～200 克;育秧用黄泥经干燥、粉碎、过筛后,拌入氮、磷、钾肥料(每吨床土拌入尿素 0.7 千克、过磷酸钙 1.5 千克、氯化钾 0.63 千克),在育秧盘内铺成厚 20 毫米左右的苗床即可播种。然后每盘喷足 450～600 毫升的水量,将秧盘苗床土充分湿透,再覆盖 5～10 毫米的土层;播种后的秧盘利用温室发芽,使芽长到 15～20 毫米时,将秧盘移植到室外大田小拱棚内绿化,保持秧田湿润,待秧苗长到 80～200 毫米时,叶龄不超过 4 片,即可进行机械插秧作业。

(2)插秧田块的要求 机械插秧一般要求田块面积要大,田块平整、泥细烂、无杂草、无石块硬物、泥脚深度不大于 350～400 毫米。为防机插时壅泥严重,耖田后应充分沉淀,一般沙土田需沉淀 1～2 天,黏土田需沉淀 2～3 天,大田水深以 20～25 毫米为宜。

(3)插秧机插秧时的正确使用 ①驾驶员必须充分了解机器

的构造、性能和使用方法，并做好作业前的检查、调整和保养工作，一切正常后，进行试运转，确认机器无异常情况，才能投入大田作业。②根据农业技术要求和秧苗情况、调节好取秧量和插秧深度。机插行距为 300 毫米，根据要求的保苗株数，选用与之相应的株距（共四个挡位：113、130、150、170 毫米）。插秧深度一般不超过 30 毫米。插秧机先用低速挡试插 3 米左右，停机检查株距、每丛栽插苗数、均匀度、插秧深度等是否符合要求，经修正后再正式投入作业。③机器下田后，应与大田田边成直角低速驶入田里，如田埂较高，应铺平后再下田。插秧机最后应沿田边插一周，从田角驶出。④装秧和加秧时，必须利用取秧板将硬盘内的秧苗装到插秧机的秧箱上，并将准备好的秧苗按每台大田 30 盘的数量放在田埂边。在加秧和补充秧苗时，不能用力推压取秧板上的秧苗。⑤调整取秧量或检修机器时，必须停机熄火。加秧或清理秧门、秧爪时，必须停机。在装秧和取秧时，将主离合器和插秧离合器手柄置于"离"的位置，变速手柄置于"空挡"位置。⑥插秧机陷车时，不能在工作传动部位用力抬机器。机器试运转或作业过程中，其他人员不能靠近任何传动部位。

402. 用插秧机控制大田基本苗数的措施

单位面积内大田的基本苗数由秧苗的行距、株距和每穴株数决定。所有型号插秧机的行距均为 300 毫米固定不变，株距各机型稍有不同详见表 24。正确计算并调节每 667 平方米的栽插穴数和每穴株数，就可以保证每 667 平方米大田适宜的基本苗数。在实际操作中，一般是事先确定株、行距，再通过调节秧爪的取秧量（即每穴株数），即可满足农业技术对基本苗的要求。

表 24　插秧机主要技术参数

插秧机型号	行　数	行距(厘米)	株距(毫米)	发动机功率(千瓦)	生产率(667 米²/小时)
Pe-40 型	4	30	14、16、18、22	2.94	3.2
RR6PWU 型	6	30	12、14、16、18、22	6.55	7.5

续表 24

插秧机型号	行　数	行距(厘米)	株距(毫米)	发动机功率 (千瓦)	生产率 (667 米²/小时)
RR6PW 型	6	30	12、14、16	6.55	7.5
CP6A 型	6	30	12、14、16、17、18、22	7.72	9
SPA65SM 型	6	30	12、14、16、18、21	6.25	4.5～8.2
PF455S 型	4	30	13、15、17	1.69	3
2ZZA-6 型	6	30	14、17	2.94	2～3
P600 型	6	30	11.3、13、15、17	—	4.5～7
S1-6HG 型	6	30	12、20	—	2.9～7019

403. 插秧机插秧深度的要求及调整

插秧深度按农业技术要求而定,原则是不漂不倒,越浅越好。一般情况下,插中苗时的标准深度为 5～10 毫米。插秧深度可通过改变插深调节手柄的位置来选择(4 个挡位),调节手柄移动 1 个挡位,插秧深度改变 6 毫米左右。除此还可以通过换装浮板后部安装板孔位进行调整;插上面的孔,插深变浅,插下面的孔,插深增加。提醒注意:在调整安装孔位时,一定要保证 3 个浮动板安装孔位应一致。

404. 插秧时对秧块湿度的要求及过干或过湿的危害

插秧前一天应检查秧块的干湿度,以用手指能够稍微按进土块为宜,此时土块的含水率为 30%～45%,秧块太干燥,插秧时秧苗易散开,易掉苗,易产生漂苗现象。秧块水分太大,秧块易拱起,秧苗抓起量太大,致使每穴株数偏多。

405. 插秧机作业时秧苗补给的方法和要求

首先是取秧苗。取秧苗时,把秧块一侧的苗提起,同时插入秧板,即可取出秧苗。补给秧苗时,第一次装秧苗或秧箱上没有秧苗时,务必将苗箱移到最左侧或右侧后补给秧苗,否则会造成秧门堵塞、漏插,甚至损坏机器。若秧苗超出苗箱时,可拉出苗箱延伸板,以防秧苗向后弯曲。在秧苗未到秧苗补给位置之前,就应及时给予补给,在超过补给位置后再补给时,会减少穴株数。正常补给秧苗时,不必把苗箱向左右侧移动,但应注意补给的秧苗应与剩余的秧苗对齐,同时注意放置秧苗时不能使秧苗翘起、拱起。

406. 插秧机对插植臂及秧针的技术性能要求

插植臂及秧针的技术性能标准是:插植臂完成插植后的弹出距离为 16.7 毫米,弹出时间为 0.012 秒,弹出位置在插植臂离最低点 3 毫米范围内。如果弹出距离大于 20 毫米,则为缓冲垫损坏所致,应更换缓冲垫。如插植臂不弹出,则表明插植臂内弹簧和凸轮有问题,或插植臂堵塞,如不及时处理,会影响插秧质量。

插秧机经长期工作后,秧针和插植臂会有弯曲变形和磨损现象;秧针和插秧臂的间隙发生变化:变大时插秧姿势恶化,间隙变小时,会影响插植臂弹出,所以应及时检查排除。如有弯曲或磨损时,应立即校正或更换新件。

所有插植臂的秧针尖端应在一条直线上,相对于导轨的距离偏差应不大于 2 毫米。苗箱运动到最左最右时,秧针不应与苗箱取秧门侧边相摩擦,如有摩擦或秧针尖端不在一条直线上应进行调整。

407. 作业结束后插秧机的维护保养

作业后的保养分每班作业后的班保养和每作业季节结束后长期停放前的保养。

(1)**每天作业结束后班保养的内容** ①用水冲洗车轮等传动部件,并彻底清除杂物,最好将水分擦干,将易生锈的部位涂上油。②检查各工作部位的技术状态,发现问题立即解决。③检查并紧固所有螺栓,以防松动。④加注或补给燃油和润滑油。

(2)**季节结束后长期停放前的维护保养** 这是一种全面检查维修恢复技术状态的技术维护。认真总结整个作业季节中机器各部的工作表现,对经常出现故障的部位要找出原因给予彻底解决:应该修复的进行修复,应该换的更换,应该加强的加强,以防下一作业季节"旧病复发"。经过检查、维修,完全恢复插秧机的技术状态。存放前做好以下工作:①对修复后的插秧机擦拭干净,易生锈部位要涂油,脱漆部位补漆。②对所有需要注油部位注满油。③按使用说明书要求添加或更换润滑机油。发动机新机油的更换,应在发动机熄火后趁热进行。④完全放净燃油箱和汽化器中的汽油。⑤为防气缸内壁生锈和气门生锈,通过火花塞孔灌入新机油 20 毫升左右后,拉动启动器 10 转左右。⑥缓慢拉动反冲式启动器,并在有压缩感觉的位置停下来。⑦对插植部件涂油,以防锈蚀。⑧插植臂应放在最下面的位置(压出苗的状态)停放保管以延长压出弹簧的使用寿命。⑨将主离合器手柄和插植离合器手柄放在"断开"位置、液压手柄放在"下降"位置、燃油旋塞为"OFF"状态下保管。⑩由于齿轮箱油兼用于液压工作油,所以保管时特别注意防止灰尘混入。⑪清洗干净的插秧机后罩上遮布,放在干燥无灰尘避阳光照晒的地方保管,并避免与肥料等物接触。⑫清点工具及零配件一并保管,以防丢失。

408. 东洋插秧机每班作业前应检查的主要内容

每班作业开始前主要检查内容如下:①对上一班次存在问题和容易出故障的部位进行认真检查、保养,并找出原因彻底排除。②检查发动机润滑机油量是否符合要求,不足时添加至标准量;检查、保养空气滤清器。③检查调整液压装置传动皮带的张紧度。④检查调整行走部分主皮带的张紧度和转向离合器的分离状态,并对润滑部位注润滑油。⑤检查调整取苗口的间隙,秧苗压出时间,并给插植臂内注油和需要润滑的部位注油。⑥检查并紧固各部件的紧固螺栓,以防松动。

通过以上检查、调整、紧固,确认插秧机技术状态良好的情况下,便可投入插秧作业。

409. 东洋插秧机株距的调整方法

在齿轮箱右侧(面向前进方向)设有株距变速挡(共 3 挡),从内向外分别是 70、80、90,对应的株距分别为 14.6 厘米、13 厘米、11.7 厘米,每 667 平方米大田穴数为 1.4 万穴、1.6 万穴、1.8 万穴。

株距的调整方法是:先启动插秧机,在低速运转插植臂的情况下拨动株距调节手柄,调节到所需株距挡位即可。

410. PF455S 插秧机安全离合器不起作用的原因及排除方法

(1)安全离合器不起作用的原因 ①安全离合器弹簧压力过紧,当插植部件工作遇到较大阻力时,动力无法切断。②离合器链轮与轴之间的间隙过小,摩擦力增大。或者是由于安全离合器不经常起作用,润滑油添加不及时以及进水引起锈蚀等原因,造成离合器链轮与轴之间摩擦力增大。③橡胶护套没密封好,进泥进水锈死等。

(2)排除方法 ①打开安全离合器橡胶套,取下开口销,将六角螺母向外拧(即退扣)1～1.5 圈,放松弹簧的压力。②放松弹簧后仍不起作用,可将六角螺母拧下来、完全松开安全离合器,启动发动机,如链轮与轴一起旋转,则需拆下离合器轴,卸下链轮,用砂纸锉刀清除轴表面锈迹和脏污,并同时清理链轮孔内的锈蚀和脏污,直到链轮能在轴上自由转动为止。然后重新装配调整。③橡胶套应密封良好,不得随意取下,如有损伤不起密封作用,应立即更换新件,以免泥水渗入安全离合器引起锈蚀而影响作用。

411. PF455S 插秧机插植离合器接合不上的原因及排除方法

插植离合器是由操作手柄带动绿色钢丝,使绿色钢丝顶端圆柱伸进或拉出,起到离合作用的。当圆柱伸进离合器时,顶开离合器凸轮,离合器分离;当圆柱拉出离合器时,离合器凸轮在弹簧弹力作用下与动力输入链轮啮合,插植部工作。所谓插植离合器接合不上,是指插植离合器拉线以及其他与插秧有关的手柄都调整正确的情况下,合上插植离合器手柄时,插植部不动作。

(1)造成这一故障的原因 ①钢丝前端顶杆不回位。②由于安全离合器不起作用,当插植臂遇到很大阻力时,发动机传给插植部的动力,对插植输入轴产生很大的瞬间扭力,导致键槽一侧变形,使离合器凸轮不能回位,插植离合器接合不上。

(2)排除方法 ①先检查顶杆不能回位的原因,并采取相应的措施排除。②如因键槽一侧变形引起,应用锉刀修复变形一侧。如损坏严重,应更换新轴。

412. PF455S 插秧机液压钢丝的调整要求

液压钢丝有 3 个调整位置。分别为"上升"、"固定"、"下降"。调整过程中,液压手柄在"上升"位置时,液压泵阀应紧靠在"上升"的位置,即后边 10 毫米凸台中间的位置;手柄在"固定"位置时,液压泵阀对应在两个 10 毫米凸台中间位置;手柄在"下降"位置时,液压泵阀应对应在"下降"位置,即紧靠前边 10 毫米凸台。

通常情况下,以"上升"、"下降"位置作为调整标准。如钢丝过紧,则会导致下降缓慢和停机后有时会自动下降;如钢丝过松,则会导致上升缓慢或难以上升和机身自动下降。

413. 插秧机主离合器接合后,机器不动或行走不力的原因及排除方法

(1)出现这种现象的主要原因 ①主离合器钢丝调整不当(过松)或者是主离合器张紧皮带磨损过度松脱所致。②株距调节手柄没有完全接上挡。

(2)排除方法 ①调整离合器钢丝的拉紧度直至合适为止,更换磨损过度的皮带。②检查株距调节手柄是否在需要的挡位上,必要时,重新挂挡。

414. 机插秧对大田耕作质量的要求标准及作业机具的选择

机插秧苗较小,对田块平整度要求较高,整块地高低差不应超过 30 毫米,泥脚深必须达到 80～100 毫米,还田的秸秆应有效地埋

入土中,所以,整地时不宜用犁耕翻,最好选用中型拖拉机先干田旋耕灭茬,再上水旋扎,以实现土地平整效果好,满足机插秧的要求。

415. PF-455S 型手扶插秧机常见故障及排除方法

(1)插植臂将秧苗回带

①故障原因:一是插植臂与秧针间隙过大或变形。二是田块水太少。

②排除方法:一是调整插植臂与秧针间隙符合标准。二是田块水深应调到 20 毫米左右为宜。

(2)秧针打到苗箱上

①故障原因:一是秧针螺丝松动。二是秧针变形。三是纵向取秧量调整过大。

②故障排除方法:一是锁紧秧针螺母。二是修复或更换秧针,三是按农业技术要求调整纵向取秧量。

(3)行秧苗插秧量不均匀

①故障原因:一是苗床水分不均匀。二是四根秧针的高度不一致等。

②故障排除:一是按实际情况对较干的苗床洒水,对较湿的苗床晾干。理想的苗床含水率以 30%~45% 为好。二是秧针高度应调整一致,其秧针尖端应在同一直线上。

(4)苗箱上秧块拱起

①故障原因:一是苗床水分过多。二是苗床土层太薄。三是压苗器不起作用。四是送苗量过大等。

②故障排除方法:一是晒干苗床,水分控制在 30%~45% 为宜。二是苗床土层厚度应保证在 20 毫米左右为宜。三是调整压苗器。四是按农业技术要求调整送苗量。

(5)插秧机行走速度慢

①故障原因:一是主皮带松弛。二是液压皮带松弛。三是主离合器拉线调整不当等。

②排除方法：调整主皮带和液压皮带紧度和主离合器拉线的长度。

(6)插秧时秧苗站立不好

①故障原因：一是苗床水分不足。二是秧针磨损、变形。三是插植臂变形。四是田块水过多等。

②故障排除方法：一是保持苗床合适水分。二是调整或更换秧针、插植臂。三是保持田块合适的水位。

(7)机插秧时每穴秧苗株数过多

①故障原因：一是苗床水分过多。二是取秧量调整不当。三是播种密度过大等。

②故障排除方法：一是晾干苗床，使水分保持在30％～45％为宜。二是按农业技术要求调整取秧量。

(8)机插秧时秧苗有缺穴现象

①故障原因：一是播种不均匀。二是供苗不良、秧块盘根不好。三是取苗口有杂物。四是取秧量调整不当。五是秧针磨损、变形等。

②故障排除方法：一是更换秧苗。二是补给秧苗时应将苗箱移到位。三是清理取秧口杂物。四是调整取秧量。五是更换秧针。

(9)机插秧时每穴秧苗株数不均匀

①故障原因：一是播种密度不均匀。二是秧苗在秧箱中，下滑不好。三是秧苗输送星形轮被杂物缠住。

②故障排除方法：一是更换密度均匀的秧苗。二是调整压苗器或在苗床上适量加水。三是清理输送星形轮上缠绕杂物。

(10)发动机曲轴箱发出"咔咔"声响，发动机启动时阻力大，启动后不久即熄火的原因及排除方法

①故障原因：一是连杆溅油匙折断。二是连杆瓦损坏。

②排除方法：拆下发动机，打开曲轴箱盖，更换连杆溅油匙，如连杆轴瓦磨损严重应更换。

(11)汽化器堵塞、怠速孔未调好

①故障原因：一是汽油不干净；二是汽化器调整不到位；三是

汽化器清洗不干净;四是插秧机长期停放不工作,油放净等。

②排除方法:一是使用干净的汽油(经过沉淀)。二是拆下汽化器,彻底清理喷油管及各油孔、油路,如无怠速,则应调整怠速螺钉(将其拧紧后,再退回 1/2 圈)。

(12)作业结束后,当拨动点火开关至停止位置时,发动机不熄火,再将点火开关拨至大灯位置时,大灯不亮的原因及排除方法

故障原因:发动机上的搭铁线脱落,导致发动机不熄火,并且造成电路断路,大灯不亮。

(13)作业时,插秧机轮子一个转,一个不转,秧机原地兜圈的原因及排除方法

①故障原因:驱动轮因阻力过大销子折断或因固定销子的开口销脱落,导致销子滑落。

②排除方法:重新装换驱动轮固定销并用新开口销锁定。

(14)插秧机启动后,结合所有的工作手柄时,插植部不工作的原因及排除方法

①故障原因:一是插植离合器拉线调整不当;二是插植离合器凸轮因毛刺被卡住;三是株距调节手柄未挂上挡等。

②排除方法:一是按要求调整插植离合器拉线;二是修去插植输入轴上键槽内的毛刺;三是将株距调节手柄挂上挡,必要时调紧变速箱体上方的拨杆限位螺钉,以免工作中因振动滑挡。

(七)中耕作业

416. 全面中耕除草作业灭草率低的原因及排除方法

农业技术要求,全面中耕除草的灭草效果应在 95% 以上。否则不但没有起到彻底消灭杂草的目的,反而会增加作业成本。

(1)出现灭草率低的原因 ①中耕机锄铲的配置和安装位置不当,各锄铲间的重复度小或无重复度,甚至有空挡。②机组内中耕机台间连接位置不正确,相邻锄幅不衔接。③作业中,中耕机出现偏斜或摆动。④锄铲刃口不锋利,挂结残株、杂草和粘土等。⑤锄铲入土深度过深或过浅。⑥机组运行不直,产生漏锄。⑦土壤过硬,土块过大过多等。

(2)排除方法 ①根据土壤条件和作业要求,合理选择不同形式的锄草部件(杆式、弹簧式和双翼式锄铲),并以中耕机幅宽的中心开始向两侧配置锄铲。各锄铲间应留有 20～30 毫米的重复度。配置距离一致,安装牢固可靠。②正确确定机组内各台中耕机的连接位置,保证各台中耕机之间衔接锄幅稍重不漏。联结器卡子按中耕机的锄幅配置好,卡子之间距离等于中耕机作业幅宽减去100～150 毫米,以免台间漏锄。③在作业机组内,各台中耕机之间应采用硬杆铰链接,以防作业时机架偏斜和左右窜动产生漏锄。④锄铲刃口应锋利,刃口厚度小于 0.5 毫米,否则,应按标准要求磨刃。⑤作业中,操作人员应精力集中,严格掌握锄铲入土深度,发现漏锄时,应查明原因,立即排除。

417. 全面中耕除草作业锄深不标准的原因及解决方法

作业时,各锄铲入土深度均未达到农业技术要求的标准,不是过深就是过浅,从而影响了中耕松土和灭草的效果。

(1)造成这一现象的原因 ①中耕机梁架、横梁和锄栓、支架等机件变形。②机组内各台中耕机挂接点高低不一。③各锄铲安装高度不正确或不一致。④锄铲入土深度调整不当。⑤作业速度太快。⑥地面高低不平,土壤干涸或潮湿等。

(2)解决方法 ①作业前,认真检修中耕机具,使梁架、横梁、锄栓、支架等均达良好的技术状态。②正确安装和调整锄铲入土深度,机组内位于拖拉机链轨道(轮辙)上的锄铲要适当调深一些。③作业中,如出现前后排锄铲入土深度不同时,应调整中耕机牵引装置的挂接高度,并保持机架处于水平状态。④全面中耕除草作业机组运行速度,东方红-75 不应超过 4 挡。作业时农机手应精力要集中,依地形、土质的变化随时间调整耕深。⑤努力提高整地作业质量,为中耕作业创造条件,不宜进行封闭除草的地块,可采取耙地的方式完成疏松土壤和消灭杂草的目的。

418. 全面中耕除草作业地表不平的原因及预防措施

农业技术要求,全面中耕除草作业后的地表应平整,其高低偏差不得超过±40 毫米。否则将会给后面的田间作业带来不利影响。

(1)造成地表不平的原因　①中耕机组内各锄铲入土深度不同(有深有浅)。②锄铲安装不正确,入土角有大有小。③锄铲刃口锋利程度不同。④个别锄铲挂草,粘土和拖堆。⑤机组作业运行方向不正确。⑥局部地段土壤干湿不一,锄深不同。⑦地面残株、杂草较多或整地质量较差等。

(2)预防措施　①作业前,必须清理田间障碍物,不能清除的固定障碍,应做出标记。②选择合理的机组运行路线,一般应与犁耕方向或上次整地方向相垂直。当作业地块宽度小于 300 米时,应采用纵向作业。③正确安装中耕机的锄铲。④作业开始除检查调整锄铲入土深度外,还应检查松土层底部和地表的不平度,不平度超过 30～40 毫米时,应予以解决。⑤锄铲刃口应锋利(刃口厚度小于 0.5 毫米)。⑥作业中,一旦发现锄铲挂草、粘土等应立即彻底清除。

419. 全面中耕除草作业将湿土搅上的原因及预防措施

农业技术要求全面中耕除草时,只能是松土和灭草,不允许出现将湿土搅翻至地表面的不良现象。湿土搅上会使土壤水分大量蒸发(跑墒)。

(1)造成湿土搅上的原因　①锄铲安装不正确,尾端翘起太高。②锄铲或锄栓上挂草、粘土,壅土和拖堆。③机组运行速度过快。④土壤过于板结。

(2)预防措施　①按农业技术要求,正确安装锄铲,防止锄铲尾翼或铲尖上翘(图 109)。②作业过程中,应注意锄铲、锄栓的作业状态,发现挂草和粘土应立即清除。③严格控制作业速度(东方红-75 一般不超过四挡)。

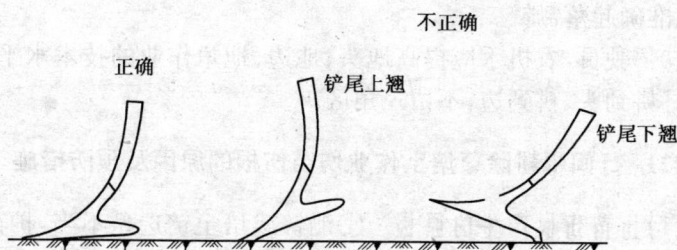

图 109　锄铲安装形式

420. 全面中耕除草作业出现漏锄杂草的原因及预防措施

(1)造成漏锄的原因　①未进行作业区划或区划不理想。②中耕机升降装置机件磨损严重,转向固定销失灵。③作业机组未装划印器或指印器。④机组运行不直。⑤中耕锄铲起落不及时。⑥地头、地边、地角作业质量差。

(2)预防措施

①作业前,必须做好中耕机的全面技术维护、必须达到技术要求,转向和升降装置必须灵活、准确、可靠。

②正确区划作业区。一般宽度为 8～10 个机组幅宽为宜,地头拐弯地带的宽度为:3 台中耕机编组的机组为机组幅宽的 2 倍;1～2 台中耕机编组的机组为机组幅宽的 3 倍。如机组能在作业区外转弯,可不留转弯地带。转弯的地头线,可采用开 80～100 毫米小沟或用拖拉机压印解决。

作业区区划:1 个机组作业,地头转弯宽为两个机组作业幅宽时,第一行程标杆插在距离地边半个作业幅宽的位置上,如地头宽度为 3 个机组幅宽时,标杆应插在距地边一个半作业幅宽处;若是 2 个机组同在一块地里作业,标杆应插在地块的中心线上,两个机组分别从中心线向两侧进行作业。

③由两台以上中耕机组成的机组,应安装划印器。划印器的长度的计算方法同播种作业一样,详见 385 例。

④作业中,驾驶员和农机手应精力集中,做到运行方向笔直和

及时、准确起落锄铲。

⑤驾驶员,农机手应提高地头、地边、地角作业的技术水平,真正做好耕到头、耕到边,不留三角区。

421. 行间中耕除草培土作业伤苗伤根的原因及预防措施

(1)伤苗伤根产生的原因 ①锄铲或培土铲选型不当,护苗带留得过窄。②锄铲、锄栓弯曲或扭曲,锄铲拉杆在水平方向发生窜动和锄铲固定不牢。③作物垄行不直或衔接行距偏窄。④中耕机组锄宽和播种幅宽行距不一致。⑤中耕机组和播种机组运行方向相反或作业机组运行不稳定,左右摆动。⑥中耕机之间连接不当或没有连接上。⑦中耕机手精力不集中,起落锄铲不及时,操作转向轮不熟练。⑧锄铲入土过深或作物生长过高。⑨土地不平,土块过大。⑩中耕机两行走轮轮距太近或与机架中心不对称,作业时稳定性差。

(2)预防措施

第一,在播种需要中耕的作物时,就要考虑到日后的化学除草、中耕管理、喷灌作业和机械收割一系列因素,合理设计作业幅宽、行距、链轨道(轮辙)等。

第二,正确安装调整中耕机工作部件。具体方法、步骤如下:一是根据作物行距、护苗带宽度、配置锄铲的型号、数量和中耕机行走轮轮距,绘制中耕除草作业方案图。二是将中耕机置于平台或平坦地面上,保持水平状态,找出中耕机的中心线。三是根据工作部件装配图和作物不同行距要求,确定中耕机两行走轮的位置、距离。四是安装锄铲时,应在中耕机行走轮的下面,垫厚度为中耕深度减去 20～25 毫米(轮缘下陷深度)的木垫,以确保锄铲的准确耕深。五是按护苗带的宽度要求配置锄铲。如在苗行两侧护苗带之间配置两个以上锄铲时,其锄铲间应有不小于 40 毫米宽的重叠度,以防漏锄。六是把中耕机的工作部件放于工作位置,调整起落装置和锄栓的安装位置,使所有锄铲的铲刃与支持面接触。锄铲的后翼和支持水平之间允许有不大于 5 毫米的间隙。七是在起落机构的杠杆上,按标准锄铲入土深度划出标记,以便作业中掌握。

第三,安装中耕机的锄铲形式,应根据作业质量要求,土壤条件和作物生长状态等因素选配。

单翼铲的选配:有幅宽120毫米和165毫米两种可供选择,可用于切除杂草和松动土层,中耕深度为40~60毫米。因其构造上有起护苗作用的护苗板和浅耕的特点,一般常用于幼苗头遍中耕作业。

双翼铲的选配:有幅宽220毫米和270毫米两种,具有除草松土作用,中耕深度可达80~140毫米。由于入土角和起土角较大,具有一定的碎土和翻土能力,常用于一、二、三、四遍中耕作业。

凿形铲的选配:幅宽为20毫米,最大松土深度可达160毫米,常用于松土作业。

弹簧铲的选配:用于消灭多年生杂草的宿根和石子较多的地块中耕作业,中耕深度可达140毫米。

培土铲的选配:常用于播前起垄和后期中耕培土作业。

第四,中耕机应具有良好的技术状态。机架要平直,不得有弯曲变形,其对角线长度偏差不得大于8毫米。固定锄铲的长、短横梁应笔直,其弯曲度:长横梁不得超过5毫米,短横梁不得超过2毫米。锄铲固定横梁与起落方轴的两端要平行,其偏差不大于6毫米,左右两根横梁相邻端应在一直线上。其高低差不得超过5毫米。锄铲应牢固的安装在锄栓上,其螺钉沉头不应突出表面。转向装置的齿条和齿轮啮合的齿顶间隙不得大于2毫米,转向盘的晃动量不得超过15~20毫米。升降装置的方轴固定要牢固,不应有晃动现象。升降操纵杆在扇形板上的移动应灵活,无论在任何位置上都能可靠的固定。扇形齿板和锁销间的间隙不应超过2毫米。各升降叉应位于同一水平面上,其端部偏差不应超过5毫米。起落机构的弹簧应有足够的张紧力。

第五,为保证中耕机组作业的平衡、稳定,两行走轮距应尽可能调大些,但一定要对称。为保持纵向平衡,在中耕机前拉杆处可加配重约50千克。

第六,机组内中耕机与中耕机之间应采用可调式硬杆连接,以防左右摆动。

第七,根据作物不同生长期,合理调整护苗带宽度:第一遍中耕苗小根浅,护苗带宽度一般为 60～80 毫米;第二遍中耕,护苗带宽度为 80～100 毫米;第三遍中耕结合培土,护苗带宽度为 100～120 毫米。

第八,作业中应经常检查紧固锄铲和锄栓,以防松动。

第九,中耕机组运行方向路线必须与播种机组相同,机组运行至地头时应减速,确保锄铲及时起落,减少伤苗。

第十,作业中驾驶员、中耕机手要精力集中,保证机组运行准确、稳定。中耕机手应准确操纵转向轮,必要时可在前梁上装一指示器,减少因操作失误造成伤苗。

422. 行间中耕除草培土作业机中行走轮压苗的原因及预防措施

作业中,拖拉机链轨(或轮胎)、联结器和中耕机的行走轮碾压作物,轻者影响作物生长,重者造成作物死亡而导致减产。

(1)造成压苗的原因　①播种作业时未事先留出链轨(或轮胎)道,或是留的宽度不够。②中耕机和联结器行走轮的位置与作物行距不相适应。③驾驶员,中耕机械作业手操作技术水平低、不熟练或精力不集中,机组行驶稳定性不好。④中耕机行走轮轴磨损严重,作业中晃动量大。⑤机组运行速度太快。⑥播种时垄行不直,蛇形弯较多。⑦中耕作业和播种时运行方向不一致。

(2)预防措施　播种中耕作物时首先应考虑后期中耕管理时中耕机组的可行性。留出拖拉机链轨(轮胎)道和联结器行走轮的运行道(一般联结器行走轮的调整量很小),以免作业时压苗。②按农业技术要求,合理安排中耕除草培土作业的时间,尤其是最后一遍中耕不宜太晚,以免作物长势高,拖拉机地隙太小而伤苗。③选用技术水平较高的机手从事播种和中耕作业。尽可能用一机组人员完成播种和中耕作业。作业中要精力集中,认真操纵。④认真检修中耕机,正确安装行走轮,确保两侧行走轮与机架中心线相对称,其偏差不大于10毫米;两侧行走轮应互相平行,其偏差不大于10毫米;行走轮轮缘径向摆差不大于8毫米,轴向摆差不大于10毫米。⑤正确安装行走轮上的刮土板,刮土板与轮缘间隙为2毫米。⑥合理掌握机组运行速度。第一遍中耕作业时,不超过4千米/小时;在草多而土壤板结的地块作业时,不超过4~5千米/小时;在地块不平或残株杂草较多的地块上作业时,速度不得超过4千米/小时。

423. 行间中耕除草培土作业锄铲埋苗的原因及预防措施

(1)产生埋苗的原因 ①锄铲型号选择不当,规格过大、锄幅过宽。②培土铲上分土板开度调节过宽。③锄铲入土过深或护苗带过窄。④头遍中耕作业时,作物幼苗小,未安装护苗板。⑤锄铲或锄栓上挂草、粘土过多和壅土拖堆。⑥机组作业速度过快。⑦土壤水分过大,锄起土壤呈明条。

(2)预防措施 ①根据中耕的遍数和作物生长程度,合理选择锄铲的形式、规格。使用培土铲时,应根据实际情况,合理调整分土板的开度,如采用辅助培土设备时(如草把),必须严格控制其大小和长短。②根据作物的长势和根系发育,合理设计护苗带的宽度。第一、第二遍行间中耕除草时,应配置网状护苗器,既可减少伤苗、压苗和埋苗,又可以适当提高作业速度。网状护苗器的结构尺寸如图110所示。四周用直径9毫米钢筋,中间用直径5毫米钢

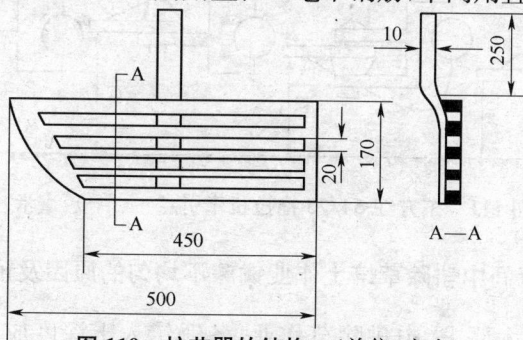

图110 护苗器的结构 (单位:毫米)

筋焊接而成,通过柄杆固定在锄栓上。③作业中,灵活掌握中耕机的深浅调节装置,不使锄铲入土过深。发现锄栓或锄铲挂草和粘土时,应立即停车清除。

424. 行间中耕除草培土作业机件刮苗的原因及预防措施

(1)产生刮苗的原因 ①后期中耕培土作业时,中耕机上仍使用长三角梁固定锄铲。②联结器拉筋太松未及时调整。③联结器挂接位置偏低。④作物被前次中耕时压斜,或自然倒伏过多。⑤作物生长过高。

(2)预防措施 ①根据作物长势合理选用固定锄铲的拉杆和三角横梁。拉杆有对称式和非对称式两种。后者用于中耕机两侧的边行上。固定在拉杆末端的三角横梁,有长、短两种,其长三角梁适用于全面中耕(封闭除草)和作物的头遍中耕或低矮作物的中耕作业。长三角梁每台中耕机配置 2 根,左侧的梁长 2 197 毫米,右侧的梁长 2 278 毫米。短三角梁用于作物较高的行间中耕、起垄和培土作业,每台中耕机配置 5 根短梁。②作业中,必须经常检查调整联结器拉筋松紧度。必要时随时调整。③根据作物的生长高度,合理调整联结器在拖拉机上的牵引高度(图 111)。④在作物枝叶已封垄的情况下,进行后期中耕起垄培土时,可在拖拉机链轨的前部装分禾板,以防伤苗。

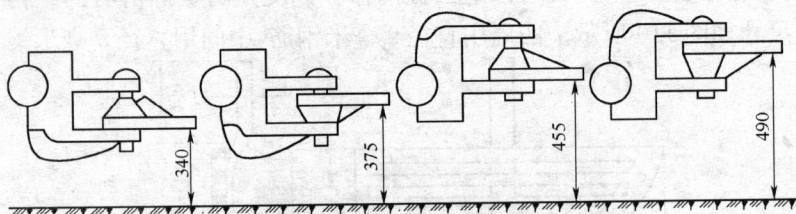

图 111 东方红-54/75 拖拉机牵引点 (单位:毫米)

425. 行间中耕除草培土作业锄深不均匀的原因及预防措施

农业技术要求,中耕除草作业,各锄铲入土深度应均匀一致,其偏差不得超过 20 毫米。否则会给土壤的吸热增温和蓄水、排水带来不同的影响,而影响作物生长的一致性。

(1)造成锄深不均匀的原因 ①中耕机技术状态不良,个别梁架、锄铲或锄栓发生严重弯曲变形。②各锄铲安装高度不一致,入土角调整不一致。③作业中,中耕机的左右升降把手操纵位置不一致。④土地高低不平或有明显的堑沟垄台。

(2)预防措施 ①认真检修中耕机,校正调直变形的梁架和锄栓。使中耕机具有良好的技术状态。②按规定的中耕深度。正确安装和调整锄铲高度和入土角,确保其一致性。③作业中,必须经常检查每个锄栓拉杆是否牢固固定在三角梁上,并能同梁一起准确地升降。④机组人员作业时应精力集中,根据实际情况,灵活而又准确地控制两侧锄铲入土深度的均匀一致。

426. 行间中耕除草培土作业培土高度不标准的原因及解决方法

垄形过高、过低或各垄行高低不一,既不利于作物的生长,也不利于日后的机械化收割。

(1)造成这一现象的原因 主要原因是培土作业前的一遍中耕松土深度较浅,所以在进行最后一遍培土封垄作业时,由于松土层较浅,培土铲入土深度受影响,再加上培土铲的分土板开度较小和辅助培土装置大小不适宜,最终导致培土高度达不到要求。

(2)解决方法 为防止培土垄的高度达不到要求,在每遍中耕深度的设计上应做到前后呼应,前一遍中耕为后一遍中耕做准备、创造条件。所以,在培土封垄作业前的中耕作业松土深度,一定要考虑到下遍培土封垄作业对松土层深度的要求,否则就会出现,须要培土时无土可培,封不上垄的现象。有足够松土层的保证加之合理调整培土铲分土板的开度和培土铲入土深度,就能取得良好的培土封垄效果。

427. 行间中耕除草培土作业时出现垄位移动的原因及预防措施

垄行移位严重时,会导致作物根系错断(图 112)影响作物生

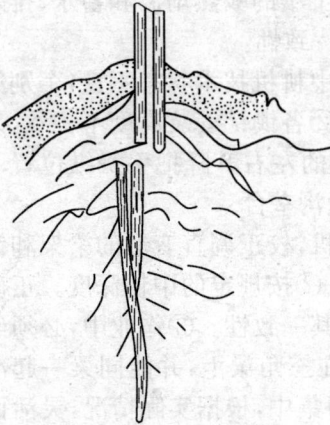

图 112　根系错断情况

长,甚至死亡,造成缺苗减产。

(1) 产生垄行移位的原因 ①全部或个别培土铲安装的位置与作物垄距不相适应。②培土铲上的分土板开度调节过大或辅助培土草把过长过粗。③播种时,机组往复接合垄行偏窄。④培土铲安装不牢,作业中松动窜位。⑤机组运行不直,出现蛇行现象。

(2) 预防措施 ①根据作物垄行的宽窄选择培土铲的规格和调节分土板的开度。培土铲安装位置正确,和垄距相符合,对个别窄垄,可根据具体情况,选用合适的培土铲。②在培土铲上装草把大小要合适,不得过长或过粗。③作业中驾驶员要精力集中把车开直开稳,切忌蛇行。④中耕机手应经常检查培土铲的固定状态,必要时,应立即紧固。

428. 行间中耕除草培土作业时出现漏锄的原因及预防措施

漏锄使土壤得不到较好的疏松,造成杂草丛生和蔓延,严重影响作物生长。

(1) 造成漏锄的原因 ①中耕机锄铲安装不正确,各锄铲安装的重叠度不够或无重叠度。②中耕机架不平行,左右歪斜。③锄铲安装不平或锄栓变形。④锄铲磨小或变形以及刃口磨钝。⑤锄铲上挂草或粘泥过多。⑥地头起落锄铲不及时,不准确。⑦播种时,播行不直,往复接合垄距过宽。⑧土地不平,坑洼较多。⑨对地头、地边、地角的中耕质量差。

(2) 预防措施 ①正确挂接中耕作业机组,各台中耕机机架应保持水平。各台中耕机之间应连接牢固,以防作业中摆动。②锄铲安装时,应有足够的重叠度,一般为 30~40 毫米。最小不得小于 20 毫米。③链轨(轮胎)道上的锄铲后面应装自制小型钉齿耙,把杂草根芽耙出、晒干和锄起的土块破碎。④锄铲刃口应锋利,发现磨钝,应及时修复磨刃,磨刃时,应根据锄铲碎土角的大小,分别采取上磨刃、下磨刃或上下磨刃的方法(图113)。碎土角很小的双翼和单翼锄草铲应采用上磨刃或上下磨刃才能保证刃角,有利于入土。锄铲碎土角在15°左右时,应用上磨刃,使碎土角等于隙角。如锄铲碎土角大于15°时,应采用上下磨刃或下磨刃。磨后的锄铲刃口厚度应小于0.5毫米。⑤作业中,要随时检查和清除锄铲和锄栓上的杂草和泥土。⑥机组进出地头时应减速慢行,中耕机手应做到及时、准确起落锄铲。⑦整块地作业结束前,必须进行地头中耕,不留地边、地角。

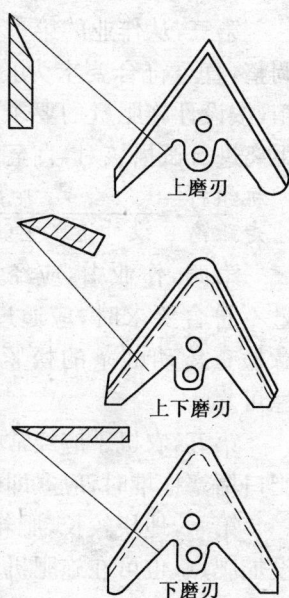

图 113　锄铲磨刃方式

(八)行间追肥作业

429. 追肥量不足的原因及预防措施

(1)追肥量不足的原因　①没做排肥试验,或排肥装置试验调整不正确。②排肥装置和传动系统技术状态不良,排肥不可靠。③肥箱内无肥料或肥料太少。④作业中,排肥装置堵塞。⑤肥料固结成块或混入杂物过多。⑥土壤过湿或地面残株杂草过多、开沟铲和输肥管堵塞。

(2)预防措施

第一,作业前,认真做好追肥机具的检修,确保其排肥装置、传动系统、输肥管和开沟铲等技术状态良好,工作可靠。

第二,按调整播种量的方法、步骤调排肥量(参阅383例)。

第三,从作业的第一行程开始,必须反复进行追肥量的检查、调整,直至符合要求为止。其方法可采取:将定量的肥料装入肥箱,按设计施肥量的要求、计算出播完肥箱内的肥料,机组运行的距离进行试播核对,直至标准。其计算公式为:

$$\frac{机组行}{走距离} = \frac{肥箱的肥料数量(千克) \times 10.000}{设计追肥量(千克/667 米^2) \times 机组作业幅宽(米) \times 15}$$

第四,作业中,应经常检查排肥装置的工作状态,发现追肥量不符合要求时,应通过移动排肥调节杆调整排肥量。同时注意检查传动链条的松紧度,必要时调整,确保排肥装置转动平稳可靠。

第五,农机手应经常检查作业质量,发现漏肥现象和开沟铲出肥口堵塞拖堆时,应立即停车排除。

第六,地块较长,肥箱容量不能满足要求时,可在地块中央增设加肥点,也可在施肥机上携带部分肥料(袋装),以便及时补充肥箱肥料不足。

第七,肥料固结成块时,应事先捣碎,以免堵塞排肥装置,影响施肥效果。

430. 追肥量不均匀的原因及预防措施

追肥量不均匀(有多有少),必然导致作物生长不匀,出现"老少三辈"现象,不利产量提高。

(1)产生追肥量不均匀的原因 ①追肥机具各排肥器技术状态好坏不一,磨损程度也有轻有重。②排肥量及单口流量误差大,调整不准确或未进行该项调整。③肥料结块或夹杂物较多,个别排肥器堵塞。④个别开沟铲、输肥口被杂草或泥土堵塞。

(2)预防措施 ①参照 434 例有关预防措施,确保追肥量均匀。②作业前,认真调整试验,确保每个排肥器和输肥管的下肥量均匀一致。同时记下排肥调节杆的放置位置,以便作业中随时检查核对。

431. 追肥作业中出现施肥位置不正确的原因及预防措施

农业技术要求行间追施肥料的正确位置是：相对苗行一侧（或两侧）的距离为 100～150 毫米，其偏差不应超过±20 毫米。追肥深度为 80～140 毫米（图 114），其偏差不应超过±10 毫米。否则，视为肥位不正确。肥位不正确，直接影响作物根系对肥料的吸收，降低了施肥效果，既起不到应有的增产效果，又造成肥料浪费。

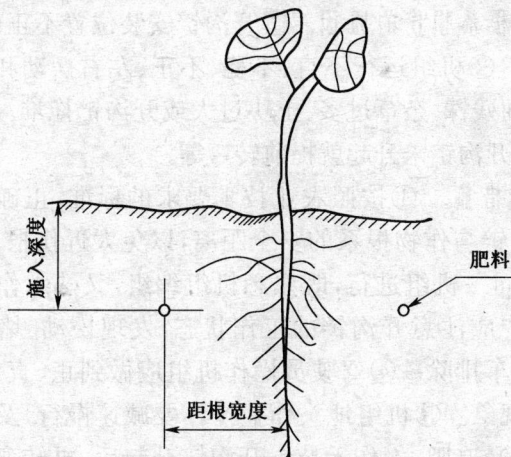

图 114　追肥位置检查

(1)出现这种现象的原因　①追肥机架和开沟铲支撑架弯曲变形，严重影响各开沟铲的垂直和水平位置的一致性。②开沟铲垂直安装位置不当，过高过低或各铲不在同一水平面上。③开沟铲的水平配置位置不正确或各铲距离不一致，与苗行不相适应。④开沟铲固定不牢，作业中发生松动窜位。⑤农机手注意力不集中，未能根据土地的实际情况及时调节开沟铲入土深度。⑥驾驶员操作水平低，机组运行不稳、不正、不直或对行不准确等。

(2)预防措施　①播种、中耕管理、行间追施应由同一机组进行，驾驶员、农机手对作业地号、运行方法，运行路线熟悉，有利操作。②要让驾驶员、农机手真正认识到把农业技术要求不折不扣的实施,要有一定的专业技术水平,要有职业责任,要自觉提高各项田间作业的技能。③作业前,应认真做好机具检修,机架应平直、以良好的技术状态投入作业。④正确安装开沟铲,其水平距离和垂直位置完全符合技术要求,为便于作业中检查核对可做出相应的标记。

432. 追肥作业造成根系损伤的原因及预防措施

(1)造成根系损伤的原因　①开沟铲安装位置不正确,过于靠近作物垄行。②机组运行不直、不稳、不正、左右摆动和运行方向不当。③地面残株、杂草过多、土块过大或开沟铲拖堆。④机组地头操作不当,开沟铲未升起就提前转弯等。

(2)预防措施　①按照农业技术要求的标准,正确安装开沟铲,确保开沟铲与作物根系的安全距离,以免太近伤根。②播种、追肥最好由同一机组进行,既熟悉机组编组,又熟悉作业运行路线。③作业中应注意开沟铲的工作状态,发现松动、堵塞和拖堆时,应立即停车排除。④驾驶员操作机组应做到正、直、平稳。杜绝出现蛇行现象。⑤机组地头作业操作要减速慢行,及时准确提升开沟铲,不漏追肥、不伤禾苗。开沟铲升起后,再转弯。机组应调直入堑。

433. 追肥作业造成茎叶损伤的原因及预防措施

机械作业损伤作物茎叶,轻者影响作物生长,重者会导致作物枯萎死亡,使作物减产。

(1)造成茎叶损伤的原因　①追肥作业期偏晚,作物生长较高,机组机架低,损伤作物。②联结器牵引拉筋过松,垂度过大。③锄铲和开沟铲固定不牢,作业中松动位移。④机组运行不直、不正,行走轮碾压禾苗。

(2)预防措施　①严格掌握追肥期,最好在作物生长高度低于机组最小地隙前进行机械追肥。一旦错过时机,作物生长过高,为减少作物损伤,可在拖拉机行走装置(链轨或轮胎)的前部安装分禾器。②将拖拉机的牵引点调到最高位置。联结器牵引拉筋适当调紧。开沟铲固定牢固,工作正常,出现松动、堵塞、拖堆时应停车排除。③机组运行应平稳、正直。

434. 追肥作业出现漏施肥料的原因及预防措施

(1)出现漏施肥料的原因 ①排肥装置和传动装置技术状态不良,有停排或间歇排肥的现象。②输肥管和肥料箱(筒)破损漏肥。③肥料结块或混有杂物,排肥不畅或排肥装置堵塞。④土壤过湿或地面残株杂草过多,导致开沟铲或输肥管出口堵塞。⑤肥料箱(筒)内无肥料。⑥开沟铲升降不及时,下降入土过迟或升起过早。⑦地头作业操作不当,出现地头、地边、地角漏施肥料现象。

(2)预防措施 ①作业前,认真做好追肥机具检修,完全恢复机具的技术状态;传动装置及所有工作部件,运转平稳、准确、可靠。②修补或更换损坏的输肥管和肥料箱(筒),杜绝漏撒。③作业中应做到:及时、准确升降开沟铲;经常查看肥料箱(筒)的肥料,做到及时添加;发现肥料吸湿结块应捣碎,混有杂物应及时清除。④在潮湿或残株杂草较多地块作业时,应经常检查开沟铲的工作情况,发现堵、拖堆后,应立即排除。⑤对地头、地边、地角处应认真操作机组,加强责任心,杜绝出现漏施事故。

(九)镇压作业

镇压作业分播前和播后两种。播种前镇压的目的是碎土保墒,使表土和底土严密结合,地面平整,耕层稳定,以利于播种。播后镇压的目的是压实土壤,减少或消灭大的孔隙,使土壤水分上升,土壤与种子密切接触,以利于发芽和出苗整齐。播后镇压还具有避免种子幼苗被风刮出和减少土壤水分蒸发的作用。

农业技术要求:镇压后土壤的密接厚度一般应超过播种深度

的 20 毫米以上。镇压后的地面应无明显的土块和硬壳,并不得有漏压和重压现象。

435. 镇压作业出现拖堆壅土的原因及预防措施

如果是播种后镇压出现拖堆壅土,不但达不到镇压的目的,反而会把播下的种子分布不均、覆土过深、露出地面,势必造成减产。

(1)造成拖堆壅土的原因 ①镇压器技术状态不良,轮轴弯曲和木瓦磨损过度。②镇压器装配不当,各压轮之间的轴向间隙过大或过小。③镇压器牵引架挂接点过高或过低,机架不水平。④机组作业时回转半径过小或速度过高。⑤镇压轮粘土,转动不灵活,拖堆。⑥土壤过松或水分过大等。

(2)预防措施

第一,认真检修镇压器。梁架、轮轴不应有弯曲变形;轴承座及木瓦应符合技术要求;镇压轮应完好无损,转动灵活;Ⅴ形镇压器前后列的 Ⅴ 形环凸起部分应错开,作业时,后列轮的凸起棱角应滚压在前列轮所形成的凸埂上。各轮之间的间隙要符合技术要求,最大不超过 3 毫米,最小不少于 0.5 毫米。镇压轮片除能在轴上自由转动外,还应有少量的径向跳动量,不但有利于碎土,还可避免轮缘凹入部分粘结土壤。

第二,作业方法一般采用圈压法。要有足够大的回转半径,以防壅土拖堆。一旦发现轮面粘土、挤塞杂物,应立即清除。

第三,严格掌握镇压时机,土壤水分过大(拖拉机行走装置和镇压轮下陷 3 厘米以上),不能进行镇压作业。

436. 镇压作业中出现压强不足的原因及预防措施

镇压后,要求表土细碎、土壤紧实。其表土 100 毫米内,土壤容重为 0.9～1.0 克/厘米^3。压强不足,会影响种子的发芽和作物生长。

(1)造成压强不足的原因 ①镇压器型号选择不当。②镇压器重量不够。③机组作业速度太快。④镇压轮表面粘土,转动不灵活或不转动。⑤气候干燥,土壤过硬。⑥前期耕、耙地作业质量差,地面高低不平,土块较大。镇压器作业时出现上下跳动。影响镇压效果。

(2)预防措施 ①根据播种深度,土壤水分,地表状态等合理选用镇压器。目前可供选择的镇压器有:圆筒形(圆柱形,如农村常见的木磙、石磙等)适用于地表平坦和整地较好的地块,但碎土和压土能力差;V形镇压器较为普遍,适用于土壤较干的地块作业,一般情况下都能满足农业技术要求,实际生产中应用较多。但对土壤水分较大、地表板结、结壳等不太理想;环形镇压器适用条件较差的土壤(板结、结壳、黏重等)作业。具有底土实、表土松的保墒特点。②作业中,可根据实际情况,在镇压器架上适量增加配重,提高镇压效果。③严禁高速作业。拖拉机速度一般控制在 6 千米/小时以下。④作业中,要注意及时清理粘附在镇压轮表面的泥土和杂物。保证轮片转动灵活,以增加镇压效果。

437. 镇压作业出现碾压不良的原因及预防措施

镇压后的地块表面仍然存在有土块和土壳。

(1)出现这种现象的原因 ①镇压器选型不当,重量偏轻。②镇压器的镇压轮装配不正确。

(2)预防措施 在实际生产中,机引镇压器主要有 V 形镇压器和环型镇压器 2 种,只要安装正确和适期镇压,基本上是能满足农业技术要求的。其安装的具体要求是:①安装时,V 形镇压器每组有两列(前后)。前组的前列由 14 个镇压轮组装而成,前组的后列由 13 个镇压轮组成。而后组的前列由 12 个轮片组成。后组的后列由 11 个轮片组成。前后两组前列轮的直径和重量都大于后列的镇压轮。安装时,前后列镇压轮的凸起部分应相互错开,即后列轮的棱背应滚压在前列镇压轮压出的凸埝上,以增强碎土作用,镇压过的地面上,留有距离相等的细小 V 形轮迹,能起到减少雨水冲刷、风蚀和土壤水分蒸发的作用。②环形镇压器也分前后组(一个前组,两个后组),前组镇压轮的直径比后两组稍大。装配时要求:各轮松动套在轴上,工作时不但有滚动作用,而且也稍有上下运动,起到增加敲击碎土作用。

438. 镇压作业出现压后板结的原因及预防措施

镇压后,地表面呈现一层光平的硬壳,使土壤板结,水分蒸发。

(1)出现这种现象的原因 ①没有根据地块的实际情况选用镇压器。②土壤水分过大,或雨中、雨后作业。

(2)预防措施

①作业前应进行田间水分大小测定,土壤中水分过大或雨后不宜进行镇压作业,下雨时严禁镇压,这是避免土壤板结的根本措施之一。②采用环形镇压器镇压具有下透力大,能将心土压实,而地表面保持疏松状态和减少土壤水分蒸发的作用。③用 V 形镇压器进行播后镇压时,可在镇压器后面附带树枝耢松表土,也能收到防止地表形成光平硬壳和保墒的积极效果。

439. 镇压作业出现漏压、重压的原因及预防措施

(1)产生漏压、重压的原因 ①机组工作幅宽过宽,驾驶员操作技术水平低,接合垄容易出现漏压或重压。②机组连接不当,各台间相邻端不衔接,出现空当或重叠。③机组作业方法、行走路线和地头转弯操作不当等。

(2)预防措施

①注意提高驾驶员的操作技能,尤其是地头、地边、地角作业的操作技能和宽幅作业时的操作要领,从主观上解决由于操作不当给作业造成不应有的损失。②编组时,做到连接器挂接正确,各台工作幅宽保持在稍重不漏的状态。③宽幅作业时,应准确掌握机组往复行程的接合,力求做到不漏不重或稍重不漏。地头转弯

应当掌握合理的安全回转半径,做到既安全又不出现拖堆壅土现象。④整个地块压完后,为避免地头、地边、地角漏压,最后可采取绕地块四周镇压一圈的方法弥补。

(十)喷药作业

喷药作业的内容包括:喷洒各种灭虫杀菌剂、除莠剂、生长调节剂和作物根外追肥等。喷药作业的农业技术要求是:按规定的药剂施量,在适时期内进行喷洒;喷药雾滴大小应符合标准:烟雾雾滴直径为 0.1～3.0 微米;弥雾雾滴直径为 30～100 微米;喷雾雾滴为 100～400 微米。雾滴要均匀地覆盖在作物(或杂草)的茎叶上。防止漏喷、重喷、药害和机械损伤作物。

440. 喷药作业出现杀虫力弱的原因及预防措施

(1)产生原因 ①药剂浓度不够或搅拌不均。②喷射量过少或管道、接头堵塞和药液泄漏。③喷洒型式和喷头选择不当或堵塞。④喷射压力不足、雾化质量差、雾滴太大。⑤机组运行路线和风向不相适应,药雾被风吹散。⑥作物湿度大或天气炎热。⑦作业时机不当,害虫长大。⑧机组作业速度过快或喷洒幅度过宽,药雾射程不足等。

(2)预防措施

第一,搞好田间病虫害调查,本着"灭早、灭小、灭了"的原则,严格掌握喷药作业的最佳时机。

第二,根据病虫害的实际情况,合理选择施药方法(喷雾或喷粉)。

第三,作业前,一定要搞好喷药机具的检修,使之具有良好的技术状态:机动喷雾喷粉机的喷药泵或风机应达到规定的标准压力和额定转速(具体数据参阅喷雾喷粉机使用说明书)。对超低量喷雾机喷头应具备以下技术要求:一是微型电机应符合规定的技术标准(即电压 12 伏、电流 0.5 安)。二是微型电机和叶轮技术状态良好,转动灵活、平稳无阻,微型电机额定转速为 5 000～9 000 转/分。三是喷头安装位置适当,其有效喷幅一般为 3～5 米,雾粒直径为 15～75 微米,植物茎叶着药程度为 30～50 滴/厘米^2。四是因喷出的药液受风影响较大,所以喷头安装高度一般为 0.5～1.0 米为宜,否则影响药效。

第四,作业前,应认真进行试验和调配药剂的浓度、喷量和喷幅,确定机组作业幅宽。机组作业速度,应根据作业幅宽和喷药量确定。

第五,根据对喷雾喷粉作业质量的具体要求,合理选择不同型式的喷头。常见的喷头型式有:一是吹气式。用于大型机动弥雾喷粉机喷雾,结构简单,雾化质量好。二是泡沫式。用在一般喷雾机上,药液先经起泡器变成泡沫,然后在低压气流作用下喷出,形成更细的泡沫。三是涡流芯式。分农田型和果园型 2 种。农田型又分为标准式和经济式。标准式的特点是雾滴大、雾锥小、射程远;而经济式则与之相反。四是旋水片式。比涡流芯式构造简单,喷雾质量好。五是切向离心式。常用在大型悬挂式喷雾机上,其结构简单,雾化程度好,不易堵塞。

第六,在选择喷粉头型式时,应以作业对象和作物高矮的不同,选择合适的喷粉头。常见的喷粉头有以下 4 种:一是扁锥型。喷粉头开口呈矩形,使粉雾体呈直线射出,常用于一般农作物。二是勺匙型。喷成宽短的粉雾体,并向上成一定的角度,适用于向作物茎叶反面喷粉作业。三是烟斗式。其内装有可调节的导片来决定喷粉方向,适用于棉花地作业。四是圆柱型。用于动力大和高速气流的喷粉机上,可喷射 20～40 米长度的粉流,高度可达 10～20 米。

第七,作业中,应经常检查药箱加药口处滤网的过滤性能,防止药液中的混杂物进入药箱和管路,以免零件过度磨损或管路、喷头堵塞。滤网丝筛孔直径一般为喷嘴孔的 1/2 或介于 0.6～0.8 毫米之间。

第八,为防药液沉淀和药液浓度一致,搅拌器的工作应稳定、可靠。双叶片式搅拌器轴的额定转速为 100～180 转/分;单叶片式搅拌器的额定摆动次数为 15～50 次/分。

第九,喷雾机安全阀的开启压力必须符合要求,一经调定不得随意改变。

第十,作业中,应根据具体情况和农业技术要求,合理调整喷管距离地面高度:较矮作物、采用卧管,使喷头向下对作物进行喷洒,较高作物,采用立管,由侧旁向作物喷射。

喷粉管的配置应根据作业对象的不同而装在不同的管架上。一般中耕作物喷粉时,应自上而下喷射,如果将药粉喷至作物叶的背面,应采取自下向上喷射。

第十一,按规定的喷射幅度和行驶速度进行作业,切勿过宽、过快,保证喷药质量。作业中,应及时检查,保证各喷头的喷药量均匀一致。发现管路、喷头堵塞、泄漏应立即停车排除。

第十二,严禁雨前、雨后和大风天进行喷药作业,露水大应暂停作业。待露水消失后再作业。作业条件适当时,应力争侧风向作业。

441. 喷药作业出现灭草效果差的原因及预防措施

(1)造成灭草效果差的原因　①喷洒药剂的种类不当。②喷洒的药量不够、浓度过小。③喷洒的时间不适宜。④漏喷面积过多。

(2)预防措施　除参照 440 例有关部分外,还要注意解决以下几点:①作业前搞好田间杂草情况调查,根据主要杂草的种类,正确选择除草剂。②认真进行喷药量的试验和调整工作,按一定的喷洒宽度和运行速度作业,正确控制单位土地面积上的喷洒量。③适时喷药,提高灭草效果。④要十分注意防止树木、瓜果和蜜蜂等动、植物免受药害,采取积极有效的防护措施。

442. 喷药作业出现药害的原因及预防措施

(1)产生药害的原因　①药剂浓度过大或搅拌不均。②喷头雾化质量较差,药滴太大或喷量过多。③喷药管道和接头部分不严密,药剂泄漏到作物上。④机组作业速度与喷头的喷药量不相符。⑤作业行程中故障停车未及时停喷。⑥作业方法、时间和风向选择不当,药雾被吹集到一侧。⑦地面不平,机组两侧喷头距离地面高度不一致,作物着药量不均。⑧作业时往复行程接合不准确,出现重喷。

(2)**预防措施** ①作业前,必须认真进行试验、调整。准确掌握药剂喷量、浓度,喷幅和机组作业时的运行速度,作业中不得随意改变。②责成专人配制药剂。任何人在作业过程中不得随意加水、加药。③作业中,应经常检查喷头、管道和接头的严密性和通畅性,发现堵塞或泄漏时,应立即停车排除。④作业中因故停车,必须立即关闭药剂开关,停止喷洒。⑤大风天不能进行喷药作业。在风力不大,允许喷药的情况下,作业时,机组应沿侧风向进行作业。⑥严禁中午炎热天气作业,防止溶剂蒸发后药液浓度增大,造成药害。

443. 喷药作业出现漏喷、重喷的原因及预防措施

(1)**产生漏喷、重喷的原因** ①机组喷药射程与机组作业幅宽不同步,过大或过小。②机组往复行程结合不准确,有重有漏。③机组人员作业时操作精力分散,未能及时开闭喷药开关。④作业中,喷头、管道和接头发生堵塞或泄漏未及时排除。⑤作业行程中,机组因故停车未能立即关闭喷药开关,原地喷药等。

(2)**预防措施** ①作业前,要认真检查、试验、调整喷药射程和喷药量,确定机组作业幅宽和运行速度。作业时,做到恒速、恒幅喷药。②地头进、出喷药行程时,做到及时、准确地开闭喷药开关,做到不重喷不漏喷。③作业中,驾驶员应时刻注意喷药机具的工作状态,发现问题,立即停车排除。

444. 喷杆式喷雾器常见故障及排除方法

喷杆式喷雾器常见故障及排除方法见表 25。

表 25　喷杆式喷雾器的常见故障及排除方法

故障现象	产生原因	排除方法
喷头流量不够	1. 空气室空气不足 2. 泵磨损后漏液 3. 回流搅拌量太大 4. 调压弹簧压力小	1. 用气筒加压空气 2. 修理或更换新泵 3. 调小回流搅拌药液量 4. 适当调大压力弹簧压力
喷头体损坏	1. 喷杆离地面太低 2. 地面不平	1. 通过液压系统升高至需要高度 2. 提高整地质量
喷不出药液	1. 药箱盖密封不严 2. 吸液管与药箱连接处的密封圈损坏	1. 拧紧药箱盖 2. 更换新的密封圈
两边喷杆与中间喷杆不成直线	轴承磨损	更换新轴承
喷雾扇面不均匀	1. 喷头螺帽密封不严 2. 喷头被杂物堵塞	1. 拧紧螺帽或加垫片 2. 用毛刷清除脏物,配制药液的用水一定要清洁,向药箱加入药液时,用滤网

445. 超低量喷雾器的常见故障及排除方法

超低量喷雾器常见故障及排除方法见表 26。

表 26　超低量喷雾器常见故障和排除方法

故障现象	产生原因	排除方法
齿盘不灵活并有摩擦现象	1. 齿盘与喷头体的输液嘴相碰 2. 齿盘后的小护帽与输液嘴相碰 3. 电机内部故障	1. 在固定输液嘴处的螺钉处加垫片 2. 若齿盘未装到位,应往里推到位 3. 修理电机
齿盘不转	1. 电机内有断路或接触不良 2. 电机有故障	1. 接通电路,保持接触良好 2. 修理电机
齿盘转速低	1. 电机引出线接线柱松动 2. 电池电压过低 3. 电机碳刷磨损 4. 电机轴承磨损	1. 拧紧接线柱的螺母 2. 进行充电(或更换电池) 3. 更换新碳刷 4. 更换新轴承

续表 26

故障现象	产生原因	排除方法
喷不出药液	1. 流量开关不在开启位置 2. 药液通道堵塞 3. 进气针管及进气软管堵塞	1. 打开开关 2. 清洗疏通堵塞 3. 用细针管插入管内疏通
电机旋转方向不对	电机正、负极接线错误	重新调换接线柱线头
工作状态时进气管漏药	瓶内软管脱落	重新装好软管

446. 喷粉机常见故障及排除方法

喷粉机常见故障及排除方法见表 27。

表 27　喷粉机常见故障及排除方法

故　障	产生原因	排除方法
排不出粉	1. 粉门未开 2. 粉门调节杆顶丝滑动 3. 粉箱内排粉孔堵塞 4. 粉剂太潮,粉箱内形成架空现象	1. 打开粉门 2. 拧紧顶丝 3. 排除堵塞物 4. 将药粉晒干再喷
长塑料管内有积粉	1. 风泵转速不稳,使风量过大或过小 2. 喷粉管上喷孔堵塞	1. 查明原因,稳定转速 2. 排除堵塞
粉门漏粉	1. 搅拌轮与固定粉门间隙过大 2. 密封圈失去作用	1. 在法兰盘上,减少垫片 2. 更换新密封圈
风泵进风口向外喷粉	1. 喷粉量过大 2. 粉管或喷孔堵塞	1. 调小粉门位置 2. 排除堵塞

447. 3WS-7 型手动喷雾器常见故障及排除方法

3WS-7 型手动喷雾器常见故障分析和排除方法见表 28。

表 28　3WS-7 型手动喷雾器常见故障分析和排除方法

故　障	产生原因	排除方法
气压不够	1. 皮碗干硬,磨损或破裂 2. 皮碗螺母松脱	1. 拆下皮碗用机油浸泡变软后装回,磨损破裂损坏应换新品 2. 重新拧紧螺母

续表 28

故　障	产生原因	排除方法
不喷雾或出水滴	1. 喷孔堵塞 2. 喷头体斜孔有脏物堵塞	1. 拆下清洗、清除堵塞 2. 拆下冲洗斜孔,清除堵塞
接头处漏药液	1. 接头处螺纹未拧紧 2. 接头处无垫圈	1. 拧紧接头螺纹 2. 加装垫圈
雾化程度不好	1. 喷孔片的喷孔内有脏物 2. 喷孔磨损或喷孔片损坏	1. 拆下清洗,清除脏物 2. 修理或更换新件
喷雾不连续	药箱内输液管开焊或腐蚀	焊补或更换
气泵盖顶端冒药液	1. 气泵有裂缝或开焊 2. 出气阀不密封	1. 焊补或更换 2. 清洗或更换新球阀
喷枪开关泄漏或不通	1. 安装不正或损坏 2. 没拧紧 3. 长期不用粘住	1. 重新安装或更换新件 2. 重新拧紧 3. 拆下清洗

448. 3WB-16 型手动喷雾器常见故障及排除方法

3WB-16 型手动喷雾器常见故障及排除方法见表 29。

表 29　3WB-16 型手动喷雾器常见故障及排除方法

故　障	产生原因	排除方法
喷不出雾	1. 喷孔堵塞 2. 滤网堵塞 3. 出液阀堵塞	冲洗、彻底清除堵塞
摇动手柄感觉无阻力	1. 皮碗干涸变硬或损坏 2. 进液阀中有杂物或漏装球阀	1. 拆下浸油变软再用或更换新件 2. 拆下清洗清除杂物或补装玻璃球阀
摇动手柄感觉沉重	1. 皮碗卡住 2. 活动部分生锈 3. 出液阀堵塞 4. 塞杆弯曲	1. 拆下修整并适量加油 2. 拆后除锈打油 3. 刷洗玻璃球,清除杂质 4. 矫直塞杆
泵桶顶端漏药液	1. 螺母未拧紧 2. 皮碗损坏 3. 药液加得过满	1. 拧紧螺母 2. 更换新皮碗 3. 每次加药液不要太多(容积的 80%～90%)

续表 29

故 障	产生原因	排除方法
雾化不良	1. 喷孔堵塞	1. 清除堵塞
	2. 喷头片孔不圆或不正	2. 更换新喷孔片
各接头处漏药液	1. 螺纹松动	1. 拧紧螺纹
	2. 垫圈失落或损坏	2. 更换新垫圈
	3. 有裂纹或接缝处脱焊	3. 焊修或更换
	4. 垫圈干缩	4. 浸油或更换

449. 东方红-18 气力式喷雾器常见故障及排除方法

东方红-18 气力式喷雾器常见故障和排除方法见表 30。

表 30 东方红-18 气力式喷雾器常见故障及排除方法

故 障	产生原因	排除方法
喷雾量少或喷不出雾来	1. 喷嘴或空心轴堵塞	1. 清洗清除堵塞
	2. 开关堵塞	2. 拧下清洗、清除堵塞
	3. 进风门未打开	3. 开启进气门
	4. 药箱盖漏气	4. 检查胶圈是否损坏,应盖严或换垫
	5. 发动机转速下降	5. 检查发动机转速,保证其额定转速稳定
药液进入风机	1. 进气塞与进气胶圈密封不严或失去作用	1. 更换密封胶圈
	2. 进气塞与过滤网之间的进气管脱落	2. 重新安装或更换进气管
喷粉作业时,粉量少或不出粉	1. 粉门未开或未全开	1. 全部打开粉门
	2. 药粉潮湿	2. 换用干燥药粉或晒干后再用
	3. 吹粉管脱落	3. 重新安装吹粉管
	4. 粉门堵塞	4. 清除堵塞物
	5. 进风门未打开	5. 全开进气门
	6. 汽油机转速下降	6. 检查调整汽油机,并使其转速稳定
药粉进入风机	1. 吹粉管脱落	1. 重新安装
	2. 吹粉管与进气胶圈密封不严	2. 更换进气胶圈
	3. 加药粉时进气门未关	3. 先关进气门再加药粉

续表 30

故　障	产生原因	排除方法
机器有异常响声	1. 叶轮与风机壳摩擦 2. 风机中掉入异物	1. 风机壳或叶轮变形，应矫正或修理 2. 排除异物
药箱盖跑粉（或漏药液）	1. 盖未拧紧 2. 垫圈损坏或变形	1. 拧紧压盖 2. 更换新垫圈
超低量喷头齿盘转速不够	风速不够	修理裂纹的风机壳，更换或修理有裂缝的管子

(十一)喷灌作业

450. 离心泵和混流泵常见故障及排除方法

离心泵常见故障及排除方法见表 31。

表 31　离心泵和混流泵常见故障及排除方法

故　障	产生原因	排除方法
水泵不出水	1. 水泵转向不对 2. 水泵转速太低 3. 充水不足 4. 填料涵漏气 5. 进水管或滤网堵塞 6. 水泵实际吸程超过水泵最大允许吸程 7. 进水管路漏气	1. 调换转向 2. 调整转速 3. 灌水 4. 拧紧压盖或换新填料 5. 清除堵塞物 6. 降低水泵安装高度 7. 拧紧法兰盘螺栓或更换皮垫
功率消耗太大	1. 转速过高 2. 泵轴弯曲 3. 填料涵压得太紧 4. 流量、扬程超过允许范围	1. 调整转速 2. 校正调直 3. 适当拧松压盖 4. 调整流量、扬程在允许范围内

续表 31

故　　障	产生原因	排除方法
水泵出水量不足	1. 水泵实际扬程超过允许扬程 2. 水泵转速不够 3. 泵内有杂物 4. 进水管淹没、水深不够 5. 吸程过高 6. 叶轮损坏	1. 降低扬程或提高水泵转速 2. 适当提高转速或张紧皮带 3. 清除杂物 4. 加长进水管 5. 调整吸程 6. 修复或更换叶轮
水泵有振动或有杂音	1. 泵轴弯曲 2. 轴承损坏 3. 地脚螺栓松动 4. 直联传动时，两轴不同心 5. 叶轮平衡性差 6. 进出水管固定不牢，螺杆松动	1. 校正调直 2. 更换轴承 3. 重新拧紧松动的螺栓 4. 校正两轴中心线位置 5. 调整或更换叶轮 6. 固定并拧紧螺栓
轴承发热	1. 润滑不良 2. 皮带太紧 3. 轴承装配不正确 4. 泵轴弯曲或轴心不正 5. 轴承损坏	1. 加注润滑油 2. 调整皮带紧度合适 3. 重新按要求装配轴承 4. 校正调直或更换新轴 5. 更换新轴承
填料涵发热	1. 填料压偏或太紧 2. 填料水衬管堵塞	1. 调整压盖紧度 2. 检查并清除堵塞

451. 轴流水泵的常见故障及排除方法

轴流水泵的常见故障及排除方法见表 32。

表 32　轴流水泵常见故障及排除方法

故　　障	产生原因	排除方法
水泵不出水	1. 水泵转向不对 2. 转速太低 3. 叶片断裂或松动 4. 叶片缠有杂物 5. 叶轮入水深度不够	1. 调整转向 2. 调至要求转速 3. 更换叶片或重新紧固 4. 清除缠绕杂物 5. 降低水泵安装高度

续表 32

故　　障	产生原因	排除方法
动力机超载	1. 电压过低 2. 水泵转速过高 3. 扬程太高 4. 橡胶轴承磨损 5. 出水管路堵塞 6. 叶片缠绕杂物	1. 提高电压至要求值 2. 降低转速 3. 设法降低扬程 4. 更换橡胶轴承 5. 清理出水管路的堵塞 6. 清理叶片缠绕的杂物
水泵出水量减少	1. 扬程过高 2. 转速不够 3. 叶片缠绕杂物 4. 滤网堵塞	1. 调整扬程 2. 按要求调整转速至标准 3. 清除缠绕杂物 4. 清理堵塞物
水泵运转有振动和杂音	1. 叶片外缘与泵体内壁摩擦 2. 泵轴与动力机轴不同心或轴有弯曲 3. 地脚螺栓松动 4. 叶轮缠绕杂物	1. 检查并调整 2. 调整两轴同心度、校直 3. 重新紧固 4. 清除缠绕杂物

452. 喷灌作业出现喷水量不足的原因及排除方法

(1)喷水量不足的原因 ①喷灌机选型不当,在规定的时间内喷水量过少。②移动式喷灌机运行速度过快。③固定式喷灌机降水时间过短。④喷灌机喷射幅度过窄。⑤计划喷灌区域与喷头射程不相适应。⑥喷灌机管路和喷头堵塞或接头漏水。⑦供喷灌机用的水源不足或水泵输水量不够等。

(2)排除方法

第一,根据水源、动力、水泵以及灌水地块的形状大小和喷灌作物的种类,选择适当形式(移动或固定式)的喷灌机。

无电地区,在水源充足和土地宽阔的自流灌溉农作物的情况下,应采用移动式喷灌机组。一般以东方红-75/54 拖拉机和 4B91泵配套,工作压力为 4.8 千克/厘米^2,喷水量为 76.4 米^3/时,射程为 38.5 米,降雨强度为 8.45 毫米/时,管路为 10.16 厘米(4 英寸)

聚乙烯硬质塑料管,机组控制面积为 53～66 公顷。

有电地区,地下水位较高的井灌区或自流灌区,也应采用移动式喷灌机组,一般以 5 千瓦座机和单级卧式 3B-57 泵配套。工作压力为 5～5.7 千克/厘米^2,喷水量为 39～41.7 米^3/时,射程为 39～42.5 米,降雨强度为 8.2～7.5 毫米/小时,管路为 7.62 厘米锦纶塑料管和聚乙烯塑料管,机组控制面积为 26.6～33.3 公顷。

有电地区,地下水位低,用井水灌溉小块地时,应采用固定式或半固定式喷灌机组,一般以 13 千瓦潜水泵和 IQLQ-70/40 泵配套。工作压力为 4 千克/厘米^2,喷水量为 35 米^3/时,射程为 35 米,降雨强度为 9.1 毫米/时,管路为 6.35 厘米水龙带管和 7.62 厘米锦纶塑料管,机组控制面积为 23 公顷。

第二,喷灌作业前,应认真检修好喷灌机组,特别是水泵、喷头、接头和管路,发现有磨损和破损时,应修理或更换新件,以保作业时可靠。

第三,依喷灌机组作业方式和所控制的面积,搞好田间水渠、机井、集水池的规划布局和输电线路的架设。

第四,根据移动式喷灌机组的射程和降雨量,正确选择机组作业速度,和保持规定的喷灌幅度。侧风向作业时,应按其风向、风速适当调整行走的垄距。

第五,作业中,必须经常检查喷水情况,发现喷头堵塞,不喷水或喷水少时,应立即停止作业,查明原因,予以排除。发现吸水管端头有被泥沙和杂草等堵塞时,应立即清除。

453. 喷灌作业出现雨滴间断的原因及排除方法

(1)**雨滴间断产生的原因** ①水泵技术状态不良、工作压力忽高忽低。②喷灌机喷头磨损或被脏物堵塞。③喷灌机组管路系统破坏,造成漏水或堵塞。④水源供水不足。

(2)**排除方法** ①在喷灌作业前,认真检修好水泵、喷头和管路。使其具有良好的技术状态,确保工作的稳定性、可靠性。②作业中,经常注意检查动力机的额定转速。使之保持正常、平稳转速,切忌忽高忽低。③发现喷头和管路有堵塞或漏水现象时,应采取针对性措施,予以排除。④在移动式喷灌机组作业时,机组人员应精力集中,沿其供水沟渠正直运行,确保水泵吸水管端经常处于吸水位置,保证喷灌机供水的稳定性。

454. 喷灌作业出现雨滴不均匀的原因及排除方法

(1)出现雨滴不均匀的原因 ①水泵工作压力不足。②喷灌机喷头型式选择不当。③喷灌机喷头技术状态不良。④喷灌机喷头调整不当。⑤大风天作业等。

(2)排除方法 ①认真做好水泵的修理,确保水泵具有良好的技术状态和稳定的工作压力,以满足喷头喷射出细碎而均匀雨滴的要求。喷头需要的工作压力一般为 3.5～7.0 千克/厘米²。②根据喷灌机组的作业形式、动力机和作业机组的配套情况,合理选择喷头的型式。③经常保持喷头良好的技术状态,发现垫圈和喷嘴有损坏变形时,应进行修复或换新。④风速 4 米/秒以上的天气,不宜进行喷灌作业。

455. 喷灌作业出现地面径流的原因及排除方法

喷灌作业出现径流,会导致水、肥、土流失和土壤板结、渗透性差等不良后果。

(1)造成地面径流的原因 ①喷灌强度大于土壤入渗速度,使喷落至地面的水未能及时地渗入土壤中去,而产生积水和径流。②喷灌作业存在盲目性,作业前没有掌握土壤含水量的具体数据,喷灌水量过大。③作业中,缺少对喷灌量的控制和检查。

(2)排除方法 ①要求平均喷灌强度不得超过土壤入渗速度,使喷洒到土壤表面的水分及时渗入到土壤中,不产生积水和径流。②根据作物种类和土壤的含水量,确定单位面积上的喷洒量。③作业时,要认真检查实际的喷灌量是否符合规定的标准,做到既满足农作物的需要,又不使地面形成径流。

456. 喷灌作业出现断喷、漏喷的原因及排除方法

(1)产生断喷、漏喷的原因 ①水泵在作业中出现故障。②机组运行不当,吸水管末端对正水源或水源的水不充足。

(2)排除方法 ①根据断喷、漏喷的具体原因,参照 452～455 例的有关方法针对性地排除,以达到喷落至地面的水滴均匀一致、无断空、漏白的漏喷区。②当喷灌作业区出现严重断喷、漏喷时,应进行重喷或重点补喷作业。

(十二)灭茬作业

农业技术要求:收获后灭茬的目的是诱发杂草和改善犁耕作业条件。灭茬深度为 6～10 厘米;播前耙茬深度为 15 厘米,要求扣茬严密、均匀一致,地表不得露出较多的特殊杂草,且碎土良好、地表平坦,以利于播种。灭茬作业,不但可以减少播、耙作业程序,而且能满足作物生长和获得高产的需要。

457. 灭茬作业出现灭茬深度不准的原因及解决方法

在灭茬作业中灭茬深度未达到农业技术要求的标准:收获后灭茬作业耙得太深,影响杂草种子萌发和生长速度;播前耙茬播种时,耙得太浅,地面残株杂草覆盖不严,影响播种作业质量,使作物生长不良。

(1)出现这种现象的原因 ①机组人员对收获后和播种前灭茬的农业技术要求掌握不准确。该深的不深,该浅的不浅。②机具技术状态不良及型式选择不当。③土地过于潮湿、板结以及残株杂草过多,影响耙片入土。

(2)解决方法 ①机组人员必须明确作业内容,弄清是播前耙茬还是收获后灭茬,并按农业技术要求,掌握准确的作业深度。②根据灭茬目的正确选用耙具的型号,一般选用单列圆盘灭茬耙或双列圆盘耙为宜。并做好耙具的技术检修,使参加作业的耙具

具有良好的技术状态,确保不同耙深的要求。③在灭茬作业过程中,要注意耙架配重和耙组倾角的调整,确保达到规定的深度。

458. 灭茬作业出现扣茬不严的原因及解决方法

(1)产生扣茬不严的原因 ①灭茬工具选用不当,圆盘直径过小或球面圆盘的凹度小。②圆盘耙组作业倾角调整过小。③圆盘耙片磨损严重或加配重不够,耙片入土深度过浅。④机组作业运行方向不当或速度过快。⑤圆盘耙组的各耙片之间堵塞泥土和残株杂草。⑥禾茬过高,杂草过多或土壤水分过大。

(2)解决方法 ①根据土壤的实际情况,合理选择圆盘耙组。在土质松软、禾茬不高的情况下,可采用宽幅或窄幅单列圆盘灭茬耙。如土质较硬,禾茬粗而高,根系盘结紧密或垄型高大时,应选用重型双列圆盘耙或重型缺口耙。②作业前,应检修好灭茬工具,如修补或更换直径磨小的耙片。③作业中,根据灭茬严密程度,适当调整耙组作业倾角和增加附重,确保耙片入土深度。④灭茬机组运行方向以斜耙为佳,作业速度以二、三挡为宜。⑤作业中,必须经常检查耙组作业情况,如发现耙片被泥土或杂草残株堵塞时,应及时清除。

459. 灭茬作业出现垄迹不平的原因及解决方法

(1)产生垄迹不平的原因 ①灭茬机具选择不当、重量轻,圆盘直径过小,达不到规定的灭茬深度。②作业耙组倾角调整不当或附加配重过轻。③垄型过大,地面杂草过多。④机组作业方向和运行路线不当。

(2)解决方法 ①依土地条件不同,采用不同的机具。在耙垄型较大(垄台垄沟差距较深)的地块时,应采用重型圆盘耙或缺口耙进行。如仍不能满足要求,可选用中耕机配带杆齿松土,然后再用双列圆盘耙耙到播种状态。麦茬地可用单列宽幅灭茬耙作业。②在垄台过高时,以消灭台、沟,耙平为限,残株杂草过多时,可增加耙深。③为更好地消灭垄台、垄沟的痕迹和避免"包馅"现象,机组的作业方法和运行路线应以斜耙、横耙为宜,切忌顺耙。

460. 灭茬作业出现碎土不良的原因及解决方法

农业技术要求:灭茬后地表应平整,碎土良好,每平方米内,直径大于 5 厘米的土块不得超过 5 个。否则,将影响灭茬效果,达不到诱发杂草萌芽和以耙代耕(翻)的目的,会造成作物减产。

(1)出现碎土不良的原因 ①圆盘耙组作业倾角太小。②圆盘耙片入土过深。③土壤水分过大或茬根过多,且交织盘结紧密。

(2)解决方法 根据碎土不良的具体原因,参照 377 例相关方法解决。此不赘述。

五、场院作业

(一)选种作业

461. 选种作业出现选种精度低的原因及排除方法

(1)出现精选度低的原因 ①精选机工作部件磨损,技术状态不良。②精选筛子选用不当。③筛子安装不牢、窜动。④振动器和刷子作用失效,筛孔堵塞。⑤筛架震动频率过高或过低。⑥种粒在筛面上分布不均匀或负荷过重。

(2)解决方法

①作业前,必须认真做好精选机检修,确保其技术状态良好。

②选种机应放置平稳,机架在纵横方向都应保持水平状态。

③根据种子不同品种,按照表33的要求,认真选择筛子。

④在更换,安装筛子时,必须将其装正,切勿倾斜,以免种子在筛面上分布不均匀,影响筛选质量。

⑤选种机作业时,应注意检查各出口的种子流出情况,如发现某一筛子不合适时,应重选合适的筛子代替。OC-3.0精选机的筛子振幅为15毫米,频率为350~500次/分(前值为选牧草种子,后值为选麦类和豆类种子),倾角为8°。

⑥精选中,要经常检查并调整振动器打击的力量,确保分离筛的正常工作和筛片清洁。如振动器打击力量太大时,应将4根振动杆向下放,如打击力太轻时,应抬高振动杆的位置,使种粒在筛面上做垂直跳动,保持筛孔不被种子阻塞。

⑦注意检查驱动连杆和筛架的连接情况,如有松动,应立即紧固螺母,以免种子在筛面上呈不规律运动,影响精选效果。

⑧作业时,选种机粗筛箱的进种阀门开度不要过大,以免粗筛箱出粮槽口全宽范围内的种子分布不均,影响筛选质量。

⑨作业时,注意检查、调整筛架两侧刷子滚轮导轨的松紧螺钉,使刷子贴靠筛片,以防筛孔堵塞。若刷子磨损严重,应换新刷。

表 33　OC-3.0 精选机各种筛孔功用和孔径规格　(单位:毫米)

作物名称	粗选筛	分离筛	辅助筛	初选筛	精选筛	草籽筛
	将大的杂物:茎秆、穗头、土块、草棍等从筛面流到地下,由筛孔漏下的种粒落到初筛箱的滑板上,通过出粮口流到分离筛上	将被精选的种子里的杂物及较大的种粒分离出去	将被精选的种粒分两部分:一部分从上筛面滑到初选筛;另一部分通过筛孔落至草籽筛上	使所有小的种粒和碎裂的种粒,以及中等的种粒,由筛孔落下,大的杂物由筛面上排走,被选的种粒全部漏到精选筛上	被精选的种子中的小草籽,以及不成熟的瘪粒和破碎粒筛出	细小的草籽、砂粒、灰尘等被筛下
麦　类	$\phi16$	$\phi5\sim8$	□2.3~2.7	□2.5~3.5	$\phi1.7\sim2.5$	□2~2.5
豆　类	$\phi16$	$\phi10$	$\phi8$	□6.3	$\phi4.5\sim5$	□3.5
苜　蓿	$\phi5$	$\phi2.5$	$\phi2$	□1.2~1.3	$\phi0.8\sim0.9$	□1.3~1.5

462. 选种作业出现轻杂质较多的原因及排除方法

选出种子里混有灰尘、叶片、碎茎秆、颖壳、轻草、小碎粒和不成熟的瘪粒种子,严重影响选种质量,降低了种子净度。

(1)出现这种现象的原因　①吸气道内的气流速度调整过小,吸力偏小。②风扇转速过低,吸风量不够。③吸风口盖板不严,有裂缝或损坏。④第一吸气立道口和筛架之间的间隙过大,造成漏风。⑤滤尘筒过满,被灰尘堵塞,妨碍气流通过,间接地降低了立道内的气流速度。⑥第二吸风道滤网堵塞。

(2)排除方法　①正确调整第一、第二吸气道的气流速度。第一吸气立道内的气流速度,是依据轻质出口排出物的具体情况进行调整,将种粒中的灰尘、碎茎秆、颖壳和轻的杂草等物吸出。第二吸气道内的气流速度,以能全部吸出种粒中的轻杂物和瘪粒为合适。②作业中,应经常检查风扇皮带的松紧度,如调整后仍感到打滑时,可适当涂些皮带油。③发现吸气道口盖板漏气时,应用油灰或油漆填缝堵塞,如破损严重,应换新品。④当发现吸气道口与筛架之间的间隙过大时,要用升高筛架的办法来缩小间隙,确保有足够的吸力,将筛面上的轻杂物吸走。⑤作业中,滤尘筒里的积物达 2/3 时,应及时倒出,以免影响其正常功能。若发现种子里有大的轻杂物时,可在滤尘筒下面放置木箱,松开滤尘筒端,使杂物直接经滤尘筒进入箱中。⑥作业过程中,应每小时一次检查气流对种粒净选的效率,并定期清除第二吸气道滤网孔内的脏物。

463. 选种作业出现种子内混有杂质的原因及排除方法

在精选过的种子里混有茎秆、土块、颖壳和特大的种粒等,从而降低了种子的清洁度,给播种作业造成不良影响。

(1)产生这种现象的原因 ①精选筒内壁和圆窝磨损严重或变形。②精选筒旋转速度过慢或过快。③精选筒内的 V 形槽位置过高或过低。④精选筒内的种粒过多(超负荷)或多少不均等。

(2)排除方法 ①作业前,必须认真检修精选机,使之具有良好的技术状态。精选筒圆窝几何形状尺寸必须符合技术要求(分离长杂物的圆窝基面直径为 8.5 毫米,分离短杂物的为 5 毫米)。②作业中,必须保证精选筒在额定转速下工作。一般固定在 38～42 转/分范围内。③精选筒的工作质量,取决于 V 形槽边缘的位置,因此,必须根据具体情况灵活调整蜗杆上的手轮。如果长杂精选筒内 V 形槽边缘调得过高,选出的种粒虽然比较纯净,但有一部分较好的种粒混于长杂物中排出筒外,造成浪费。反之,如果 V 形槽边缘调得过低,种子内就会混有较多长杂物。如果短杂精选筒内 V 形槽边缘调得过高,使选好的种子内混有短杂物。反之,调整过低,虽然种子纯度提高了,但 V 形槽中带有好种子。如果 V 形槽的位置难以调整适当时,可将长杂精选筒的 V 形槽边缘调高些,将长杂物全部清除掉,或将短杂精选筒内的 V 形槽边缘调低些,彻底清除种子中的杂物。④作业中,正确控制精选筒的负荷,使喂入口下部阀门的开度适当,并经常检查升运器皮带的松紧度,以达到连续不断的将要选的种子喂入精选机中的目的。

464. 选种作业中出现种粒被吸跑的原因及排除方法

在选种作业中,种粒和中、轻杂物被一起吸入气道进入积尘室,造成损失浪费。

(1)出现这种现象的原因 ①吸气立道内气流调整过大。②风扇转速过高。

(2)排除方法 ①作业前,检查核实风扇转速,精选麦类作物,风扇转速不得超过 1 070 转/分,切忌过高。②合理调整第一、第二吸气道内的气流速度:第一吸气立道内的气流速度,调整到吸走种子中的灰尘、碎茎秆、颖壳和轻杂草等物为宜。第二吸气道的气流速度,调整到吸出种子中的全部轻杂物和不成熟的瘪粒为好。

在选好的种粒中,发现有轻杂物和瘪粒时,应加大气流速度,如在出口中发现轻杂物中混有种粒,应减小气流速度。

465. 选种作业出现种粒破碎的原因及排除方法

种子在精选过程中,由于受到撞击、摩擦、挤压而造成损伤,影响种子的发芽。

(1)出现这种现象的原因 ①选种机失修,技术状态不良,各运转部位不平稳、不协调。②种子在升运和输送过程中被机件碰击。③种子流落到机件之间被挤压。④选种机出现堵塞。

(2)排除方法 ①必须确保选种机的良好技术状态,不允许"带病"作业。以减轻对种子的损伤。②种子的升运和输送机构的调整正确,运转平稳,不得有卡滞现象,各部间隙正确,以免损伤种子。③避免超负荷作业,种子喂入均匀。④容易造成种子损伤的传动部位,应采取一定的防护措施,以免种子落入而被压挤损伤。

(二)药物拌种作业

药物拌种作业时将农药拌于种子表面,用来消灭害虫,防止播入土壤中的种子或作物的根系被土壤中害虫侵害,同时消灭种子上的病菌,使作物稳产高产。

拌种时,必须严格按标准投药,使种子表皮敷药均匀一致。

466. 药物拌种作业出现种子表皮敷药量不标准的原因及解决方法

种子表皮敷药量不符合规定标准,拌药量过多时,种子受药害,影响发芽率;拌药量少了,达不到杀虫灭菌的效果。

(1)出现这一现象的原因 ①拌药量计算或试验调整不正确。②拌种器技术状态不良。机壁缝隙过大,排药口或流种口开度不当或堵塞。③拌种人员工作不认真,称药量有误差等。

(2)解决方法 ①拌种前,应认真搞好拌种器具的检修,使之具有良好的技术状态。②作业前,应按规定的拌药比例标准正确计算每一次的种子和拌药,认真试验和调整拌种器药剂和种子流量排口的开度。③在拌种作业中,应由专人负责称种子和拌药,做到准确无误。除此,还应经常检查排药口和流种口的流量,发现堵塞,应及时排除。

467. 药物拌种作业出现种子表皮敷药量不均的原因及解决方法

(1)产生种子表皮敷药不均的原因 ①投药量过多或过少。②拌种器转速不稳定,忽高忽低。③拌种量过多,负荷过重,混拌不及时,种子和药剂混拌时间过短。

(2)解决方法 ①投药量必须保持标准一致,这一程序必须明确责任人员。②作业中,根据不同型式的拌种器,严格控制拌种器标定转速,并保持其稳定。严禁为提高拌种效率随意增加拌种器的转速和缩短拌种时间。为确保种子表皮敷药均匀,强化附着力,手摇拌种器的转速应控制在 30 转/分左右,要反正转交替进行,每次拌药转动总转数不应少于 100～120 转(反正各 50～60 转)。③按拌种器容量大小,确定每次拌种的数量,避免种量过多,负荷过大导致混拌不均,种子表皮敷药不均或药在种子表皮的附着不牢而降低拌药效果。

（三）扬场作业

扬场作业是提高粮食清洁率、降低湿度、防止发热生霉和提早粮食入库的有效措施。在扬场中，对籽粒不得有任何机械损伤和损失浪费，也不得有混种现象。

468. 扬场作业出现抛距太近的原因及排除方法

在扬场作业中，必须达到籽粒与杂物分开，大而重的夹杂物应抛出8米以外，小而轻的夹杂物要抛撒6米以内。抛出的籽粒距离太近，达不到要求的预定位置，往往会降低清粮、出风降湿效果。

(1)作业中出现抛距太近的原因 ①扬场机的主驱动圆筒转速不够。②抛扬皮带过松引起打滑。③抛扬皮带磨损严重。④压紧圆筒调整位置不当，抛扬倾角过大。⑤扬场机放置位置不当，抛扬出口处于顶风位置。⑥输送器喂入量过多，扬场皮带负荷过大等。

(2)排除方法 ①作业前，应认真检修扬场机，使各主要工作部件具有良好的技术状态，对磨损严重的抛扬皮带应更换新品。②与扬场机匹配的动力的驱动皮带轮直径，必须选配适当，确保驱动圆筒的额定转速为820转/分，抛扬皮带的线速度不低于13米/秒。③根据抛扬粒径的大小不同，正确调整驱动圆筒和被动圆筒的水平距离。抛扬皮带的紧度，一般以不压碎籽粒为原则，将其调整至抛扬距离最远为止。④作业中，必须相应地调整压紧圆筒的位置，使抛扬皮带倾斜成一角度，一般在30°～45°范围内(图115)。

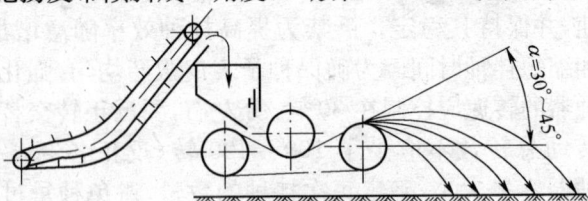

图 115 抛扬皮带调整角度

⑤扬场机作业时,以侧、斜风向为最好,不要在顶风或顺风的位置上作业。⑥为保证扬场机喂入量的负荷稳定,籽粒输送器主轴转速应保持在430转/分左右,喂入链的线速度为2米/秒。

469. 扬场作业出现杂余物过多的原因及排除方法

经过扬场的粮食中,存在较多大而重和小而轻的长短茎秆、叶片、土块、颖壳及灰尘等夹杂物,严重的影响清粮效果。

(1)出现这种现象的原因 ①抛扬皮带速度低,抛力小、抛距近。②风向选择不当或无风。③输送器喂入不均,时多时少。④人工辅助清扫谷堆中的杂物不及时,不彻底。

(2)排除方法 ①作业开始应先将驱动圆筒的转速、抛扬皮带线速度和皮带的抛扬倾角调整至标定数值(驱动圆筒820转/分,皮带线速度不低于13米/秒、皮带倾角在30°～45°)。使籽粒中的轻杂物抛落于6米以内,重于籽粒的杂物抛于10米之外,确保籽粒和杂余彻底分离。②力争在有风但风力不大的情况下作业。扬场机的放置方向,应与风向成35°～45°为宜。③参加作业人员应分工明确,各负其责,保证喂入均匀,清扫及时、彻底。

470. 扬场作业出现抛粮间断的原因及排除方法

作业时,籽粒抛扬时断时续,粮食一股一股地抛落于晒场上,极不均匀。这容易使机件磨损加剧,也容易使粮食受到损伤,从而降低了扬场作业的质量。

(1)出现这种现象的原因 ①抛扬皮带过于松弛,出现打滑。②喂入籽粒不连续,出现空断现象。③输送器主轴传动皮带打滑,转速下降。④输送器喂入链爬刮板缺损或安装间距太大或间距太小不均等。

(2)排除方法 ①作业前,全面保养、检查、调整扬场机所有工作部件。输送器喂入链爬刮板安装要符合标准,每6～8节钩形链装一节刮板。②作业中,注意检查调整各传动皮带的松紧度,以防皮带打滑造成转速下降,而影响作业质量。③工作人员应有责任心,做到喂入时连续均匀不间断,以利提高工作效率和提高作业质量。

471. 扬场作业出现抛粮不均的原因及排除方法

作业中,被抛出的粮食横断面呈一侧厚,一侧薄,甚至无籽粒,严重影响清粮和出风效果。

(1)出现这种现象的原因 ①扬场机放置不平、左右倾斜度过大。②输送器出口挡板变形,使籽粒在抛扬皮带的横面上分布不均。③驱动圆筒和被动圆筒安装不平行或抛扬皮带调整不当及皮带两侧松紧度不一致等。

(2)排除方法 ①作业前,应考虑粮食堆积位置应有利于扬场时风向的选择和扬场机的放置位置,尤其要注意扬场机放置应处于水平状态。②认真检查和调整扬场机座瓦支杆的长度,使输送器、升运装置的传动轴与 3 个圆筒轴相互平行,不得有任何倾斜现象。③检查调整输送器出口挡板的形状,保证籽粒在抛扬皮带横断面分布的均匀性。④作业中,应正确调整抛扬皮带的松紧度,确保皮带两侧松紧一致。

(四)粮食烘干作业

烘干作业,要严格控制作业遍次的降水量和籽粒允许的受热温度。一般烘干食用的商品粮为 110℃ ~ 150℃;烘干种子为 65℃~75℃。在此温度范围内必须保持均匀一致,其偏差不得超过±5℃。

烘干后的粮食不得出现烧焦、裂纹、皱褶、膨胀、破碎和有烟熏气味等现象。烘干后的籽粒水分必须达到贮存保管的要求。

472. 粮食烘干作业达不到贮存标准的原因及排除方法

(1)烘干后的种子或商品粮,降水量达不到规定的标准的原因 ①热气发生炉燃烧不正常,温度不足。②热空气控制阀门调节过小或冷空气进入过多。③种粒在干燥室内移动太快,烘干时间过短。

④干燥室内未盛满被烘干的种粒,其主要原因有以下6点:一是粮斗闸门开度过小。二是升运器皮带打滑或输送刮板太少。三是排粮托架摆度调整不当,摆动量过大。四是升运器输送量与托架排粮量不适应。五是通风机转速不够或管道有缝隙,风量不够。六是烘干第一批位于干燥室内下部的种粒,未返回受粮斗中进行重复烘干。

(2)**排除方法** ①在烘干机开始作业前1~1.5小时,应点燃炉子,燃烧后,应关闭添煤口,以免大量冷空气进入,影响增温速度。空气的进入量应能保证燃烧室内燃料充分燃烧。作业中,炉内不得缺少空气,并注意经常清除炉内的灰孔和煤渣,使火焰呈白色或橙黄色状态。②在确认炉内燃烧正常和整个干燥室及粮箱已装满种粒后,方可开始第一阶段的烘干作业。在向干燥室加热时,应当检查所有的扩散器,把灰尘、杂物和种粒等清除掉;把各检视口的小门全部关闭;把调节进入空气的短管、节气活门完全打开,并转动节气活门封锁杠杆,使之处于通向干燥室的位置;拧开风扇和风扇吸气管上的节气活门。在炉子变换通向干燥室的位置之前,禁止打开节气活门,避免由冷却室将种粒带到扩散器和风扇里去。用热气扩散器前面的温度计,严格监测控制热空气的温度。③由干燥室下部(冷却室)第一批放出的未干燥的种粒数量不得少于烘干室容量的一半,并将回粮管移到干燥室的受粮斗中,进行再次烘干。④为确保干燥室的稳定性,种粒应不断地供入受粮斗。受粮斗闸门的开度应调至溢粮管经常有倒回的种粒为宜,以便保持粮箱内的种粒不致缺少,并经常处于水平状态。⑤为防止干燥室内装不满种粒,烘干机烘干的每批种粒最低数量不应少于烘干机内所能盛装种粒的数量。⑥作业中应经常检查热空气的温度(每隔15~30分钟)。烘干种子时,应按表34的要求进行,烘商品粮豆时,热空气温度应保持在110℃。干燥室下部种粒加热温度应符合表35所规定的标准。检查种粒加热温度方法是:由热空气供给的一侧的最下层3~4处取样,将样品装入60毫米×80毫米×130毫米的带盖的木盒中,由盖上的小孔插入温度计,测定种粒温度,即为种粒加热的最高温度。⑦在烘干作业中,如发现炉火不旺,燃烧不良时,应加大通风口或关闭空气进入支管上的闸门,并使通风机转速保持在 1 150 转/分,以加强炉内的燃烧。⑧烘干机排出种粒量的多少,通过偏心机构上的齿形垫圈进行调节。⑨烘干作业中,通风机节气活门的开度调节,在不吹跑种粒的前提下,应尽可能开至最大限度。如发现通风机和管道有不严密处,应进行堵塞封闭,以防漏风。

表 34 粮食烘干温度要求

作物	烘干前湿度(%)	经烘干湿度达 15%时的遍数	热空气温度(℃)	加热种子最高允许温度(℃)
麦类	18 以内	一遍	70	45
	21 以内	一遍	65	45
	27 以内	第一遍	60	43
		第二遍	65	45
	27 以上	第一遍	55	40
		第二遍	60	43
		第三遍	65	45
豆类	18 以内	一遍	60	45
	21 以内	一遍	55	43
	27 以内	第一遍	50	40
		第二遍	55	43
	27 以上	第一遍	45	38
		第二遍	50	40
		第三遍	55	43

表 35 不同湿度的麦类作物种粒加温要求

作物名称	种粒原湿度(%)	种粒加温的临界温度(℃)
小麦	18 以内	52
	18~22	50
	22 以上	48
大麦	18 以内	62
	18~22	60
	22 以上	55

473. 粮食烘干作业出现烘干过度的原因及排除方法

烘干机内温度超过规定标准,使种粒失去发芽能力。

(1)**出现这种现象的原因** ①对种粒烘干温度的确定和掌握不正确,热空气温度过高。②作业人员未及时检查和测定热空气及种粒的温度。③排粮机构摆动量调节不当,种粒在干燥室内烘干的时间过长。

(2)**排除方法** ①在种粒温度超过最大允许温度时,应立即降低热空气温度,如种粒仍感过热时,可适当加大干燥室的出粮量。②根据烘干过度的具体原因,参照472例的有关办法加以解决。

474. 粮食烘干作业出现种粒降湿不均的原因及排除方法

种粒经烘干后,存在含水量大小不一现象,降水率极不一致,影响烘干效果,不利于贮存保管。

(1)**出现这一现象的原因** ①热空气温度调节的不均,忽高忽低。②冷空气风扇的进风量不稳,时多时少。③干燥室内局部出现堵塞,部分种粒下移速度不均。④排粮机构技术状态不良,运转不正常。⑤烘干前种粒含水量大小不均,相差很大等。

(2)**排除方法** ①作业前,应注意检修烘干机排粮机构,使其技术状态完好,运转正常,确保干燥室内种粒能均匀稳定地向下移动和撒落在输送搅龙中排出。②必须经常检查热空气温度的变化,气温差不得超过规定标准的±5℃。如热空气量不足时,可将通风机口加大或关闭空气进入支管上的调整闸门。为降低热空气的温度,可打开调节室进入支管上的闸门,加大进入炉内气体混合室的空气量。如仍感不足,则可关闭通风口。③作业中应严格控制热空气温度的均匀性和通风机转速的稳定性,以防止种粒湿度呈周期下降的弊病。④作业中,发现未经烘干的种粒湿度相同,而经过烘干后的种粒湿度不均时,则应将干燥室内的种粒全部放出,检查并清扫干燥室和排粮机构,消除种粒在干燥室内向下移动的不一致性。当发现靠近干燥室侧壁的种粒有烘干过度的现象时,应关闭干燥室内半鱼鳞壳的专用塞子,将靠接侧壁的半鱼鳞壳1～3个或全部关闭,不让或少让热空气通过。

475. 粮食烘干作业出现种粒膨胀的原因及排除方法

经烘干后的种粒出现不同程度的膨胀、裂纹和皱褶等现象,使粮食的商品等级下降,造成经济损失。

(1)**出现这种不良现象的原因** 主要是由于在种粒含水量过大的情况下,急于烘干,采用热空气温度过高,一次烘干,降水量过大(超过 6%),造成种粒膨胀等不良现象。

(2)**排除方法** 烘干作业一定要根据种粒含水量不同,按照规定的烘干作业要求(表 34)进行操作。严格控制热空气和种粒的温度。如果种粒含水量过大,应分若干次进行,切忌急于求成。

六、农副产品加工机械

476. 碾米机常见故障及排除方法

碾米机常见故障的的产生及排除方法见表36。

表36 碾米机常见故障及排除方法

故障现象	产生原因	排除方法
不出米或很少出米	主轴辊筒旋转方向不对	检查调换动力机的转动方向
传动皮带脱落	1. 传动位置不正 2. 皮带紧度不够 3. 负荷过重或堵塞	1. 调整对正皮带轮 2. 调整皮带紧度 3. 停车后转动皮带轮或打开上盖,排除堵塞
主轴断裂	1. 负荷过重 2. 皮带太紧	1. 控制碾米机负荷,不超负荷作业 2. 正确调整皮带松紧度
碾米机内有撞击声	1. 米刀撞击辊筒 2. 辊筒松动 3. 主轴轴向移动 4. 异物落入机内	1. 退出米刀调整间隙 2. 重新拧紧锥形螺母 3. 拆修主轴或轴承座 4. 清除异物
碾米机强烈振动	地基螺栓或墙板拉紧螺栓松动	逐一检查后,再将松动件紧固
糠中含米	挡风板开度小风量不足	调整挡风板加大风量减低风速
米中含糠多	1. 原粮含水量高 2. 挡风板开度大	1. 晾干原粮再加工 2. 调整挡风板提高风速

续表 36

故障现象	产生原因	排除方法
碎米过多	1. 砂辊转速高 2. 砂辊间隙太小 3. 砂辊粒度选择不合适	1. 降低转速 2. 适当调整间隙 3. 更换细砂辊

477. 磨粉机常见故障及排除方法

磨粉机常见故障分析及排除方法见表 37。

表 37　磨粉机常见故障及排除方法

故障现象	产生原因	排除方法
效率太低	1. 流量太小 2. 磨辊两边间隙不一致 3. 弹簧被压死 4. 刷子刷不到罗底 5. 两磨辊直径磨小后,大小齿轮咬死 6. 转速不够	1. 调整、调节流量匀轮,加大流量 2. 调整拉杆里边螺母,使间隙一致 3. 调整拉杆外边螺母,使压环与弹簧相平不可过深 4. 调到刷子的位置 5. 更换齿轮 6. 加大皮带轮直径
轴套发热	1. 油环不转 2. 转速过高 3. 轴承缺油 4. 轴承油槽内有脏物	1. 拆开油环,清洗除污使油环转动 2. 降低发动机转速 3. 每日加油 1～2 次,保持润滑油足够 4. 清除脏物,使机油能循环
面粉粗且不白	1. 筛目粗 2. 磨辊间隙小 3. 磨辊拉丝角度不对 4. 磨辊硬度低 5. 弹簧压力太大	1. 更换细筛 2. 加大间隙,放开大匀轮 3. 正确角度为 35°～65° 4. 更换硬度合适磨辊 5. 调整拉杆外边螺母,向外放松弹簧

478. 6YS-90 型液压榨油机常见故障及排除方法

手动 6YS-90 型液压榨油机常见故障及排除方法见表 38。

表38　6YS-90型液压榨油机常见故障及排除方法

故障表现	产生原因	排除故障
油泵抽不出油	1. 油渣过多,滤网或进油阀及管道堵塞	1. 彻底清除油渣,使油路畅通
	2. 底阀失灵	2. 更换损坏的钢球、弹簧,研磨阀座
	3. 油箱内油不合适或缺油	3. 更换合适的油或加满油箱
油泵压力不够	1. 出油阀失灵,手柄自动升起	1. 更换损坏部件
	2. 柱塞磨损,间隙过大	2. 重新配零件
压榨时,饼坯漂榨	1. 饼坯含水太高	1. 饼坯含水量应小于7%
	2. 饼坯温度太低	2. 饼坯温度应保持在75°～85℃
	3. 压得太急太猛	3. 轻压、慢压,不要太猛
安全阀失灵	1. 油不清洁,粘污针阀	1. 拆下清洗
	2. 针阀与阀口磨损	2. 修理或更换
	3. 弹簧损坏或变形	3. 更换弹簧,修后重新调压试验
油缸活塞密封不好	1. 密封圈损坏	1. 更换新密封圈
	2. 密封圈装反	2. 重新装配
油箱漏油	1. 油泵柱塞密封性不好	1. 更换新密封圈
	2. 油管接头漏油	2. 拧紧或更换接头
	3. 出油阀油嘴损坏	3. 更换油嘴

479. 饲料粉碎机常见故障及排除方法

饲料粉碎机常见故障及排除方法见表39。

表39　饲料粉碎机常见故障及排除方法

故障现象	产生原因	排除方法
生产效率过低	1. 粉碎机转速低	1. 调整至规定转速
	2. 原料太湿	2. 晒干或风干后再粉碎
	3. 筛孔过小或堵塞	3. 选装合适筛孔,清理堵塞物
	4. 粉碎爪齿磨损	4. 更换新件
粉碎粒度大或不均匀	1. 筛孔规格不对	1. 更换合适的筛片
	2. 筛片磨损	2. 修理或更换筛片
	3. 下料过多	3. 调整喂入量

续表 39

故障现象	产生原因	排除方法
机器振动有噪声	1. 地脚螺栓松动,粉碎机紧固件松动 2. 机器转速过高 3. 转子不平衡,主轴弯曲 4. 喂料极不均匀,超负荷	1. 拧紧地脚螺栓和其他紧固件 2. 保证额定转速 3. 修理、校正或更换不合格零件 4. 保证正常均匀地喂入量
轴承温度过高	1. 喂入过量,机器超负荷 2. 轴承润滑不良 3. 机器转速过高 4. 传动皮带紧度不当或位置不正	1. 晒干物料,控制喂入量 2. 每班注意添加润滑油 3. 保证额定转速运转 4. 调整皮带紧度和传动位置
粉碎机突然出现异常声音	原料中混有石块或金属异物	停机检查,找出异物

七、电 动 机

480. 三相异步电动机的保护措施及保护元件

三相异步电动机常采用的保护措施和保护元件如下：

(1)**电动机过载保护** 在电动机的控制回路中,常装有双金属片组成的热继电器,它利用膨胀系数不同的两片金属,在过载运行时,受膨胀而弯曲,推动一套动作机构,使热继电器的一对常闭触头断开,起到过载保护作用。一般选择热元件时,其动作电流按电动机额定电流的1~1.25倍选择。

(2)**短路保护** 电动机短路时,短路电流很大,热继电器还来不及动作,电动机可能已烧坏。因此,短路保护由熔电器来完成。熔电器直接受热而熔断。在发生短路故障时,熔电器在很短的时间内就熔断,从而起到短路保护作用。

一般熔丝的熔断电流按电动机额定电流的1.5~2.5倍选择。对轻载启动、启动不频繁、启动时间短或降压启动者,取小值。绕线型电动机也取小值。对重载启动、启动频繁、启动时间长或直接启动者,取大值。

(3)**断相运行保护(又称缺相运行保护或两相运行保护)**

缺相运行保护也是一种过载保护,而一般的热继电器不能可靠地保护电动机免于缺相运行(带断电保护装置的热继电器除外)。所以在条件允许时,应单独设置缺相运行保护装置。电动机断相保护的方法和装置很多,但就执行断相保护的元件分有:利用断相信号直接推动电磁继电器动作的电磁式断电保护和利用热元件动作的断相保护。常用的保护方法有:采用带断相保护装置的热继电器作缺相保护;欠电流继电器断相保护;零序电压继电器断相保护;断丝电压继电器断相保护;利用速饱和电流互感器保护等。

(4)**失压和欠压(低电压)保护**　为了防止电动机在过低电压下启动和运行,以及电动机在运行中突然断电后又恢复供电时的自启动,一般均采用失压和欠压保护。交流接触器的电磁机构、断路器的失压脱扣器、自耦减压启动器的欠压器及电压继电器等都可起失压和欠压保护作用。当电源电压低到额定电压的 35％～70％,电磁铁会释放,失压脱扣器会动作而切断电源。

(5)**接地或接零保护**　当电动机外壳带电时,防止人触及机壳而触电的保护装置。

481. 电动机装设电流表、电压表的要求及其控制回路的连接

根据电器设备安装标准要求,40 千瓦以上的电动机应在操作地点装设电流表、电压表。40 千瓦以下的电动机,可根据需要装设电流表。

对多台电动机,应在总控制盘上装设电流表、电压表。

装设电流表、电压表是为了监视电动机的正常运行和防止故障时烧毁电动机。其控制电路的联接,如图 116 所示。

482. 电动机启动时应注意的问题

电动机启动时应注意的事项如下:

第一,合闸启动前,应观看电动机及拖动机械上或附近是否有异物,以免发生人身及设备事故。

第二,电动机接通电源后,如果发现电动机不能启动或启动时转速很低以及声音不正常等现象,应立即切断电源。对高压异步电动机应进行试启动,查看其转动方向是否正确。

第三,启动多台电动机时,应按容量从大到小一台一台启动,不能同时启动,以免启动电流过大使断路器跳闸。

第四,对于笼型电动机的星形—三角形启动或自耦减压启动,若是手动延时控制的启动设备,应注意启动操作顺序和控制好延时长短。对于绕线型电动机的启动,更应注意启动操作程序和观

察启动过程是否正常。否则两种电动机都达不到降压启动的目的。

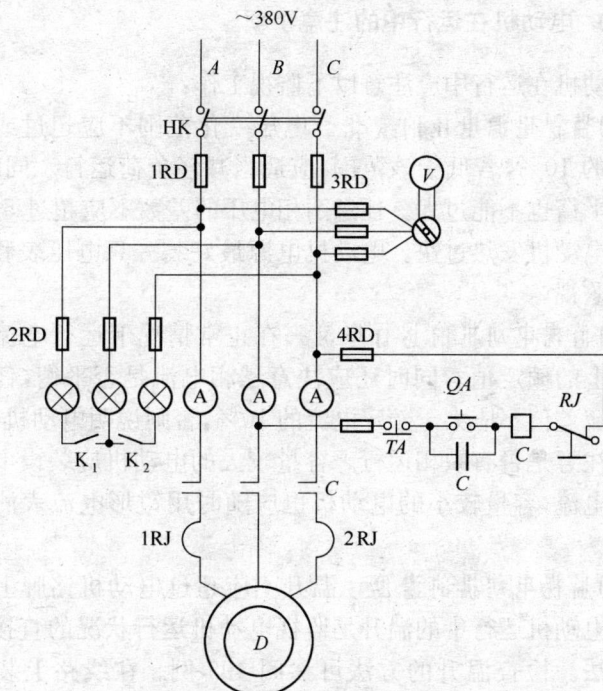

图 116   电动机测量控制电路图

HK—电源刀闸   RD—熔电器   QA—启动按钮   TA—停止按钮

C—接触器   RJ—热继电器   D—电动机

第五,电动机应避免频繁启动或尽量减少启动次数,防止因启动频繁而使电动机发热,影响电动机的使用寿命。对于小型电动机,在冷态时不得超过 3～5 次,在长期工作后的热态下,停机不久再启动时,连续启动不得超过 2～3 次。对于中型电动机,在冷态时连续启动不应超过 2 次,热态下只允许 1 次启动,以免电动机过热,影响使用寿命,对启动时间要求不超过 2～3 秒的电动机,可多启动 1 次。

第六,多台电动机应避免同时启动,应从容量大的到小的逐台启动,以免线路上总的启动电流过大,电压下降太多,影响所有电动机的正常启动,甚至使开关设备跳闸。

483. 电动机在运行中的注意事项

电动机在运行中应注意以下监视工作:

(1)**监视电源电压的变化** 电压变化范围不应超过或低于额定电压的 10%,若低于该范围,应适当减轻负荷运行。同时,三相电压不平衡也不能过大。任意两相电压的差数不应超过 5%,否则都会使电动机发热过快。电动机电源最好装一只电压表和转换开关直接监视。

(2)**监视电动机的运行电流** 在正常情况下运行电流应不超过铭牌上的额定值。同时还应注意三相电流是否平衡,任意两相间的电流差值不应大于额定电流的 10%,否则说明电动机有故障。特别要注意是否有缺相运行。容量较大的电动机应装设电流表监视运行电流,容量较小的电动机也应随时用钳形电流表测量线电流。

(3)**监视电动机的温度** 温升不应超过电动机铭牌上允许的限度。电动机运行中的温升是监视电动机运行状况的直接而又可靠的办法。检查温升的方法可参阅 495 例。在线路上装设电压表、电流表及过载保护装置,也是监视温升的主要办法。

(4)**监视电动机在运转中的声音、振动和气味** 电动机正常运行时,声音均匀、运转平稳,无绝缘漆气味和焦臭味。若发生异常声响、剧烈振动和绝缘漆焦臭味,说明电动机过热或有其他故障。

(5)**监视传动装置的工作情况** 要随时注意皮带轮或联轴器是否有松动,传动皮带有无打滑现象,皮带接头是否完好。

(6)**注意轴承的声响和发热情况** 当用温度计法测量时,滚动轴承发热温度不许超过 95℃,滑动轴承温度不许超过 80℃。轴承声响不正常或过热,是轴承润滑不良、磨损严重所致。

(7)**监视熔丝工作情况** 应随时注意是否有一相熔丝熔断的情况,以免造成缺相运行,使电动机过热。

总之,电动机在运行过程中,监视其电流、温度的变化,发现问题及时解决。

484. 正确判断电动机定子绕组首、末端的方法

当三相电动机的三相定子绕组引出线的标记遗失或首末端不明时,可采用小灯泡和电池、万用表和电池及利用转子剩磁和万用表等方法来判别。

(1) 小灯泡和电池法　　检查时,接线方法如图 117 所示。先判断同一相绕组的两线端。用 2 节干电池和 1 个小灯泡串联,一头接

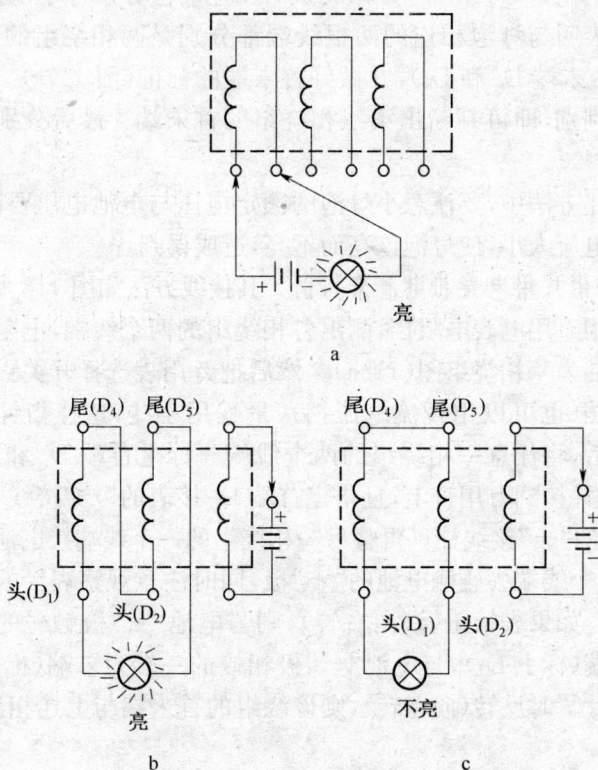

图 117　电池和灯泡判别法

429

定子绕组引出的任意一根线端上,然后将另一头分别与其他 5 根线端接触。亮灯的一根,与电池和灯泡另一端的线同属一相(图117a),依次类推找出另外两相绕组的同相线端,并做好标记。然后把任意两相绕组与小灯泡三者串联成一回路,将第三相绕组的一端串联一电池,另一线端与电池的另一极碰触一下,如果灯泡亮了,根据变压器原理可知,串联两相绕组的瞬间感应电势是相加的,所以若灯泡发亮,则表明两相绕组是头尾串联,即与灯泡相连的两根线端,一根是第一相的首端 D_1,另一根线端是第二相的末端 D_5(图 117b)。如灯泡不亮(两相串联绕组所产生的瞬间感应电势是相减的,其大小相等,方向相反,总感应电动势为零,所以灯不亮),这表明与灯泡相连的两根线端都分别是两相绕组的首端 D_1 和 D_2(或末端 D_4 和 D_5),并做好首末端的标记(图 117c)。再按上述方法判别,即可判断出第三相绕组的首末端。最后分别做首末端标记。

上述方法中,要注意小灯泡的额定电压与电池电压要匹配,否则会因电流太小,使灯泡该亮而不亮,造成误判。

(2)**用万用电表和电池来判别** 其接线方法如图 118 所示。

先用万用电表电阻挡,测出各相绕组的两个线端,电阻值最小的两线端为一相绕组图(118a)。然后把万用表选择开关扳到测直流电流挡(也可以用直流电压挡),量程用小些,这样指针偏转明显。然后,将任意一相绕组的两个线端先标上首端 D_1 和末端 D_4 的标记,并接到万用表上,且指定首端 D_1 接表的"一"接线柱,末端 D_4 接表的"+"接线柱。再将另一相绕组的一个线端接电池的"一"极,另一个线端去碰触电池的"+"极,同时注意观察表针的瞬间偏转方向。如果表针正转(向右转),则与电池"+"极触碰的那根线端为首端(标上 D_2),与电池"一"极相接的一端为末端(标上 D_5)。如果表针瞬时反转(向左转),则该绕组的首末端与上述相反(如图118b)。

万用电表与绕组的接线不动,用上述同样方法判别第三相绕组的首末端。需要注意的是观察电池接通那一瞬间的表针偏转方

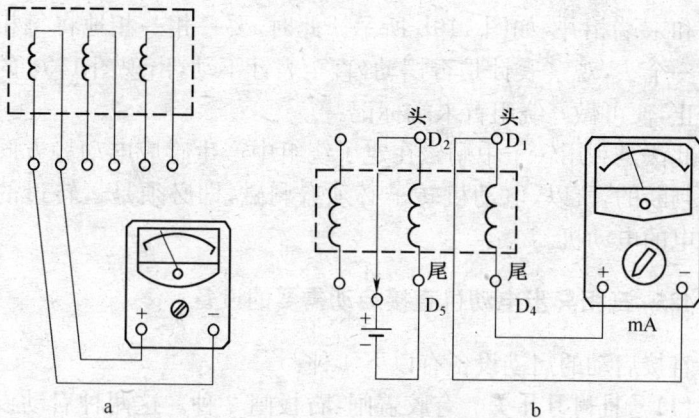

图 118　电池和万用表判别法

向,而不是电池断开绕组那一瞬间的表针变化。

(3)利用转子剩磁和万用电表来判别　其接线如图 119 所示。

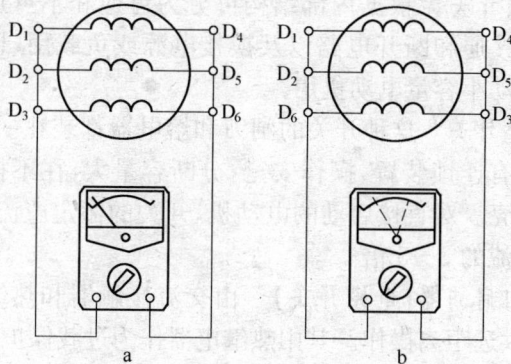

图 119　万用电表剩磁判别法

先用万用电表电阻挡找出同一相绕组的两个线端,方法如前述(图 118a)。然后将三相绕组并联在一起,用万用表的毫安挡或低电压挡测量并联绕组两端的电流或电压,同时转动转子一下,如果表针不动,则表明是三个首端(D_1、D_2、D_3)并在一起,三个末端(D_4、D_5、D_6)并在一起(图 119a)。如果表针摆动,则表示不是首端相并和末端相并,如图 119b 所示。此时,要一相一相地将每相绕组调一个头,观察表针是否摆动,直至表针不动,出现图 119a 的接法为止,便可做好绕组首末端标记。

此法是利用转子中剩磁在定子绕组中产生感应电动势方向关系来判断的,所以,电动机转子必须有剩磁,即必须是运转过的或通过电的电动机。

485. 三相异步电动机直接启动需要的设备

直接启动的启动设备有以下 4 种:

(1)**三相闸刀开关**　有胶盖闸、石板闸 2 种。这两种启动设备使用、维修都比较方便,价格便宜。一般小容量电动机直接启动时,普遍使用这种开关。闸刀开关的额定电流为电动机额定电流的 3 倍。

(2)**转换开关**　根据内部结构可分为可逆和不可逆 2 种。这种开关作为接通和断开电路以及换接电源或负载用,也可配合熔电器作为启动小容量电动机用。

(3)**铁壳开关**　这种开关的闸刀和熔电器都装在一个铁壳里,手柄和铁壳有连锁装置,操作安全,分断容量大,在不拉开闸刀时不能打开铁壳。对直接启动的电动机,开关的额定电流,一般为电动机额定电流的 3～5 倍。

(4)**磁力启动器(电磁开关)**　由交流接触器和热继电器 2 部分组成,可供远距离操作。其中热继电器作为过载保护用。

486. 新安装或长期停用的电动机启动前应做的检查

①根据电动机铭牌上的电压,检查电源电压是否相符。

②根据铭牌上的接法(星形或三角形),检查接线是否正确。如果电动机绕组的首、末端弄混,应检查、判断明确,方法可参阅第484 例。

③检查电动机内部有无杂物,用干燥、清洁的 2～3 千克/厘米^{2}左右的压缩空气吹净内部(可用吹风机或手风箱等),但不能碰坏

绕组。

④检查电动机和启动设备的绝缘电阻。用 500 伏兆欧表（摇表）测定，其绝缘电阻不得小于 0.5 兆欧，若小于此值，应进行烘干处理。

⑤检查电动机外壳的接地或接零保护是否可靠和符合要求。

⑥检查电动机各螺丝是否拧紧、轴承是否缺油（长期不用的电动机），转轴是否灵活。

⑦检查传动装置是否符合要求。皮带松紧是否适度，连接是否紧固。联轴器的螺丝和销子是否紧固。

⑧检查启动设备是否完好，接线是否正确，规格是否符合电动机的要求。

⑨检查熔丝是否完好，规格是否符合要求。

487. 电动机绝缘强度的检查方法和绝缘电阻最低合格值

绝缘强度一般用兆欧表测量。要测量每两相绕组和每相绕组与机壳之间的绝缘阻值，以判断电动机的绝缘性能好坏。

使用兆欧表测量绝缘电阻时，通常对 500 伏以下电压的电动机用 500 伏兆欧表测量；对 500～1 000 伏电压的电动机用 1 000 伏兆欧表测量；对 1 000 伏以上电压的电动机用 2 500 伏兆欧表测量。

电动机在热状态（75℃）条件下，一般中小型低压电动机的绝缘电阻值应不小于 0.5 兆欧，高压电动机每千伏工作电压定子的绝缘电阻值应不小于 1 兆欧，每千伏工作电压绕线式转子绕组的绝缘电阻值，最低不得小于 0.5 兆欧；电动机二次回路绝缘电阻不应小于 1 兆欧。

电动机绝缘电阻测量步骤如下：

①将电动机接线盒内 6 个端头的联片拆开。

②把兆欧表放平，先不接线，摇动兆欧表，表针应指向"∞"处，再将表上有"L"（线路）和"E"（接地）的两接线柱用带线的测试夹短接，慢慢摇动手柄，表针应指向"0"处。

③测量电动机三相绕组之间的电阻。将两测试夹分别接到任

意两相绕组的任一端头上,平放摇表,以每分钟 120 转的匀速摇动兆欧表 1 分钟后,读取表针稳定的指示值。

④用同样方法,依次测量每相绕组与机壳的绝缘电阻值。但应注意,表上标有"E"或"接地"的接线柱,应接到机壳上无绝缘的地方。

488. 高压三相异步电动机启动和停止运行的正确操作方法

高压三相异步电动机启动操作顺序如下:①首先检查断路器确实在断开位置,然后投入继电保护装置。②合上电动机母线隔离开关。③检查和装上断路器的合闸和操作熔电器。④当操作盘上的绿灯亮后,用控制开关或按钮合上电源断路器,此时红灯亮,绿灯灭。电动机启动后,应监视电流表的指示是否正常。⑤有连锁装置的电动机,应按要求先后投入有关切换开关。

电动机启动结束后,应检查电动机运行是否正常。

电动机停止运行的操作顺序与启动操作顺序相反。

489. 电动机故障的检查方法和步骤

当电动机发生故障时,往往伴有转速变慢、温度明显升高、有异常噪声、焦糊味、冒烟、电流增大三相电流不平衡、机壳带电等现象。故障分析必须从这些现象出发,查找原因,其步骤如下:①检查三相电源是否有电。②如果电源正常,应检查熔丝、开关及启动器有无故障。③上述检查如均正常,应拆下皮带或联轴器,使电动机空载运行,检查故障是否由负载引起,还是发生在电动机自身。④如果故障发生在电动机自身,应打开接线盒,检查接线有无虚接、焦痕或其他故障。⑤如接线盒正常,应检查轴承是否有故障或损坏,润滑脂是否干、少或无。⑥如果上述部位均正常,应检查定子绕组有无焦痕、断裂、短路或碰壳等故障。⑦检查笼型转子有无断裂、绕线转子有无断路。⑧检查绕线电动机的电刷、滑环等有无故障。

490. 电动机的正确拆装方法

(1)电动机整机拆装步骤和方法 拆卸前应清理好工作场地、准备好工具,并在接头线、端盖与外壳、轴承盖与端盖等上做好标记,以免装配时弄错。拆卸电动机的一般步骤如下:①卸下皮带或脱开联轴器的连接销。②拆下接线盒内的电源接线和接地线。③卸下皮带轮或联轴器。④卸下地脚螺母和垫圈。⑤卸下前轴承外盖。⑥卸下前端盖。⑦卸下风扇罩。⑧卸下风扇叶片。⑨卸下后轴承外盖。⑩卸下后端盖。⑪抽出转子。⑫拆下前后轴承及前后轴承的内盖。

电动机的装配步骤与拆卸步骤相反。对一般中、小型电动机,只拆除风扇罩、风扇叶、前轴承外盖和前端盖,而后轴承外盖、后端盖连同前后轴承、轴承内盖及转子一起抽出。

(2)主要零部件的拆装方法

①皮带轮或联轴器的拆装:拆卸时,先在皮带轮、联轴器与转轴之间做好标记,拧下固定螺钉和销子,然后用拉具拆下皮带轮、联轴器。如锈死,可在内孔浇点煤油(或柴油)并轻轻敲击,或用加热方法将皮带轮或联轴器拆下。

装配时,先用细砂布把轴头和皮带轮或联轴器内孔磨光滑,将皮带轮或联轴器对准键位套在轴上,将键轻轻打入槽内即可。

②轴承盖的拆装:轴承外盖拆卸很简单,拧下固定螺钉就可取下,前后盖应分别做出标记,以免装配时前后装错。轴承外盖的装配方法是:将外盖穿过转轴套在端盖外面,插上一颗螺钉,一手顶住螺钉,一手转动转轴,使轴承内盖也跟着转到与外盖的螺钉孔对齐时,便可将螺钉顶入内盖的螺孔中并拧紧,最后把其余两颗螺钉也装上拧紧即可。

③端盖的拆装:拆卸前,应在端盖与机座的接缝处做好标记,以便装配对位。然后拧下固定端盖的螺钉,取下端盖(取端盖时应按对角线均匀对称进行)。前后端盖应做记号,以免装配时前后装错。

装配时,对准原先做的记号,拧紧固定螺钉时应按对角线对称的分几次进行拧紧,同时要随时转动转子,以检查转动是否灵活。

④转子的拆装:前后端盖拆下后,便可抽出转子。由于转子很重,拆装时一定要注意切勿碰坏定子线圈。

⑤滚动轴承的拆装:拆卸滚动轴承的方法与拆卸皮带方法类似,也可用拉具来进行。如果没有拉具,可用两根铁扁担夹住转轴,使转子悬空,然后在轴的上端垫木块或铜块,用锤敲打使轴承脱开拆下,在操作过程中注意安全。以防转子脱落砸脚。装配时,可用一根内径略大于轴径的铁管套入转轴,使管壁正好顶住轴承内圈,用木块垫在管口上用锤打,将轴承装入转子定位处。注意装配前,轴的表面应光洁装后应转动自如。

在总装电动机时,要特别注意,如果没有将端盖、轴承盖装在正确位置,或没有掌握好螺钉的松紧度和均匀度,都会引起电动机转子偏心,造成扫膛等不良运行故障。

491. 检查电动机轴承运转是否正常的方法

检查轴承运转是否正常的常用方法:一是听声音,二是测温度。听轴承运转的声音可用细铁棍或螺丝刀,一端抵在轴承盖,一端贴到耳朵上听。如果听到的是均匀的"沙沙"声,轴承运转正常;如果听到"唑唑"的金属碰撞声,则可能是轴承缺油;如果听到"咕噜、咕噜"的冲击声,可能是轴承中有的滚珠被轧碎。测量轴承温度用酒精温度计,可将温度计贴到轴承盖处测量,滚动轴承不应超过 95℃,滑动轴承不应超过 80℃。如果没有温度计,也可以滴几滴水在轴承上,如冒热气,说明温度超过了 80℃,如发出"唑唑"声,温度已超过 90℃。

492. 电动机绕组常用的烘干方法及注意事项

(1)电动机绕组常用的烘干方法

①灯泡烘干法:最简单的方法是把电动机的转子拆除,将定子垂直放置,把 100 瓦以上的大功率灯泡悬吊在定子铁芯膛内,注意灯泡不可过分靠近绕组,以免烧坏线圈绝缘,在电动机上面盖上木

板或帆布等,以减少热量损失。电动机也可以平放,把灯泡放入定子腔内偏下一点的正中间地方,在灯泡周围垫放铁丝网,以防烤坏线圈绝缘,外壳盖上耐热物保温。若定子内径较大,可多放几个灯泡或加大灯泡功率。由于灯泡离线圈较近,一般烘干温度保持在100℃左右,烘干24小时左右测量绝缘电阻,当连续6小时能保持稳定的合格阻值时,烘干便可结束,如果有红外线灯泡效果更好。也可自制一只烘干木箱,根据电动机的大小,可采用2只300~500瓦的灯泡两边布置,不要紧靠绕组,以免烤坏线圈局部绝缘。在烘干过程中应注意监视箱内温度,不要超过允许范围。

②电流干燥法:把电动机的转子拆除,将三相定子绕组并联或串联起来(大中型电动机因绕组阻抗小,多采用串联形式),再串联一只变阻器接入220伏的单相交流电源,使绕组发热干燥。由于定子中无转子,必须用变阻器调节电流,使电流为电动机额定电流的50%~70%,以控制绕组发热温度。如果有单相调压器,可不用变阻器,220伏电源经调压后进入绕组。

如果有三相自耦变压器,可将380伏的三相电源经三相调压器接入抽去转子的定子绕组中,将绕组的线电压调到电动机额定电压的7%~15%(即把线电压调为27~57伏)。

(2)烘干电动机绕组应注意事项

①烘干前应清扫干净,特别是定子腔内。

②随时调节控制温度。温度不允许超过绕组绝缘等级所允许的最高耐热温度:A级不超过90℃,E级不得超过105℃,B级不允许超过110℃。测量温度时,温度计应紧靠在欲测部位的绕组上,接触部分尽量与空气隔绝。

③在加热过程中,为了避免绕组绝缘胀裂,加热温度应逐渐升高,升温速度一般不应超过30℃/小时。

④在干燥过程中,应随时测量绕组的绝缘电阻(一般每隔一小时用兆欧表测量1次),并做好记录。当绝缘电阻连续稳定6小时不变(一般为5兆欧以上),烘干即可结束。

⑤在烘干过程中,为了保温,除必要的通风排除潮气外,应尽

量使电动机与周围的空气隔绝。

⑥用电流干燥法时,必须使电动机外壳可靠接地。

⑦非常潮湿或被水浸湿的电动机,不能用电流加热干燥法。因为在温度迅速上升时,会使绝缘胀裂,应该用外部加热法。同时温升速度应控制在8℃/小时左右;或者加热到50℃～60℃时,保持3～4小时,待大部分潮气排除后再加热。

493. 根据三相交流绕组烧损的症状,分析判断故障产生原因的方法

①电机绕组端部的1/3或2/3的极相绕组烧黑或稍变为深棕色,而其余一相或两相绕组完好无损或轻微烤焦,这是由于单相运行造成的。而造成单相运行的原因是线路和电机引线连接不妥。

②在线圈的端部,有几匝,一卷或一极相绕组烧焦,而短路部分以外的本相或其他二相线圈较好,或轻微烤焦,这是由匝间短路引起的烧损。造成匝间短路的主要原因是导线本身绝缘受损或线圈组间连线绝缘套管没有处理好而短路,这都属电机质量问题或端部碰伤,或设计并联路数多,使组间电压过高导致组件击穿。选用导线时,线径太细,端部机械强度差,或线径太粗,不易弯曲整形,使绝缘层损伤造成匝间短路。

③短路处熔断很多导线,附近有很多的熔化铜屑,而其他线圈组或另一端部没有烧焦现象。这种烧损由相间短路而引起。相间短路通常是端部相间绝缘薄膜、漆布或双层线圈的层间垫条没有垫妥,在电机受热或受潮的情况下,绝缘性能下降,导致击穿而形成相间短路。或由组间连线套管处理不妥,不了解塑料套管的耐热性较差,而把它应用在电机绕组上,在电机发热时,塑料套熔化,连线间短路。

④槽底或槽口有明显的烧损现象。这是因接地引起的,由于制造质量差,在铁芯槽口线圈直线部分到端部转角处有急转弯,使槽绝缘受压而挤破,或槽口绝缘未封妥,或竹楔与导线直接接触,受潮后竹楔下降而接地。也可能是电机制造加工质量差,定、转子铁芯同心度差,造成定、转子铁芯相擦而产生高温,烧焦槽绝缘而

接地。还有高温或受潮,电机长期高温运行,使槽绝缘烧焦、老化变脆或严重受潮等,击穿槽绝缘而接地。

⑤三相绕组全部均匀焦黑,这是过载造成的。过载的原因是:端电压太低,接线不符合要求,使用不当,轴承损坏,轴套咬死,负荷重,选型不当,启动时间过长,制造质量差等。

494. 电动机启动困难或不能启动的原因及排除方法

①某一相熔丝断路,缺相运行、且有嗡嗡声。如果两相熔丝断路,电动机不动且无声。找出引起熔丝熔断的原因排除之,并更换新熔丝。

②电源电压太低,或者是降压启动时降压太多。如属电源电压太低,应查明原因,恢复电源电压标准值;如属降压太多,应适当提高启动压降,如用的是自耦减压启动器,可改变抽头提高启动电压。

③定子绕组或转子绕组断路,也可能是绕线转子电刷与滑环没有接触。应检查修复。

④定子绕组相间短路或接地,可用兆欧表检查。

⑤定子绕组接线错误,如误将三角形接成星形,或将首末端接反。应检查纠正。

⑥定子与转子铁芯相擦。一般是定子与转子装配(或制造)质量差,不同心造成,应重新装配调整之。

⑦轴承损坏或被卡住,应更换轴承,注意润滑。

⑧负载过重。应减小负载。

⑨机械故障。被带作业机械本身转动不灵活,或卡住不能转动。

⑩皮带拉得过紧,摩擦加剧。应调整皮带松紧度。

⑪启动设备接线有错误或有故障。应检查纠正,排除故障。

495. 电动机温升过高或冒烟的原因及排除方法

①当电压超过电动机额定电压 10% 以上,或低于电动机额定

电压 5% 以上时,电动机在额定负载下容易发热,温升增高。应检查并调整电压。

②三相电源电压不平衡度超过 5%,引起三相电流不平衡,使电动机额外发热。应调整电压。

③一相熔丝断路或电源开关接触不良,造成缺相运行而过热。应修复或更换损坏的元件。

④绕组接线有错,误将星形接成三角形,或是相反,在额定负载下运行,都会出现电动机过热。应检查纠正。

⑤定子绕组匝间或相间短路或接地,使电流增大,铜损增加而过热,若故障不严重,只需重新加包绝缘即可,严重的应更换绕组。

⑥定子一相绕组断路或并联绕组中某一支路断线,引起三相电流不平衡而使绕组过热。

⑦笼型转子断条或绕线转子线圈接头松脱,引起电流过大而发热。可对铜条转子做焊补修复或更换转子,对铸铝转子应更换新转子。

⑧轴承损坏或磨损严重等,使定子和转子发生碰擦。应检查轴套是否有松动,定子和转子是否装配不良。若轴承损坏应更换轴承。若定、转子装配不良应重新装配调整。

⑨负载过大。应减轻负载或换用大功率电机。

⑩被带作业机械有故障而引起过载。应排除作业机械故障。

⑪启动过于频繁。应按使用要求尽可能减少启动次数。

⑫使用环境温度过高(超过 40℃),使电动机散热困难。应采取降温措施。

⑬电动机内、外积尘和油污太多,影响正常散热。应注意经常清除灰尘和油污。

⑭电动机风道堵塞,通风不畅,进风量小。应注意经常清理风道内的杂物及污垢。

⑮电动机内风扇损坏、叶片装反或未装。装配时应注意叶片方向,损坏的风扇应换新,未装时补装。

496. 电动机转速低的原因及排除方法

①电源电压太低。应查明原因,恢复标准电压。

②笼型转子导条断裂或脱焊。应检查修复断条。

③定子绕组错将三角形接法接成星形。应改正错误的接法。

④负荷过大。应减少负荷或换大功率电动机。

⑤轴承磨损严重,造成定、转子相擦(相当于负载增大),此时如仍满载运行,必然出现电动机转速下降(相当于超负荷运行)。此时应进行修理,更换轴承,保证定、转子同心,运转正常。

⑥绕线型转子一相绕组断路。此时转速只有额定转速的一半。应检查转子三相绕组是否断路或接线错误。查明原因,采取相应的修复措施。

497. 电动机轴承过热的原因及排除方法

①轴承损坏。应更换新轴承。

②滚动轴承润滑脂太少、太多或有铁屑等杂质时,应彻底清洗油腔、轴承后,重新装配。

③轴与轴承配合过紧或过松。过紧时应重新磨削轴径,过松时应给轴镶套或更换新品。

④轴承与端盖配合过紧或过松。过紧时,加工轴承座孔,过松时在端盖座孔内镶套或更换新端盖。

⑤电动机两端盖或轴承盖装配不良。将端盖或轴承盖止口装进到位,装平,拧紧螺钉。

⑥皮带过紧或联轴器装配不良。调整皮带张力,校正联轴器。

⑦滑动轴承润滑油太少,有杂质或油环卡住。应加油、换新油,修理或更换新油环。

498. 电动机运行有异常噪声的原因及排除方法

①当定子与转子相擦时,会产生刺耳的"嚓嚓"碰擦声。这多为轴承故障引起的。应检查轴承,如有损坏应更换轴承。如轴承

走内圈或外圈,可采取镶套法修复或更换新品。

②电动机缺相运行时,吼声特别大。可通过断电再合闸方法,看是否能再正常启动,如果不能启动,则可能是有一相熔丝断路。开关及接触器触头一相未接通也会发生缺相运行。

③轴承严重缺油时,从轴承室处能听到"咝咝"声。应清洗轴承、加注新油。

④风扇叶片碰壳或有杂物进入风扇,发出撞击声。应校正或更换风扇叶片并清除风叶周围杂物。

⑤笼型转子导条断裂或绕线转子绕组接头断开时,有时高时低的"嗡嗡"声,转速也变慢,电流增大,应检查处理。另外有些电动机转子和定子长度配合不好,定子长度比转子长度长得多,或端盖轴承孔磨损过大,转子出现轴向窜动,也会发出"嗡嗡"的声音。

⑥定子绕组首末端接线错误时,有低沉的吼声,转速也下降。应检查纠正,重新接线。

499. 电动机运行中振动过大的原因及排除方法

①转子不平衡(转子上配重螺钉脱落),应重配螺钉并做动平衡试验。

②皮带轮不平衡,应校正静平衡,有条件最好做动平衡。

③皮带轮轴孔偏心,通过车正镶套修复或更换正品。

④转轴弯曲。应更换新轴。

⑤安装基础不平或固定不稳。应找平基础重新安装和固定牢稳。

⑥笼型转子导条断裂或绕线转子绕组断路,使负载电流时大时小地振荡,应检查修复。

⑦联轴器装配不正或有松动。应重新校正装配和紧固联轴器。

⑧作业机械失去平衡振动较大。应检查校正作业机械。

⑨定子绕组有局部故障,旋转磁场不平衡而引起振动。应检查定子绕组,采取相应措施修复。

500. 电动机的维修周期和定期维修的主要内容

计划预防修理是确保设备经常具有良好技术状态行之有效的措施。电动机维修周期除每班次做好一般的例行检查、调整、润滑外，小修一般情况下，1季度1次，大修一般情况下1年1次，其具体内容如下：

(1) **小修** 小修对电动机及启动设备只做一般性检修，不作大的拆卸。其具体内容如下：

①清洁电动机：清除电动机外壳上的灰尘和污物，以利散热并测量绝缘电阻。

②检查和清洁接线盒：清除灰尘及污物；检查压线螺钉有无松动和烧伤；拧紧螺母。

③检查各固定螺钉及接地线：检查接地螺钉、端盖螺钉及轴承盖螺钉是否紧固；接地是否可靠。

④检查轴承状态：拆下轴承盖，检查轴承润滑情况和是否漏油，必要时补充润滑油或彻底更换新油；拆下一边端盖，检查气隙是否均匀，以判断轴承是否磨损。

⑤检查传动装置：检查传动装置是否可靠，皮带松紧是否符合要求，传动装置有无损坏。

⑥检查和清洁启动设备：清除外壳灰尘污物，检查触头有无烧损，接触是否良好并擦拭触头；接线头有无烧损和电蚀，动作是否一致；有接地者接地是否可靠；测量绝缘电阻。

⑦绕线型电动机要调整或更换电刷：电刷磨损1/3就需要更换。

(2) **大修** 大修是一次全面性的彻底修理。通过大修使电动机完全恢复技术状态。大修的主要内容如下：

①清洁电动机内外部灰尘、污物。先清除机壳外部灰尘污物，再拆开电动机，用皮虎或2～3个表压的压缩空气吹净内部灰尘。

②清洗所有轴承、轴承座、盖。检查其磨损情况，必要时换新品，并加新润滑油。

③检查电动机绕组及转子有无故障。绕组有无接地、短路、断路及老化现象（老化后的颜色变成棕色），如有应及时处理；转子有无断条；测量绝缘电阻是否符合要求。

④检查定、转子铁芯有无摩擦和摩擦痕迹，如有应修正。

⑤检查电动机其他零部件是否齐全，有无磨损及损坏。

⑥清洁和检查启动设备、测量仪表及保护装置。清除灰尘及油污；检查启动设备的触头是否良好，接线是否牢固；各仪表是否灵敏、准确；保护装置动作是否良好、准确。

⑦清洁和检查传动装置。清除灰尘和油污；检查皮带松紧是否符合要求；联轴器是否牢固，联轴器螺钉是否松动。

⑧试车检查。装配好电动机；测量绝缘电阻；检查各传动部分是否灵活，安装是否牢固；启动和运行时电压、电流、温度是否正常，有无不正常的振动和噪声等。

⑨绕线型电动机还要检修滑环和电刷装置。

检修完毕，应认真填写检修记录，留作参考。

金盾版图书,科学实用,
通俗易懂,物美价廉,欢迎选购

农机维修技术 100 题	6.00 元	册	12.00 元
农村加工机械使用技术		农药剂型与制剂及使	
问答	6.00 元	用方法	15.00 元
农用动力机械造型及使		农药识别与施用方法	
用与维修	19.00 元	(修订版)	10.00 元
常用农业机械使用与维		生物农药及使用技术	6.50 元
修	15.00 元	教你用好杀虫剂	7.00 元
水产机械使用与维修	4.50 元	合理使用杀菌剂	6.00 元
食用菌栽培加工机械使		怎样检验和识别农作物	
用与维修	9.00 元	种子的质量	3.50 元
农业机械田间作业实用		北方旱地粮食作物优良	
技术手册	5.00 元	品种及其使用	10.00 元
谷物联合收割机使用与		农作物良种选用 200 问	10.50 元
维护技术	15.00 元	旱地农业实用技术	14.00 元
收割机械作业手培训教		高效节水根灌栽培新技	
材	11.00 元	术	13.00 元
耕地机械作业手培训教		现代农业实用节水技术	7.00 元
材	8.00 元	农村能源实用技术	10.00 元
农村沼气工培训教材	10.00 元	农田杂草识别与防除原	
多熟高效种植模式 180		色图谱	32.00 元
例	13.00 元	农田化学除草新技术	9.00 元
科学种植致富 100 例	10.00 元	除草剂安全使用与药害	
科学养殖致富 100 题	11.00 元	诊断原色图谱	22.00 元
作物立体高效栽培技术	11.00 元	除草剂应用与销售技术	
农药科学使用指南(第		服务指南	39.00 元
二次修订版)	28.00 元	植物生长调节剂应用手	
简明农药使用技术手		册	6.50 元

植物生长调节剂在粮油生产中的应用	7.00 元	矫治	6.50 元
植物生长调节剂在蔬菜生产中的应用	9.00 元	测土配方与作物配方施肥技术	16.50 元
植物生长调节剂在花卉生产中的应用	5.50 元	亩产吨粮技术（第二版）	3.00 元
		农业鼠害防治指南	5.00 元
		鼠害防治实用技术手册	12.00 元
植物生长调节剂在林果生产中的应用	10.00 元	赤眼蜂繁殖及田间应用技术	4.50 元
植物生长调节剂与施用方法	7.00 元	科学种稻新技术	8.00 元
植物组织培养与工厂化育苗技术	6.00 元	提高水稻生产效益 100问	6.50 元
植物组织培养技术手册	16.00 元	杂交稻高产高效益栽培	6.00 元
化肥科学使用指南（修订版）	22.00 元	双季杂交稻高产栽培技术	3.00 元
科学施肥（第二次修订版）	7.00 元	水稻农艺工培训教材	9.00 元
		水稻栽培技术	6.00 元
简明施肥技术手册	11.00 元	水稻良种引种指导	22.00 元
实用施肥技术	5.00 元	水稻杂交制种技术	9.00 元
肥料施用 100 问	6.00 元	水稻良种高产高效栽培	13.00 元
施肥养地与农业生产100 题	5.00 元	水稻旱育宽行增粒栽培技术	4.50 元
酵素菌肥料及饲料生产与使用技术问答	5.00 元	水稻病虫害防治	7.50 元
配方施肥与叶面施肥（修订版）	6.00 元	水稻病虫害诊断与防治原色图谱	23.00 元
		香稻优质高产栽培	9.00 元
作物施肥技术与缺素症		黑水稻种植与加工利用	7.00 元
		超级稻栽培技术	7.00 元

　　以上图书由全国各地新华书店经销。凡向本社邮购图书或音像制品，可通过邮局汇款，在汇单"附言"栏填写所购书目，邮购图书均可享受 9 折优惠。购书 30 元（按打折后实款计算）以上的免收邮挂费，购书不足 30 元的按邮局资费标准收取 3 元挂号费，邮寄费由我社承担。邮购地址：北京市丰台区晓月中路 29 号，邮政编码：100072，联系人：金友，电话：（010）83210681、83210682、83219215、83219217（传真）。